THEORIE

DER

MUSKELCONTRAKTION.

VON

PROF. DR. **G. ELIAS MÜLLER.**

ERSTER THEIL.

LEIPZIG,
VERLAG VON VEIT & COMP.
1891.

Druck von Metzger & Wittig in Leipzig.

Vorwort.

Die Schrift, deren erster Theil hier vorliegt, gibt eine ausführliche Entwickelung und Durchführung der Theorie der Muskelcontraktion, über welche ich bereits eine vorläufige Mittheilung in den Nachrichten von der K. Gesellschaft der Wissenschaften zu Göttingen, 1889, S. 132 ff., veröffentlicht habe. Der hier vorgelegte erste Theil dieser Schrift gibt in seinem ersten Abschnitte eine allgemeine Darlegung der bei der Muskelcontraktion wirksamen Kräfte. Im zweiten Abschnitte wird eingehend gezeigt, dass die der aufgestellten Contraktionstheorie zu Grunde liegenden Anschauungen betreffs der Struktur der Muskelfasern mit den bisherigen Ergebnissen der histologischen Forschung sich sehr wohl vereinen lassen, dass die besonderen Struktureigenthümlichkeiten der verschiedenen Arten der Muskelfasern, in erster Linie der quergestreiften Fasern, durch die aufgestellte Theorie in einfacher Weise vollkommen verständlich gemacht werden, und dass auch die auf mikroskopischem Wege wahrnehmbaren Veränderungen, welche die Muskelfaser hinsichtlich ihrer optischen und sonstigen Eigenschaften bei der Muskelthätigkeit erleidet, durch die aufgestellte Theorie in ungezwungener Weise ihre Erklärung finden. Es beschäftigt sich also dieser zweite Abschnitt wesentlich mit der mikroskopischen Erscheinungsweise der ruhenden und der erregten Muskelfaser, die in der oben erwähnten vorläufigen Mittheilung aus verschiedenen Gründen nur ganz flüchtig berührt werden konnte. Ich bin allerdings der Ansicht, dass, wenn eine Auffassung als eine T h e o r i e der Muskelcontraktion bezeichnet werden soll, dieselbe weit mehr zu leisten hat, als nur für ein bestimmtes halbes Dutzend physiologischer Thatsachen eine Erklärung in gewisse Aussicht zu stellen. Eine Theorie der Muskelcontraktion hat meines Erachtens nicht blos alle mit Sicherheit festgestellten allgemeineren Thatsachen und physiologischen Gesetze, welche das mechanische und thermische Verhalten des Muskels betreffen, zu erklären, sondern vor Allem auch für die verschiedenen histologischen Eigenthümlichkeiten der Muskelfasern und für die Veränderungen, welche die letzteren bei der Muskelerregung hinsichtlich ihrer mikroskopischen Erscheinungsweise erleiden, ein Verständniss zu bieten. Demgemäss kann ich nicht umhin, den Ausführungen des zweiten Abschnittes einiges Gewicht beizulegen.

Die Natur des Gegenstandes und der Umstand, dass es zur Zeit an einer umfassenden Behandlung der biophysikalischen Fragen und Gegenstände, welche als allgemeine Grundlage der Verständigung dienen könnte, völlig fehlt, haben es mit sich gebracht, dass an geeigneten Orten eine Reihe von biophysikalischen Betrachtungen über die Quellung, Osmose, Micelltheorie u. dergl. eingefügt worden ist. Eine weitere Ausführung dieser nur auf das Nothwendigste beschränkten biophysikalischen Betrachtungen muss einer späteren Gelegenheit vorbehalten bleiben.

Wegen der Neuheit der hier vorgetragenen Theorie der Muskelcontraktion und wegen der Ungewohnheit des Lesers, mit den hier zu Grunde gelegten biophysikalischen Anschauungen in so ausgiebiger Weise zu operiren, dürfte das Studium dieses ersten Theiles meiner Schrift einige Geduld erfordern. Man wird hierin nur eine derjenigen unvermeidlichen Unbequemlichkeiten zu erblicken haben, welche jede neue Theorie, mag sie richtig sein oder nicht, den Vertretern der betreffenden Wissenschaften zunächst bereitet.

Der baldigst nachfolgende zweite Theil der Schrift wird sich zunächst in eingehenderer Weise mit der Zuckung, mit der anhaltenden Muskelzusammenziehung, mit den specielleren Gesetzen der Arbeitsleistung des Muskels und mit den Beziehungen zwischen Wärmebildung und mechanischer Arbeitsleistung des Muskels beschäftigen. Ferner werden die Ermüdung und die Erholung des Muskels und ihre Gesetze zum Gegenstande eingehender Untersuchungen gemacht werden. Ausserdem wird der Muskelstarre und den Wirkungen, welche eine Aenderung der äusseren Temperatur im Muskel hat, je ein besonderer Abschnitt gewidmet werden. Der letzte Abschnitt wird eine vergleichende Uebersicht über die verschiedenen Muskelarten sowie eine Erörterung der Beziehungen enthalten, in denen der Muskel zum elektrischen Organe steht, und mit einer Schlussbetrachtung schliessen, in welcher das Verhältniss der Muskelcontraktion zu den sogenannten Protoplasmabewegungen erörtert und überhaupt ein kurzer Ueberblick über die Ursachen der specifischen Bewegungen der lebenden Wesen gegeben wird.

Göttingen, December 1890.

Der Verfasser.

Verzeichniss einiger Abkürzungen, die bei Anführung häufig zu citirender Schriften benutzt worden sind.

Arbeiten aus dem Kieler physiologischen Institut 1868. Herausgegeben von Dr. V. HENSEN. Kiel, 1869. — Arb. a. d. Kieler ph. Instit.

Archiv für Anatomie, Physiologie und wissenschaftliche Medicin, herausgeg. früher von J. MÜLLER, dann von C. B. REICHERT und E. DU BOIS-REYMOND, gegenwärtig als Archiv für Anatomie und Physiologie fortgesetzt von WILH. HIS, WILH. BRAUNE und E. DU BOIS-REYMOND. — Arch. f. A. u. Ph.[1]

BRÜCKE, E., Untersuchungen über den Bau der Muskelfasern mit Hülfe des polarisirten Lichtes, in den Denkschriften der Wiener Akad. der Wissensch., math.-nat. Cl., 15, 1858. — BRÜCKE, a. a. O.[2]

VON EBNER, V., Untersuchungen über die Ursachen der Anisotropie organisirter Substanzen. Leipzig, 1882. — VON EBNER, a. a. O.

ENGELMANN, TH. W., Mikroskopische Untersuchungen über die quergestreifte Muskelsubstanz, erster Artikel, in Pflüger's Arch., 7, 1873, S. 33 ff. — ENGELMANN, 1.

——, Mikroskopische Untersuchungen über die quergestreifte Muskelsubstanz, zweiter Artikel, ebenda, S. 155 ff. — ENGELMANN, 2.

——, Contraktilität und Doppelbrechung, in Pflüger's Arch., 11, 1875, S. 492 ff. — ENGELMANN, 3.

——, Neue Untersuchungen über die mikroskopischen Vorgänge bei der Muskelcontraktion, in Pflüger's Arch., 18, 1878, S. 1 ff. — ENGELMANN, 4.

——, Mikrometrische Untersuchungen an contrahirten Muskelfasern, in Pflüger's Arch., 23, 1880, S. 571 ff. — ENGELMANN, 5.

——, Ueber den faserigen Bau der contraktilen Substanzen, mit besonderer Berücksichtigung der glatten und doppelt schräggestreiften Muskelfasern, in Pflüger's Arch., 25, 1881, S. 538 ff. — ENGELMANN, 6.

---

[1] Wo nicht ausdrücklich die anatomische Abtheilung des Archives für Anatomie und Physiologie genannt ist, ist stets die physiologische Abtheilung dieses Archives gemeint. Die für die übrigen wissenschaftlichen Zeitschriften benutzten Abkürzungen scheinen uns einer besonderen Erläuterung nicht erst zu bedürfen.

[2] Bei Citirung von Sitzungsberichten wissenschaftlicher Akademien u. dergl. ist stets als selbstverständlich betrachtet worden, dass nur die mathematisch-naturwissenschaftliche Classe oder Abtheilung der betreffenden Körperschaft in Frage komme.

Engelmann, Th. W., Bemerkungen zu einem Aufsatz von F. Merkel „über die Contraktion der gestreiften Muskelfaser", in Pflüger's Arch., 26, 1881, S. 501 ff. — Engelmann, 7.

——, Ueber den Bau der quergestreiften Substanz an den Enden der Muskelfasern, ebenda, S. 531 ff. — Engelmann, 8.

——, Ueber Bau, Contraktion und Innervation der quergestreiften Muskelfasern, in Congrès périodique international des sciences médicales. 6. session. Amsterdam, Septembre, 1879. Compte-rendu, Amsterdam, 1880, S. 562 ff. — Engelmann, 9.

Kölliker, A., Handbuch der Gewebelehre des Menschen. 6. Auflage. Erster Band. — Kölliker, a. a. O.

Krause, W., Die motorischen Endplatten der quergestreiften Muskelfasern. Hannover, 1869. — Krause, a. a. O.

Krukenberg, C. Fr. W., Grundzüge einer vergleichenden Physiologie der contraktilen Gewebe. Heidelberg, 1886. — Krukenberg, a. a. O.

Sitzungsberichte der königl. bayr. Akademie der Wissenschaften zu München. — Münch. Ber.

Nasse, O., Zur Anatomie und Physiologie der quergestreiften Muskelsubstanz. Leipzig, 1882. — Nasse, a. a. O.

Ranvier, L., Technisches Lehrbuch der Histologie. Uebersetzt von W. Nicati und H. von Wyss. Leipzig, 1888. — Ranvier, a. a. O.

Rollett, A., Untersuchungen über den Bau der quergestreiften Muskelfasern. 1. Theil, in dem 49. Bande der Denkschriften der math.-nat. Cl. der k. Akad. d. Wiss. zu Wien, 1885, S. 81 ff. — Rollett, 1.

——, Untersuchungen über den Bau der quergestreiften Muskelfasern. 2 Theil, in dem 51. Bande der Denkschriften der math.-nat. Cl. der k. Akad. der Wiss. zu Wien, 1885, S. 23 ff. — Rollett, 2.

——, Beiträge zur Physiologie der Muskeln, in dem 53. Bande der Denkschriften der math.-nat. Classe der k. Akademie der Wiss. zu Wien, 1887, S. 193 ff. — Rollett, 3.

——, Ueber die Flossenmuskeln des Seepferdchens (Hippocampus antiquorum) und über Muskelstruktur im Allgemeinen, im Arch. f. mikrosk. Anat., 32, 1888, S. 233 ff. — Rollett, 4.

——, Anatomische und physiologische Bemerkungen über die Muskeln der Fledermäuse, in den Sitzungsber. d. k. Akad. d. Wiss. zu Wien, 98. Bd., 1889, 3. Abth., S. 169 ff. — Rollett, 5.

Sitzungsberichte der mathematisch-naturwissenschaftlichen Classe der k. Akademie der Wissenschaften zu Wien. — Wien. Ber.

Inhalt.

Erster Abschnitt.

Allgemeine Darlegung der Kräfte, welche bei der Muskelcontraktion wirksam sind.

Zweiter Abschnitt.

Die mikroskopische Erscheinungsweise der ruhenden und der thätigen Muskelfaser.

Erstes Capitel.

Näheres über die verschiedenen Bestandtheile der Muskelfaser.

Zweites Capitel.

Von der feineren Struktur und Gliederung der quergestreiften Muskelfaser und von der Bedeutung ihrer verschiedenen Struktur- und Gliederungseigenthümlichkeiten.

Drittes Capitel.

Von den Veränderungen, welche die verschiedenen Abschnitte des Muskelfaches und die verschiedenen Theile des Fasergerüstes bei der Contraktion hinsichtlich ihres Volumens, ihrer Form, ihres optischen Verhaltens und anderer Eigenschaften erfahren.

Viertes Capitel.

Die Anisotropie des Muskels, ihre Veränderungen und ihre Bedeutung.

Erster Abschnitt.

Allgemeine Darlegung der Kräfte, welche bei der Muskelcontraktion wirksam sind.

§ 1.

In diesem einführenden Abschnitte sollen die Kräfte, welche bei der Muskelcontraktion wirksam sind, angegeben und hinsichtlich der Gesetze, denen ihre Wirksamkeit unterliegt, näher erörtert werden. Zu diesem Zwecke genügt es, sich von der Struktur der Muskelfaser — und zwar haben wir hier zunächst nur die quergestreifte Muskelfaser vor Augen — vorläufig folgendes Bild zu entwerfen. Das Innere des Sarkolemmaschlauches wird ausgefüllt einerseits von dem Fasergerüste und andererseits von dem Muskelsafte. Das Fasergerüst besteht aus den Disdiaklasten, den Längsbälkchen und den Querbälkchen. Die Disdiaklasten befinden sich, mit ihren Axen annähernd im Sinne der Längsrichtung der Faser orientirt, in den anisotropen Scheiben des Muskelfaches. Jede anisotrope Scheibe ist der Sitz einer Quercolonne von Disdiaklasten,[1] die sich sämmtlich in derselben Höhe des Muskelfaches mit annähernd parallelen Axen befinden. Die Disdiaklasten jeder einzelnen Quercolonne stehen durch Querbälkchen in Verbindung mit einander und bilden mit diesen zusammen ein Querbälkchensystem, das in seinen Randtheilen mit dem Sarkolemma in Verbindung steht. In den Knotenpunkten jedes Querbälkchensystemes sind also die Disdiaklasten eingefügt, welche die Anisotropie der betreffenden Scheibe

[1] Wie leicht ersichtlich, weichen wir hier in der Anwendung des Ausdruckes „Disdiaklast“ von Brücke ab. Was wir hier als einen Disdiaklasten bezeichnen, ist nach Brücke eine ganze Gruppe der von ihm als Disdiaklasten bezeichneten kleinen doppelbrechenden Körperchen. Da für diese letzteren, kleinen Körperchen gegenwärtig der allgemein eingebürgerte Ausdruck „Micell“ zur Verfügung steht, so schien es uns zweckdienlich, die Bezeichnung „Disdiaklast“ auf jene einheitlich fungirenden Gruppen dieser Körperchen anzuwenden.

des Muskelfaches bedingen. In der Längsrichtung der Faser sind die Disdiaklasten durch die Längsbälkchen mit einander verknüpft. In Verbindung mit diesen bilden sie die sog. Fibrillen, deren jede, aus abwechselnden Längsbälkchen und Disdiaklasten bestehend, das Faserinnere in der Längsrichtung durchzieht, indem sie an den beiden Faserenden eine feste Anknüpfung besitzt. Man kann also auch sagen, dass das Fasergerüst als Bestandtheile einschliesse einerseits die Querbälkchensysteme, welche sich in der Höhe der anisotropen Scheiben befinden und in ihren Knotenpunkten die Disdiaklasten enthalten', und andererseits die Fibrillen, welche, das Faserinnere in der Längsrichtung durchziehend, die Querbälkchensysteme in ihren Knotenpunkten durchsetzen und an eben diesen Punkten die Disdiaklasten gleichfalls als Bestandtheile in sich enthalten. Die von dem Fasergerüste übrig gelassenen Räume des Sarkolemmaschlauches werden von dem Muskelsafte ausgefüllt, welcher zu einem Theile die Funktion hat, als Substrat des wärmebildenden Erregungsprocesses zu dienen, der sich bei der Muskelthätigkeit abspielt, zu einem anderen Theile aber (insbesondere in den die Muskelkerne einschliessenden Partien) im Wesentlichen trophische Bedeutung besitzt, der Ernährung der Muskelfaser und der Ansammlung von Reservestoffen in derselben dient.

So viel zunächst über den so zu sagen schematischen Bau der Muskelfaser. Die erforderlichen Ergänzungen und Modificationen dieser Darstellung, welche sich beziehen auf die Gliederung des Faserinneren zu Muskelsäulchen, auf die verschiedene Struktur, welche die Bestandtheile des Fasergerüstes in verschiedenen Abtheilungen des Muskelfaches zeigen, u. A. m., werden späterhin an den geeigneten Orten in eingehender Weise gegeben werden.[1] Von der Entstehung der Muskelcontraktion nun hat man sich folgende Anschauungen zu bilden.

Sache des Stoffwechsels ist es zunächst, Kraftvorräthe in Gestalt chemischer Spannkraft im Muskel anzuhäufen. Der auf den Muskel direkt oder indirekt einwirkende Reiz dient dazu, einen Theil dieser chemischen Spannkraft in Wärme umzuwandeln. Eine Wirkung der so entstandenen Wärmebildung ist es, den Muskel in den Zustand der Contraktion zu versetzen, und zwar kommt diese contrahirende

[1] Vorläufig mag hier bemerkt werden, dass es mit unserer Contraktionstheorie sich durchaus vertragen würde, wenn man an Stelle der obigen Querbälkchen vielmehr Quermembranen setzen würde, deren jede den von einer Quercolonne von Disdiaklasten freigelassenen Raum eines Faserquerschnittes völlig einnehme. Auch würde es nichts zur Sache thun, wenn man die von uns als Querbälkchen bezeichneten Gebilde lieber als „verdichtetes Sarkoplasma" bezeichnen oder sonstwie benennen würde. Näheres hierüber in §§ 38—40.

Wirksamkeit der Erhöhung der Muskeltemperatur durch die Pyroelektricität der Disdiaklasten zu Stande. Wie die neueren physikalischen Untersuchungen, insbesondere die Versuche HANKEL's, ergeben haben, ist die Pyroelektricität eine allgemeine Eigenschaft aller Krystalle, welche einem Systeme mit ungleichwerthigen krystallographischen Axen angehören und die Elektricität hinlänglich zu isoliren vermögen. Demgemäss müssen wir auch den in das reguläre System nicht einzuordnenden Disdiaklasten bei vor sich gehenden Aenderungen der Muskeltemperatur ein bestimmtes Verhalten in Hinsicht der Pyroelektricität zuschreiben. Und zwar nehmen wir nun an, erstens, dass die elektrische Leitungsfähigkeit der Disdiaklasten nicht gross genug ist, um bei einer sehr schnellen Aenderung der Temperatur der Disdiaklasten eine wirksame elektrische Ladung derselben verhindern zu können, und zweitens, dass die Disdiaklasten polar-pyroelektrisch sind wie die Krystalle des Turmalins, des Zuckers, der Weinsäure u. a. m., d. h., dass sie bei jeder Temperaturänderung an ihren beiden Polen entgegengesetzt elektrisch geladen werden, nämlich an dem einen, sog. analogen, Pole bei der Erwärmung positiv und bei der Abkühlung negativ elektrisch werden, an dem anderen, sog. antilogen, Pole aber umgekehrt. Wenn auch die elektrische Leitungsfähigkeit der Disdiaklasten, wie soeben bemerkt, keineswegs genügt, um bei einer sehr schnell sich vollziehenden Temperaturänderung der Disdiaklasten eine wirksame elektrische Ladung derselben zu verhindern, so besitzt sie doch immerhin einen ziemlichen Werth und ist bedeutend grösser als die Leitungsfähigkeit der Umgebung der Disdiaklasten.[1] Die elektrische Ladung, welche die Disdiaklasten bei einer Steigerung ihrer Temperatur erfahren, wird also diese Temperaturzunahme im Allgemeinen nicht beträchtlich überdauern, und zwar werden sich die an den Polen der Disdiaklasten angesammelten entgegengesetzten Elektricitäten im Wesentlichen nicht durch die Umgebung der Disdiaklasten, sondern durch die Substanz derselben selbst hindurch ausgleichen.

Hinsichtlich der Stellung ihrer Axen sind die Disdiaklasten jeder Faser so orientirt, dass sie ihre gleichnamigen elektrischen Pole sämmtlich nach demselben Ende der Faser hinwenden und mithin zwei benachbarte Quercolonnen sich gegenseitig ungleichnamige Pole zukehren. Wird also durch einen Reiz eine plötzliche Wärmebildung im Muskel

[1] Die elektrische Leitungsfähigkeit der nächsten Umgebung der Disdiaklasten ist natürlich nicht ohne Weiteres nach der Leitungsfähigkeit des Gesammtmuskels zu bemessen, da die letztere ausser von der Leitungsfähigkeit des Faserinhaltes auch noch von derjenigen des Sarkolemmas, des Perimysiums u. s. w. abhängt.

hervorgerufen, so werden, so lange die Temperatursteigerung andauert, die Disdiaklasten an ihren analogen Polen mit positiver und an ihren antilogen Polen mit negativer Elektricität geladen, und die auf solchem Wege entstandenen elektrischen Kräfte werden offenbar in dreifacher Hinsicht die Stellungen der Disdiaklasten zu verändern streben. Erstens ziehen sich benachbarte Quercolonnen in der Längsrichtung der Faser (in der sog. axialen Richtung) gegenseitig an, da die Pole, welche sie sich gegenseitig zukehren, dem Bemerkten gemäss bei jeder Temperaturänderung mit entgegengesetzten Elektricitäten geladen werden. Zweitens stossen sich die einzelnen Disdiaklasten jeder Quercolonne in queren Richtungen der Muskelfaser gegenseitig ab. Endlich drittens muss sowohl in Folge dieser Abstossungen als auch in Folge jener Anziehungen eine Tendenz entstehen, die Desorientirungswinkel der Disdiaklasten (d. h. die Winkel, um welche dieselben von einer genauen Orientirung im Sinne der Längsrichtung der Faser etwa abweichen) zu verringern. Von diesen drei aus der elektrischen Ladung der Disdiaklasten entspringenden Kräftewirkungen müssen die beiden erstgenannten nothwendig zu einer Verkürzung der Faser in axialer Richtung und Verdickung derselben in den radialen Richtungen führen.[1]

§ 2.

Wenn sich ein Muskel von seiner natürlichen Ruhelänge aus verkürzt, so haben die contrahirenden Kräfte, welche von den Disdiaklasten ausgehen, bei der Contraktion fortwährend gewisse, von den festen Bestandtheilen des Muskels selbst ausgehende Gegenkräfte zu überwinden, die umso beträchtlicher sind, je weiter die Contraktion bereits fortgeschritten ist. Die Hauptträger dieser inneren Widerstände sind die Quer- und Längsbälkchen, die in Folge ihrer Elasticität jeder Stellungsänderung der Disdiaklasten entgegenwirken, und zwar in umso höherem Grade, je mehr verkürzt der Muskel bereits ist. Ausser der Elasticität der Quer- und Längsbälkchen kommen hier aber auch noch mancherlei andere Faktoren in Betracht, vor Allem die Elasticität des Sarkolemmas, ferner die Elasticität des von elastischen Fasern vielfach durchsetzten Perimysiums, der Druck, den die einzelnen Fasern eines Muskels, namentlich eines nicht parallelfaserigen Muskels, bei ihrer

[1] In §§ 18 und 19 werden die hier zu Grunde gelegten Anschauungen hinsichtlich des elektrischen Verhaltens und der contrahirenden Wirksamkeit der Disdiaklasten eine gewisse Vertiefung und Modification erfahren. Um jedoch in diesem einleitenden Abschnitt umständlichere, zur Aufgabe desselben nicht unbedingt gehörige Auseinandersetzungen zu vermeiden, empfiehlt es sich, zunächst bei der hier zu Grunde gelegten einfacheren Anschauungsweise stehen zu bleiben.

Contraktion in steigendem Masse auf einander ausüben,[1] u. A. m. Alle diese von den eigenen Bestandtheilen des Muskels ausgehenden Gegenkräfte, welche die contrahirenden Kräfte der Disdiaklasten bei der Contraktion zu überwinden haben, fassen wir kurz unter der Bezeichnung des inneren Contraktionswiderstandes zusammen.

Wenn die vorhandene Länge des Muskels in Folge eingetretener Belastung die natürliche Ruhelänge desselben übertrifft, so kommt an Stelle des inneren Contraktionswiderstandes vielmehr der innere Dehnungswiderstand in Betracht, d. h. die Summe der von den eigenen Bestandtheilen des Muskels ausgehenden, auf der Elasticität des Fasergerüstes, des Sarkolemmas, des Perimysiums u. s. w. beruhenden Kräfte, mit denen der Muskel der Dehnung durch die Last entgegenwirkt. Nehmen wir an, es werde ein belasteter Muskel, der sich mit seiner Last in Gleichgewicht gesetzt hat, in dem also der innere Dehnungswiderstand gleich der Zugkraft der Last geworden ist, durch einen Reiz erregt, so werden die auftretenden contrahirenden Kräfte der Disdiaklasten sich zunächst gewissermassen wie eine Verstärkung des inneren Dehnungswiderstandes geltend machen und gemeinsam mit demselben im Sinne einer Verkürzung des Muskels wirken. Während der so zu Stande kommenden Contraktion nimmt aber der innere Dehnungswiderstand fortwährend ab, bis er zuletzt, wenn der sich verkürzende Muskel seine natürliche Ruhelänge erreicht, gleich Null wird und bei noch weiter fortschreitender Verkürzung dem im entgegengesetzten Sinne wirkenden inneren Contraktionswiderstande Platz macht. Fassen wir also diesen Contraktionswiderstand und jenen Dehnungswiderstand unter der gemeinsamen Bezeichnung des inneren Deformationswiderstandes zusammen, so können wir ganz allgemein behaupten, dass der innere Deformationswiderstand im Sinne einer Verringerung oder Vergrösserung der vorhandenen Muskellänge wirksam sei, je nachdem die letztere grösser oder kleiner als die natürliche Ruhelänge sei, und dass die Aenderung, welche der innere Deformationswiderstand bei einer, von einem beliebigen Längenwerthe des Muskels ausgehenden, Verkürzung des Muskels erfahre, stets einer Abnahme der contrahirenden Kräfte der Disdiaklasten äquivalent sei, hingegen diejenige Aenderung, welche der innere Deformationswiderstand bei einer

[1] Aus diesem Drucke, den die Muskelfasern bei ihrer Contraktion auf einander sowie auf die anderen Bestandtheile des Muskels ausüben, erklärt sich der namentlich auch von Brücke (a. a. O. S. 78) hervorgehobene Umstand, dass der Muskel bei seiner Contraktion den Eindruck zunehmender Härte und abnehmender Verschiebbarkeit seiner Theile gegen einander macht.

Zunahme der Muskellänge erfahre, stets einer Steigerung der contrahirenden Kräfte der Disdiaklasten gleichwerthig sei.

Näheres über den Begriff und das Verhalten des inneren Deformationswiderstandes folgt in § 10.

§ 3.

Die Kraft, mit welcher die Disdiaklasten in einem gegebenen Zeitpunkte im Sinne einer Contraktion des Muskels wirksam sind, bestimmt sich natürlich nicht blos nach der Quantität ihrer vorhandenen elektrischen Ladung, sondern auch nach ihren gegenseitigen Entfernungen und den Stellungen ihrer Axen. Denn die elektrischen Kräfte, mit denen die Disdiaklasten auf einander wirken, nehmen sehr schnell bei Vergrösserung ihrer gegenseitigen Entfernungen ab; und je geringer die Desorientirungswinkel der Disdiaklasten sind, in desto höherem Masse werden ihre elektrischen Kräfte (bei gleichen Abständen ihrer Schwerpunkte) sich im Sinne einer Verkürzung und Verdickung der Faser geltend machen. Hinsichtlich des Einflusses der gegenseitigen Entfernungen der Disdiaklasten auf die contrahirende Wirksamkeit derselben ist Folgendes zu beachten. Denken wir uns den Muskel von irgend einem Anfangszustande aus durch Dehnung verlängert, so entfernen sich die verschiedenen Quercolonnen der Disdiaklasten in axialer Richtung von einander, während die einzelnen Disdiaklasten jeder Quercolonne, entsprechend der eintretenden Abnahme des Muskelquerschnitts, einander genähert werden. Verkürzt sich hingegen der Muskel, so nähern sich umgekehrt die Disdiaklasten einander in der axialen Richtung und entfernen sich von einander in den queren Richtungen. Je geringer also die Länge des Muskels ist, desto günstiger sind bei gegebener elektrischer Ladung der Disdiaklasten die gegenseitigen Entfernungen derselben für die Anziehung, welche die Disdiaklasten in der axialen Richtung auf einander ausüben, und desto ungünstiger sind die gegenseitigen Abstände der Disdiaklasten für die abstossenden Kräfte, mit denen dieselben in queren Richtungen auf einander wirken. Nun beruht die gesammte Wirksamkeit, welche die Disdiaklasten im Sinne einer Contraktion entfalten, auf jenen beiden Kraftwirkungen, der Anziehung in der Längsrichtung und der Abstossung in den Querrichtungen der Faser. Setzen wir also den Fall, dass der Muskel bei gleichbleibender elektrischer Ladung seiner Disdiaklasten eine Aenderung seiner Länge erfahre, so erhebt sich die Frage, welcher Einfluss dieser Längenänderung der überwiegende sei, ob derjenige Einfluss, den sie auf die in der axialen Richtung wirksamen gegenseitigen Anziehungen der Disdiaklasten ausübt, oder derjenige, den sie auf die in den Querrichtungen stattfindenden gegenseitigen Abstossungen derselben ausübt, der mächtigere sei. Diese Frage ist dahin zu beantworten, dass stets der erstere dieser beiden Einflüsse der überwiegende ist. Gewisse späterhin anzuführende Thatsachen weisen mit Bestimmtheit darauf hin,[1] dass die Stärke, mit welcher die Disdiaklasten in einem gegebenen Zeitpunkte sich im Sinne einer Contraktion der Faser geltend machen, bei gleicher elektrischer Ladung derselben umso grösser ist, je weniger gedehnt oder je mehr verkürzt die Faser in diesem Zeitpunkte ist. Die Bedeutung dieses Verhaltens liegt auf der Hand. Sie besteht darin, dass die contrahirende Kraft der Disdiaklasten gerade bei den höheren Verkürzungsgraden des Muskels, wo der innere Contraktionswiderstand bedeutendere Werthe annimmt, durch die Abstandsverhältnisse der Disdiaklasten eine gewisse Förderung erfährt.

Es empfiehlt sich, gleich hier eine auf das Vorstehende bezügliche kurze Ausdrucksweise einzuführen. Wir wollen die Art und Weise, wie sich in einem gegebenen Zeitpunkte der vorhandenen Form des Mus-

---

[1] Falls sichere numerische Angaben über die Dimensionen der Disdiaklasten und ihre Entfernungen von einander vorlägen, könnte man natürlich auch auf rein theoretischem Wege die Beantwortung der hier aufgeworfenen Frage in Angriff nehmen. Leider fehlen aber zur Zeit noch die hierzu erforderlichen Daten, namentlich diejenigen, welche die Dicke der Disdiaklasten und ihre gegenseitigen Abstände in den Querrichtungen der Muskelfaser betreffen. Da sich überdies jene Frage auf Grund gewisser Versuchsthatsachen mit voller Sicherheit beantworten lässt, so hat es vollends keinen Zweck, auf Grund unzureichender Unterlagen in eine umständliche mathematische Erörterung jener Frage einzutreten. Nur auf folgenden Umstand möge hier kurz hingewiesen werden. Wenn sich der Längsdurchmesser einer Muskelfaser in einem bestimmten Verhältnisse verkürzt, so vergrössert sich der Querdurchmesser nicht in demselben, sondern in einem erheblich geringeren Verhältnisse. Sehen wir z. B., um die Betrachtung zu vereinfachen, die Muskelfaser als einen Cylinder an, der bei Verringerung seiner Höhe gleichzeitig den Durchmesser seiner Grundfläche so vergrössert, dass sein Volumen constant bleibt, so wird dann, wenn die Höhe h auf $\frac{h}{n}$, wo $n > 1$, verringert wird, der Durchmesser d nicht $= n \cdot d$, sondern nur $= \sqrt{n \cdot d}$ werden. Es werden also bei einer Contraktion die Abstände der Disdiaklasten in den queren Richtungen in beträchtlich geringerem Verhältnisse zunehmen, als sie in der Längsrichtung abnehmen. Schon hiernach würde es nahe liegen, zunächst wenigstens versuchsweise die Vermuthung zu Grunde zu legen, dass bei einer Contraktion des Muskels die eintretende Begünstigung der in der axialen Richtung wirksamen gegenseitigen Anziehungen der Disdiaklasten über die gleichzeitig eintretende Beeinträchtigung der in den Querrichtungen stattfindenden gegenseitigen Abstossungen der Disdiaklasten überwiege.

kels entsprechend die Disdiaklasten hinsichtlich ihrer gegenseitigen Abstände verhalten, kurz als das in dem betreffenden Zeitpunkte vorhandene taktische Verhalten der Disdiaklasten bezeichnen. Dieser Ausdrucksweise uns bedienend können wir in Hinblick auf das im Vorstehenden Bemerkte kurz sagen, dass die stattfindende Aenderung des taktischen Verhaltens der Disdiaklasten bei einer Dehnung des Muskels die contrahirende Wirksamkeit der Disdiaklasten schmälert, bei einer Verkürzung des Muskels hingegen fördert.

§ 4.

Im Bisherigen ist eine wichtige Thatsache noch nicht berücksichtigt, nämlich die, dass die Quer- und Längsbälkchen des Fasergerüstes durchfeuchtete Gebilde sind.[1] Aus der Durchfeuchtung dieser Theile folgt zunächst, dass sich der Muskelsaft sowohl bei Ruhe als auch bei Thätigkeit der Muskelfaser in zwei wesentlich verschiedenen Arten von Hohl- oder Zwischenräumen des Faserinneren vorfindet. Ein Theil des Muskelsaftes füllt als imbibirte Flüssigkeit feinere Zwischenräume aus, durch welche die festen Moleküle oder Molekülgruppen der durchfeuchteten Theile des Fasergerüstes von einander getrennt sind. Der andere Theil des Muskelsaftes erfüllt umfangreichere Zwischenräume, nämlich den gesammten Hohlraum des Sarkolemmaschlauches, soweit er nicht von den verschiedenen Theilen des Fasergerüstes eingenommen ist. Wir wollen den Muskelsaft, je nachdem er sich in einem Zwischenraume der ersteren oder der letzteren Art befindet, kurz als gebundenen oder freien Muskelsaft bezeichnen. Für die feineren, von festen Molekülen oder Molekülgruppen des Fasergerüstes gebildeten Zwischenräume, innerhalb deren sich der gebundene Saft im Zustande einer imbibirten Flüssigkeit befindet, bedarf es einer kurzen, keine unnöthigen Voraussetzungen einschliessenden Bezeichnung. Wir werden sie einfach als Poren des Fasergerüstes bezeichnen und sie als solche jenen umfangreicheren Zwischenräumen, die wir kurz als die Hohlräume des Faserinneren bezeichnen, gegenüberstellen. Durch den Ausdruck „Poren" darf man sich in der Vorstellung nicht beschränken lassen. Die Poren, die bei der Quellung eines Körpers sich mit Flüssigkeit erfüllen, sind nicht nur einzelne feine Canäle, die durch den Körper hindurchführen, sondern können z. B. Zwischenräume oder Spalten sein, die durch den ganzen Körper hindurchgehen und die einzelnen Schichten von Molekülen oder Molekülgruppen von einander trennen.

[1] Auf die Frage, ob auch die Disdiaklasten durchfeuchtet sind oder nicht, soll erst späterhin (in § 18) eingegangen werden.

Was nun das Wesen der Quellung und den Zustand anbelangt, in dem sich eine bei Quellung eines festen Körpers in die Poren desselben aufgenommene Flüssigkeit befindet, so werden wir eine eingehende Darstellung der Theorie der Quellung und anderer damit zusammenhängender Vorgänge in einer besonderen (im Folgenden kurz unter dem Titel „Ueber die Quellung" angeführten) Abhandlung geben. Vor der Hand werden die folgenden Bemerkungen genügen, bei denen von der Quellung mit Strukturänderung und zahlreichen anderen, mit der Quellung zusammenhängenden oder durch dieselbe bedingten Vorgängen und Veränderungen ausdrücklich abgesehen ist, weil eine nähere Kenntniss derselben für das Verständniss der Ausführungen dieser Schrift nicht unbedingt erforderlich ist.

Wenn ein fester Körper zu einer ihn umspülenden Flüssigkeit Quellungsverwandtschaft besitzt, so benetzt er sich stets mit dieser Flüssigkeit. Es ist also die Adhäsion der umspülenden Flüssigkeit an dem aufquellenden Körper stets stärker als die Cohäsion der Flüssigkeitstheilchen unter einander. In Folge dessen steht jedes unmittelbar vor einer Pore des Körpers befindliche Flüssigkeitsmolekül unter dem Einflusse einer resultirenden Kraft, der sog. Quellkraft, welche dasselbe in die Pore hineinzutreiben strebt. Ebenso jedoch wie der feste Körper einer Erweiterung seiner Poren durch eine dehnende Aussenkraft einen mit der vorhandenen Dehnung wachsenden Elasticitätswiderstand entgegenstellt, so hat auch jedes unter dem Einflusse der Quellkraft in eine Pore eindringende und dieselbe erweiternde Flüssigkeitsmolekül bei diesem Eindringen einen bestimmten Elasticitätswiderstand, den sog. Quellungswiderstand, seitens des festen Körpers zu überwinden; und jedes in eine Pore bereits eingedrungene Flüssigkeitsmolekül steht in Folge der Elasticität des Körpers jederzeit unter dem Einflusse eines Druckes, der umso grösser ist, je mehr die Pore an der betreffenden Stelle durch die eingedrungenen Flüssigkeitstheilchen bereits erweitert ist. Dieser für den Vorgang der Quellung und das Verhalten der gequollenen Körper in vielfacher Hinsicht wichtige Druck, den die Moleküle des festen Körpers in Folge der Elasticität des letzteren auf die imbibirte Flüssigkeit ausüben, und der andererseits auch von letzterer als Gegenwirkung auf die Porenwandungen ausgeübt wird, möge kurz als der Imbibitionsdruck bezeichnet werden. Sind zwei an einander angrenzende Querschnitte einer Pore in verschiedenem Grade erweitert und mit Flüssigkeit erfüllt, und steht demgemäss die Flüssigkeit in dem einen (mehr erweiterten) Querschnitt unter einem höheren Drucke als in dem anderen Querschnitte, so wird diese Druckdifferenz selbstverständlich dahin wirken, dass Flüssigkeit aus dem weiteren und flüssigkeithaltigeren Querschnitte in den anderen, engeren und weniger flüssigkeithaltigen Querschnitt überfliesst. Ist also in Folge der Wirksamkeit der Quellkraft eine gewisse Flüssigkeitsmenge in die Eingänge der Körperporen eingedrungen, so wird es eine nothwendige Folge des Vorhandenseins des Imbibitionsdruckes sein, dass die Poreneingänge zunächst fortwährend einen Theil der von ihnen aufgenommenen Flüssigkeit an die weiter nach innen gelegenen, noch gar nicht oder nur in geringerem Grade mit Flüssigkeit erfüllten Theile abgeben,[1] und dass überhaupt der anfänglich innerhalb jeder Pore in der Richtung nach der Porentiefe hin bestehende Abfall des Flüssigkeitsgehaltes und Imbibitionsdruckes immer mehr ausgeglichen wird, bis zuletzt nach Eintritt des stabilen Zustandes des erreichten Quellungsmaximums alle Querschnitte einer Pore dieselbe Weite besitzen und auch in allen Querschnitten ganz dieselbe Höhe des Imbibitionsdruckes der eingeschlossenen Flüssigkeit besteht.[2]

Was jenes stabile Endstadium des erreichten Quellungsmaximums anbelangt, so erklärt sich der Eintritt desselben, soweit überhaupt nicht die Quellung mit einer schliesslichen Auflösung des gequollenen Körpers endet, einfach in folgender Weise. Wie der Imbibitionsdruck, unter dem die in die Poren aufgenommene Flüssigkeit steht, zunächst fortwährend einen Theil dieser Flüssigkeit in die weiter nach innen gelegenen, weniger flüssigkeithaltigen Porentheile einzutreiben strebt, so muss derselbe an und für sich auch fortwährend in dem Sinne wirken, einen Theil der imbibirten Flüssigkeit wieder in den Aussenraum hinauszupressen. Diese letztere Tendenz wird nun zunächst durch den entgegengesetzten Einfluss der Quellkraft auf die in und vor den Poreneingängen befindlichen Flüssigkeitstheilchen überboten. Es wird also zunächst trotz des in den Poreneingängen bereits bestehenden Imbibitionsdruckes in Folge der Wirksamkeit der Quellkraft die imbibirte Flüssigkeit immer noch weiter zunehmen, indem sie sich zugleich dem oben Bemerkten gemäss in Folge des Einflusses des Imbibitionsdruckes in immer gleichmässigerer Vertheilung auch über die der Tiefe des Körpers angehörigen Porentheile verbreitet. Je mehr sich

[1] Neben dem nach der Porentiefe hin gerichteten Gefälle des Imbibitionsdruckes wirkt noch ein zweiter Faktor dahin, dass sich die in die Poreneingänge aufgenommene Flüssigkeit nach den inneren Porentheilen weiterverbreitet. Da indessen dieser zweite Faktor weniger wichtig ist, so ist hier von demselben ganz abgesehen worden. —

[2] Hier ist vorausgesetzt, dass der quellende Körper eine völlig homogene Beschaffenheit besitzt, so dass die Wandungen einer Pore in ihrem ganzen Verlaufe die gleiche Struktur besitzen.

aber die Poren erweitern, und je höher dementsprechend innerhalb derselben der Imbibitionsdruck steigt, je geringer also das Uebergewicht des Einflusses der Quellkraft über den Einfluss des Imbibitionsdruckes wird, desto kleiner wird selbstverständlich die Flüssigkeitsmenge, die innerhalb des Zeitelementes durch die Quellkraft in die Poren eingeführt wird; und schliesslich muss ein Zustand eintreten, wo sich der Imbibitionsdruck und die Quellkraft gegenseitig gerade das Gleichgewicht halten, wo jedes weitere Wachsthum des Imbibitionsdruckes von einem Ausfliessen von Flüssigkeit aus der Pore begleitet sein würde und mithin das Quellungsmaximum erreicht ist.

Dieser Zustand des erreichten Quellungsmaximums wird umso eher sich herstellen, weil bei Zunahme der Weite und des Flüssigkeitsgehaltes der Poren ausser der Steigerung des Imbibitionsdruckes auch noch folgender Umstand sich geltend macht. Wie alle Molekularkräfte nehmen auch die Adhäsionskräfte, welche die Körpermoleküle auf die Flüssigkeitstheilchen ausüben, sehr schnell bei wachsender Entfernung ab. Je mehr sich daher die Poren erweitern und mit Flüssigkeit erfüllen, einen desto geringeren Werth muss die Quellkraft für die in und vor den Poreneingängen befindlichen Flüssigkeitsmoleküle besitzen, weil sich bei wachsender Porenweite nothwendig die Zahl der Körpermoleküle verringert, deren Anziehungen ein Flüssigkeitsmolekül, das sich vor oder in einem Poreneingange befindet, in erheblicherem Masse unterliegt, und überhaupt im Allgemeinen die Abstände grösser werden, welche ein solches Flüssigkeitsmolekül von den mit ihren Adhäsionskräften auf dasselbe wirkenden Körpermolekülen trennen. Allerdings ist nicht zu übersehen, dass auch die bereits weiter in eine Pore eingedrungenen Flüssigkeitstheilchen eine nach der Tiefe der Pore gerichtete Anziehung auf die Flüssigkeitsmoleküle ausüben, welche innerhalb des Poreneinganges oder unmittelbar vor demselben sich befinden. Allein da, wie oben gesehen, im Falle einer Aufquellung die Anziehung zwischen den Theilchen des festen Körpers und den Flüssigkeitstheilchen stets stärker ist als die Anziehung der Flüssigkeitstheilchen unter einander, so kann der Umstand, dass bei wachsender Porenweite die Anziehung abnimmt, welche die benachbarten Körpertheilchen auf die in und vor dem Poreneingange befindlichen Flüssigkeitsmoleküle ausüben, nicht dadurch ganz compensirt werden, dass gleichzeitig mit der Porenweite und imbibirten Flüssigkeitsmenge auch die Anziehung wächst, welche die weiter in die Pore eingedrungene Flüssigkeit auf die nach aussen hin angrenzenden Flüssigkeitstheilchen ausübt. Es nimmt also bei wachsender Porenweite der Werth, den die Quellkraft für die in und vor den Poreneingängen befindlichen Flüssigkeitsmoleküle besitzt, ab, und es wird mithin, in Folge der schnellen Abnahme, welche die zwischen Körpermolekül und Flüssigkeitsmolekül wirkende Adhäsionskraft bei wachsender Entfernung erleidet, der Punkt des Quellungsmaximums, wo sich der Imbibitionsdruck und die Quellkraft in ihrem Einflusse auf die in den Poreneingängen befindliche Flüssigkeit gegenseitig gerade das Gleichgewicht halten, bei einer erheblich geringeren Porenweite erreicht, als unter sonst gleichen Umständen der Fall sein würde, wenn jene Adhäsionskraft bei wachsender Entfernung constant bliebe oder nur langsam abnähme.

§ 5.

Die feste Substanz der Querbälkchen und diejenige der Längsbälkchen sind dem Muskelsafte nicht in gleichem Grade quellungsverwandt, und zwar besitzt die erstere eine viel grössere Quellungsverwandtschaft zum Muskelsafte als die letztere. Die Thatsachen, welche diese Behauptung rechtfertigen und fordern, werden im weiteren Verlaufe dieser Untersuchungen hinlänglich zur Sprache kommen. Hier mag nur Folgendes bemerkt werden. Die Aufquellung eines festen Körpers dient allgemein dazu, die Festigkeit und Elasticität desselben in den Quellungsrichtungen zu vermindern und zwar in umso höherem Grade, je ausgiebiger die Quellung ausfällt. Nun bedarf die Muskelfaser einerseits in ihrer Längsrichtung nothwendig einer gewissen Elasticität und Festigkeit, um den in dieser Richtung wirksamen, auch unter normalen Verhältnissen vorhandenen, dehnenden Kräften einen genügenden Widerstand zu leisten. Andererseits darf die Muskelfaser ihrer Bestimmung und natürlichen Funktion gemäss nicht auch noch solchen Kräften, welche ihren Querschnitt zu vergrössern und die Querbälkchen zu verlängern streben, einen hohen Widerstand entgegenstellen, weil sonst der bei ihrer Contraktion zu überwindende innere Widerstand zu hohe Werthe besitzen würde. Man wird mithin schon von vorn herein auf die Annahme geführt, welche auch durch das Verhalten anderer Gewebe nahe gelegt wird, dass zwar die Querbälkchen in bedeutendem Grade vom Muskelsafte durchtränkt sind, zumal in der Richtung ihrer Längserstreckung,[1] hingegen die Längsbälkchen in Folge anderer innerer Struktur eine solche Durchsaftung nur in weit geringerem Grade besitzen.

Man erkennt leicht, dass eine bedeutende Durchsaftung der Querbälkchen auch insofern zweckmässig ist, als sie die Folge hat, dass die

[1] Die Richtungen der Längserstreckung der Querbälkchen sind natürlich Querrichtungen in Beziehung auf die Muskelfaser.

Muskelfaser bei gleichem Volumen eine grössere Menge von Muskelsaft enthält, als der Fall sein würde, wenn das Fasergerüst in allen seinen Theilen denjenigen geringeren Grad der Durchsaftung besässe, den es in den Längsbälkchen besitzt. Wie sich aus den späteren Ausführungen noch näher ergeben wird, hängt natürlich der Grad und die Ausdauer der Leistungsfähigkeit der Muskelfaser ganz wesentlich mit von der Menge von Muskelsaft ab, die sie in sich enthält. Die Gründe, weshalb die Muskelfaser für ihre normale Funktion der Querbälkchen nicht überhaupt ganz entbehren kann, werden sich unschwer aus den Darlegungen der §§ 13 und 25 entnehmen lassen.

§ 6.

Angenommen nun, es finde in Folge einer Reizung und plötzlichen Wärmebildung des Muskels eine elektrische Ladung der Disdiaklasten statt, so werden, wie wir wissen, die Disdiaklasten jeder Quercolonne sich gegenseitig abstossen und von einander entfernen. Hierbei werden natürlich die Querbälkchen, welche die zu einer und derselben Quercolonne gehörigen Disdiaklasten mit einander verbinden, in den Richtungen ihrer Längserstreckung, d. h. in den Richtungen ihres wesentlichen Quellungsvermögens, gedehnt und mithin zu einer ausgiebigeren Aufnahme von Muskelsaft befähigt werden.[1] Denn wenn ein Körper, der von einer ihm quellungsverwandten Flüssigkeit umspült ist, in einer Quellungsrichtung gedehnt wird, so nimmt seine Fähigkeit der Flüssigkeitsaufnahme in dieser Richtung zu, ebenso wie

[1] Es ist nicht zu übersehen, dass die bei der Contraktion eintretende Dehnung der Querbälkchen und Vergrösserung der gegenseitigen Abstände der zu einer und derselben Quercolonne zugehörigen Disdiaklasten nicht blos in den gegenseitigen Abstossungen der Disdiaklasten jeder Quercolonne ihren Grund hat, sondern ausserdem auch durch die in axialer Richtung stattfindenden gegenseitigen Anziehungen der Disdiaklasten benachbarter Quercolonnen auf indirektem Wege mitbedingt wird. Denn die aus diesen Anziehungen in Folge der Einfügung der Disdiaklasten in das Fasergerüst entspringende Tendenz, die Enden der Muskelfaser einander zu nähern, muss sich in Folge des Umstandes, dass eine solche Annäherung ohne gleichzeitige Vergrösserung des Faserquerschnittes nicht möglich ist, zugleich mit als eine Kraft geltend machen, die im Sinne einer Vergrösserung der Querschnitte der Muskelfaser wirkt. Durch diese letztere Kraftwirkung müssen die mit dem Sarkolemma in Verbindung stehenden Querbälkchen gedehnt und die gegenseitigen Entfernungen der zu einer und derselben Quercolonne zugehörigen Disdiaklasten vergrössert werden. Die beiden Componenten der contrahirenden Wirksamkeit der Disdiaklasten, die wir im Hinblick auf die queren Abstossungen und axialen Anziehungen der Disdiaklasten zu unterscheiden haben, zeigen in jeder Beziehung ein Zusammenwirken und gegenseitiges Unterstützen.

umgekehrt diese Fähigkeit eine Abnahme erfährt, wenn der Körper in der betreffenden Richtung einen Druck erfährt. Es ist die Dehnung eines quellungsfähigen Körpers oder ein Zusammendrücken desselben durch äussere Kräfte ganz äquivalent einer Verminderung, bez. Erhöhung, des Elasticitätswiderstandes, den derselbe der Aufquellung in der Richtung der Dehnung oder des Druckes entgegenstellt. Sobald also die Muskelfaser sich im geringsten Grade contrahirt hat und dementsprechend die Querbälkchen eine Dehnung in ihren Längsrichtungen erfahren haben, so ist sofort auch die Saftcapacität jener Bälkchen in diesen Richtungen gewachsen. Hingegen wird die bei der Contraktion stattfindende Biegung der nur wenig safthaltigen Längsbälkchen einen wesentlichen Einfluss auf das Mengenverhältniss zwischen freiem und gebundenem Muskelsaft nicht ausüben. Es wird mithin bei der Contraktion die Menge des gebundenen Saftes zunehmen, indem die isotropen Schichten des Muskelfaches, die beim Ruhezustande des Muskels reich an freiem Safte sind, bei der Contraktion aber der eintretenden Biegung der Längsbälkchen entsprechend stark an Höhe und Volumen verlieren, ärmer an freiem Safte werden, hingegen die durch die Contraktion erweiterten Poren der Querbälkchen an Saftgehalt gewinnen. Da jedoch diese Poren den freien Safttheilchen nur in sehr geringer Ausdehnung unmittelbar zugänglich sind, so wird die Saftcapacität dieser Poren, welche der eingetretenen elektrischen Ladung der Disdiaklasten und der aus letzterer für die Querbälkchen erwachsenen Dehnungskraft entspricht, nicht sofort gesättigt, sondern der Saftgehalt dieser Poren nimmt nur allmählich zu, wie ja auch sonst eine mit einem begrenzt quellungsfähigen Körper in Berührung gebrachte Flüssigkeit das dem vorhandenen Zustande desselben entsprechende Quellungsvermögen nicht sofort, sondern nur allmählich und innerhalb geraumer Zeit vollkommen sättigt. Die Geschwindigkeit, mit welcher sich der Uebergang freien Saftes in die neu erweiterten Poren der Querbälkchen vollzieht, muss allgemein umso geringer sein, je mehr sich der Zustand dieser Poren einer vollkommenen Sättigung ihrer gegenwärtigen Saftcapacität nähert.

Wir sind durch das Bisherige zu der Vorstellung gelangt, dass jede durch die elektrischen Kräfte der Disdiaklasten eingeleitete Contraktion einen Vorgang zu Folge hat, der seinem Wesen nach am besten kurz als die Nachquellung bezeichnet wird und darin besteht, dass neue Safttheilchen in die durch die Contraktion erweiterten Poren der Querbälkchen eingelagert werden. Mit der Annahme dieses Vorganges stehen wir, wie hier im Voraus kurz hervorgehoben werden mag, in vollkommener Uebereinstimmung zu den Resultaten der mikroskopischen Muskelforschung, die, wie wir in § 28 näher sehen werden, durchaus darauf hinweisen, dass die isotropen Abtheilungen des Muskelfaches bei der Contraktion Muskelsaft an die anisotropen Abtheilungen desselben abgeben.

Eine eingehendere Erörterung des Vorganges der Nachquellung wird in der oben erwähnten Abhandlung über die Quellung gegeben werden. Nur darauf sei bereits hier kurz hingewiesen, dass von LIEBIG, LUDWIG, REINKE u. A. bei Druck auf einen aufgequollenen Körper ein Flüssigkeitsaustritt aus demselben beobachtet worden ist. Es ist ohne Weiteres zu schliessen, dass ein durchfeuchteter Körper, der bei Zusammenpressung in einer bestimmten Richtung Flüssigkeit nach aussen abgibt, bei Dehnung in derselben Richtung eine Zunahme seiner Flüssigkeitscapacität erfährt und, falls er während der Dehnung von dem betreffenden Quellungsmittel umspült ist, auch wirklich Flüssigkeit von aussen in sich aufnimmt.

Des Näheren ist Folgendes zu beachten. Wird ein durchfeuchteter Körper, der nach allen Richtungen hin die gleiche Elasticität und Quellungsfähigkeit besitzt, gedehnt, so wird er ebenso wie jeder nicht durchfeuchtete isotrope Körper bei der Dehnung zugleich eine Quercontraktion und eine Vergrösserung seines Volumens erfahren. Die Quercontraktion eines durchfeuchteten Körpers ist natürlich nur in der Weise möglich, dass aus den sich verengernden queren Poren Flüssigkeit in die sich erweiternden, in der Dehnungsrichtung liegenden, Längsporen übertritt. Der Volumenzunahme ferner, welche auch der nicht durchfeuchtete isotrope Körper bei der Dehnung erfährt, entspricht es, dass bei der Dehnung eines durchfeuchteten Körpers die durch die Dehnung erhöhte Flüssigkeitscapacität der Längsporen durch die Flüssigkeitsmenge, welche der Quercontraktion entsprechend aus den Querporen in die Längsporen übertritt, nicht völlig gesättigt wird und demgemäss in dem Falle, wo der Körper bei der Dehnung noch von der betreffenden Flüssigkeit umspült ist, eine Nachquellung eintritt.

Es ist nun leicht zu erkennen, dass die Ausgiebigkeit der Nachquellung eine geförderte sein muss, wenn die Elasticität und die Quellungsfähigkeit des Körpers nicht, wie soeben vorausgesetzt, nach den verschiedenen Richtungen gleich gross sind, sondern in der Dehnungsrichtung die Elasticität geringer und die Quellungsfähigkeit grösser ist als in den darauf senkrechten Querrichtungen. Denn je mehr die in den letzteren Richtungen bestehende Elasticität des Körpers die in der Dehnungsrichtung bestehende übertrifft, desto geringer wird bei der Dehnung die Quercontraktion im Verhältnisse zu der Grösse der Dehnung sein, desto weniger wird bei der Dehnung die aus den Querporen in die Längsporen übertretende Flüssigkeitsmenge genügen, um die gesteigerte Flüssigkeitscapacität der Längsporen zu sättigen, desto grösser wird also die Flüssigkeitsmenge sein, welche der Körper behufs Sättigung dieser Flüssigkeitscapacität von aussen in sich aufnehmen muss. Da nun verschiedene Umstände zu der Annahme nöthigen, dass die Nachquellung, welche bei der durch die elektrische Ladung der Disdiaklasten bedingten Dehnung der Querbälkchen stattfindet, im Allgemeinen eine grosse Ausgiebigkeit besitzt, so ist zu vermuthen, dass die Querbälkchen in der Richtung ihrer Längserstreckung eine geringere Elasticität besitzen als in den dazu senkrechten Richtungen und dementsprechend auch schon beim natürlichen Ruhezustande der Muskelfaser in der ersteren Richtung mehr durchsaftet sind als in den letzteren Richtungen.

Nach den vorstehenden Ausführungen ist bei Dehnung eines durchfeuchteten und von seinem Quellungsmittel noch umspülten Körpers eine Nachquellung nothwendig vorhanden, falls der Körper nach allen Richtungen hin die gleiche Elasticität und Quellungsfähigkeit besitzt, und die Ausgiebigkeit der Nachquellung ist eine gesteigerte, wenn die Elasticität des Körpers in der Dehnungsrichtung geringer ist als in den Querrichtungen. Hingegen kann nun principiell betrachtet die Nachquellung bei der Dehnung ganz ausbleiben oder gar an ihrer Stelle eine Flüssigkeitsabgabe seitens des gedehnten Körpers eintreten, wenn sich die Elasticität des Körpers umgekehrt verhält wie in dem letzteren Falle, also in der Dehnungsrichtung grösser ist als in den Querrichtungen. Das Entsprechende gilt für den Fall, dass der Körper nicht gedehnt, sondern gedrückt wird. Ist die Elasticität des Körpers in der Druckrichtung grösser als in den darauf senkrechten Richtungen, so braucht eine Flüssigkeitsauspressung nicht nothwendig einzutreten und kann sogar eine Zunahme der Flüssigkeitscapacität des Körpers durch den Druck bewirkt werden. Ist die Flüssigkeitscapacität des Körpers vor Einwirkung der Druckkraft nicht gesättigt, so kann natürlich ein Flüssigkeitsaustritt bei Stattfinden des Druckes auch dann unterbleiben, wenn die Elasticität des Körpers in allen Richtungen dieselbe ist oder gar in der Richtung der Druckkraft geringer ist als in den darauf senkrechten Richtungen. Hiernach kann es uns aus doppeltem Grunde nicht befremden, dass unter Umständen bei Comprimiren eines durchfeuchteten Körpers ein Austreten von Flüssigkeit nicht stattfindet (vergl. C. Nägeli und S. Schwendener, Das Mikroskop, 2. Aufl., S. 399).

Es verhält sich also mit der Flüssigkeitsaufnahme oder -abgabe, die seitens eines durchfeuchteten Körpers bei Einwirkung einer dehnenden oder drückenden Kraft stattfindet, ganz analog wie mit der Volumenänderung, die ein nicht durchfeuchteter Körper bei Einwirkung einer solchen Kraft erfährt. Im Allgemeinen erfährt das Volumen eines derartigen Körpers bei der Dehnung desselben eine Zunahme und bei der Zusammenpressung eine Abnahme. Falls aber die Elasticität des Körpers in der Richtung der Krafteinwirkung viel grösser ist als in den darauf senkrechten Richtungen, so kann das Volumen sich umgekehrt verhalten, bei der Dehnung abnehmen und beim Drucke zunehmen. Die Physiker haben unseres Wissens dieser Möglichkeit bisher noch nicht näher gedacht.

§ 7.

Es empfiehlt sich, für jene Poren der Querbälkchen, welche bei der Contraktion durch die stattfindende Dehnung dieser Bälkchen erweitert und durch die Nachquellung an Saftgehalt bereichert werden, eine kurze Bezeichnung einzuführen. Am geeignetsten ist es uns erschienen, dieselben einfach als die funktionellen Poren der Muskelfaser zu bezeichnen,[1] in Hinblick auf die hohe Wichtigkeit, welche

[1] Es bedarf nicht erst der Bemerkung, dass dem Obigen gemäss nicht jede Pore eines Querbälkchens eine funktionelle Pore ist, sondern nur eine solche, deren Richtung und Verlauf von der Art ist, dass die Weite und Flüssigkeitscapacität der Pore zunimmt, wenn das betreffende Querbälkchen in Folge einer elektrischen Ladung der Disdiaklasten gedehnt wird.

diese Poren und der auf sie bezügliche Vorgang der Nachquellung für die Funktion des Muskels besitzen. Aus dem gleichen Grunde soll der Druck (Imbibitionsdruck), den die innerhalb dieser Poren befindlichen Safttheilchen auf einander sowie auf die Porenwandungen ausüben, kurz als der funktionelle Imbibitionsdruck bezeichnet werden. Der Kürze wegen schreiben wir im Folgenden statt „funktionelle Poren", „funktioneller Imbibitionsdruck" überall einfach „f. Poren", „f. Imbibitionsdruck".

Zur vorläufigen Orientirung über die Bedeutung der Nachquellung sei hier bemerkt, dass, wie späterhin näher gezeigt werden wird, die Nachquellung und die ihr entsprechende Zunahme des gebundenen Muskelsaftes von wesentlichem Einflusse auf die Wärmebildung der sich contrahirenden Faser ist. Ferner ist zu bemerken, dass die Nachquellung an und für sich zu Folge haben muss, dass das Volumen des Muskels sich im Verlaufe der Contraktion verringert. Denn da der Muskelsaft in gebundenem Zustande unter einem viel höheren Drucke steht und mithin ein geringeres Volumen besitzt als im freien Zustande, so muss die durch die Nachquellung bewirkte Vermehrung des gebundenen Saftes im Sinne einer Volumenabnahme des Gesammtmuskels wirken.[1] Endlich drittens — und dies ist der wichtigste

[1] Ausser der Aenderung der Druckverhältnisse des Muskelsaftes geschehen aber bei der Contraktion auch noch andere Vorgänge, welche principiell betrachtet von Einfluss auf das Muskelvolumen sein müssen. So können z. B. die chemischen Zersetzungen, welche bei der Erregung stattfinden, und die durch diese chemischen Processe bewirkte Zunahme der Temperatur des Muskels für das Volumen desselben nicht ganz gleichgültig sein. Da indessen alle diese Einflüsse nur von minimaler Grösse sind und überdies theils im Sinne einer Zunahme, theils im Sinne einer Abnahme des Muskelvolumens wirken, so ist es nicht zu verwundern, dass sich bei den neuesten diesen Punkt betreffenden, von R. Ewald (Pflüger's Arch., 41, 1887, S. 215 ff.) ausgeführten Versuchen eine Volumenänderung des Muskels bei der Contraktion nicht hat constatiren lassen. Betreffs der chemischen Zersetzungen, welche bei der Erregung des Muskels stattfinden, werden wir späterhin sehen, dass sie an und für sich (ganz abgesehen von der durch sie bewirkten Temperaturzunahme) im Sinne einer Zunahme des Muskelvolumens wirken. Aus den Darlegungen des § 8 wird sich ferner ergeben, dass bei der Contraktion allerdings die Menge des innerhalb der f. Poren befindlichen und unter dem Einflusse des f. Imbibitionsdruckes stehenden Muskelsaftes zunimmt, gleichzeitig aber auch der Werth des f. Imbibitionsdruckes während der Contraktion in zunächst zunehmendem und dann wieder abnehmendem Masse hinter demjenigen Werthe zurücksteht, den der f. Imbibitionsdruck beim anfänglichen Ruhezustande des Muskels besass. Während des Erschlaffungsstadiums hingegen, wo die innerhalb der f. Poren gebundene Saftmenge allmählich auf ihren Anfangswerth zurückgebracht wird, besitzt der f. Imbibitionsdruck grossentheils einen bedeutend höheren Werth als beim anfäng-

Punkt — ist die Nachquellung und überhaupt der Saftgehalt der funktionellen Poren auch für die Contraktionskraft des thätigen Muskels und den Verlauf der Contraktion direkt von hoher Wichtigkeit. Wenn ein durch äussere Kräfte nicht gedehnter, quellungsfähiger, aber bislang trocken erhaltener Körper in Berührung mit einem Quellungsmittel gebracht wird, so ist der allmähliche Flüssigkeitsübergang in denselben stets mit einer Volumenzunahme desselben verbunden. In gleicher Weise kann auch dann, wenn ein bereits durchfeuchteter quellungsfähiger Körper durch äussere dehnende Kräfte an Flüssigkeitscapacität in einer bestimmten Richtung gewinnt, der neue Flüssigkeitseintritt in denselben nicht anders geschehen als so, dass die in den Körper eindringenden Flüssigkeitstheilchen dahin wirken, die Körpermoleküle in jener Richtung noch weiter von einander zu entfernen. Wenn sich also bei der Nachquellung neue Safttheilchen in die funktionellen Poren einschieben, so muss dies im Sinne einer Erhöhung des Druckes (f. Imbibitionsdruckes) wirken, der jene Poren zu erweitern strebt. Es wirkt mithin die Nachquellung wie eine Unterstützung der Tendenz der Disdiaklasten, die Querbälkchen des Fasergerüstes zu verlängern, und folglich wie eine Unterstützung der contrahirenden Kräfte überhaupt, da eine Verdickung der Faser in querer Richtung nicht ohne gleichzeitige Verkürzung derselben in der Längsrichtung vor sich gehen kann.

§ 8.

Wir gehen in diesem Paragraphen dazu über, das Verhalten etwas näher zu betrachten, welches der f. Imbibitionsdruck und die Nachquellung während des Contraktionsverlaufes zeigen.[1]

---

lichen Ruhezustande. Thatsächlich liegen also die Verhältnisse hinsichtlich des Einflusses, den bei der Zuckung der Wechsel des Werthes der gebundenen Saftmenge auf das Muskelvolumen principiell ausüben muss, ziemlich complicirt, weil eben während der Zuckung auch der f. Imbibitionsdruck fortwährend seinen Werth ändert.

Uebrigens müsste neben dem sich aktuell verkürzenden Muskel auch noch der an der Verkürzung verhinderte erregte Muskel betreffs des Verhaltens seines Volumens während der Erregung untersucht werden. Denn bei dem letzteren Muskel kommt die Nachquellung und ihr Einfluss auf das Muskelvolumen annähernd in Wegfall.

[1] Die Ausführungen dieses und namentlich der beiden nächsten Paragraphen sind etwas umständlicher Art und nehmen die Geduld des Lesers ein wenig in Anspruch. Dieselben waren aber durchaus nöthig, um ein Verständniss der Erklärungen zu ermöglichen, die wir späterhin für zahlreiche Erscheinungen und Specialgesetze der Muskelthätigkeit geben. Je vertrauter man sich mit den in diesem einleitenden Abschnitte dargelegten Anschauungen und Betrachtungsweisen gemacht haben wird, desto müheloser wird man späterhin die von uns gegebenen Erklärungen der Specialgesetze der Muskelthätigkeit erfassen.

Der f. Imbibitionsdruck ist offenbar bei gleicher Weite der f. Poren umso grösser, je reichlicher und dichter die in diese Poren eingelagerte Saftmenge ist, und andererseits bei gleicher Menge des innerhalb dieser Poren befindlichen Saftes umso geringer, je mehr erweitert diese Poren sind, und je weniger dicht demgemäss der innerhalb derselben gebundene Saft ist. Es muss daher eine durch die elektrischen Kräfte der Disdiaklasten eingeleitete Contraktion dadurch, dass sie die f. Poren erweitert und die Dichte des innerhalb dieser Poren gebundenen Saftes vermindert, zunächst dazu dienen, den f. Imbibitionsdruck zu verringern. Sobald indessen die Herabsetzung des f. Imbibitionsdruckes begonnen hat, setzt auch schon die Nachquellung ein. Anfangs, wo die Contraktion noch sehr schnell vor sich geht, vermag die Nachquellung allerdings das Sinken des f. Imbibitionsdruckes keineswegs zu verhindern. In den späteren Stadien aber, wo die Contraktion langsamer fortschreitet, tritt in Folge der Nachquellung eine Wiedererhöhung des f. Imbibitionsdruckes ein.

Was die Lebhaftigkeit oder Geschwindigkeit der Nachquellung (d. h. die Saftmenge, welche während des Zeitelementes durch die Nachquellung in die f. Poren eingeführt wird) anbelangt, so mag zunächst vorausgeschickt werden, dass gemäss den auf S. 9 ff. gegebenen Andeutungen über den Vorgang der Quellung die Geschwindigkeit, mit welcher die Aufquellung eines Körpers in einem gegebenen Zeitpunkte vor sich geht, im Wesentlichen von drei Faktoren abhängig ist. Erstens ist für dieselbe das Uebergewicht massgebend, welches in dem betreffenden Zeitpunkte die im Sinne einer Flüssigkeitsaufnahme in die Körperporen wirksame Quellkraft über den innerhalb dieser Poren bestehenden und im Sinne einer Flüssigkeitsabgabe derselben wirksamen Imbibitionsdruck besitzt. Zweitens kommt hier die Grösse der Arbeit in Betracht, welche unter den in dem betreffenden Zeitpunkte vorhandenen Verhältnissen bei Einführung eines Flüssigkeitselementes in die Körperporen zu leisten ist entsprechend dem dabei zu überwindenden Elasticitätswiderstande (Quellungswiderstande) des quellenden Körpers und entsprechend etwaigen die Quellung beeinflussenden äusseren Kräften (z. B. Belastung des Körpers). Endlich drittens ist auch noch der innere Reibungswiderstand von Bedeutung, der bei der Flüssigkeitsbewegung innerhalb der Körperporen zu überwinden ist. Je grösser das vorhandene Uebergewicht der Quellkraft über den Imbibitionsdruck, je geringer die bei Imbibition eines Flüssigkeitselementes zu leistende Arbeit, und je schwächer jener innere Reibungswiderstand ist, desto grösser ist in dem betreffenden Zeitpunkte die Quellungsgeschwindigkeit. Das Entsprechende muss nun auch von der Geschwindigkeit der Nachquellung gelten. Dieselbe ist also erstens wesentlich von der Differenz abhängig, die zwischen der im Sinne einer Safterfüllung der f. Poren wirksamen Quellkraft, die kurz als die funktionelle Quellkraft (abgekürzt: f. Quellkraft) bezeichnet werden soll, und dem im Sinne einer Saftauspressung aus jenen Poren wirksamen f. Imbibitionsdrucke besteht. Denn, wie sich aus den früheren Darlegungen ergibt, ist diese Differenz gewissermassen als das treibende Moment bei der Nachquellung zu betrachten. Beim Ruhezustande der Muskelfaser ist diese Differenz gleich Null; es besteht Gleichgewicht zwischen der f. Quellkraft und dem f. Imbibitionsdrucke. Durch die von den elektrischen Kräften der Disdiaklasten eingeleitete Contraktion wird dieses Gleichgewicht in der Weise gestört, dass der f. Imbibitionsdruck schwächer wird als die f. Quellkraft und in Folge dessen die Nachquellung auftritt. Bei der Erschlaffung der Muskelfaser hingegen überwiegt jener Imbibitionsdruck über die f. Quellkraft und wird in Folge dessen Muskelsaft aus den f. Poren ausgepresst.

Ebenso wie bei der gewöhnlichen Quellung die Quellungsgeschwindigkeit ausser von der vorhandenen Differenz zwischen Quellkraft und Imbibitionsdruck auch noch von der Grösse der Arbeit abhängt, welche die durch diese Differenz repräsentirte treibende Kraft der Quellung bei Einführung eines Flüssigkeitselementes in die Körperporen zu leisten hat, so muss auch die Lebhaftigkeit, welche die Nachquellung in einem bestimmten Zeitpunkte besitzt, ausser von der ihr zu Grunde liegenden Differenz zwischen der f. Quellkraft und dem f. Imbibitionsdrucke auch noch von der Grösse der Arbeit abhängig sein, welche unter den in dem betreffenden Zeitpunkte gegebenen Verhältnissen bei Einführung eines Saftelementes in die f. Poren zu leisten ist. Diese Arbeitsgrösse aber bestimmt sich erstens nach der vorhandenen Weite der f. Poren; denn von dieser hängt der Werth des Widerstandes ab, den die festen Theilchen der Querbälkchen und anderer Muskelbestandtheile in Folge ihrer Elasticität einer weiteren Saftaufnahme der f. Poren entgegenstellen. Zweitens und drittens hängt jene Arbeitsgrösse auch noch von der vorhandenen elektrischen Ladung der Disdiaklasten und der etwa vorhandenen Belastung des Muskels ab, welche beide Faktoren im Sinne einer Verminderung, bez. Verstärkung jenes einer weiteren Saftaufnahme der f. Poren entgegenstehenden Widerstandes wirksam sind.

Wie endlich jede Quellung hinsichtlich ihrer Geschwindigkeit auch von dem inneren Reibungswiderstande abhängig ist, den die Flüssigkeit bei ihrer Bewegung innerhalb der Körperporen zu überwinden hat, so muss auch die Nachquellung noch von dem Reibungswiderstande abhängen, den der Muskelsaft bei seinem Vorwärtsrücken innerhalb der f. Poren zu überwinden hat. Dieser Reibungswiderstand ist umso geringer, je weniger zäh der Muskelsaft ist, und je mehr erweitert die f. Poren bereits sind.

Aus dem Vorstehenden ergibt sich der im Späteren häufig zur Anwendung kommende Satz, dass die Nachquellung bei gleicher Weite der f. Poren umso lebhafter vor sich geht, je weniger zäh der Muskelsaft ist, je geringer der f. Imbibitionsdruck ist, je grösser die elektrische Ladung der Disdiaklasten ist, und je kleiner die Belastung des Muskels ist.

Nehmen wir z. B. an, es werde der Muskel von einer constanten Anfangslänge aus durch elektrische Ladung seiner Disdiaklasten verkürzt, so wird nach dem Vorstehenden in dem Zeitpunkte, wo der sich verkürzende Muskel einen bestimmten Contraktionsgrad erreicht, der f. Imbibitionsdruck umso geringer sein und die Nachquellung eine umso grössere Lebhaftigkeit besitzen, je schneller der Muskel diesen Contraktionsgrad erreicht hat. Wird der Muskel durch ein äusseres Hinderniss an der Ueberschreitung dieses Contraktionsgrades verhindert, so wird, falls die elektrische Ladung der Disdiaklasten lang genug andauert, nach Erreichung dieses Verkürzungsgrades der f. Imbibitionsdruck in Folge der Nachquellung zunächst fortwährend zunehmen. Diese Zunahme wird aber mit abnehmender Geschwindigkeit vor sich gehen, weil die für die Nachquellung massgebende Differenz zwischen der f. Quellkraft und dem f. Imbibitionsdrucke in Folge des Anwachsens des letzteren immer geringer wird, bis zuletzt diese Differenz gleich Null wird und hiermit die Nachquellung vollendet ist.

Setzen wir den (in Wirklichkeit nie vorkommenden) Fall, die Disdiaklasten eines unbelasteten Muskels, dem die Verkürzung völlig frei verstattet ist, erführen eine elektrische Ladung, die sofort mit ihrer vollen Stärke auftrete und mit dieser Stärke unverändert lange Zeit hindurch andauere, so wird sich der Muskel in Folge der Zunahme, welche der innere Contraktionswiderstand bei fortschreitender Muskelverkürzung erfährt, mit abnehmender Geschwindigkeit verkürzen; die Nachquellung wird zuerst (wegen der anfänglichen schnellen Erweiterung der f. Poren und schnellen Herabsetzung des f. Imbibitionsdruckes) mit zunehmender, dann aber mit abnehmender Lebhaftigkeit erfolgen; und Contraktion und Nachquellung werden ihr Ende gemeinsam in demjenigen Zeitpunkte erreichen, wo der f. Imbibitionsdruck der f. Quellkraft wieder gleich geworden ist. In diesem Zeitpunkte wird der Widerstand, der aus den elastischen Kräften der festen Muskelbestandtheile und aus der Schwere der gesammten Muskelmasse für die Erweiterung der f. Poren entspringt, so weit angewachsen sein, dass er der im Sinne einer Erweiterung dieser Poren stattfindenden Wirksamkeit der elektrischen Ladung der Disdiaklasten und des f. Imbibitionsdruckes gerade das Gleichgewicht hält.

Gewisser Vollständigkeit halber mag hier noch Folgendes bemerkt werden. Wir reden davon, dass die Nachquellung für einen gegebenen Werth der elektrischen Ladung der Disdiaklasten vollendet sei, wenn der Saftgehalt der f. Poren den höchsten Werth besitzt, den er bei unverändertem Andauern dieses Werthes der elektrischen Ladung der Disdiaklasten schliesslich erreichen würde, oder, anders ausgedrückt, wenn die f. Poren in dem Grade safthaltig sind, dass bei Vorhandensein dieser elektrischen Ladung der Disdiaklasten zwischen den im Sinne einer Vermehrung und den im Sinne einer Verminderung des Saftgehaltes der f. Poren wirksamen Kräften gerade Gleichgewicht besteht. Wir setzen nun den Fall, der Muskel verkürze sich von einer beliebigen Ruhelänge aus und die elektrische Ladung der Disdiaklasten, welche diese Verkürzung veranlasst hat, dauere mit einem bestimmten Stärkewerthe (in einer in Wirklichkeit nicht vorkommenden Weise) unverändert so lange an, dass sich die Nachquellung während der Muskelcontraktion für diesen Stärkewerth der elektrischen Ladung völlig vollenden kann, so dass der Saftgehalt der f. Poren im Momente der Erreichung des Contraktionsmaximums den höchsten Werth besitzt, den er bei langer Andauer jenes Stärkegrades der elektrischen Ladung der Disdiaklasten überhaupt erreichen kann. Alsdann wird der f. Imbibitionsdruck bei demjenigen Zustande des Muskels, wo das Contraktionsmaximum erreicht und die Nachquellung vollendet ist, trotz dieses Vollendetseins der Nachquellung einen geringeren Werth besitzen, als er beim anfänglichen Ruhezustande des Muskels besass. Der Grund hiervon ist folgender. Wie wir wissen, ist die Flüssigkeitscapacität der Poren eines quellungsfähigen Körpers, welche gegebenen Umständen (wozu auch etwaige auf den Körper einwirkende, dehnende oder drückende, Aussenkräfte gehören) entspricht, dann gesättigt, wenn der in den Poren bestehende Imbibitionsdruck und die an den Poreneingängen wirksame Quellkraft sich hinsichtlich ihres Einflusses auf den Flüssigkeitsaustausch zwischen Pore und Aussenraum gegenseitig gerade das Gleichgewicht halten. Nun ist es, wie wir auf S. 11 f. gesehen haben, ein allgemein gültiges Gesetz, dass die Quellkraft bei wachsender Porenweite abnimmt. Werden also die f. Poren einer Muskelfaser in Folge eingetretener elektrischer Ladung der Disdiaklasten erweitert, so wird die f. Quellkraft während der Erweiterung dieser Poren abnehmen. Die f. Quellkraft wird daher dann, wenn die Contraktion und die Erweiterung der f. Poren soeben ihr Maximum erreicht haben und die Nachquellung vollendet ist, geringer sein, als sie bei dem anfänglichen Ruhezustande der Faser war. Das Gleiche muss aber auch von dem f. Imbibitionsdrucke gelten, da dieser bei soeben eingetretener Sättigung der vorhandenen Flüssigkeitscapacität der f. Poren der f. Quellkraft gerade nur das Gleichgewicht hält. Wenn demnach auch die Nachquellung dazu dient, den in Folge der Muskelcontraktion und Erweiterung der f. Poren plötzlich stark gesunkenen f. Imbibitionsdruck wieder anwachsen zu lassen, so vermag sie doch nicht zu bewirken, dass derselbe während der Contraktion seine anfängliche Höhe wieder erreiche, und zwar wird der nach vollendeter Nachquellung vorhandene Werth des f. Imbibitionsdruckes hinter dem anfänglichen Werthe desselben umso mehr zurückstehen, je ausgiebiger die eingetretene Muskelcontraktion und Erweiterung der f. Poren ist.

§ 9.

Es ist wichtig, sich genau die Faktoren zu vergegenwärtigen, von denen die in einem bestimmten Zeitpunkte vorhandene Spannung des Muskels, d. h. die Kraft, mit welcher sich derselbe zu contrahiren strebt, abhängig ist.

Die Erörterung dieser Faktoren würde sehr einfach sein, wenn die festen Bestandtheile des Muskels nicht durchfeuchtet wären. Alsdann würde die Spannung des Muskels, abgesehen von den Desorientirungswinkeln der Disdiaklasten (vergl. S. 4), im Wesentlichen nur von der Stärke der elektrischen Ladung der letzteren und dem vorhandenen Werthe der Muskellänge abhängig sein. Von der vorhandenen Muskellänge würde die Muskelspannung aus doppeltem Grunde abhängig sein, erstens deshalb, weil, wie wir in § 3 gesehen, die Kraft, mit welcher die Disdiaklasten in Folge ihrer elektrischen Ladung im Sinne einer Contraktion des Muskels wirken, bei gleicher elektrischer Ladung derselben umso geringer ist, je grösser der vorhandene Längenwerth des Muskels ist, und zweitens deshalb, weil die Kraft, mit welcher die durch die etwaige Dehnung oder Verkürzung des Muskels deformirten festen Bestandtheile des Muskels (des Fasergerüstes, Sarkolemmas, Perimysiums u. s. w.) in Folge ihrer Elasticität im Sinne einer Verkürzung, bez. Verlängerung des Muskels wirken, sich selbstverständlich nach dem Umfange der etwa vorhandenen Dehnung oder Verkürzung des Muskels bestimmt. In Wirklichkeit sind nun aber die festen Theile des Muskels durchfeuchtet; insbesondere besitzt die feste Substanz der Querbälkchen eine starke Quellungsverwandtschaft zum Muskelsafte. Hierdurch wird die Behandlung der für die Muskelspannung massgebenden Faktoren etwas umständlich.

Wir betrachten zunächst den Fall, wo der ruhende Muskel durch eine Belastung über seine natürliche Ruhelänge hinaus gedehnt ist. Alsdann können wir wegen der verhältnissmässigen Geringfügigkeit der Rolle, welche die Durchfeuchtung der Längsbälkchen, des Sarkolemmas, des Perimysiums u. s. w. bei den Längenänderungen des Muskels spielt, kurz sagen, dass diese Theile bei einer Dehnung des Muskels in Folge ihrer Elasticität im Sinne einer Verkürzung desselben wirken und zwar im Allgemeinen in umso stärkerem Grade, je grösser die Deformation ist, die sie durch die Dehnung les Muskels erfahren haben. Was hingegen die Querbälkchen anbelangt, so können wir wegen der Wichtigkeit des f. Imbibitionsdruckes und wegen der verschiedenen Werthe, die derselbe bei einer und derselben Muskellänge besitzen kann, bei diesen Bälkchen unmöglich von der Durchfeuchtung ganz absehen und summarisch verfahrend einfach sagen, dass sie in Folge der Zusammenpressung, die sie durch die im Sinne einer Verkleinerung des Muskelquerschnitts wirksame Belastung erfahren haben, nach Massgabe der Belastungsgrösse ein Streben hätten, sich zu verlängern und mithin den Muskel zu verkürzen. Wir müssen hier vielmehr zwischen zwei Kräften unterscheiden, nämlich zwischen dem f. Imbibitionsdrucke, welcher stets im Sinne einer Erweiterung der f. Poren und mithin im Sinne einer Verlängerung der Querbälkchen und Contraktion des Muskels wirkt, einerseits und dem Widerstande (Quellungswiderstande) andererseits, den die festen Bestandtheile der Querbälkchen in Folge ihrer Elasticität jenem Bestreben nach Erweiterung der f. Poren entgegensetzen. Befindet sich der gedehnte Muskel im Gleichgewicht mit seiner Last, so ist der f. Imbibitionsdruck stärker als jener ihm entgegenwirkende Elasticitätswiderstand der festen Bestandtheile der Querbälkchen, und nur dadurch, dass die Belastung im Sinne einer Verkleinerung des Muskelquerschnittes und mithin wie eine Verstärkung jener dem f. Imbibitionsdrucke entgegenwirkenden Elasticitätskräfte der festen Bestandtheile der Querbälkchen sich geltend macht, geschieht es, dass der über diese Elasticitätskräfte überwiegende f. Imbibitionsdruck nicht eine Erweiterung der f. Poren, Verlängerung der Querbälkchen und Verkürzung des Muskels bewirkt. Wird aber die Belastung des Muskels entfernt, so macht sich jenes Uebergewicht des f. Imbibitionsdruckes geltend, und die Verkürzung des entlasteten Muskels kommt dann zu Stande nicht blos durch die Elasticität der gedehnten Fibrillen, des gedehnten Sarkolemmas, Perimysiums u. s. w., sondern ausserdem auch noch durch eben jenes Uebergewicht, das der f. Imbibitionsdruck in Folge der fortdauernden Wirksamkeit der f. Quellkraft über die ihm entgegenstehenden Elasticitätskräfte der festen Bestandtheile der Querbälkchen besitzt.

Die im Vorstehenden geforderte besondere Berücksichtigung des f. Imbibitionsdruckes findet ihre Rechtfertigung im Folgenden. Die Spannung, welche ein gedehnter Stahldraht u. dergl. besitzt, kann annähernd als eine Funktion der vorhandenen Länge des Drahtes betrachtet werden, allerdings nur annähernd, da wegen der Vorgänge, welche bei derartigen Körpern die Erscheinungen der elastischen Nachwirkung bedingen, es nicht ganz gleichgültig für den vorhandenen Werth der Spannung des gedehnten Körpers ist, wie lange er schon auf der betreffenden Dehnungslänge verharrt, und in welchen Zuständen er sich überhaupt in den vorhergehenden Zeitabschnitten befunden hat. Im Gegensatze zu diesem Verhalten der gewöhnlichen festen Körper hängt nun die Spannung des Muskels ausser von dem vorhandenen Längenwerthe des letzteren in stark ausgeprägtem Masse auch noch von dem vorhandenen Werthe des f. Imbibitionsdruckes ab, welch letzterer je nach demjenigen, was vorher an dem Muskel geschehen ist, bei gleicher Muskellänge sehr verschieden gross sein kann. Um uns von dieser Abhängigkeit der Muskelspannung von dem f. Imbibitionsdrucke sowie zugleich davon zu überzeugen, dass der Werth dieses Druckes bei gleicher Muskellänge sehr verschieden sein kann, vergleichen wir folgende zwei Fälle. Wir setzen erstens den Fall, wo der gedehnte ruhende Muskel eine bestimmte, seine natürliche Ruhelänge nicht unerheblich übertreffende Länge l als Gleichgewichtslänge, d. h. in der Weise besitzt, dass er sich mit der Last in Gleichgewicht gesetzt hat (soweit überhaupt davon geredet werden kann, dass sich ein derartiger Körper mit seiner Last in Gleichgewicht gesetzt habe). Zweitens betrachten wir den Fall, wo der ruhende Muskel dieselbe Länge l nur als Durchgangslänge bei der Verkürzung besitzt, d. h. wo der Muskel zuvor eine sehr umfangreiche Dehnung und Verringerung des Saftgehaltes seiner f. Poren erfahren hat, plötzlich entlastet oder losgelassen worden ist und bei der hierauf eintretenden Verkürzung auch eben jenen Längenwerth l schnell passirt. Während der kurzen Zeit, welche im zweiten Falle von dem Zeitpunkte der Entlastung oder Loslassung des Muskels bis zur Erreichung jener Muskellänge l verfliesst, kann der Saftgehalt der f. Poren nicht bereits bis zu demjenigen Werthe wieder emporgestiegen sein, den er im ersteren Falle bei jener Muskellänge besitzt. Es müssen also der Saftgehalt der f. Poren und der f. Imbibitionsdruck im zweiten der hier in Rede stehenden Fälle bei Vorhandensein der Muskellänge l geringere

Werthe besitzen, als sie im ersteren Falle bei derselben Muskellänge besitzen. Und da nun der f. Imbibitionsdruck eine Kraft ist, die im Sinne einer Verkürzung des Muskels wirkt, so muss auch die bei jener Muskellänge l vorhandene Spannung des Muskels in dem zweiten Falle geringer sein als im ersten Falle. Selbstverständlich findet diese Verschiedenheit der Werthe des f. Imbibitionsdruckes und der Mukelspannung, die jenen beiden Fällen entsprechen, nicht anders statt als so, dass in beiden Fällen trotz der Gleichheit der Muskellänge zugleich auch die Form- und Spannungsverhältnisse des Fasergerüstes und Sarkolemmas andere sind. Ueberhaupt wirkt ja der f. Imbibitionsdruck nicht direkt auf das Sehnenende des Muskels und die daran etwa befestigte Last ein, sondern nur indirekt mittels der Spannungen, die er in dem Fasergerüste und Sarkolemma bedingt. Demgemäss kann auch eine Verschiedenheit des f. Imbibitionsdruckes eine Verschiedenheit der Muskelspannung nicht anders zur Folge haben als in der Weise, dass sie zugleich eine Verschiedenheit in den Form- und Spannungsverhältnissen des Sarkolemmas und des gesammten Fasergerüstes bedingt. Auch ist ohne Weiteres klar, dass in zwei Fällen, in denen trotz Gleichheit der Gesammtlänge des Muskels der Saftgehalt der f. Poren verschieden ist und demgemäss auch die Menge des freien Saftes nicht den gleichen Werth besitzt, diese Verschiedenheit der Vertheilung des Muskelsaftes sich nothwendig auch irgendwie in der äusseren Form des Muskels ausprägen muss. Es müssen in demjenigen Falle, wo der Saftgehalt der f. Poren der grössere ist, die Querbälkchen eine grössere Länge und einen geringeren Querschnitt besitzen als in demjenigen Falle, wo jene Poren saftärmer sind. Dementsprechend müssen in dem ersteren Falle die anisotropen Scheiben des Muskelfaches einen etwas grösseren, die isotropen Schichten desselben hingegen einen etwas geringeren Querschnitt besitzen als im letzteren Falle. In Folge dessen müssen auch die Form- und Spannungsverhältnisse des Sarkolemmas in beiden Fällen andere sein. Ferner müssen auch die Disdiaklasten entsprechend der Thatsache, dass die mit ihnen verbundenen Querbälkchen in beiden Fällen einen verschiedenen Querschnitt besitzen, in beiden Fällen eine verschiedene Form und Spannung besitzen, und zwar müssen sie in dem Falle des grösseren Saftgehaltes der f. Poren etwas dicker und kürzer sein als in dem Falle des geringeren Saftgehaltes jener Poren. Entsprechend dieser Verschiedenheit der Länge und Form, welche die Disdiaklasten in beiden Fällen besitzen, müssen sich endlich auch die Längsbälkchen in beiden Fällen verschieden verhalten, und zwar müssen dieselben im ersteren Falle, wo die Disdiaklasten kürzer sind, etwas länger und stärker gedehnt sein als im anderen Falle, wo die Disdiaklasten länger sind; denn ohne ein derartiges Verhalten der Längsbälkchen würde es unmöglich sein, dass in beiden Fällen die Disdiaklasten verschieden lang sind, hingegen der Gesammtmuskel trotzdem die gleiche Länge besitzt.

Aus vorstehenden Andeutungen hinsichtlish des Einflusses, den der Saftgehalt der f. Poren und der innerhalb derselben bestehende Druck auf die Form- und Spannungsverhältnisse des Fasergerüstes und Sarkolemmas ausüben, versteht sich hinlänglich, wie es kommt, dass der f. Imbibitionsdruck die Spannung des Muskels beeinflusst, und wie es möglich ist, dass die Spannung des ruhenden Muskels bei gleicher Länge desselben je nach dem vorhandenen Werthe des f. Imbibitionsdruckes verschieden ausfallen kann. Ganz ähnliche Betrachtungen wie hinsichtlich der beiden im Vorstehenden mit einander verglichenen Fälle lassen sich natürlich auch noch hinsichtlich anderer Fälle anstellen. Man vergleiche z. B. den obigen Fall, wo sich der Muskel bei der Länge l mit seiner Last in Gleichgewicht gesetzt hat, mit dem Falle, wo der Muskel eben diese Länge als Durchgangslänge nicht bei der Verkürzung, sondern bei der Verlängerung besitzt, wo also der Muskel plötzlich eine starke Dehnung von seiner natürlichen Ruhelänge aus erfährt und hierbei auch jenen Längenwerth l sehr schnell passirt. Man erkennt leicht, dass im letzteren Falle der Saftgehalt der f. Poren bei Erreichung der Muskellänge l noch nicht bis auf denjenigen Werth herabgesunken sein kann, den er im ersteren Falle bei dieser Muskellänge besitzt, und dass demgemäss im letzteren Falle der f. Imbibitionsdruck und die Muskelspannung bei Erreichung der Muskellänge l höhere Werthe besitzen, als sie im ersteren Falle bei Vorhandensein derselben Muskellänge besitzen. Kurz es gilt allgemein der Satz, dass die Spannung des gedehnten ruhenden Muskels abhängig ist erstens von der vorhandenen Muskellänge und zweitens von dem vorhandenen Werthe des f. Imbibitionsdruckes.

Gehen wir jetzt zur Betrachtung des Falles über, wo der über seine natürliche Ruhelänge hinaus gedehnte Muskel zugleich erregt ist und eine elektrische Ladung seiner Disdiaklasten besteht, so ergibt sich nach dem Bisherigen ohne Weiteres Folgendes hinsichtlich der für die Muskelspannung massgebenden Faktoren: die Muskelspannung ist abhängig erstens von der vorhandenen Stärke der elektrischen Ladung der Disdiaklasten, zweitens von dem vorhandenen Werthe des f. Imbibitionsdruckes und drittens von der vorhandenen Muskellänge. Von letzterer hängt sie aus doppeltem Grunde ab, nämlich erstens deshalb, weil der vorhandene Längenwerth des Muskels für die durch die Muskeldehnung erweckten oder veränderten elastischen Kräfte der festen

Muskelbestandtheile in hohem Grade mit massgebend ist, und zweitens deshalb, weil gemäss den früheren Ausführungen die contrahirende Wirksamkeit der Disdiaklasten ausser von der Stärke ihrer elektrischen Ladung auch noch von ihrem taktischen Verhalten abhängig ist.

Ganz das Gleiche gilt nun auch von dem Falle, wo der erregte Muskel sich über seine natürliche Ruhelänge hinaus verkürzt hat. Auch in diesem Falle ist die Muskelspannung von den soeben genannten drei Grössen, der Stärke der elektrischen Ladung der Disdiaklasten, dem f. Imbibitionsdrucke[1] und dem vorhandenen Längenwerthe des Muskels abhängig und zwar von dem letzteren Werthe aus doppeltem Grunde. Nur besteht der Unterschied, dass in diesem Falle die Elasticitätskräfte der festen Muskelbestandtheile im Gegensatze zu dem f. Imbibitionsdrucke und den elektrischen Kräften der Disdiaklasten im Sinne einer Verlängerung des Muskels wirken, während in dem Falle, wo die vorhandene Länge des erregten Muskels grösser als die natürliche Ruhelänge ist, die Elasticitätskräfte der festen Muskelbestandtheile im Sinne einer Muskelverkürzung sich geltend machen, abgesehen von den Elasticitätskräften der festen Bestandtheile der Querbälkchen, welche auch noch bei eingetretener Dehnung des Muskels dem f. Imbibitionsdrucke als Quellungswiderstand entgegenwirken.

Wenn wir im Vorstehenden den Satz aufgestellt haben, dass die Muskelspannung von der vorhandenen Muskellänge, dem vorhandenen Werthe des f. Imbibitionsdruckes und der vorhandenen elektrischen Ladung der Disdiaklasten abhängig sei, so haben wir dabei unter der Muskellänge selbstverständlich nur die Länge des Muskels selbst, nicht aber die Länge eines Präparates verstanden, das aus einem Muskel, den zugehörigen Sehnen und etwa gar noch einem Faden oder Drahte besteht, der das Ende der einen Sehne mit einem Schreibhebel oder dergleichen in Verbindung bringt. Ein Präparat dieser Art kann in zwei Fällen die gleiche Länge besitzen, während der Muskel in ebendenselben Fällen verschieden lang ist, z. B. in dem einen Falle annähernd seine natürliche Ruhelänge besitzt, in dem anderen Falle aber merkbar verkürzt ist. Hierbei kommt der letztere Fall natürlich dadurch zu Stande, dass der mit dem Muskel indirekt verknüpfte Schreibhebel oder sonstige Gegenstand durch äusseren Widerstand an jeder

[1] Wie nach den obigen Ausführungen auf S. 26 nicht weiter dargelegt zu werden braucht, beruht auch in diesem Falle, wo der Muskel sich über seine natürliche Länge hinaus verkürzt hat, der Einfluss, den der f. Imbibitionsdruck auf die Muskelspannung ausübt, darauf, dass dieser Imbibitionsdruck für die Form- und Spannungsverhältnisse des Sarkolemmas und des gesammten Fasergerüstes mit massgebend ist.

Bewegung verhindert ist und in Folge dessen der erregte Muskel durch seine Spannung eine seiner Verkürzung an Grösse gleiche Dehnung der mit ihm verbundenen Sehnen- und Fadentheile bewirkt. Für ein Präparat der hier angedeuteten Art versteht es sich also ganz von selbst, dass es bei gleicher Länge verschiedene Spannungen besitzen kann. Unsere bisherigen Ausführungen zeigen uns aber, dass das Gleiche auch von dem Muskel gilt, wenn wir ihn als von allen dehnsamen Sehnen- und Fadentheilen u. dergl. völlig befreit uns vorstellen.

Im Bisherigen haben wir die inneren Vorgänge, welche an den deformirten elastischen Körpern, Metalldrähten, Glasstäben u. dergl. stattfinden und die Erscheinungen der sog. elastischen Nachwirkung bewirken und kurz als die Nachwirkungsvorgänge bezeichnet werden mögen, noch nicht näher berücksichtigt. Wird ein Metalldraht durch ein angehängtes Gewicht gedehnt, so schliesst sich bekanntlich in Folge der Nachwirkungsvorgänge an die im ersten Momente auftretende, mehr oder weniger ausgiebige, primäre Dehnung noch eine mit abnehmender Geschwindigkeit stattfindende (von der primären Dehnung allerdings nicht scharf abgegrenzte) Nachdehnung an, die sich durch eine lange Zeit hinzieht (Verschiebungsnachwirkung). Wird der Draht durch einen angebrachten Widerstand verhindert, sich über den Umfang der primären Dehnung hinaus zu verlängern, so machen sich die Nachwirkungsvorgänge dahin geltend, dass die Kraft, welche erforderlich ist, um den Draht auf dem erreichten Dehnungsgrade zu erhalten, immer mehr abnimmt, so dass das Gewicht allmählich um ein Geringes vermindert werden kann, ohne dass eine Verkürzung des Drahtes eintritt (Kraftnachwirkung). Ganz entsprechende Wirkungen müssen die Nachwirkungsvorgänge nun auch auf die elastischen Kräfte der festen Muskelbestandtheile ausüben. Sehen wir einmal von der Durchfeuchtung der festen Muskelbestandtheile und ihrem Einflusse auf das Verhalten der Faser bei eintretender Deformation ganz ab, und nehmen wir an, der Muskel werde gedehnt und auf der zunächst erreichten Dehnungslänge festgehalten, so werden die elastischen Kräfte, mit denen die durch diese Dehnung in ihren räumlichen Verhältnissen veränderten festen Muskelbestandtheile sich geltend machen, während der Festhaltung jenes Dehnungsgrades des Muskels nicht ganz constant bleiben, sondern in Folge der Nachwirkungsvorgänge allmählich ein wenig abnehmen. Das Entsprechende gilt für den Fall, dass der Muskel sich über seine natürliche Ruhelänge hinaus verkürzt und auf dem erreichten Verkürzungsgrade längere Zeit hindurch beharrt. Auch in diesem Falle müssen die im Sinne einer Muskelverlängerung wirkenden elastischen Kräfte der festen Muskelbestandtheile im Laufe der Zeit etwas abnehmen trotz des Gleichbleibens der Muskellänge.

Bei einer principiellen Erörterung der für die Muskelspannung massgebenden Faktoren müssen also auch die Nachwirkungsvorgänge mit erwähnt werden und muss darauf hingewiesen werden, dass auch diese Vorgänge sich dahin geltend machen können, dass der Muskel bei gleicher Länge je nach den Umständen verschiedene Werthe der Spannung erkennen lässt. Nur darf man den Einfluss jener Vorgänge auf die Muskelspannung nicht etwa für besonders gross halten deshalb, weil der Muskel ebenso wie andere durchfeuchtete Körper diejenigen Erscheinungen, welche als Erscheinungen der elastischen Nachwirkung bezeichnet zu werden pflegen, in stark ausgeprägtem Masse zeigt. Die stark ausgeprägten Erscheinungen der elastischen Nachwirkung, welche der Muskel bei einer Belastung oder Entlastung oder sonstigen Deformation zeigt, haben vielmehr nur zu einem sehr geringen Theile in den Nachwirkungsvorgängen, welche auch bei deformirten Metalldrähten, Glasstäben u. dergl. stattfinden, ihren Grund; zum weit grösseren Theile sind dieselben bedingt durch die Umlagerungen, welche der Muskelsaft bei der Einwirkung deformirender Kräfte auf den Muskel erfährt, insbesondere durch die Veränderungen, welche der Saftgehalt der f. Poren in solchem Falle erleidet. Das Entsprechende gilt von den anderen durchfeuchteten Körpern.[1] Weiteres hierüber in § 14.

Man kann vielleicht meinen, dass die bisherigen Ausführungen dieses Paragraphen insofern etwas Willkürliches an sich trügen, als sie nur die Durchfeuchtung der Querbälkchen näher berücksichtigen, hingegen den Quellungszustand der Längsbälkchen, des Sarkolemmas und der übrigen festen Muskelbestandtheile nicht in gleichem Grade hervorheben und in Rücksicht ziehen. Ebenso wie in den Querbälkchen ist auch in diesen anderen festen Bestandtheilen des Muskels eine gewisse Menge imbibirter Flüssigkeit enthalten; die innerhalb dieser Theile vorhandene, imbibirte Flüssigkeit muss gleichfalls unter einem

[1] Wie aus Obigem leicht zu entnehmen ist, verstehen wir also unter den Nachwirkungsvorgängen nur diejenigen im Sinne eines Auftretens der Erscheinungen der elastischen Nachwirkung sich geltend machenden Vorgänge, welche in durchfeuchteten und in nichtdurchfeuchteten Körpern bei Einwirkung deformirender Kräfte in gleicher Weise auftreten. Die Umlagerungen der imbibirten Flüssigkeit, welche in durchfeuchteten Körpern bei Einwirkung solcher Kräfte auftreten und im Sinne eines ausgeprägteren Hervortretens der Erscheinungen der elastischen Nachwirkung an den durchfeuchteten Körpern wirken, rechnen wir nicht mit zu den Nachwirkungsvorgängen, sondern führen wir neben diesen noch als einen besonderen, in gleicher Richtung wirksamen Faktor an.

bestimmten Imbibitionsdrucke stehen und bei den Verkürzungen und Verlängerungen des Muskels gewisse Verschiebungen, Zu- oder Abnahmen ihrer Menge und Veränderungen der in ihr bestehenden Druckwerthe erfahren. Wenn wir nun trotzdem von einer besonderen Berücksichtigung des Durchfeuchtungszustandes der Längsbälkchen, des Sarkolemmas, des Perimysiums u. s. w. abgesehen haben, so erklärt sich dies daraus, dass die Veränderungen des Imbibitionszustandes, welche diese Theile bei den normalen Formänderungen des Muskels erleiden, einerseits im gleichen Sinne wirken wie die dabei stattfindenden Veränderungen des Saftgehaltes der f. Poren, nämlich im Sinne eines ausgeprägten Hervortretens der Erscheinungen der elastischen Nachwirkung am Muskel, andererseits aber überhaupt für die Muskelthätigkeit zu wenig wesentlich sind, als dass sie in den zu erklärenden Erscheinungen des Muskels in besonderer Weise sich geltend machen könnten. Bei der mechanischen Erklärung der Lebenserscheinungen ist es durchaus unthunlich, stets alle principiell überhaupt in Betracht kommenden Faktoren anzuführen und so zu sagen in die Rechnung aufzunehmen. Sonst würde der Rechnungsansatz so umfänglich werden, dass schliesslich alle Uebersicht verloren ginge, und man würde erst noch viele Jahre warten müssen, ehe man sicher wäre, wirklich alle principiell in Betracht kommenden Faktoren in sachgemässer Weise berücksichtigt zu haben. Man würde bei Anerstrebung einer solchen Genauigkeit hinsichtlich der Muskelcontraktion z. B. auch berücksichtigen müssen, dass der Verlauf der Contraktion eines vom Blute durchströmten Muskels auch durch die bei der Contraktion eintretenden Verschiebungen der Blutmasse auf direktem mechanischen Wege mit beeinflusst werden muss, dass dieser mechanische Einfluss des Inhaltes der Blutgefässe je nach dem specifischen Gewichte und je nach dem Reibungscoefficienten des letzteren variiren muss u. dergl. m. Unseres Erachtens gilt für die mechanische Erklärung der Lebenserscheinungen der Grundsatz, dass zwar das stille Nachdenken die principiell in Betracht kommenden Faktoren möglichst vollständig durcherwogen haben muss, die Darstellung aber, um nicht ins Ungemessene und Unübersichtliche sich zu verlieren, im Allgemeinen nur diejenigen Faktoren zu berücksichtigen hat, deren Wirksamkeit erheblich genug ist, um sich in den bereits gewonnenen oder erst zu erwartenden Versuchsergebnissen irgendwie deutlich geltend machen zu können.

Die Resultate der vorstehenden Ausführungen lassen sich kurz in folgender Weise zusammenfassen:

Die Muskelspannung ist abhängig von der vorhandenen Muskellänge, von dem vorhandenen Werthe des f. Imbibitionsdruckes und von der vorhandenen Stärke der elektrischen Ladung der Disdiaklasten.

Von der Muskellänge ist dieselbe aus doppeltem Grunde abhängig, erstens deshalb, weil die contrahirende Wirksamkeit der Disdiaklasten auch von dem taktischen Verhalten derselben abhängt, und zweitens deshalb, weil die, der Contraktionskraft entweder förderlichen oder nachtheiligen, elastischen Kräfte der festen Muskelbestandtheile sich in wesentlichem Grade nach dem vorhandenen Längenwerthe des Muskels bestimmen.

Will man grössere Genauigkeit walten lassen, so hat man zu berücksichtigen, dass auch die Desorientirungswinkel der Disdiaklasten mit von Einfluss auf die Muskelspannung sind, dass nicht blos die Durchfeuchtung der Querbälkchen, sondern auch diejenige der übrigen festen Muskelbestandtheile im Sinne eines starken Hervortretens der Erscheinungen der elastischen Nachwirkung am Muskel wirkt, und dass ebenso wie an den übrigen durchfeuchteten Körpern auch an dem Muskel die Erscheinungen der elastischen Nachwirkung nicht blos in den eintretenden Umlagerungen imbibirter Flüssigkeitstheilchen ihren Grund haben, sondern auch auf dem Eintreten derselben Nachwirkungsvorgänge beruhen, welche in den nicht durchfeuchteten festen Körpern bei Einwirkung deformirender Kräfte sich geltend machen.

Es mag bereits an dieser Stelle auf die Wichtigkeit hingewiesen werden, welche die Abhängigkeit der Muskelspannung von dem f. Imbibitionsdrucke dadurch besitzt, dass sich aus ihr ausser Anderem auch die zuerst von A. Fick festgestellte, bisher immer so befremdend erschienene Thatsache erklärt, dass die Spannung des zuckenden Muskels in jedem Augenblicke nicht blos eine Funktion des Reizes, der seit Beginn der Reizung verflossenen Zeit und der in dem betreffenden Augenblicke vorhandenen Muskellänge ist, sondern ausserdem „auch noch abhängt von dem, was in der vorausgegangenen Zuckungszeit geschehen ist“. Um dies an einem Beispiele zu verdeutlichen, setzen wir folgenden Fall. Es seien zwei Muskeln von ganz gleicher Struktur und Beschaffenheit gegeben. Beide sollen in einem und demselben Zeitpunkte erregt werden, die elektrische Ladung der Disdiaklasten soll in beiden genau denselben Verlauf nehmen, beide sollen nach Erreichung eines bestimmten Längenwerthes l durch einen äusseren Widerstand an der weiteren Verkürzung verhindert werden, und nur der

Unterschied soll bestehen, dass der zweite Muskel die Contraktion von einer grösseren Anfangslänge aus antritt als der erste Muskel. Unter diesen Bedingungen wird der zweite Muskel jenen Längenwerth l selbstverständlich etwas später erreichen als der erste Muskel. Ferner wird in dem Momente, wo der zweite Muskel jenen Längenwerth erreicht, die Spannung desselben geringer sein als die Spannung des ersten, schon seit gewisser Zeit auf jenem Längenwerthe beharrenden Muskels. Denn da die Anfangslänge des zweiten Muskels grösser war als diejenige des ersten Muskels, so war die Menge des innerhalb der f. Poren befindlichen Saftes bei Beginn der Contraktion in jenem Muskel geringer als in diesem. Diese Differenz der innerhalb der f. Poren beider Muskeln befindlichen Saftmengen kann in dem Zeitpunkte, wo der zweite Muskel den Längenwerth l erreicht, offenbar noch nicht durch die Nachquellung ausgeglichen sein; es muss also in diesem Zeitpunkte der f. Imbibitionsdruck in dem zweiten Muskel geringer sein als in dem ersten. Folglich muss der zweite Muskel in diesem Zeitpunkte hinsichtlich der Muskelspannung hinter dem ersten Muskel zurückstehen, obwohl in diesem Zeitpunkte beide Muskeln gleiche Länge und gleiche elektrische Ladung der Disdiaklasten besitzen und zu gleicher Zeit in eine ganz gleich verlaufende Erregung versetzt worden sind.

§ 10.

Wir haben oben (in § 2) den Begriff des inneren Deformationswiderstandes, der je nach der vorhandenen Länge des Muskels entweder als innerer Contraktionswiderstand oder als innerer Dehnungswiderstand sich geltend mache, eingeführt, indem wir die Durchfeuchtung der verschiedenen festen Muskelbestandtheile und insbesondere die Rolle, welche die f. Quellkraft und der f. Imbibitionsdruck bei Dehnung oder Contraktion des Muskels spielen, dort noch gar nicht mit berücksichtigten und gewissermassen von der Anschauung ausgingen, als seien bei einer Verkürzung oder Verlängerung des Muskels ausser den eventuellen elektrischen Kräften der Disdiaklasten nur solche innere Kräfte wirksam, welche den Elasticitätskräften der deformirten anorganischen Körper völlig analog sind. Wir müssen uns also hier näher darüber erklären, was wir eigentlich in den nachfolgenden Ausführungen unter dem inneren Deformationswiderstande, dem inneren Contraktions- und inneren Dehnungswiderstande verstehen wollen. W i r w e r d e n u n t e r d e r B e z e i c h n u n g d e s i n n e r e n D e f o r m a t i o n s w i d e r s t a n d e s nicht blos die elastischen Kräfte der festen Muskelbestandtheile zusammenfassen, welche bei der gegebenen Länge des Muskels im Sinne einer Verkürzung oder Verlängerung desselben wirken, sondern wir werden unter jener Bezeichnung überhaupt alle von den elektrischen Kräften der Disdiaklasten verschiedenen inneren (d. h. im Muskel selbst ihren Sitz habenden) Kräfte verstehen, welche bei der gegebenen Deformation (Verkürzung oder Dehnung) des Muskels im Sinne einer Veränderung der Muskellänge wirken. Wir werden also insbesondere neben den elastischen Kräften der festen Bestandtheile der Querbälkchen auch noch den f. Imbibitionsdruck als eine Componente des inneren Deformationswiderstandes betrachten. Der Umstand, dass der f. Imbibitionsdruck in dem Falle, wo der Muskel über seine natürliche Ruhelänge hinaus verkürzt ist, nicht im Sinne einer Rückgängigmachung der vorhandenen Deformation (Verkürzung) des Muskels, sondern vielmehr im Sinne einer Steigerung derselben wirkt, kann kein Hinderniss dafür abgeben, den f. Imbibitionsdruck auch in diesem Falle als eine Componente (wenn auch nicht als die überwiegende Componente) des inneren Deformationswiderstandes zu betrachten.

Auf Grund der vorstehenden Definition des Begriffes des inneren Deformationswiderstandes können wir nach wie vor sagen, dass ein belasteter ruhender Muskel sich nach seiner Entlastung in Folge des inneren Deformationswiderstandes wieder verkürze, obwohl wir wissen, dass diese Wiederverkürzung des Muskels nicht blos auf den elastischen Kräften der festen Bestandtheile der gedehnten Längsbälkchen, Disdiaklasten, des gedehnten Sarkolemmas, Perimysiums u. s. w. beruht, sondern auch noch dadurch zu Stande kommt, dass schon der f. Imbibitionsdruck an und für sich sofort nach der Entlastung eine Erweiterung der f. Poren und Verlängerung der Querbälkchen bewirkt, und die f. Quellkraft von dem Zeitpunkte der Entlastung an so lange neue Safttheilchen in die f. Poren einführt, bis der Saftgehalt dieser Poren denjenigen Werth besitzt, der ihm beim natürlichen Ruhezustande des Muskels zukommt. Auf Grund der obigen Definition können wir ferner auch künftighin sagen, dass bei der Erregung eines belasteten Muskels die auftretenden elektrischen Kräfte der Disdiaklasten sich zunächst wie eine Verstärkung des inneren Deformationswiderstandes geltend machen und gemeinsam mit demselben im Sinne einer Verkürzung des Muskels wirken, dass aber im weiteren Verlauf der Contraktion der innere Deformationswiderstand, der bislang als innerer Dehnungswiderstand gewirkt habe, seine Rolle ändere und als innerer Contraktionswiderstand den contrahirenden Kräften der Disdiaklasten entgegenwirke. Da, wie wir wissen, der f. Imbibitionsdruck bei einer und derselben Muskellänge je nach Umständen sehr verschiedene Werthe besitzen kann, so gilt dasselbe auch von dem inneren Deformationswiderstande, und ist bei Bemessung des Verhaltens des letzteren stets das Verhalten des f. Imbibitionsdruckes näher zu berücksichtigen.

Wegen dieser Abhängigkeit des inneren Deformationswiderstandes von dem f. Imbibitionsdrucke lässt sich nur wenig Allgemeines betreffs des funktionellen Verhältnisses behaupten, in welchem dieser Widerstand zu dem vorhandenen Längenwerthe des Muskels steht. Einiges in dieser Beziehung lässt sich sagen, wenn man sich auf den Fall beschränkt, dass sämmtliche in Betracht gezogene Muskellängen Gleichgewichtslängen sind, d. h. solche, bei denen sich der ruhende oder erregte Muskel in Gleichgewicht zu der vorhandenen Last gesetzt hat, so dass der Saftgehalt der f. Poren und der f. Imbibitionsdruck und die Muskellänge unverändert bleiben, so lange die Last des Muskels und das elektrische oder nichtelektrische Verhalten der Disdiaklasten dieselben bleiben.[1] Fassen wir zunächst diejenigen Muskellängen ins Auge, welche grösser sind als die natürliche Ruhelänge des Muskels, so kommt hier die Thatsache in Betracht, dass nach den Versuchen von Wertheim u. A. die Dehnungen, welche die durchfeuchteten Substanzen, insbesondere auch die Muskeln, durch Belastungen erfahren, den Belastungsgrössen nicht proportional gehen, sondern langsamer wachsen als die letzteren. Obwohl diese Versuche von Wertheim, E. Weber, Volkmann u. A. nicht als solche zu bezeichnen sind, bei denen es ausdrücklich darauf abgesehen gewesen ist, für die verschiedenen Belastungsgrössen gerade die Gleichgewichtslängen mit möglichster Genauigkeit zu bestimmen, so scheinen die Resultate dieser Versuche dennoch die Behauptung zu rechtfertigen, dass die Dehnungen, welche die durchfeuchteten Körper nach Erreichung der Gleichgewichtslängen erkennen lassen, langsamer zunehmen als die Belastungsgrössen, und dass insbesondere in dem belasteten, ruhenden Muskel die Werthe des inneren Dehnungswiderstandes, welche verschiedenen Gleichgewichtslängen desselben entsprechen, den vorhandenen Dehnungsgrössen (d. h. den Differenzen zwischen der vorhandenen Gleichgewichtslänge und der natürlichen Ruhelänge des Muskels) nicht proportional gehen, sondern schneller wachsen als die Dehnungsgrössen.

Was von dem inneren Dehnungswiderstande gilt, ist, wie es scheint, in entsprechender Weise auch von dem inneren Contraktionswiderstande

[1] Da sich die Nachwirkungsvorgänge in einem belasteten oder unter dem Einflusse irgend einer anderen deformirenden Kraft stehenden, durchfeuchteten oder nicht durchfeuchteten, Körper, wenn auch in abnehmendem Grade, ununterbrochen weiter geltend machen, so kann man streng genommen von einer Gleichgewichtslänge eines solchen Körpers nur in relativem Sinne reden.

anzunehmen. Wir denken uns den Muskel in verschiedenen Fällen über seine natürliche Ruhelänge hinaus verkürzt, und nehmen an, dass er in jedem dieser Fälle nach einem anfänglichen Stadium fortschreitender Verkürzung einen Zustand erreicht habe, wo die Nachquellung vollendet ist und die contrahirenden Kräfte der Disdiaklasten sich annähernd in Gleichgewicht zu dem inneren Deformationswiderstande und der etwa vorhandenen Belastung des Muskels gesetzt haben und mithin die vorhandene Muskellänge annähernd als eine Gleichgewichtslänge betrachtet werden kann.[1] Die Gleichgewichtslängen, welche der Muskel in dieser Weise in den verschiedenen Fällen bei der Verkürzung erreicht, sollen sehr verschiedene Werthe besitzen. Alsdann ist zu vermuthen, dass die Werthe des inneren Contraktionswiderstandes, welche bei diesen Gleichgewichtslängen des contrahirten Muskels vorhanden sind, den vorhandenen Contraktionsgraden, d. h. den Differenzen zwischen der natürlichen Ruhelänge und der vorhandenen Gleichgewichtslänge des Muskels, nicht proportional gehen, sondern schneller wachsen als diese. Im Sinne dieser Vermuthung spricht übrigens auch der Umstand, dass, wenn sich die Muskellänge um einen bestimmten absoluten Werth verkürzt, alsdann aus geometrischem Grunde die Dehnung der Querbälkchen, welche bei der Verkürzung des Muskels um diesen absoluten Werth eintreten muss, umso grösser ist, von einem je geringeren Längenwerthe oder von einem je höheren Contraktionsgrade aus die Verkürzung des Muskels um diesen Werth stattfindet. Da der Widerstand, den die Querbälkchen einer Vergrösserung ihrer Länge entgegenstellen, ein wesentlicher Faktor des inneren Contraktionswiderstandes ist, so muss das hier erwähnte Verhalten, welches die bei der Muskelcontraktion eintretende Dehnung der Querbälkchen zeigt, an und für sich dahin wirken, dass der innere Contraktionswiderstand schneller wachse als der Contraktionsgrad.

Bezeichnen wir die variable Muskellänge kurz mit l, die natürliche Ruhelänge des Muskels mit λ und den zu l zugehörigen Werth des inneren Deformationswiderstandes mit w, und geben wir dem Werthe w ein positives oder negatives Vorzeichen, je nachdem der innere Deformationswiderstand im gleichen oder entgegengesetzten Sinne wirkt wie die contrahirenden Kräfte der Disdiaklasten, so können wir den Inhalt der vorstehenden Betrachtung kurz in folgender Weise zusammenfassen: der Werth w ist stets positiv, wenn $l > \lambda$ ist, hin-

[1] Von dem oscillatorischen Charakter der andauernden Contraktionszustände des Muskels ist hier einstweilen abgesehen.

gegen negativ, wenn $l < \lambda$ ist. Je grösser die Differenz zwischen l und λ ist, desto beträchtlicher ist absolut genommen der positive oder negative Werth w. Ist ∂w der positive oder negative Zuwuchs, den w erfährt, wenn l sich um das Stückchen ∂l vergrössert oder verkleinert, so zeigt sich, dass ∂w stets positiv ist, wenn ∂l positiv ist, und stets negativ, wenn ∂l negativ ist, und dass mithin $\frac{\partial w}{\partial l}$ allgemein einen positiven Werth besitzt. Sieht man ferner näher zu, wie sich der Werth von $\frac{\partial w}{\partial l}$ verhält, wenn man sich die Muskellänge von dem geringsten bei einer Contraktion vorkommenden Werthe bis zu dem grössten bei einer Dehnung erreichbaren Werthe allmählich vergrössert denkt, so zeigt sich, dass $\frac{\partial w}{\partial l}$ zunächst abnimmt, bis die natürliche Ruhelänge des Muskels erreicht ist, und hierauf allmählich wieder zu immer höheren Werthen emporsteigt.

Hierbei ist nun noch Folgendes zu beachten. Wenn der Muskel von seiner natürlichen Ruhelänge aus gedehnt wird, so werden die Längsbälkchen in ihrer Längsrichtung gedehnt. Wenn hingegen der Muskel sich von seiner natürlichen Ruhelänge aus verkürzt, so werden die Längsbälkchen nicht um ein entsprechendes Stück in ihrer Längsrichtung zusammengepresst in der Weise, dass sie ihre geradlinige Erstreckung in der Längsrichtung der Muskelfaser unverändert behalten. Wäre letzteres der Fall, so würde der Widerstand, den die Längsbälkchen einer Verkürzung des Muskels von seiner natürlichen Ruhelänge aus entgegenstellen, für annähernd gleich gross angesehen werden können wie der Widerstand, den sie einer gleich grossen, von der natürlichen Ruhelänge aus stattfindenden Verlängerung desselben entgegensetzen. Thatsächlich biegen sich aber die Längsbälkchen mehr oder weniger, wenn sich der Muskel von seiner natürlichen Ruhelänge aus verkürzt.[1] Die Folge davon ist, dass der Widerstand, den die Längsbälkchen bei einer solchen Verkürzung des Muskels leisten, geringer ist als der Widerstand, den sie leisten, wenn der Muskel von seiner natürlichen Ruhelänge aus um das gleiche Stück verlängert wird. Hiernach steht zu vermuthen, dass der Werth, den der innere Deformationswiderstand bei einer bestimmten, von der natürlichen Ruhelänge aus gerechneten Dehnungsgrösse besitzt, absolut genommen grösser ist als der Werth, den derselbe bei einer gleich grossen, gleichfalls von der natürlichen Ruhelänge aus gerechneten, Verkürzungsgrösse besitzt, und dass die Geschwindigkeit, mit welcher bei Dehnung

[1] Weiteres hierüber in § 29.

des Muskels von seiner natürlichen Ruhelänge aus der innere Dehnungswiderstand anwächst, grösser ist als die Geschwindigkeit, mit welcher bei Verkürzung des Muskels von seiner natürlichen Ruhelänge aus der innere Contraktionswiderstand ansteigt. Die Zweckmässigkeit eines solchen Verhaltens des inneren Deformationswiderstandes liegt auf der Hand. Es entspricht der Funktion des Muskels, dass er den in seinem Inneren auftretenden contrahirenden Kräften im Allgemeinen einen geringeren Widerstand entgegenstellt als den ihn dehnenden Aussenkräften.

Alles, was wir im Vorstehenden über die Abhängigkeit des inneren Deformationswiderstandes von der vorhandenen Muskellänge gesagt haben, gilt bemerktermassen unter der Voraussetzung, dass die verschiedenen Muskellängen sämmtlich Gleichgewichtslängen im oben angegebenen Sinne sind. Es gilt auch noch dann, wenn man betreffs der Längenwerthe des Muskels, die hinsichtlich der ihnen zugehörigen Werthe des inneren Deformationswiderstandes mit einander verglichen werden, die Voraussetzung macht, dass jeder derselben in der Weise hergestellt worden sei, dass der Muskel von der natürlichen Ruhelänge aus mit einer für alle diese Längenwerthe constanten Geschwindigkeit gedehnt worden sei oder sich verkürzt habe. Auch wenn man diese oder andere ähnliche Voraussetzungen betreffs der Art der Herstellung der verschiedenen Längenwerthe des Muskels macht, gelten die obigen Sätze, dass der innere Contraktionswiderstand und der innere Dehnungswiderstand bei zunehmender Verkürzungsgrösse, bez. Dehnungsgrösse mit wachsender Geschwindigkeit ansteigen, und zwar die Geschwindigkeit, mit welcher der innere Dehnungswiderstand bei wachsendem Dehnungsgrade zunimmt, grösser ist als die Geschwindigkeit, mit welcher der innere Contraktionswiderstand bei steigendem Contraktionsgrade anwächst. Macht man aber betreffs der Art der Herstellung der verschiedenen Längenwerthe des Muskels keinerlei Voraussetzungen der hier angegebenen Art, dann lässt sich wegen der Abhängigkeit des inneren Deformationswiderstandes von dem f. Imbibitionsdrucke betreffs der Verhältnisse, in denen die zu verschiedenen Muskellängen zugehörigen Werthe des inneren Deformationswiderstandes zu einander stehen, nichts Bestimmtes behaupten. Dann kann es vorkommen, dass bei einem geringeren Contraktionsgrade, den der Muskel passirt, indem er sich sehr schnell von einer bedeutenden Anfangslänge aus bis zu einer beträchtlichen Contraktionshöhe verkürzt, der innere Contraktionswiderstand erheblich grösser ist als bei einem höheren Contraktionsgrade, den der Muskel bei der Verkürzung von einer geringen Anfangslänge aus nur langsam erreicht, u. dergl. m.

§ 11.

Im Bisherigen haben wir im Grunde nur von dem Zustandekommen der Muskelverkürzung, des aufsteigenden Theiles der Zuckung, gehandelt, aber den absteigenden Theil der letzteren, die Erschlaffung des contrahirten Muskels, noch nicht näher berührt. Indessen auch betreffs dieses Vorganges gibt unsere Theorie ganz ungezwungen jede wünschenswerthe Aufklärung.

Man hat mit Recht geltend gemacht, dass die Erschlaffung des contrahirten Muskels ebenso ein Problem sei wie die Contraktion selbst; und man hat sogar die Vermuthung ausgesprochen,[1] es folge in der Muskelfaser auf denjenigen Erregungsvorgang, welcher die Verkürzung bewirke, allemal noch ein zweiter chemischer Vorgang (Restitutionsprocess), welcher den Zustand der Contraktion rückgängig mache. Unsere Theorie löst dieses Problem auf die einfachste Weise. Die entgegengesetzten Elektricitäten, welche bei der Erregung und Erwärmung des Muskelsaftes an den Polen der Disdiaklasten erzeugt werden, gleichen sich durch die Substanz der Disdiaklasten hindurch leicht und schnell aus. Eine Folge davon ist, dass es stets einer plötzlichen, steilen und explosionsartig erfolgenden Temperaturänderung der Disdiaklasten bedarf, wenn eine leicht und deutlich erkennbare contrahirende Wirksamkeit derselben zu Stande kommen soll, und eine andere, uns hier näher angehende, Folge davon ist, dass die elektrische Ladung der Disdiaklasten überhaupt nicht erheblich länger andauern kann, als ihre Erwärmung durch den erregten Muskelsaft andauert. Sobald nun die elektrische Ladung der Disdiaklasten so weit abgesunken ist, dass die aus ihr entspringenden contrahirenden Kräfte nicht mehr das Uebergewicht über die ihnen entgegenstehenden Kräfte des inneren Deformationswiderstandes, der Schwere der Muskelmasse und der etwaigen Belastung besitzen, muss die Contraktion aufhören und die Erschlaffung beginnen. Die letztere bedarf also zu ihrem Eintritte und Fortgange nicht eines besonderen im Muskel auftretenden chemischen Processes, sondern vollzieht sich ganz von selbst in Folge der elastischen Kräfte der bei der Contraktion deformirten festen Muskelbestandtheile und in Folge der Schwere der Muskelsubstanz und der etwaigen Belastung.[2]

---

[1] Vergl. z. B. Fick, Mech. Arbeit, S. 196 f.

[2] Ist der Muskel sehr stark belastet, so dass er bei der Zuckung die natürliche Ruhelänge überhaupt nicht erreicht, so ist es allein die Belastung, welche die Erschlaffung bewirkt. Der innere Deformationswiderstand wirkt alsdann während des ganzen Verlaufes der Zuckung im Sinne einer Verkürzung des Muskels, wird aber während dieser Zeit fortwährend und zwar in wechselndem Verhältnisse von dem entgegengesetzt wirkenden Einflusse der Belastung übertroffen.

Die Abkühlung, welche der durch den Reiz bewirkten Erwärmung der Disdiaklasten folgt, geht zu langsam vor sich, als dass sie im Stande wäre, durch eine auf die Disdiaklasten ausgeübte merkbare pyroelektrische Wirkung in wesentlichem Grade zur Beseitigung der elektrischen Ladung, die den Disdiaklasten durch die vorherige Erwärmung zu Theil geworden ist, beizutragen und späterhin gar eine hervortretende secundäre elektrische Ladung derselben zu bewirken.

Obwohl die Disdiaklasten ihre durch die Muskelerregung hervorgerufene elektrische Ladung sehr bald nach Beginn der Muskelerschlaffung völlig verloren haben, so geht die Erschlaffung des Muskels im weiteren Verlauf doch nur verhältnissmässig langsam vor sich, weil eine Rückkehr desselben zu seiner Anfangslänge natürlich nicht anders möglich ist als dadurch, dass die Saftmenge, welche durch die Nachquellung in die f. Poren eingeführt worden ist, durch die elastischen Kräfte der festen Muskelbestandtheile, die eigene Schwere der Muskelsubstanz und die etwaige Belastung aus diesen Poren wieder ausgepresst und in die Hohlräume des Faserinneren (vergl. S. 8) zurückgebracht wird. Es erwächst also den die Erschlaffung anstrebenden Kräften aus der stattgefundenen Nachquellung und Vermehrung des gebundenen Saftes ein bestimmter Widerstand, der nicht unpassend als der Erschlaffungswiderstand des überzählig gebundenen Muskelsaftes bezeichnet werden kann. Hierbei verstehen wir unter dem überzählig gebundenen Muskelsafte diejenige Saftmenge, welche durch die Nachquellung in die f. Poren eingeführt worden ist und nothwendig aus denselben wieder ausgepresst werden muss, wenn der Muskel bei der Erschlaffung seine Anfangslänge, von welcher die Zuckung ausging, wiedererreichen soll.

Betreffs des näheren Verlaufes, den die Erschlaffung nach Schwinden der anfänglich noch vorhandenen elektrischen Ladung der Disdiaklasten nimmt, ist Folgendes zu beachten. Die Verdrängung des überzählig gebundenen Saftes aus den f. Poren geht mit umso grösseren Widerständen vor sich, je enger und weniger safthaltig diese Poren bereits sind. Denn je enger dieselben sind, desto grösser ist der innere Reibungswiderstand, der bei einer Saftbewegung innerhalb derselben zu überwinden ist, und desto stärker ist dem Früheren (S. 11 f.) gemäss die dem Saftaustritt aus diesen Poren entgegenwirkende f. Quellkraft. Was ferner die Kräfte anbelangt, welche im Sinne der Auspressung des überzählig gebundenen Saftes aus den f. Poren wirken, so sind während desjenigen Theiles des Erschlaffungsstadiums, wo die vorhandene Muskellänge kleiner ist als die natürliche Ruhelänge, die im Sinne dieser Saftauspressung und der Muskelerschlaffung wirksamen elastischen Kräfte der festen Muskelbestandtheile umso schwächer, je mehr erschlafft der Muskel bereits ist. Ist der erschlaffende Muskel belastet und ist seine vorhandene Länge bereits grösser als die natürliche Ruhelänge, so ist das Uebergewicht der Belastung über die im Sinne einer Verkürzung des Muskels wirksamen elastischen Kräfte der Fibrillen, des Sarkolemmas, des Perimysiums u. s. w. umso geringer, je mehr verlängert der Muskel bereits ist; und die elastischen Kräfte, mit denen die festen Theilchen der Querbälkchen im Sinne einer Verengerung und Saftabgabe der f. Poren wirken, sind ebenso wie in den früheren auch in den späteren Stadien der Erschlaffung allgemein umso geringer, je mehr verengt diese Poren und je mehr verlängert die Muskelfasern bereits sind. Da also einerseits die Kräfte, welche im Sinne einer Saftauspressung aus den f. Poren und im Sinne einer Erschlaffung des Muskels wirken, allgemein um so schwächer sind, je mehr erschlafft der Mukel bereits ist, und andererseits die Widerstände, welche bei der Auspressung des überzählig gebundenen Saftes aus den f. Poren zu überwinden sind, umso grösser sind, je weiter die Erschlaffung bereits fortgeschritten ist, so folgt nothwendig, dass die Geschwindigkeit, mit welcher sich der erschlaffende Muskel seiner Ruhelänge nähert, allmählich immer geringer wird. Nur in demjenigen, kurzen, Anfangstheile des Erschlaffungsstadiums, wo die elektrische Ladung der Disdiaklasten noch vorhanden und im Abklingen begriffen ist, braucht die Erschlaffungsgeschwindigkeit nicht allgemein eine allmählich abnehmende zu sein.[1]

Es ist leicht ersichtlich, dass der f. Imbibitionsdruck während des Erschlaffungsstadiums im Allgemeinen viel höhere Werthe besitzen muss, als er während des aufsteigenden Zuckungsstadiums bei denselben Muskellängen besass. Während im aufsteigenden Zuckungsstadium die f. Quellkraft stets über den f. Imbibitionsdruck überwiegt und in Folge dessen eine Vermehrung des Saftgehaltes der f. Poren, die Nachquellung, stattfindet, überwiegt im absteigenden Zuckungsstadium (abgesehen von einem sehr kleinen Anfangstheile desselben) der f. Imbibitionsdruck über die f. Quellkraft und findet demgemäss ein Saftaustritt aus den f. Poren statt. Letzterer, der Nachquellung entgegengesetzte, Vorgang soll im Folgenden kurz als die Rückschrumpfung bezeichnet werden.

---

[1] Von den im absteigenden Theile der Zuckungscurve in der Regel auftretenden Nachschwingungen, welche durch die Trägheit der Last bedingt sind, und welche vom Standpunkte unserer Anschauungen aus späterhin ohne Weiteres ihre Erklärung finden werden, ist in dieser nur vorläufigen Erörterung des Erschlaffungsvorganges ganz abgesehen worden.

§ 12.

Die innere Reibung des Muskelsaftes ist im Bisherigen nur insofern berücksichtigt worden, als bei den Saftbewegungen innerhalb der f. Poren, bei der Nachquellung und Rückschrumpfung ein beträchtlicher innerer Reibungswiderstand zu überwinden ist. Aber auch ganz abgesehen von diesen innerhalb der f. Poren stattfindenden Saftbewegungen muss jeder Kraft, welche die Form des Muskels ändert, aus der inneren Reibung des Muskelsaftes ein gewisser Widerstand erwachsen. Dieser Widerstand ist unerheblich, wenn die Zähigkeit des Muskelsaftes gering ist, hingegen stark ins Gewicht fallend, wenn die Saftzähigkeit hohe Werthe besitzt.

Sucht man sich also näher zu vergegenwärtigen, von welchen Faktoren die Arbeit abhängig ist, welche die contrahirenden Kräfte der Disdiaklasten zu leisten haben, wenn sich der unbelastet aufgehängte Muskel von seiner natürlichen Ruhelänge aus um ein beliebiges Stück verkürzt, so zeigt sich, dass sich diese Arbeitsgrösse aus drei Componenten zusammensetzt, nämlich erstens aus der Arbeit, welche die contrahirenden Kräfte der Disdiaklasten bei der Muskelverkürzung insofern leisten, als sie den ihnen entgegenstehenden inneren Deformationswiderstand überwinden, zweitens aus der Arbeit, welche sie dadurch leisten, dass sie den inneren Reibungswiderstand, d. h. den Widerstand überwinden, der aus der inneren Reibung des Muskelsaftes entspringt und sich gleichfalls nach der Schnelligkeit und Ausgiebigkeit der Muskelcontraktion in seinem Gesammtwerthe bestimmt, und endlich drittens aus der Arbeit, welche jene Kräfte insofern leisten, als sie Muskelsubstanz der Richtung der Schwere entgegen bewegen. Ist der zunächst auf seiner natürlichen Ruhelänge erhaltene Muskel überlastet, d. h. kann er sich nur dadurch verkürzen, dass er eine Last emporhebt, so kommt zu der aus den drei hier angeführten Componenten sich zusammensetzenden inneren Arbeitsleistung der contrahirenden Kräfte noch die äussere Arbeit hinzu, welche dieselbe an der Last leisten. Verkürzt sich der Muskel von einer Anfangslänge aus, die grösser ist als die natürliche Ruhelänge, so bestehen die im Sinne der Muskelverkürzung wirksamen Kräfte in dem ersten Stadium der Muskelverkürzung aus den elektrischen Kräften der Disdiaklasten und aus denjenigen Kräften, welche den inneren Dehnungswiderstand zusammensetzen, und die innere Arbeit, welche die verkürzenden Kräfte während dieses Stadiums leisten, setzt sich aus zwei Componenten zusammen, aus der Arbeit, welche sie bei Ueberwindung des inneren Reibungswiderstandes leisten, und aus derjenigen, welche sie insofern leisten, als sie Muskelsubstanz der Richtung der Schwere entgegen bewegen.

§ 13.

Um die Bedeutung, welche die Nachquellung für die Funktion des Muskels besitzt, gleich von vorn herein in das gehörige Licht zu setzen, und um auch in denjenigen Capiteln, welche dem Capitel von der Entstehung des Tetanus vorhergehen, in vergleichender Weise gelegentlich der beim Tetanus auftretenden Erscheinungen gedenken zu können, empfiehlt es sich, bereits hier in diesem Abschnitte eine vorläufige kurze Andeutung darüber zu geben, wie nach unserer Theorie die tetanischen Contraktionszustände des Muskels zu Stande kommen.

Wie späterhin näher zur Sprache kommen wird, besitzt nicht blos die durch Tetanisirung hervorgerufene anhaltende Muskelverkürzung einen oscillatorischen Charakter, sondern nach den neueren Untersuchungen verschiedener Forscher gilt dasselbe auch von der anhaltenden Muskelzusammenziehung, welche vom Gehirn oder Rückenmark aus angeregt wird oder durch Einwirkung gewisser chemischer Substanzen auf den Muskel oder durch Schliessung eines den motorischen Nerven durchfliessenden elektrischen Stromes u. dergl. m. entsteht. Nach Allem, was zur Zeit vorliegt, scheint die Annahme gerechtfertigt, dass eine Erregung nur dann, wenn sie intermittirender Art ist, einen anhaltenden Contraktionszustand des Muskels hervorzurufen vermag. Nach unserer Theorie versteht sich dies von selbst. Denn die längere Andauer einer Muskelerregung von constanter Intensität, das längere Bestehen einer höheren Muskeltemperatur, kann nicht von einer gleich andauernden elektrischen Ladung der Disdiaklasten begleitet sein. Nur die plötzliche Entstehung einer solchen höheren Muskeltemperatur weckt die elektrischen Kräfte der Disdiaklasten, die nach Erreichung der constant bleibenden Temperaturhöhe schnell wieder abklingen. Es kann daher ein andauernder Contraktionszustand nur durch eine Reihe schnell auf einander folgender Schwankungen der Muskeltemperatur unterhalten werden, und zwar steht die Sache kurz folgendermassen. Nach Beginn der Tetanisirung entsteht zunächst durch Summation eine steile und ausgiebige (wenn auch absatzweise oder zackenförmig vor sich gehende) Temperaturerhöhung des Faserinneren. Dieselbe ist von einer entsprechenden starken elektrischen Ladung der Disdiaklasten und Contraktion des Muskels begleitet, wobei die Nachquellung in gehörigem Grade mitwirkt. Hat nun die Temperatur des Faserinneren ihr Maximum erreicht, so wird dieselbe (wegen der gesteigerten Wärmeabgabe, wegen der bei der Tetanisirung sich entwickelnden, späterhin näher zu erwähnenden, negativen Erregbarkeitsmodification sowie wegen der späterhin näher zur Sprache kommenden Abnahme, welche die Muskelerregbarkeit bei Zunahme der gebundenen Saftmenge erleidet) nur noch verhältnissmässig geringe Schwankungen erleiden, sie wird bei Einwirkung eines Reizstosses einen plötzlichen positiven Zuwuchs erfahren und hierauf bis zur Einwirkung des nächstfolgenden Reizstosses um ungefähr den gleichen Betrag wieder absinken. Die elektrische Ladung, welche die Disdiaklasten bei einer solchen verhältnissmässig geringen positiven Wärmeschwankung erfahren, kann natürlich auch nur gering sein. Sie ist aber dennoch zur Aufrechterhaltung des erreichten hohen Contraktionsgrades genügend, weil die zuvor durch die Nachquellung in die f. Poren eingeführte Saftmenge gleichfalls einer Erschlaffung des Muskels entgegenwirkt und verhindert, dass der Muskel in den Intervallen, die zwischen die kurzdauernden einzelnen elektrischen Ladungen der Disdiaklasten fallen, sich in erheblichem Grade verlängere. Ein wirklich gleichmässiger Contraktionszustand kann aber natürlich auch durch diese Mitwirkung des Saftgehaltes der f. Poren nicht erzielt werden; vielmehr müssen, wie thatsächlich der Fall ist, der Contraktionsgrad des Muskels und der Saftgehalt der f. Poren entsprechend der Zahl der Erregungswellen geringe Auf- und Abschwankungen erleiden. Man erkennt indessen bereits aus dem hier Bemerkten, wie wesentlich die Querbälkchen, ihre Durchsaftung und die Regulirung ihres Saftgehaltes durch die Nachquellung für die Fähigkeit des Muskels sind, in einen andauernden, annähernd gleichmässigen Contraktionszustand zu gerathen. Muskeln, welche nur zur Ausführung von kurzen und steilen Zuckungen oder von Reihen solcher Zuckungen bestimmt sind, bedürfen in der That principiell nicht unbedingt der Querbälkchen und des ganzen Vorganges der Nachquellung. —

Auf die Contraktur, welche selbstverständlich nicht auf dem Fortdauern einer intermittirenden Erregung beruht, auf die Wärmestarre, Todtenstarre und andere derartige anomale anhaltende Verkürzungszustände des Muskels wird späterhin näher eingegangen werden. Neben diesen anomalen Erscheinungen kann es auch noch andere Fälle anhaltenden Verkürztseins des Muskels geben, welche nicht auf dem normalen Wege zu Stande kommen. Es ist nämlich denkbar, dass durch Einwirkung toxischer Substanzen, durch Einfluss der Nervenfasern auf den Muskelsaft u. dergl. die Beschaffenheit des letzteren in der Weise verändert werde, dass die Quellungsverwandtschaft, welche derselbe zu den verschiedenen Theilen des Fasergerüstes besitzt, eine andere werde. Eine solche Aenderung der Quellungsverwandtschaft des Muskelsaftes zum Fasergerüste muss nothwendig von einer Formänderung der Faser begleitet sein, welche so lange andauert, als der Muskelsaft die ihm ertheilte qualitative Modification beibehält. Wird

z. B. die Quellungsverwandtschaft des Muskelsaftes zu den Querbälkchen erhöht, so muss eine Verkürzung der Faser eintreten, welche so lange anwährt, als diese neue Beschaffenheit des Muskelsaftes andauert, und welche der herkömmlichen Bezeichnungsweise nach als eine Aenderung des Tonus der Muskelfaser zu bezeichnen sein würde.[1] In welchem Umfange auf dem hier angedeuteten Wege andauernde Formänderungen der Muskelfaser bei Muskelerkrankungen oder anderen Gelegenheiten entstehen, soll hier dahingestellt bleiben.

§ 14.

Im Bisherigen haben wir bereits mehrfach Gelegenheit gehabt, darauf hinzuweisen, dass der Saftgehalt der f. Poren und seine Abhängigkeit von den vorhandenen auf den Muskel wirkenden Kräften nicht blos in dem Falle in Betracht kommt, wo sich der erregte Muskel verkürzt oder der contrahirte Muskel erschlafft, sondern auch dann in Rücksicht zu ziehen ist, wenn der Muskel im Zustande der Unerregtheit belastet wird oder von einer bereits vorhandenen Belastung befreit wird. Es erscheint angemessen, dass wir hier, die bisherigen gelegentlichen Bemerkungen über diesen Punkt ergänzend, in Kürze das Wesentliche desjenigen zusammenstellen, was unseren Anschauungen nach über die inneren Vorgänge zu sagen ist, die im Falle der Belastung oder Entlastung des ruhenden Muskels in diesem stattfinden.

Wird der ruhende Muskel belastet, so erfahren die Fibrillen, das Sarkolemma und andere feste Bestandtheile des Muskels sofort eine gewisse Dehnung, indem sich gleichzeitig der Querschnitt jeder Faser verringert. Diese Dehnung und Querschnittsverringerung wird zunächst in höheren Graden die isotropen Schichten des Muskelfaches betreffen, d. h. diejenigen Theile desselben, die sich zwischen zwei anisotropen Scheiben befinden. Denn eine Verringerung des Querschnittes der anisotropen Scheiben findet einen besonderen Widerstand an den innerhalb dieser Scheiben befindlichen Querbälkchen und kann nur dadurch in erheblichem Grade erzielt werden, dass aus den f. Poren Saft ausgepresst wird. Auch die Disdiaklasten können in Folge ihres Zusammenhanges mit den Querbälkchen nicht anders gedehnt werden, als so, dass zugleich die Querbälkchen eine Aenderung ihrer Form und zwar eine Vergrösserung ihres Querschnittes, Verringerung ihrer Länge und Verminderung des Saftgehaltes ihrer f. Poren erfahren. Entsprechendes

[1] Selbstverständlich sind wir weit davon entfernt, anzunehmen, dass alle Fälle von Auftreten oder Sich-ändern des sog. Muskeltonus in der obigen Weise durch blosse Beeinflussung der Quellungsverwandtschaft zwischen Muskelsaft und Fasergerüst zu Stande kämen.

gilt von denjenigen Theilen des Sarkolemmas, die in unmittelbarem Zusammenhange mit den Querbälkchen stehen. Da nun die der vorhandenen Belastung entsprechende Saftauspressung aus den f. Poren sich nicht momentan vollzieht, sondern nur unter Widerständen und allmählich vor sich geht, so setzt sich die durch die Belastung bewirkte Dehnung des ruhenden Muskels aus zwei, allerdings nicht scharf von einander geschiedenen Vorgängen zusammen, aus einer schnell sich vollziehenden primären Dehnung, welche besonders die isotropen Schichten der Muskelfächer betrifft, und aus einer daran sich anschliessenden Nachdehnung, welche hauptsächlich darauf beruht, dass die durch die Belastung bewirkte Saftauspressung aus den f. Poren noch weiter fortdauert. Während dieses zweiten Stadiums der Dehnung muss sich der durch die primäre Dehnung bewirkte Unterschied der Querschnitte der anisotropen Scheiben und der isotropen Schichten des Muskelfaches mehr oder weniger ausgleichen. Die Nachdehnung muss mit abnehmender Geschwindigkeit stattfinden, weil jene weitere Saftauspressung aus den f. Poren aus dreifachem Grunde mit abnehmender Geschwindigkeit vor sich geht, und zwar sind die drei Gründe für letzteres Verhalten folgende. Erstens sind die f. Poren umso enger, je weiter die Dehnung des Muskels bereits fortgeschritten ist. Je enger aber jene Poren sind, desto grösser ist der innere Reibungswiderstand, der bei der Saftauspressung aus denselben zu überwinden ist. Zweitens ist dem früher (S. 11f.) Bemerkten gemäss die f. Quellkraft, welche einer Verringerung des Saftgehaltes der f. Poren entgegenwirkt, umso stärker, je mehr verengert bereits diese Poren sind. Drittens kommt hier auch noch der Umstand in Betracht, dass bei jeder weiteren Verengung dieser Poren zugleich auch die Kraft (der Quellungswiderstand) abnimmt, mit welcher die festen Theilchen der Querbälkchen dahin wirken, die Weite und den Saftgehalt der f. Poren zu verringern. In Folge dieses Umstandes ist trotz des Gleichbleibens der Belastungsgrösse die Gesammtkraft, welche im Sinne einer Saftauspressung aus den f. Poren wirkt, umso geringer, je weiter fortgeschritten die Nachdehnung bereits ist.

Es würde ein Irrthum sein, wollte man die starke Ausprägung der elastischen Nachwirkung, welche der belastete Muskel zeigt, ausschliesslich durch die nur allmählich sich vollendenden Flüssigkeitsumlagerungen erklären, welche in Folge der Belastung innerhalb der Poren und innerhalb der gröberen flüssigkeithaltigen Hohlräume des Muskels stattfinden und insbesondere zu einer Abnahme des Saftgehaltes der f. Poren führen. Wie schon früher (S. 29 f.) bemerkt, bestehen die Nachwirkungsvorgänge, welche in einem belasteten Metalldraht, Glasstab u. dergl. die Erscheinung der elastischen Nachwirkung hervorrufen, auch in dem belasteten Muskel. Allerdings ist der Antheil, den diese Nachwirkungsvorgänge an der Bewirkung der Nachdehnung des belasteten Muskels haben, in Vergleich zu dem Antheile, den die in Folge der Belastung eintretenden Saftumlagerungen daran haben, nur gering. Aber der Antheil der Nachwirkungsvorgänge ist doch vorhanden, und es ist bemerkenswerth, dass jede durch die Nachwirkungsvorgänge bewirkte kleine Formänderung des Muskels zugleich wieder Ursache einer geringen Saftumlagerung werden muss, welche dazu dient, die durch die Nachwirkungsvorgänge hervorgerufene Formänderung noch etwas zu steigern und zeitlich zu verlängern.[1]

Wie schon früher (S. 25 ff.) gesehen, besitzt die Spannung, welche der ruhende Muskel bei einer bestimmten Dehnungslänge besitzt, in Folge ihrer Abhängigkeit von dem f. Imbibitionsdrucke je nach Umständen wesentlich verschiedene Werthe. Wird der ruhende Muskel bis

[1] Im Hinblick darauf, dass nach unseren modernen Anschauungen in jedem festen unorganischen Körper, Metalldrahte, Glasstabe u. dergl., sich stets eine gewisse, von der Temperatur abhängige, Anzahl von flüssigen Molekülen befinden muss, liegt es nach Obigem nahe, die elastische Nachwirkung ganz allgemein durch die Rolle zu erklären, welche die flüssigen Moleküle des einer deformirenden Kraft unterworfenen Körpers bei der Deformation desselben spielen. Unsere Auffassung der elastischen Nachwirkung ist in der That von dieser Art. Indessen ist hier nicht der Ort, näher darzuthun, welche Rolle oder vielmehr Rollen wir dem fortwährenden Flüssigwerden und Festwerden einzelner Körpermoleküle in Beziehung auf die Bewirkung der Erscheinungen der elastischen Nachwirkung zuschreiben. Insbesondere soll hier auch nicht näher darauf eingegangen werden, was man sich nun eigentlich unter den Nachwirkungsvorgängen vorzustellen habe, welche nach Obigem neben den durch die Belastung bedingten Saftumlagerungen die Erscheinung der elastischen Nachwirkung am belasteten Muskel bedingen. Vor der Hand genügt es, in der obigen Weise die Nachdehnung des belasteten Muskels zu einem grösseren Theile auf die Saftumlagerungen und zu einem weit geringeren Theile auf die für die festen Muskelbestandtheile in Betracht kommenden Nachwirkungsvorgänge zurückzuführen. Bekanntlich hat schon Maxwell eine der unserigen Auffassung verwandte Theorie der elastischen Nachwirkung aufgestellt.

Wie in der erwähnten Abhandlung über die Quellung näher erörtert werden wird, beruht auf den Umlagerungen, welche die imbibirten Flüssigkeitstheichen bei einer Formänderung des durchfeuchteten Körpers erfahren müssen, auch die zweite Eigenthümlichkeit, welche die organisirten Körper hinsichtlich ihrer Elasticität zeigen, nämlich die Eigenthümlichkeit ihrer Dehnungsgesetze, nach denen die Dehnungsgrösse langsamer wächst als die Belastung. Beide Eigenthümlichkeiten der organisirten Körper, die starke Ausprägung der elastischen Nachwirkung und die besondere Beschaffenheit ihrer Dehnungsgesetze, treten nachgewiesener Massen umso mehr zurück, je mehr der Körper austrocknet.

zu einer bestimmten Länge l das eine Mal sehr schnell, das andere Mal sehr langsam gedehnt, so wird die Spannung, welche der Muskel im Momente der Erreichung jener Länge l besitzt, im ersteren Falle erheblich grösser sein als im zweiten Falle, weil eben die Werthe, welche der Saftgehalt der f. Poren und der f. Imbibitionsdruck im Momente der Erreichung jener Muskellänge l besitzen, im zweiten Falle (in Folge der längeren Dauer der durch die Dehnung bereits bewirkten Saftauspressung aus den f. Poren) erheblich geringer sind als im ersteren Falle. Noch geringer als in jenem zweiten Falle muss die im Momente der Erreichung der Muskellänge l vorhandene Muskelspannung dann sein, wenn der ruhende Muskel diesen Längenwerth l überhaupt nicht bei einer Dehnung, sondern vielmehr bei einer Verkürzung erreicht, welche die Folge einer Befreiung des Muskels von einer starken Belastung ist. In diesem Falle erreicht der Muskel den Längenwerth l mit einem geringeren Saftgehalte der f. Poren als in irgend einem Falle, wo er diesen Längenwerth durch Dehnung von einer kürzeren Anfangslänge aus erreicht. Es bedarf nicht erst von Neuem der Bemerkung, dass die hier angedeutete Variabilität der zu einer bestimmten Länge des ruhenden Muskels zugehörigen Muskelspannung zu einem allerdings nur geringen Theile auch in den oben erwähnten Nachwirkungsvorgängen ihren Grund hat.

Aus Vorstehendem ergibt sich, dass es durchaus fehlerhaft sein würde, wollte man von einer Dehnungscurve des ruhenden Muskels (bei welcher den Abscissenwerthen die Belastungsgrössen, den Ordinatenwerthen die Längenwerthe des Muskels oder die Dehnungsgrössen entsprechen) schlechtweg reden. Je nach der Art und Weise, wie für die verschiedenen Belastungsgrössen die zugehörigen Muskellängen bestimmt werden, wird man verschiedene Dehnungscurven des ruhenden Muskels erhalten. Die Länge, welche der Muskel bei einer bestimmten Belastung besitzt, ist eine Funktion nicht blos der Grösse der Belastung, sondern zugleich auch des Zeitraumes, welcher seit Herstellung dieser Belastung verflossen ist, und hängt ausserdem auch noch von der Beschaffenheit des Muskelzustandes ab, welcher bei Herstellung dieser Belastung vorhanden war. Ist eine bestimmte Belastung B des Muskels durch Erhöhung einer bereits vorhandenen geringeren Belastung hergestellt worden, so wird der Längenwerth, den der Muskel besitzt, wenn er der Einwirkung jener Belastung B seit einer bestimmten kurzen Zeit unterliegt, ein anderer und zwar geringerer sein als dann, wenn jene Belastung B durch Verringerung einer bereits vorhandenen grösseren Belastung hergestellt worden ist.

Da dem in § 5 Bemerkten gemäss die Längsbälkchen in Vergleich zu den Querbälkchen nur wenig durchsaftet sind und demgemäss bei einer Dehnung auch nur eine geringe Erhöhung ihrer Saftcapacität erfahren, so wird die Zunahme des freien Muskelsaftes, welche bei einer Belastung oder Dehnung des Muskels durch die Verengung und Saftabgabe der f. Poren bewirkt wird, nicht dadurch ausgeglichen, dass eine entsprechende Menge freien Saftes in diejenigen Poren der Längsbälkchen übergehe, welche bei der Dehnung des Muskels erweitert werden. Es tritt also bei jeder Dehnung des Muskels in Folge der Saftabgabe der f. Poren eine Vermehrung der freien Saftmenge ein.

Was den f. Imbibitionsdruck anbelangt, so bedarf es nicht erst weiterer Bemerkung darüber, dass derselbe bei jeder Belastung oder Dehnung des Muskels zunehmen muss.

Setzen wir endlich den Fall, der bislang belastete ruhende Muskel werde plötzlich entlastet, so wird zunächst eine schnelle Verkürzung desselben eintreten, bei welcher sich der Querschnitt der Muskelfasern mehr in den isotropen Schichten als in den anisotropen Scheiben des Muskelfaches vergrössert. An diese primäre Verkürzung des entlasteten Muskels schliesst sich eine langsame, mit abnehmender Geschwindigkeit vor sich gehende Nachverkürzung an, welche ihren Grund in der Hauptsache darin hat, dass in die durch die Entlastung erweiterten f. Poren bisher im freien Zustande befindlich gewesene Safttheilchen eingelagert werden. Denn ebenso wie bei der Contraktion des erregten Muskels muss auch bei der Entlastung des ruhenden Muskels eine Nachquellung stattfinden. Es versteht sich von selbst, dass bei der Nachverkürzung des entlasteten Muskels, welche zum grössten Theile auf dieser Nachquellung beruht, die eintretende Vergrösserung des Querschnittes der Muskelfasern mehr die anisotropen Scheiben als die isotropen Schichten des Muskelfaches betrifft. —

Mit den Ausführungen dieses jetzt beendeten ersten Abschnittes unserer Schrift ist dasjenige, was über die bei der Muskelthätigkeit wirksamen inneren Kräfte und Vorgänge zu sagen ist, noch keineswegs erschöpft. An der Hand der Thatsachen und Einzelprobleme werden wir vielfach Gelegenheit finden, die bisherigen Darlegungen zu ergänzen, zu vertiefen und präciser zu gestalten. Dies wird sich in mehrfacher Hinsicht schon im nächsten Capitel zeigen.

Zweiter Abschnitt.

Die mikroskopische Erscheinungsweise der ruhenden und der thätigen Muskelfaser.

Erstes Capitel.

Näheres über die verschiedenen Bestandtheile der Muskelfaser.

§ 15.

Wir versuchen in diesem Abschnitte uns vom Standpunkte unserer Theorie aus mit den Resultaten auseinanderzusetzen, welche die mikroskopische Untersuchung der ruhenden und der thätigen Muskelfaser ergeben hat, indem wir einerseits die Ergänzungen und näheren Bestimmungen darlegen, welche unsere Theorie bei eingehenderer Berücksichtigung der mikroskopischen Erscheinungsweise des Muskels zu erfahren hat, und andererseits die Uebereinstimmung hervorheben, welche zwischen den Anschauungen und Consequenzen unserer Theorie und den bisherigen Ergebnissen der mikroskopischen Forschung besteht. In letzterer Beziehung wird es sich erstens darum handeln, zu zeigen, dass die bisher unverstandenen besonderen Einrichtungen der quergestreiften Muskelfaser (der fibrillare Aufbau derselben, die Anisotropie gewisser Abtheilungen des Muskelfaches, die Strukturverschiedenheiten der anisotropen Scheiben des Muskelfaches, die Gliederung des Faserinneren zu Muskelsäulchen u. A. m.) durch unsere Theorie in ungezwungener Weise ein Verständniss ihrer Bedeutung und Zweckmässigkeit finden. Zweitens wird es darauf ankommen, darzuthun, dass die mikroskopisch wahrnehmbaren Veränderungen, welche die quergestreifte Faser bei der Contraktion oder bei der Einwirkung chemischer Reagentien oder anderer äusserer Einflüsse erfährt, mit den Anschauungen in Einklang stehen, die wir im Sinne unserer Theorie hinsichtlich der Struktur der Muskelfaser und hinsichtlich der Beschaffenheit und Funktion ihrer verschiedenen Bestandtheile vertreten.

In diesem Capitel haben wir zuvörderst noch einige ergänzende Bemerkungen über die früher angeführten Hauptbestandtheile des Faserinhaltes (Muskelsaft, Längs- und Querbälkchen, Disdiaklasten) vorauszuschicken.

Was den M u s k e l s a f t anbelangt, so lässt es sich wohl nur durch einen Mangel an Ueberlegung erklären, dass man früher überhaupt darüber diskutiren konnte, ob es einen flüssigen Bestandtheil des Sarkolemmainhaltes gebe oder nicht. Man hätte sich leicht sagen können, dass ein auf chemischen Vorgängen beruhender, einer schnellen Fortpflanzung in dem erregten Körper fähiger Erregungsprocess überhaupt nur in einem Körper von theilweise flüssiger Beschaffenheit verlaufen kann. Es erscheint uns völlig überflüssig, hier die Thatsachen zu reproduciren, welche von verschiedenen Forschern für die Annahme eines innerhalb des Sarkolemmaschlauches befindlichen Muskelsaftes geltend gemacht worden sind, die Weichheit der Muskelfaser, die Art der Bewegungen eines Parasiten innerhalb der Muskelfaser, Kühne's durchschlagende Darstellung des Muskelplasmas u. A. m. Obwohl das nach Kühne's Methoden dargestellte Muskelplasma in der Hauptsache auf der Existenz des Muskelsaftes beruht, so wird es doch noch Beimischungen aus den im Bindegewebe und anderen Nebenbestandtheilen des Muskels enthaltenen Säften enthalten; und auch aus anderen Gründen erscheint es mehr als zweifelhaft, ob jenes Muskelplasma hinsichtlich seiner Beschaffenheit und seines Zustandes mit dem innerhalb des Sarkolemmas der lebenden Muskelfaser befindlichen Safte oder vielmehr mit irgendwelchen Schichten desselben — denn, wie wir sogleich sehen werden, besitzt der Muskelsaft keineswegs in allen seinen Schichten ganz dieselbe Beschaffenheit — in allen wesentlichen Punkten übereinstimme. Diese Uebereinstimmung würde nur dann anzunehmen sein, wenn es möglich wäre, durch Reizung, z. B. elektrischer Art, in dem nach Kühne's Methode hergestellten Muskelplasma einen gleichen wärmebildenden Erregungsprocess hervorzurufen wie in der lebenden Muskelfaser. Um Missverständnisse zu vermeiden, erschien es uns daher nicht angezeigt, den Ausdruck Muskelplasma ohne Weiteres auf den von uns als Muskelsaft bezeichneten flüssigen Bestandtheil des Sarkolemmainhaltes zu übertragen.

Wenn wir den Muskelsaft kurzweg als eine Flüssigkeit bezeichnen, so nehmen wir damit keineswegs an, dass der Muskelsaft allerwärts und jederzeit den flüssigen Aggregatzustand in vollkommenem Grade besitze, also z. B. die Fluidität besitze, die reinem Wasser bei einer Temperatur von 30° zukommt. Der weitere Verlauf unserer Untersuchungen wird zeigen, wie bedeutend die Zähigkeit des Muskelsaftes je nach dem Ermüdungszustande, je nach der Art des Muskels u. dergl. variirt. Und wir würden ein durchaus unzulängliches Bild von der Zusammensetzung der quergestreiften Muskelfaser hinterlassen, wenn wir hier nicht näher auf die Verschiedenheiten eingehen wollten, welche die verschiedenen Partien des Muskelsaftes in jeder Faser hinsichtlich ihrer Zähigkeit und im Zusammenhange damit auch hinsichtlich ihrer sonstigen Eigenschaften und Funktion darbieten.

Neben Schichten von ziemlicher Fluidität scheint nämlich der Muskelsaft aller quergestreiften Fasern auch noch solche Partien zu enthalten, welche sich durch grössere Zähigkeit auszeichnen und von den Beobachtern als protoplasmatische oder protoplasmaähnliche Massen des Sarkolemmainhaltes beschrieben werden. Was die Stellen anbelangt, wo sich solche protoplasmatische Saftmassen vorfinden, so ist zunächst daran zu erinnern, dass die Fibrillen einer Faser zu Bündeln zusammengefasst sind in der Weise, dass zwei benachbarte Fibrillen eines und desselben Bündels durch einen beträchtlich geringeren Abstand von einander getrennt sind als zwei benachbarte Fibrillen, die zwei verschiedenen Bündeln angehören. Auf dieser Zusammenfassung der Fibrillen zu einzelnen Bündeln beruht bekanntlich der Anblick der im optischen Längsschnitte der Faser erscheinenden sog. Muskelsäulchen. Wir haben also zu unterscheiden zwischen solchen Hohlräumen des Faserinneren, die sich zwischen den verschiedenen Fibrillen eines und desselben Muskelsäulchens erstrecken, und solchen, durch welche die verschiedenen Muskelsäulchen von einander getrennt werden. Nur die letzteren Räume sowie diejenigen Theile des Faserinneren, welche sich zwischen dem Sarkolemma und den benachbarten Muskelsäulchen befinden, scheinen als die Stätten angesehen werden zu können, wo sich protoplasmatische Saftmassen vorfinden. Mit Vorliebe und mit besonderer Ausprägung ihres Charakters finden sich die, häufig feinkörnigen oder granulirten, protoplasmatischen Massen in der Nähe der Muskelkerne, die sich bekanntlich gleichfalls entweder in den zwischen den Muskelsäulchen befindlichen Räumen oder in den unmittelbar an das Sarkolemma anstossenden Partien des Faserinneren vorfinden. Was die Funktion der protoplasmatischen Saftmassen anbelangt, so scheinen dieselben nicht sowohl direkt der Erregbarkeit des Muskels zu dienen als vielmehr von trophischer Bedeutung zu sein. Der wärmebildende Erregungsprocess vollzieht sich in der Hauptsache nur in den flüssigeren Saftschichten, welche die einzelnen Fibrillen unmittelbar umgeben, nicht aber auch in den, von den einzelnen Fibrillen entfernteren und nur ausserhalb der Muskelsäulchen vorkommenden, protoplasmatischen Saftschichten. In der ursprünglichen Zelle von zähflüssiger Beschaffenheit sind erregbare und trophische Massen noch nicht geschieden. Allmählich tritt eine Differenzirung ein, indem sich einerseits ein festes Fasergerüst entwickelt und andererseits ein Saft von grösserer Fluidität und Erregbarkeit sich von derjenigen zähflüssigen Masse absondert, welche wesentlich von trophischer Bedeutung ist, d. h. mit Hilfe der die Zelle umspülenden Ernährungsflüssigkeit sowohl für den Aufbau und die Ergänzung der festen Zellenbestandtheile das nöthige Material bereitet und ansammelt, als auch solche Stoffe in sich aufspeichert, welche dazu dienen, die Verluste an erregbarem Materiale zu ersetzen, die der durch grössere Fluidität ausgezeichnete erregbare Saft durch die eintretenden Erregungen des Muskels erleidet. Das Resultat einer derartigen Differenzirung also liegt uns in der entwickelten Muskelfaser vor, deren Saft theils aus zäheren protoplasmatischen Massen von wesentlich trophischer Bedeutung, theils aus flüssigeren, der Erregbarkeit direkt dienenden Massen besteht. Wir werden späterhin sehen, dass diese Differenzirung des Muskelsaftes nicht in allen Arten von Muskelfasern den gleichen Grad erreicht, und dass hierdurch nicht unbedeutende Verschiedenheiten in der Erregbarkeit und in dem Verlaufe der Erregung und Contraktion bedingt werden.[1]

Vorläufig möge hier bereits bemerkt werden, dass zwischen der grösseren Zähigkeit und der geringeren Erregbarkeit der protoplasmatischen Saftschichten ein causaler Zusammenhang besteht, da, wie wir späterhin näher zeigen werden, ganz allgemein eine Zähigkeitszunahme des Muskelsaftes von einer Verringerung der Erregbarkeit desselben begleitet ist. Wie ferner leicht ersichtlich ist, muss die geringere Erregbarkeit der protoplasmatischen Saftschichten schon ohne Weiteres zu Folge haben, dass sich unter gewöhnlichen Umständen in diesen Saftschichten eine verhältnissmässig reichliche Menge derjenigen Stoffe angesammelt hat, welche bei der Erregung des Muskels verbraucht werden. Die nachhaltige Leistungsfähigkeit, die wir unter normalen Umständen an den Muskeln, in gewissem Grade sogar an den dem Einflusse des Blutstromes entzogenen Muskeln, beobachten, ist nur dadurch möglich, dass die zäheren, protoplasmatischen Saftschichten nach jeder Reizung einen Theil des in ihnen angehäuften erregbaren Materiales durch einen, kurz als die a u s g l e i c h e n d e D i f f u s i o n zu bezeichnenden, Diffusionsprocess an die erregbareren Saftschichten abgeben, welche durch die von der Reizung in ihnen hervorgerufenen Zer-

---

[1] Wie späterhin näher gezeigt werden wird, besteht auch das Wesen der Myotonia congenita (THOMSEN'sche Krankheit) darin, dass in den erkrankten Muskeln die oben erwähnte Differenzirung des Muskelsaftes nicht in gehörigem Masse vor sich gegangen ist, vielmehr die zäheren Partien und die trophischen Funktionen des Muskelsaftes zu sehr das Uebergewicht behalten haben. Demgemäss werden bei dieser Erkrankung starke Vermehrung der Muskelkerne, hochgradige Hypertrophie der Muskelfasern und eine Reihe von Störungen und Eigenthümlichkeiten der Erregbarkeit und Contraktilität beobachtet, die wir sämmtlich aus einer zu hohen Zähigkeit des Muskelsaftes erklären werden.

setzungsprocesse einen Verlust an solchem Materiale erlitten haben. Ob die protoplasmatischen Saftschichten noch mehr sind als blosse Anhäufungsstätten für das erregbare Material, ob dieselben nämlich auch noch die Funktion haben, die dem Muskel durch den Blutstrom zugeführten Stoffe überhaupt erst in der Weise umzubilden, dass sie geeignet werden als Substrat des wärmebildenden Erregungsprocesses im Muskel zu dienen, muss hier dahingestellt bleiben.

Zur Rechtfertigung der hier angedeuteten Anschauungen wollen wir nicht unterlassen, darauf hinzuweisen, dass insbesondere auch Rollett (2, S. 48 f.) mit Nachdruck hervorhebt, dass die zwischen den einzelnen Fibrillen eines und desselben Muskelsäulchens befindlichen Massen von wesentlich anderer Art sein müssen als die ausserhalb der Muskelsäulchen befindlichen, mehr protoplasmaähnlichen Massen. Er führt an, dass, soweit die gegenwärtigen Mittel erkennen lassen, die innerhalb der Muskelsäulchen befindlichen Saftmassen bei der Einwirkung von Reagentien sich anders verhalten als die ausserhalb der Muskelsäulchen befindlichen Massen, während es für das Verhalten der letzteren Massen keinen Unterschied bedingt, ob dieselben mehr oder weniger reichlich von stärker lichtbrechenden Körnchen durchsetzt sind oder solcher Körnchen ganz entbehren. In Zusammenhang mit dieser Verschiedenheit in dem Verhalten der innerhalb und der ausserhalb der Muskelsäulchen befindlichen Saftmassen steht nach Rollett's Ansicht auch die Thatsache, dass die Muskelsäulchen von den zwischen ihnen befindlichen Massen sich sehr leicht unterscheiden lassen, während die einzelnen Fibrillen eines Muskelsäulchens nur sehr schwer nachgewiesen werden können.

Eine Verschiedenheit der innerhalb und der ausserhalb der Muskelsäulchen befindlichen Saftmassen zeigt sich auch in der von Kölliker (a. a. O. S. 359) angeführten Thatsache, dass die sogenannten interstitiellen Körner, deren Bedeutung sogleich näher zur Sprache kommen wird, sich nur in den ausserhalb der Muskelsäulchen befindlichen Theilen des Faserinneren, nicht aber auch in solchen Räumen vorfinden, die sich zwischen Fibrillen erstrecken, welche einem und demselben Muskelsäulchen angehören.[1]

[1] Betreffs der in den Muskelfasern vorkommenden Fetttröpfchen hat schon Nasse (a. a. O. S. 82) hervorgehoben, dass noch fraglich sei, ob dieselben eine allgemeine Verbreitung innerhalb des Sarkolemmaschlauches besässen oder vorwiegend nur innerhalb der protoplasmatischen Schichten des Muskelsaftes vorkämen. Dass die um die Muskelkerne herum befindlichen Saftmassen nicht immer von interstitiellen Körnchen durchsetzt sind, hebt Rollett (2, S. 33) gelegentlich hervor.

Auf die trophische Bedeutung der protoplasmatischen Schichten des Muskelsaftes weist vor Allem die Entwickelung der Muskelfaser hin, bei welcher die, um die Muskelkerne herumgelagerte und häufig feinkörnige, protoplasmatische Substanz fortwährend an Volumen und Masse verliert, während sich die Fibrillen immer mehr vermehren und das Fasergerüst immer mehr an Terrain gewinnt. Der Umstand, dass in der entwickelten Muskelfaser diejenigen Saftschichten, welche einen ausgeprägteren protoplasmatischen Charakter besitzen, in der Regel in der Umgebung der Muskelkerne sich vorfinden, lässt bereits an und für sich eine trophische Bedeutung dieser Saftschichten vermuthen, da den Muskelkernen eine andere als auf die Ernährung, das Wachsthum, die Vermehrung und Regeneration der Muskelfasern bezügliche Funktion nicht zugestanden werden kann.[1]

---

[1] Betreffs der Rolle der Muskelkerne beim Wachsthume, bei der Vermehrung und beim Zerfalle der Muskelfaser vergleiche insbesondere W. Felix, in der Zeitschr. f. wiss. Zoologie, 48, 1889, S. 224 ff. Die Ansicht, dass bei der Entwickelung der Muskelfaser „das um die Kerne gelagerte, sich vielleicht unter Mitwirkung derselben vermehrende Protoplasma" durch continuirlich fortschreitende Differenzirung die quergestreifte Substanz der Muskelfaser liefere, hat schon Riedel (Untersuch. aus dem anat. Institut zu Rostock, 1874, S. 83) vertreten. In ähnlichem Sinne hat Bremer (Arch. f. mikrosk. Anat., 22, 1883, S. 321) darauf hingewiesen, dass die Muskelkerne in jüngeren Fasern reichlicher von protoplasmatischer Substanz umgeben sind als in älteren Fasern. Ebenso ist neuerdings Mingazzini (Anat. Anzeiger, 4, 1889, S. 742 ff.) zu dem Resultate gekommen, dass das Längenwachsthum und die Volumenzunahme der Muskelfasern durch die Muskelkerne bestimmt werde und die an die Muskelkerne angrenzenden protoplasmatischen Massen, welche in den früheren Entwickelungsstadien der Faser reichlich, bei vollendeter Entwickelung derselben aber nur spärlich vorhanden seien, das Material für die Bildung der Fibrillen hergäben, u. dergl. m. Es würde zu viel Raum beanspruchen, wollten wir alle für die obige Ansicht von der Funktion der protoplasmatischen Saftschichten sprechenden Beobachtungsangaben der verschiedensten Forscher hier anführen. Betreffs des Umstandes, dass ähnlich wie der Saft der quergestreiften Fasern auch derjenige der glatten Muskelfasern in einen „protoplasmatischen Theil", welcher die von der contraktilen Substanz freigelassenen Hohlräume erfüllt, und in einen anders beschaffenen „interfibrillären" Theil zerfällt, welcher die feineren Zwischenräume zwischen den einzelnen Fibrillen der contraktilen Substanz ausfüllt, sind auch die Ausführungen von St. Apáthy im Biol. Centralblatt, 9, 1889, S. 529 ff. zu vergleichen. Natürlich darf man nicht vergessen, dass entsprechend der anderen Funktionsweise der glatten Muskelfasern auch die Beschaffenheit des Muskelsaftes, insbesondere desjenigen Theiles, welcher die Fibrillen unmittelbar umgibt, in denselben eine etwas andere ist als in den quergestreiften Fasern. Nach Apáthy ist der protoplasmatische Theil des Muskelsaftes der glatten Faser in der Umgebung des Kernes „verdichtet und körnchenreicher als anderswo". Der interfibrilläre Theil des Muskelsaftes ent-

Erwähnt muss hier ferner noch die Thatsache werden, dass nach den bisherigen Untersuchungen das Muskelglykogen sich hauptsächlich oder gar ausschliesslich in den protoplasmatischen Schichten des Muskelsaftes vorfindet, dass nach den Beobachtungen von Schwalbe zwar die Marksubstanz der Muskelfasern des Blutegels Glykogen enthält, hingegen die fibrillenhaltige contraktile Rindensubstanz dieser Fasern anscheinend glykogenfrei ist, dass das embryonale Muskelgewebe, in welchem die protoplasmatische Substanz weit mehr vertreten ist als in dem entwickelten Muskelgewebe, auch glykogenhaltiger ist als das letztere, u. dergl. m.[1] Alle diese Befunde scheinen darauf hinzudeuten, dass die protoplasmatischen Partien des Muskelsaftes auch zur Aufspeicherung von Reservestoffen dienen, welche zu eventueller Aufrechterhaltung der Muskelerregbarkeit bestimmt sind. Was speciell das Glykogen anbelangt, so wird man entweder anzunehmen haben, dass die flüssigeren, erregbareren Saftschichten dasselbe jederzeit nur in sehr geringer, schwer nachweisbarer Menge enthalten, aber bei eintretendem Verbrauche desselben sofort den nöthigen Ersatz aus den protoplasmatischen Schichten beziehen, die in Folge ihrer geringen Erregbarkeit das Glykogen leicht aufspeichern können, oder man hat anzunehmen, dass bei der Muskelerregung überhaupt nicht das Glykogen selbst unmittelbar verbraucht wird, sondern gewisse Stoffe zum Verbrauche kommen, welche mittels des Glykogens hergestellt werden und in die fluideren, erregbareren Saftschichten übergehen. Uebrigens brauchen die Reservestoffe, welche in den protoplasmatischen Schichten des Muskelsaftes aufgespeichert werden, nicht blos der Aufrechterhaltung der Funktion des Muskels zu dienen, sondern können auch für die Entwickelung und Funktion anderer Körperorgane bestimmt sein. Wir erinnern an die interessante Thatsache, dass nach den Versuchen von Miescher der Rheinlachs während seines Aufenthaltes im Süsswasser keine Nahrung zu sich nimmt und die Geschlechtsorgane, Eierstöcke und Hoden auf Kosten der Muskeln entwickelt.[2]

---

hält nur gelegentlich „Partikelchen verschiedenster Natur in sich eingeschlossen, welche aber kaum irgend welche physiologische Bedeutung — eher eine pathologische — haben."

[1] Vergl. hierzu Schwalbe im Arch. f. mikrosk. Anat., 5, 1869, S. 220, Ranvier, a. a. O. S. 482, Nasse, a. a. O. S. 83, Krukenberg, a. a. O. S. 294 ff., Marchand in Virchow's Arch., 100, 1885, S. 49 und 52 ff.

[2] Ob, wie zu vermuthen, bei dieser Stoffabgabe der Lachsmuskeln in erster Linie die protoplasmatischen Saftmassen in Anspruch genommen werden, ist zur Zeit noch nicht untersucht. Ebenso liegt, beiläufig bemerkt, zur Zeit auch noch nichts Sicheres darüber vor, ob in den verschiedenen Fällen von

Die in den protoplasmatischen Saftmassen befindlichen Fettkörnchen und sonstigen interstitiellen Körnchen können von vorn herein betrachtet sowohl Ansammlungen von Reservestoffen als auch Zerfallsprodukte sein oder auch noch andere Bedeutung besitzen. Neuerdings hat Ph. Knoll (Wien. Ber. 98, 3. Abth., 1889, S. 456 ff.) die Resultate ausgedehnter vergleichender Untersuchungen über das Vorkommen heller und trüber, d. h. an interstitiellen Körnern ärmerer und reicherer, Muskelfasern veröffentlicht. Er fand, dass die Körner, welche sich theils als aus Fett, theils als aus einer chemisch zunächst nicht näher definirbaren, in ihren Reaktionen dem Lecithin ähnelnden Substanz bestehend herausstellten, im Allgemeinen in den thätigeren Muskeln reichlicher vorhanden sind als in den weniger in Anspruch genommenen Muskeln. So fand er die quergestreiften Fasern des Herzens bei den verschiedensten Thieren ausschliesslich trüb. Ebenso erwiesen sich als trüb die Flugmuskeln der Tauben, die Flossenmuskeln von Syngnathus und Hippocampus, die Thoraxmuskeln der Dipteren, Neuropteren, Lepidopteren und fliegenden Coleopteren u. a. m. Bei Inanition wurde das Schwinden der Fettkörnchen festgestellt. Aus diesem Thatbestande scheint sich zu ergeben, dass die interstitiellen Körner in der Hauptsache Reservestoffe sind, welche behufs Ermöglichung einer nachhaltigen intensiven Arbeitsleistung der betreffenden Muskeln in den protoplasmatischen Saftschichten angehäuft sind und vor Allem dazu dienen, die Funktionsfähigkeit derjenigen Muskeln, deren Thätigkeit für die Lebenserhaltung nothwendig ist, auch für den Fall mangelhafter äusserer Nahrungszufuhr längere Zeit hindurch zu sichern.

Dass zwischen den zäheren protoplasmatischen Massen und den flüssigeren, erregbareren Massen des Muskelsaftes ein allmählicher Uebergang besteht, ist in den vorstehenden Darlegungen bereits hinlänglich angedeutet. Hier soll nur darauf nochmals aufmerksam gemacht werden, dass, wenn auch die ausserhalb der Muskelsäulchen befindlichen Räume im Allgemeinen als die Stätten der protoplasmatischen Saftschichten angesehen werden müssen, hiermit keineswegs ausgeschlossen ist, dass manche in diesen Räumen vorhandene Saftpartien, insbesondere solche, welche den Muskelsäulchen sehr benachbart sind, den protoplasmatischen Charakter nur in verhältnissmässig geringem Grade besitzen. Dass Zähigkeitsunterschiede unter den ausserhalb der Muskelsäulchen befindlichen Partien des Faserinhaltes bestehen, erkennt auch Rollett (1, S. 83) an, indem er z. B. bemerkt, dass in

---

Muskelschwund zuerst die protoplasmatischen Saftmassen in deutlichem Masse verringert werden.

diesen Partien manchmal „eigenthümlich gestaltete, regelmässig vertheilte und unter einander zusammenhängende Verdichtungen" vorkommen.[1] Häufig sind die Muskelsäulchen einer Faser zu Gruppen, die durch grössere Abstände von einander getrennt sind, zusammengefasst. In solchen Fällen scheinen die Saftmassen, welche die Gruppen von Muskelsäulchen von einander trennen, im Allgemeinen den protoplasmatischen Charakter in höherem Grade zu besitzen als diejenigen Saftmassen, welche zwischen den einzelnen Muskelsäulchen einer Gruppe sich befinden. An den Fliegenmuskeln, in denen die Muskelsäulchen zu ringförmigen Gruppen zusammengefasst sind, und in deren Querschnittsbilde demgemäss die den Muskelsäulchen entsprechenden Cohnheim'schen Felder zu gürtelförmigen Reihen angeordnet erscheinen, beobachtete Rollett (2, S. 41), dass diejenigen Partien, welche die ringförmigen Muskelsäulchengruppen von einander trennen, reichliche Mengen von Körnern enthalten, hingegen diejenigen Massen, welche die einzelnen Muskelsäulchen einer und derselben ringförmigen Gruppe von einander trennen, der Körner völlig entbehren.

Fassen wir den Inhalt der vorstehenden Darlegungen kurz zusammen, so lassen sich also folgende Sätze aufstellen:

Der Muskelsaft zerfällt in zähere, weniger erregbare Schichten von protoplasmaartigem Charakter und in flüssigere, erregbarere Schichten. Zwischen beiden Arten von Schichten besteht ein allmählicher Uebergang.

Die Schichten der zweiten Art dienen unmittelbar der Erregbarkeit des Muskels[2] und finden sich dementsprechend in der unmittelbaren Umgebung der Fibrillen.

Die protoplasmatischen Schichten finden sich ausserhalb der Muskelsäulchen und haben trophische Bedeutung, insofern sie in Verbindung mit den von ihnen eingeschlossenen Muskelkernen das Wachsthum und die Vermehrung der Muskelfasern vermitteln. Ferner dienen diese Schichten der Ansammlung von Reservestoffen, welche zur Aufrechterhaltung der Muskelerregbarkeit bestimmt sind. Auch solche Reservestoffe, welche thatsächlich für die Entwickelung oder Funktion

---

[1] Ob die hellen Massen, welche Rollett (1, S. 121, Figur 21, und 4, S. 248) zuweilen an mit Säure behandelten Muskelfasern in unmittelbarer Nähe der Substanz der Muskelsäulchen beobachtete, mit den hier in Rede stehenden Verschiedenheiten des Muskelsaftes etwas zu thun haben, muss vor der Hand noch dahingestellt bleiben.

[2] Dass auch diese Schichten des Muskelsaftes immer gewisse gelöste Bestandtheile enthalten müssen, welche der Erhaltung oder dem Wachsthume der von diesen Saftschichten umspülten Fibrillen dienen, versteht sich von selbst und wird auf S. 68 noch näher dargethan werden.

anderer Organe bestimmt sind, können in diesen Schichten des Muskelsaftes aufgespeichert werden. Mit besonders ausgeprägtem Charakter werden die protoplasmatischen Saftschichten in der unmittelbaren Umgebung der Muskelkerne angetroffen. Auch scheinen diejenigen Saftmassen, welche verschiedene Muskelsäulchengruppen von einander trennen, im Allgemeinen den protoplasmatischen Charakter in höherem Grade zu besitzen als diejenigen Saftpartien, welche die einzelnen Muskelsäulchen einer und derselben Gruppe von einander trennen.

Den verschiedenen Funktionen der protoplasmatischen und der flüssigeren Saftschichten entspricht es, dass die interstitiellen Körnchen nur in Schichten der ersteren Art vorzukommen scheinen.

Die protoplasmatischen Saftmassen können als in dieser und jener Beziehung etwas modificirte Ueberbleibsel aus der ersten Entwickelungsperiode der Muskelfaser angesehen werden, in welcher die ganze Faser nur aus Massen von protoplasmatischem Charakter bestand. —

Man kann meinen, dass es sich empfehle, den Unterschied der protoplasmatischen Schichten des Muskelsaftes von den erregbareren, flüssigeren Schichten desselben durch eine besondere Benennung der ersteren Schichten hervorzuheben, etwa in der Weise, dass man auf dieselben den von Rollett eingeführten Ausdruck Sarkoplasma anwende. Gegen diesen Vorschlag würden wir nur einzuwenden haben, dass die Befolgung desselben zur Zeit leicht Missverständnisse hervorrufen könnte, da Rollett die gesammten Massen, welche die ausserhalb der Muskelsäulchen sich erstreckenden Räume des Faserinneren erfüllen, als Sarkoplasma bezeichnet, nach unserer Auffassung aber diese Räume nicht ausschliesslich von den protoplasmatischen Saftschichten erfüllt werden, sondern noch von Querbälkchen durchsetzt werden und in unmittelbarer Nähe der Muskelsäulchen wohl stets auch noch flüssigere Saftschichten enthalten.

Ganz abgesehen von dem fundamentalen Unterschiede der zäheren, protoplasmatischen und der erregbareren, flüssigeren Saftschichten muss auch der Einfluss, den die festen Theilchen des Fasergerüstes in wechselndem Grade auf manche Partien des Muskelsaftes ausüben, zu Folge haben, dass die verschiedenen Saftschichten hinsichtlich ihres Zustandes differiren. Schon früher (S. 17) ist hervorgehoben worden, dass der gebundene Muskelsaft unter einem anderen Drucke steht als der freie Saft. Ferner muss sowohl der freie als auch der gebundene Saft überall da, wo er sich in unmittelbarer Nähe fester Faserbestandtheile und demgemäss unter starkem Einflusse der von diesen festen Bestandtheilen ausgehenden Adhäsionskräfte befindet, unter einem höheren Drucke stehen als da, wo er sich in weiterer Entfernung von diesen festen Theilen befindet. Diese Unterschiede des Druckes, unter dem die verschiedenen Saftpartien stehen, haben, wie wir späterhin sehen werden, zur nothwendigen Folge, dass die betreffenden Saftpartien auch hinsichtlich ihrer Erregbarkeit sich verschieden verhalten.

Ist ferner ein quellungsfähiger Körper von einer Lösung umspült und durchfeuchtet, so besitzt die letztere bekanntlich in der Regel in ihren verschiedenen Partien eine verschiedene Concentration. Je nach den Verhältnissen, in denen die vorhandenen Adhäsions- und Cohäsionskräfte der Bestandtheile der Lösung zu einander stehen, nimmt die Concentration der Lösung bei Annäherung an die Bestandtheile des festen Körpers ab oder zu und besitzt dieselbe innerhalb der Poren des Körpers einen kleineren oder grösseren Durchschnittswerth als ausserhalb derselben. Wird z. B. eine thierische Membran von einer Kochsalzlösung umspült und zur Aufquellung gebracht, so besitzt die Concentration der Lösung innerhalb der Membranporen einen geringeren Durchschnittswerth als ausserhalb derselben, und sowohl innerhalb wie ausserhalb der Poren ist die Lösung in unmittelbarer Nähe der festen Membranbestandtheile weniger concentrirt als in grösserer Entfernung von denselben. In ähnlicher Weise wird auch die chemische Zusammensetzung einer Partie des Muskelsaftes mit davon abhängig sein, ob sich diese Saftpartie im freien oder gebundenen Zustande befindet, und ob sie der Wandung der Pore oder des Hohlraumes, in dem sie sich befindet, nahe oder entfernt ist.

§ 16.

Ebenso wie der Muskelsaft entspricht auch das Fasergerüst nicht ganz dem einfachen, schematischen Bilde, das wir auf S. 1 ff. von der Struktur der Muskelfaser entworfen haben. Wir haben schon oben diejenige Gliederung des Fasergerüstes erwähnt, die in der Längenansicht der Faser in den sog. Muskelsäulchen und in dem Querschnittsbilde in den sog. Cohnheim'schen Feldern zur Wahrnehmung kommt. Diese Gliederung bedingt erhebliche Verschiedenheiten in der Länge und vielleicht auch in der Struktur der Querbälkchen. Wir haben thatsächlich drei Arten von Querbälkchen zu unterscheiden, erstens solche, welche die Fibrillen eines und desselben Muskelsäulchens mit einander verbinden, zweitens solche, welche die Fibrillen verschiedener Muskelsäulchen verknüpfen, drittens solche, welche das Sarkolemma mit benachbarten Fibrillen verbinden. Wir werden späterhin (§ 36) bei Erörterung der Zerfallserscheinungen der in Alkohol eingelegten Muskelfasern sehen, dass in Hinblick auf den näheren Verlauf dieser Erscheinungen den Querbälkchen der dritten Art, welche die Verbindung des Fasergerüstes mit dem Sarkolemma herstellen, im Allgemeinen eine geringere Haltbarkeit oder Widerstandsfähigkeit gegenüber der Einwirkung gewisser chemischer Agentien zugeschrieben werden muss als den übrigen Querbälkchen, durch welche die Fibrillen mit einander verbunden werden. Es ist leicht möglich, dass ein ähnlicher Strukturunterschied auch zwischen den Querbälkchen der oben angeführten ersten und zweiten Art besteht.

Eine weitere Gliederung des Fasergerüstes, die wir in den §§ 22, 23 und 25 näher kennen lernen und in ihrer Bedeutung erörtern werden, besteht darin, dass die verschiedenen anisotropen Scheiben des Muskelfaches (Zwischenscheibe, Nebenscheiben, Querscheiben, Mittelscheibe) eine etwas verschiedene Struktur besitzen, so dass sowohl die Disdiaklasten als auch die Querbälkchen dieser verschiedenen Scheiben hinsichtlich ihrer Durchsaftung und Quellungsfähigkeit, hinsichtlich ihrer Elasticität, Festigkeit, ihrer optischen und sonstigen Eigenschaften mehr oder weniger etwas differiren. Auch die Längsbälkchen scheinen hinsichtlich ihrer Struktur oder wenigstens hinsichtlich ihrer Länge und Form verschieden zu sein, je nachdem sie dieser oder jener isotropen Schicht des Muskelfaches angehören, je nachdem sie also die Disdiaklasten dieser oder jener anisotropen Scheiben (z. B. der Zwischenscheibe und einer Nebenscheibe oder einer Nebenscheibe und einer Querscheibe) mit einander verbinden. Näheres über alle diese Differenzirungen des Fasergerüstes folgt in den oben angeführten Paragraphen, in denen insbesondere auch die bisher noch nicht berührten Verhältnisse, in denen die verschiedenen Faserbestandtheile hinsichtlich ihres optischen Brechungsvermögens zu einander stehen, zur Sprache kommen werden.

Betreffs des Sarkolemmas mag an dieser Stelle darauf aufmerksam gemacht werden, dass nach den Untersuchungen von C. Martinotti[1] das Sarkolemma quergestreifter Muskeln des Frosches und der Ratte ein engmaschiges Netz aus feinen elastischen Fasern enthält. Eine derartige Ausstattung des Sarkolemmas mit elastischen Fasern scheint, falls sie wirklich besteht, darauf hinzudeuten, dass das Sarkolemma neben den Bestandtheilen des Fasergerüstes ein nicht unbedeutender Träger des inneren Deformationswiderstandes ist.

§ 17.

Von den Bestandtheilen des Fasergerüstes erfordern die Disdiaklasten noch eine besondere, eingehendere Besprechung. Den Dar-

[1] Arch. ital. de Biol., 11, S. 253. Uns ist zu Händen gekommen nur das auf diese Untersuchung bezügliche Referat im Centralbl. f. Physiologie, 1889, S. 96.

legungen Brücke's gemäss haben wir dieselben, mindestens bis auf Weiteres, als einaxige, positive Krystalle[1] anzusehen, welche die Ursache der Doppelbrechung des Lichtes in den anisotropen Scheiben des Muskelfaches sind. Unseren Anschauungen gemäss sind dieselben ferner polar-pyroelektrische Krystalle von ziemlicher elektrischer Leitungs-

[1] Die Positivität der Doppelbrechung der Disdiaklasten ist zuerst von Brücke festgestellt, von Mohl bestritten und hierauf von Nägeli (Münch. Ber., 1862, 1, S. 305) wieder bestätigt worden. Was die optische Einaxigkeit der Disdiaklasten anbelangt, so beobachtete Brücke bekanntlich unter dem Mikroskope Querschnitte von Muskelfasern bei gekreuzten Nicol's und fand hierbei immer, dass diejenigen Querschnitte, „in welchen die Fasern, also auch die sarcous elements genau senkrecht stehen, optisch inaktiv sind, und dass nur diejenigen, welche gegen die Axe des Mikroskops geneigt sind, beim Umdrehen auf dem Objekttische in den wirksamen Azimuthen hell, in den unwirksamen dunkel erscheinen. Es unterliegt also keinem Zweifel, fährt Brücke (Vorlesungen über Physiologie, 2. Aufl., 1. Bd., S. 474) fort, dass eine optische Axe vorhanden ist, welche parallel ist zur Axe der Muskelfaser. Eine zweite optische Axe können wir nicht auffinden. Da die erste mit einer Cardinalrichtung in den Muskelfasern, mit der Längsrichtung, parallel ist, so wird es schon dadurch wahrscheinlich, dass keine zweite optische Axe vorhanden ist.“ Aehnlich äussert sich Brücke auch in seinen früheren grundlegenden „Untersuchungen über den Bau der Muskelfasern mit Hülfe des polarisirten Lichtes“. Hingegen äussert Nägeli (a. o. a. O.) Zweifel betreffs der Einaxigkeit der anisotropen Theile der Muskelfaser, indem er Folgendes bemerkt: „Der Mangel an Interferenzfarben bei aufrechter Stellung wäre entscheidend, wenn man annehmen dürfte, die optisch wirksamen Elemente stimmen in der Stellung der Elasticitätsaxen so mit einander überein, dass ihre Wirksamkeit bemerkt werden muss. Es wäre denkbar und mit Rücksicht auf den Bau der Muskelfaser vielleicht nicht unwahrscheinlich, dass die auf dem Querschnitt neben einander liegenden optisch wirksamen Elemente schon innerhalb sehr geringer Entfernungen sich mit ihren Axen nach verschiedenen Seiten kehrten, und dass im Zusammenhange hiermit die parallel der Axe der Muskelfaser hinter einander liegenden in ihren Stellungen ebenfalls sich ungleich verhielten, so dass die widersprechenden Effekte sich grösstentheils aufhöben. Zu diesen Bemerkungen veranlasst mich die Thatsache, dass, soweit meine Beobachtungen im Pflanzenreiche gehen, die organisirten Körper (aus Kohlehydraten und aus Proteinkörpern bestehend) optisch zweiaxig sind. Ueberall, wo es der Bau und die Form der Elementarorgane mit sich bringt, dass die optisch wirksamen Elemente in grösseren Partien rücksichtlich der räumlichen Verhältnisse übereinstimmen, lässt die Untersuchung keinen Zweifel. Die scheinbare einaxige Natur tritt nur da auf, wo eine verschiedene Axenstellung der nahe beisammen liegenden Elemente wahrscheinlich ist, z. B. an kugeligen Körnern und Zellen“ u. s. w. Ohne uns in eine weitere Kritik des hier vorliegenden Analogieschlusses einzulassen, möchten wir kurz darauf hinweisen, dass nach den Untersuchungen von Schimper (Zeitschr. f. Krystallographie u. Mineralogie, 5, 1881, S. 131ff.) die doppelbrechenden Krystalloide der grossen Mehrzahl nach einaxig zu sein scheinen, ja sogar das Vorkommen optisch zweiaxiger Krystalloide mit Sicherheit überhaupt noch nicht festgestellt ist.

fähigkeit. Wenn nun aber auch die Disdiaklasten, ganz abgesehen von ihrer Eigenschaft, polar-pyroelektrisch zu sein, auch noch in ihrer Einaxigkeit, in der Positivität ihrer Doppelbrechung und in noch anderen Eigenschaften mit einander übereinstimmen mögen, so ist damit doch keineswegs ausgeschlossen, dass sie nicht blos je nach der Abtheilung des Muskelfaches, der sie angehören, sondern auch je nach der Art des Muskels, je nach dem Alter des Individuums u. dergl. an Gestalt, Grösse, Elasticität, Festigkeit, elektrischer Leitungsfähigkeit und anderen derartigen Eigenschaften Verschiedenheiten darbieten. Auch das Grössenverhältniss, in dem die Disdiaklasten zu den Quer- und Längsbälkchen stehen, die Ausdehnung, in welcher sie von den Endigungen der mit ihnen verknüpften Quer- und Längsbälkchen umhüllt werden u. dergl. m., wird erhebliche Variationen zeigen.[1]

Von besonderer Wichtigkeit hinsichtlich der Disdiaklasten ist die Frage, ob dieselben Krystalle im engeren Sinne des Wortes oder Krystalloide, d. h. durchfeuchtete Körper von krystallartiger Struktur, seien. Da indessen eine nähere Kenntniss der chemischen Zusammensetzung der Disdiaklasten für die Entscheidung dieser Frage mit massgebend sein kann, so empfiehlt es sich, zuvörderst diejenigen Versuche zu besprechen, auf Grund deren man geglaubt hat, die chemische Beschaffenheit der Disdiaklasten näher bestimmen zu können.

Verschiedene Forscher[2] sind auf Grund von Beobachtungen zu dem schon von vorn herein wahrscheinlichen Resultate gekommen,

---

[1] Nicht selten werden die Disdiaklasten als knotige oder zackige Anschwellungen der Fibrillen dargestellt oder beschrieben. Vergl. z. B. Krause, a. a. O., S. 30; Wagener im Arch. f. mikrosk. Anat., 9, 1873, S. 713 f.; Rutherford in den Transactions of the international medical congress, 7. session, London, 1881, I, S. 270. Hingegen erklärt sich Hensen (in den Arb. a. d. Kieler ph. Instit., S. 6) für eine geradlinige Beschaffenheit der normalen Muskelfibrille. Wagener hebt am hier angeführten Orte insbesondere auch die Verschiedenheit der Grösse hervor, welche die Disdiaklasten („anisotropen Anschwellungen der Fibrillen“) innerhalb einer und derselben Faser erkennen lassen. Auch dann, wenn diejenigen Objekte, an denen jene knotigen Anschwellungen beobachtet worden sind, thatsächlich nicht sowohl Fibrillen als vielmehr Fibrillenbündel (Muskelsäulchen) waren, scheinen uns derartige Beobachtungen, falls sie sonst zuverlässig sind, darauf hinzuweisen, dass die Dicke der Fibrillen an den Stellen der Disdiaklasten eine grössere ist. Dass an Säuremuskeln und Goldsäuremuskeln der Anschein, dass die Fibrillen an gewissen Punkten starke Anschwellungen besässen, sehr leicht vorgetäuscht werden kann, werden wir später (§ 37) sehen, wenn wir die an derartigen Muskeln vorkommenden Bilder näher erörtern.

[2] Zum Nachstehenden vergl. Nasse, a. a. O., S. 22 ff., C. Schipiloff und A. Danilevsky in der Zeitschr. f. physiol. Chemie, 5, 1881, S. 349 ff.

dass die anisotropen Bestandtheile der Muskelfasern zu den Eiweisskörpern gehören. So lässt sich z. B. nach Nasse für diese Ansicht der Umstand anführen, dass sich die anisotropen Querscheiben der Muskelfaser beim Kochen ganz ähnlich verhalten wie Fibrinfasern. Vor Allem aber ist für diese Ansicht nach Nasse die Thatsache geltend zu machen, dass diejenigen alkalischen oder sauren, anorganischen oder organischen Verbindungen, welche die optischen und chemischen Eigenschaften der doppelbrechenden Substanz der Querscheiben unverändert lassen, die gemeinsame Eigenschaft besitzen, die Eiweisskörper nicht zu fällen und ungelöste Eiweisskörper nicht zur Quellung oder Lösung zu bringen, während andererseits diejenigen chemischen Verbindungen, welche das Doppelbrechungsvermögen der Querscheiben schädigen, sämmtlich Quellung oder Lösung von Eiweiss bewirken. Auch die mikrochemischen Reaktionen der in ihrem ganzen Verlaufe doppelbrechenden Fibrillen der doppeltschräggestreiften Muskelfasern weisen nach Engelmann (6, S. 554) durchaus darauf hin, dass eiweissartige Körper die Hauptbestandtheile dieser Fibrillen sind.

Man ist aber in der Bestimmung der Natur der anisotropen Substanz des Muskels noch weiter gegangen. Catherine Schipiloff und A. Danilevsky haben behauptet, dass diejenigen Bestandtheile der Querscheiben des Muskelfaches, welche die Anisotropie dieser Scheiben bedingen, aus Myosin beständen, und zwar gründen sie diese Behauptung erstens darauf, dass nach ihren Versuchen myosinlösende Agentien die Anisotropie der Querscheiben aufheben, und zweitens darauf, dass es ihnen gelang, an eingetrockneten Myosinmassen Doppelbrechung zu constatiren. Unabhängig von diesen beiden Forschern ist auch Nasse zu der Ueberzeugung gelangt, dass die anisotrope Substanz der Querscheiben mit Myosin identisch sei, und zwar kam er zu dieser Ueberzeugung durch Versuche, bei denen sich zeigte, dass alle diejenigen Salzlösungen, welche das Myosin lösen, auch das Doppelbrechungsvermögen des frischen Muskels am meisten schädigen. Auch Nasse gelang es, doppelbrechende Myosinfäden herzustellen, z. B. dadurch, dass er Kochsalz- oder Salmiaklösung von Myosin aus gewisser Höhe in Alkohol eintropfen liess. Auch schon bei Engelmann (2, S. 174) finden wir die Behauptung, dass nach Aussage der mikrochemischen Reaktionen ohne Zweifel die anisotrope Substanz der Muskelfaser die Hauptquelle des Myosins sei.

Der Nachweis, den Schipiloff und Danilevsky sowie Nasse betreffs der Myosinhaltigkeit der anisotropen Muskelsubstanz erbracht zu haben glauben, bezieht sich unmittelbar nur auf die Querscheiben. Es steht aber nichts der Annahme entgegen, dass auch die Anisotropie der anderen doppelbrechenden Scheiben des Muskelfaches auf dem Vorhandensein myosinhaltiger Krystalloide beruhe. Die mit dieser Annahme nicht ganz in Uebereinstimmung stehenden Darlegungen von C. Schipiloff und A. Danilevsky sind nach der Auseinandersetzung von Nasse (a. a. O. S. 48 ff.) nicht als stichhaltig zu betrachten.

Als ein Punkt, der für die Beurtheilung der Bedeutung, welche das Myosin für den Muskel besitzt, nicht unwesentlich ist, mag hier der Umstand angeführt werden, dass nach den vorliegenden Untersuchungen es keineswegs ausgeschlossen ist, dass das Myosin (wenn auch vielleicht in verschiedenen Modificationen) sich in allen contraktilen Substanzen vorfinde. Vergl. hierzu Nasse, a. a. O. S. 78 ff., Krukenberg, a. a. O. S. 284 ff.

Unterwirft man nun die im Vorstehenden angeführte Ansicht von der myosinartigen Natur der Disdiaklasten und die dafür geltend gemachten Beweisgründe einer etwas eingehenderen, kritischen Erwägung, so kommt man zu folgenden Resultaten.

Es ist leicht möglich, dass die oben genannten Forscher das Richtige getroffen haben, indem sie die Disdiaklasten für Myosinkrystalloide erklärt haben, aber einen vollen Beweis für diese Behauptung haben sie nicht erbracht. Vor Allem vermisst man in ihren Untersuchungen eine genügende Berücksichtigung des Umstandes, dass eine in Berührung zum Muskel gebrachte Flüssigkeit das Doppelbrechungsvermögen des letzteren nicht blos dadurch verändern kann, dass sie direkt auf die Struktur oder den Quellungsgrad der Disdiaklasten einwirkt, sondern auch dadurch, dass sie durch Bewirkung eines Anschwellens oder Schrumpfens der Muskelfaser oder durch direkte Beeinflussung der Form der Quer- oder Längsbälkchen Spannungen in den Disdiaklasten hervorruft. Dass viele von denjenigen Flüssigkeiten, welche bei ihrer Einwirkung auf die Muskelfaser das Doppelbrechungsvermögen der letzteren verändern oder ganz aufheben, die Struktur der Disdiaklasten verändern oder schliesslich ganz zerstören, unterliegt allerdings keinem Zweifel. Die von uns späterhin (§ 37) zu gebenden Ausführungen über die Erscheinungen, welche bei Einwirkung gewisser Säuren an der Muskelfaser auftreten, werden hinlänglich zeigen, dass diese Säuren die Struktur der Disdiaklasten direkt angreifen und schliesslich ganz zu zerstören vermögen, und dass mithin auch der schädigende Einfluss, den die Einwirkung dieser Säuren auf das Doppelbrechungsvermögen der Muskelfaser ausübt, in wesentlichem Grade darauf beruhen muss, dass die Struktur der Disdiaklasten von diesen Säuren direkt angegriffen wird. Schon bei Engelmann (1, S. 46) finden wir die Bemerkung, dass die meisten derjenigen Flüssigkeiten, welche ein Anschwellen der Muskelfaser bewirken, den Sarkolemmainhalt schliesslich in eine echte Flüssigkeit verwandeln. Andererseits aber ist es gleichfalls unzweifelhaft, dass eine die Muskelfaser umspülende Flüssigkeit auch lediglich durch Spannungen oder Spannungsänderungen, welche sie im Fasergerüste hervorruft, das Doppelbrechungsvermögen der Disdiaklasten verändern kann. Der Beweis, dass das Myosin das Doppelbrechungsvermögen des Muskels bedinge, würde daher erst dann mit einiger Sicherheit erbracht sein, wenn gezeigt wäre, dass die herabsetzende und vernichtende Wirkung, welche die myosinlösenden Agentien auf die Doppelbrechung ausüben, sich nicht durch Spannungen oder Spannungsänderungen erklären lässt, welche diese Agentien auf diesem oder jenem Wege in dem Fasergerüste und mithin auch in den Disdiaklasten bewirken, und wenn ausserdem gezeigt wäre, dass alle Flüssigkeiten, welche das Myosin nicht lösen und zugleich auch keine merkbaren Spannungsänderungen im Fasergerüst bewirken, auch das Doppelbrechungsvermögen der Faser nicht verändern. Nähere Ausführungen über diesen Gegenstand, insbesondere auch über die verschiedenen Wege, auf denen eine die Muskelfaser umspülende Flüssigkeit das Doppelbrechungsvermögen derselben beeinflussen kann, werden in § 33 gegeben werden. Schon von Ebner (a. a. O. S. 169) hat den Mangel der Untersuchungen obiger Forscher hervorgehoben, der in der ungenügenden Berücksichtigung der Möglichkeit liegt, dass die beobachteten Aenderungen der Doppelbrechung durch Spannungen oder Spannungsänderungen zu Stande gekommen seien.

Was ferner die oben erwähnte, von Schipiloff und Danilevsky sowie von Nasse auf verschiedenen Wegen erreichte Herstellung doppelbrechender Myosinmassen anbelangt, so berechtigt dieselbe an und für sich noch keineswegs zu dem Schlusse, dass das Myosin Krystalloide zu bilden vermöge. Denn die Vermuthung ist nicht ausgeschlossen, dass die beobachtete Doppelbrechung lediglich die Folge von Spannungen gewesen sei, welche bei der Eintrocknung der Myosinmassen oder bei der Fädchenbildung derselben wirkten. Dementsprechend bemerkt v. Ebner (a. a. O. S. 7) hinsichtlich der von Schipiloff und Danilevsky angewandten Beweisführung, welche in dem Nachweise gipfele, dass getrocknete und wieder befeuchtete Myosinmassen doppelbrechend seien, Folgendes: „Bei weiterer Ausdehnung dieses Beweisverfahrens würde man unzweifelhaft zu dem nichtssagenden Resultate kommen, dass nicht nur kolloide Substanzen, bei welchen man mit einigem Rechte chemische Einfachheit annehmen darf, sondern auch Gemische von kolloiden Massen Krystalloide seien. Denn es wird voraussichtlich in der Regel gelingen, dieselben durch geeignete Prozeduren beim Trocknen und Wiederbefeuchten doppelbrechend zu machen. Es handelt sich hierbei sicherlich nur um Spannungseffekte, welche mit krystallinischer Struktur keine nachweisbare Beziehung haben. Dass nicht jede Substanz durch dieselbe Prozedur doppelbrechend oder in derselben Weise doppelbrechend wird, hängt allerdings . . . von der Natur der Substanz ab; allein dieser verschiedene optische Effekt derselben Dilatation bei chemisch verschiedenen Substanzen hängt durchaus nicht davon ab, ob die Substanz amorph ist oder krystallinisch."[1]

Endlich haben wir hier noch die Bedeutung zu erörtern, welche

[1] Zwischen v. Ebner (Wien. Ber. 97, 2. Abth., 1888, S. 39 ff. und 98, 2. Abth., 1889, S. 1280 ff.) einerseits und Schwendener (Berl. Ber. 1887, S. 683 ff. und 1889, S. 233 ff.) und H. Ambronn (Ber. d. deutschen Bot. Gesellsch., 7, 1889, S. 103 ff. und Wiedemann's Annalen d. Ph., 274, 1889, S. 159 f.) andererseits ist bekanntlich eine lebhafte Discussion entstanden, welche die Ursachen der Anisotropie in beschränktem Grade gequollener Gummimassen betrifft und zu recht interessanten Versuchen geführt hat. Während die letzteren zwei Forscher die Ansicht vertreten, dass das optische Verhalten dieser colloidalen Massen durch das Vorhandensein krystallinischer Micelle in denselben beeinflusst werde, hält v. Ebner diese ganze Hypothese der krystallinischen Micelle für vollständig unhaltbar. Man mag sich zur Micelltheorie Nägeli's stellen wie man will, auf jeden Fall wird man zugeben müssen, dass die blosse Herstellung doppelbrechender Myosinfäden an und für sich noch nicht beweist, dass das Myosin die Fähigkeit besitzt, Krystalloide zu bilden. Wir haben deshalb nicht Anlass, hier näher Stellung zu jener Theorie zu nehmen. Wenn Nasse (a. a. O. S. 45) bei Erörterung der Thatsache, dass bei Fällung einer Myosinlösung oder sonstigen Eiweisslösung doppelbrechende Fasern erhalten werden können, sich der Nägeli'schen Ansicht anschliesst, dass „es sich um Vertheilung von krystallinischen Molekülgruppen (Micellen), nicht von vereinzelten Molekülen zwischen den Wassertheilchen handelt bei dem, was Lösung von Eiweiss oder einer anderen organisirten Substanz genannt wird", und hinzufügt, dass, wie es scheine, von den Micellen verschiedener chemischer Zusammensetzung die der eiweissartigen Substanzen die grösste Neigung besässen, „sich in Micellverbänden in Form von Ketten an einander zu legen und so doppelbrechende Fasern zu liefern", so möchten wir hierzu Folgendes bemerken. Die hinsichtlich der Myosin- und Syntoninlösungen auch von Schipiloff und Danilevsky (a. a. O. S. 361 f.) getheilte Ansicht, dass in den Eiweisslösungen doppelbrechende Micelle enthalten seien und die doppelbrechenden Fasern bei Fällung derartiger Lösungen einfach durch kettenförmiges Zusammentreten dieser Micelle entstünden, scheint einer direkten experimentellen Prüfung zugänglich zu sein. Denn, wie Kundt (Poggendorf's Annalen d. Ph. u. Ch., 123, 1864, S. 404 ff.) nachgewiesen hat, müssen Schichten, welche zahlreiche kleine doppelbrechende Krystalle in regelloser Anordnung enthalten, auf polarisirtes Licht depolarisirend wirken. Sind also die Eiweisslösungen wirklich Micellarlösungen der oben angegebenen Art, so müssen dieselben sich als depolarisirend erweisen. Den gleichen Gesichtspunkt hat übrigens auch bereits v. Ebner betreffs des Kirschgummischleimes geltend gemacht.

der Nachweis besitzen würde, dass das Myosin in der That in allen muskelartigen contraktilen Organen vorkommt. In dieser Hinsicht ist zunächst zuzugeben, dass das Myosin nicht zu denjenigen Bestandtheilen des Muskels zu rechnen ist, an denen sich unter gewöhnlichen Umständen der wärmebildende Erregungsprocess vollzieht. Denn wenn auch bei anomaler, mangelhafter Ernährung die Muskelthätigkeit eiweissartige Substanzen mit in Verbrauch zieht, so ist dies doch unter normalen Umständen nur in unwesentlichem Grade der Fall. Im Allgemeinen hat man die im Muskel enthaltenen Eiweissstoffe anzusehen als Stoffe, welche an dem Aufbau des Fasergerüstes betheiligt sind oder zu einem mehr oder weniger grossen Theile auch Reservestoffe[1] sind, die in den Muskelfasern gleichwie in Vorrathskammern aufgespeichert sind und zwar dem früher (S. 53 ff.) Bemerkten gemäss sich vermuthlich hauptsächlich in den zäheren, protoplasmatischen Schichten des Muskelsaftes angehäuft finden.

Das Vorkommen myosinbildender Substanzen im Muskelsafte berechtigt keineswegs zu der Annahme, dass diese Substanzen wesentlich dazu bestimmt seien, als Substrat des wärmebildenden Erregungsprocesses zu dienen, und mit der Erhaltung und eventuell auch mit der weiteren Ausbildung des Fasergerüstes nichts zu thun hätten. Auch solche Stoffe, welche in erster Linie zur Erhaltung des Fasergerüstes dienen, müssen im Muskelsafte und zwar auch in den die Fibrillen unmittelbar umspülenden Schichten desselben enthalten sein. Denn für jedes lebende Gewebe gilt der Satz, dass durch die innere Wärmebewegung fortwährend ein Theil der festen, unlöslichen Gewebssubstanz in diejenige lösliche Substanz (Modification) oder Mehrheit löslicher Substanzen, aus welcher die feste Gewebssubstanz entstanden ist, zurückverwandelt wird, und demgemäss die das Gewebe durchtränkende und umspülende Flüssigkeit (Organflüssigkeit) einen gewissen Vorrath jener löslichen Substanz oder Substanzen enthalten muss, wenn die feste Gewebssubstanz sich nicht verringern soll. Nur so lange kann das Gewebe in seinem Bestande unverändert bleiben, als Gleichgewicht besteht zwischen den fortwährend stattfindenden Rückverwandlungen fester Substanz in lösliche Substanz und den fortwährenden, an geeigneten Stellen stattfindenden Niederschlägen löslicher Substanz oder Umwandlungen derselben in feste Gewebssubstanz. Das Gewebe wächst, wenn diese letzteren Umbildungen überwiegen,

[1] Vergl. hierzu z. B. Bunge, Lehrb. d. physiol. u. pathol. Chemie, Leipzig, 1887, S. 222 f., und Danilevsky, Zur Physiologie des Reserveeiweisses (uns nur bekannt durch das Referat im Centralblatt für Physiologie, 4, 1890, S. 372).

und nimmt ab, wenn das Umgekehrte der Fall ist. Wenn bei fortgesetztem Hungerzustande feste Gewebsbestandtheile mit in den Verbrauch gezogen werden, so steht die Sache nicht so, dass feste Gewebsbestandtheile als solche unmittelbar dem Stoffwechsel dienen, sondern vielmehr so, dass in Folge des geschehenen starken Verbrauches derjenigen Substanzen (Kohlehydrate, Fette), welche zunächst dazu bestimmt sind, bei dem Stoffwechsel und den auf demselben beruhenden Funktionen der Wärmebildung, mechanischen Arbeitsleistung u. dergl. in Anspruch genommen zu werden, auch diejenigen, in den Organflüssigkeiten enthaltenen, gelösten Substanzen wesentlich mit in Verbrauch gezogen werden, welche unter gewöhnlichen Umständen dazu dienen, durch ihre Umbildung in feste Gewebssubstanz der fortwährenden Auflösung fester Gewebsbestandtheile annähernd das Gleichgewicht zu halten. Der Verbrauch jener löslichen Substanzen hat dann nothwendig die Folge, dass dieses Gleichgewicht einem starken Ueberwiegen der Auflösung fester Gewebsbestandtheile Platz macht und mithin ein Schwinden des Gewebes eintritt. Wendet man diese allgemeinen Anschauungen (die nebenbei bemerkt mit der Unterscheidung von circulirendem, gelöstem Eiweiss und von Organeiweiss und mit den auf dieser Unterscheidung fussenden Darlegungen von Voit[1] in vollem Einklang stehen) auf den Muskel an, so ergibt sich, dass, wie oben behauptet, aus dem Vorkommen myosinbildender Substanzen im Muskelsafte keineswegs geschlossen werden muss, dass diese Substanzen jedenfalls zu denjenigen Stoffen gehören, welche nur als Substrat des wärmebildenden Erregungsprocesses dienen und mit der Aufrechterhaltung oder weiteren Ausbildung des Fasergerüstes nichts zu thun haben. Vielmehr steht nach den soeben angedeuteten Anschauungen nichts der Annahme entgegen, dass gewisse Theile des Fasergerüstes aus Myosin aufgebaut seien und die im Muskelsafte befindlichen myosinbildenden Substanzen in erster Linie dazu dienen, durch ihre an den geeigneten Stellen stattfindende Umbildung in Myosin der durch die Wärmebewegung bedingten (selbstverständlich auch in anderen Beziehungen von dem jeweiligen Zustande der Muskelfaser abhängigen) fortwährenden Auflösung einzelner Partikelchen der myosinhaltigen Theile des Fasergerüstes mehr oder weniger das Gleichgewicht zu halten. Diese Annahme würde sogar durch den Nachweis nicht erschüttert werden, dass in dem Falle, wo ein starker Aufbrauch der im Muskel enthaltenen stickstofflosen Substanzen stattgefunden hat, auch die myosinbildenden Substanzen des Muskelsaftes in erheblichem

[1] Hermann's Handb. d. Physiol., 6. Bd., 1. Thl., S. 300 ff.

Grade mit zur Ermöglichung und Unterhaltung des wärmebildenden Erregungsprocesses dienen und verbraucht werden.

Allein, wenn man nun auch auf Grund der hier angedeuteten Anschauungen aus dem (thatsächlich noch nicht erwiesenen, aber nach dem Vorliegenden leicht möglichen) Vorkommen des Myosins in allen contraktilen Organen schliessen wollte, dass das Myosin ein wesentlicher Bestandtheil irgend welcher Theile des Fasergerüstes sei, so würde damit immer noch nicht mit voller Sicherheit das Ergebniss gewonnen sein, dass gerade die Disdiaklasten diejenigen Theile des Fasergerüstes sind, welche aus Myosin aufgebaut sind. Es würde erst noch einer besonderen Beweisführung dafür bedürfen, dass nicht die Quer- oder Längsbälkchen, sondern die Disdiaklasten aus Myosin bestehen.

Fassen wir die Resultate der vorstehenden Erörterungen kurz zusammen, so ergibt sich also Folgendes. Der Umstand, dass das Myosin nachgewiesener Massen aus vielen muskelartigen Gebilden gewonnen werden kann und ein Vorkommen desselben in allen Organen dieser Art nicht ausgeschlossen ist, sowie der Umstand, dass diejenigen Flüssigkeiten, welche das Myosin lösen, auch das Doppelbrechungsvermögen der Muskelfaser in entsprechender Weise schädigen, berechtigen dazu, die Vermuthung, dass die Disdiaklasten aus einer (Krystalloide bildenden) Modification des Myosins bestehen, als eine nicht unwahrscheinliche Vermuthung anzusehen, welche bei weiteren Untersuchungen über die chemische Zusammensetzung der Disdiaklasten zunächst zu prüfen und durchzuprobiren ist. Ein voller Beweis für diese Vermuthung ist aber zur Zeit noch nicht erbracht.

§ 18.

Wir gehen nun in diesem Paragraphen auf die schon oben erwähnte Frage ein, ob die Disdiaklasten Krystalle oder Krystalloide seien. Ist das Letztere der Fall, so hat man dasjenige, was wir im Bisherigen als einen Disdiaklasten bezeichnet haben, anzusehen als ein Aggregat zahlreicher kleiner, krystallartiger Körperchen — wir werden im Folgenden, ohne weitere Consequenzen damit zu verbinden, dafür den Ausdruck Micell anwenden —, welche ihren Axen nach annähernd in der Längsrichtung der Faser orientirt sind und durch Schichten imbibirter Flüssigkeit von einander getrennt sind. Die Länge eines Micells hat man als sehr klein in Vergleich zu dem Abstande zweier benachbarter Disdiaklasten zu betrachten. Die beiden Theorien, nach deren einer die Disdiaklasten Krystalle und nach deren anderer dieselben Krystalloide sind, sollen im Folgenden kurz als die Krystalltheorie und die Krystalloidtheorie bezeichnet und einander gegenübergestellt werden. Die Thatsachen und Gesichtspunkte, welche die Richtigkeit der Krystalloidtheorie ergeben, sind folgende:

1) Nach dem gegenwärtigen Stande der Anschauungen, die wir uns von der Bedeutung und Verwendung der im Muskel vorkommenden Stoffe zu bilden haben, können nur eiweissartige Substanzen die wesentlichen Bestandtheile der Disdiaklasten sein. Wie ferner bereits oben (S. 64 f.) bemerkt, sind auch besondere Beobachtungsthatsachen für die Ansicht geltend gemacht worden, dass die anisotropen Bestandtheile der Muskelfaser aus eiweissartigem Stoffe bestehen. Da nun die zur Zeit bekannten Proteinkrystalle sämmtlich quellungsfähig sind und überhaupt alle aus eiweissartigen Stoffen bestehenden Krystalle quellungsfähig zu sein scheinen,[1] so kommt man zu dem Schlusse, dass die Disdiaklasten Krystalloide und zwar solche von eiweissartiger Zusammensetzung sind. Bestehen die Disdiaklasten aus Myosin, so sind sie dem soeben Bemerkten gemäss als Myosinkrystalloide zu bezeichnen. Auch C. Schipiloff und A. Danilevsky, welche die Querscheiben schlechthin als Myosinscheiben bezeichnen und das von ihnen hergestellte doppelbrechende Myosin selbstverständlich quellungsfähig fanden, haben direkt folgende Behauptungen aufgestellt: „Die doppelbrechende Eigenschaft dieser Myosinscheiben hängt von einem krystalloiden Zustand des Myosins, in welchem eine gewisse Zahl seiner Moleküle zusammengelagert sind, ab ... Die von E. Brücke hypothetisch angenommenen doppelbrechenden Elemente — Disdiaklasten — finden in unseren krystalloiden Myosinpartikelchen ihre thatsächliche Grundlage."

2) Einen völlig durchschlagenden Beweis der krystalloiden Natur der Disdiaklasten liefern die mikroskopisch wahrnehmbaren Erscheinungen, welche die anisotropen Scheiben des Muskelfaches, vor Allem die beiden Querscheiben, bei Einwirkung gewisser Flüssigkeiten auf die Muskelfaser darbieten. Wir verweisen hier auf die Erörterung, welche wir in § 37, unter Anschluss an die Untersuchungen von Rollett, den Säurebildern der Muskelfaser widmen. Man wird sich dort überzeugen, dass die nähere Beschaffenheit und Entwickelung dieser Bilder ganz unzweifelhaft darthut, dass die Disdiaklasten quellungsfähige Gebilde sind, dass sie unter dem Einflusse gewisser Säuren anschwellen und zwar die Disdiaklasten der verschiedenen anisotropen Scheiben des Muskelfaches in verschiedenem Grade anschwellen, dass die Disdiaklasten des Querbandes des Muskelfaches in Folge der Säureeinwirkung am stärksten aufquellen, sowohl an Dicke als auch an Länge zunehmen,

[1] Vergl. z. B. Nägeli, Theorie der Gährung, München, 1879, S. 152.

und nach Erreichung beträchtlicher Quellungsgrade nicht selten ganz aufgelöst werden.

3) Auch die Färbungserscheinungen, welche die anisotropen Theile der Muskelfaser bei Einwirkung tingirender Mittel, z. B. Hämatoxylin, darbieten, sind offenbar nur dadurch möglich, dass die Poren der Disdiaklasten durch Flüssigkeit erweitert und erfüllt und hierdurch den betreffenden Farbstoffen zugänglich gemacht sind. Dass die Krystalloide manchen Farbstoffen gegenüber eine starke Tingirbarkeit bekunden, und dass diese Tingirbarkeit sich, wie zu erwarten, nicht blos nach der chemischen Beschaffenheit des Farbstoffes, sondern auch nach derjenigen des Krystalloides bestimmt, ist ausdrücklich von A. F. W. Schimper (Zeitschr. f. Krystallographie u. Mineralogie, 5, 1881, S. 156) festgestellt worden.

Betreffs des Begriffes Krystalloid kommen Schwankungen und Missgriffe vor, denen insbesondere von Ebner entgegengetreten ist. Nach der Ansicht dieses Forschers (a. a. O. S. 6) hat man unter einem Krystalloid nur ein solches durchfeuchtetes Aggregat von Molekülen oder Molekülcomplexen zu verstehen, welchem als Ganzem Krystallform zukommt. Hierzu möchten wir Folgendes bemerken. Die Frage, auf deren Entscheidung es uns hier ankommt, ist im Grunde die Frage, ob die Disdiaklasten Krystalle im Sinne der anorganischen Physik sind oder vielmehr Complexe von krystallinischen Molekülen oder Molekülaggregaten, die durch Saftschichten von einander getrennt sind und hinsichtlich ihrer Axen und Pole wenigstens annähernd die gleiche Orientirung besitzen. Es ist fraglich, ob solche durchsaftete Complexe gleichsinnig orientirter Micelle unbedingt Krystalloide in dem von von Ebner angegebenen Sinne sein müssen. Obwohl man sich nach den modernen Anschauungen der Physik, wie sie z. B. bei der Erklärung gewisser elektrischer und Elasticitätserscheinungen und auch bei der Erklärung der vor Kurzem bekannt gewordenen Erscheinungen „tropfbarflüssiger Krystalle“ zu Tage treten, auch gewöhnliche, mineralische Krystalle als Complexe von anisotropen Molekülen oder Molekülaggregaten vorzustellen hat, so ist doch ein Micellcomplex, dessen einzelne Micelle durch Flüssigkeitsschichten von einander getrennt sind, und dessen Umspülungs- und Durchtränkungsflüssigkeit ein einem lebenden Gewebe angehöriger, in fortwährendem Stoffwechsel befindlicher Saft ist, etwas ganz anderes als ein in einer mineralischen Lösung befindlicher Krystall. Es erscheint daher wohl denkbar, dass derartige Complexe durch Saftschichten von einander getrennter, gleichsinnig orientirter Micelle unter Umständen der Krystallform, der auf Krystallform hindeutenden Spaltungsformen und anderer derartiger, den mineralischen Krystallen zukommender Eigenschaften ganz entbehren. Wir erinnern an den Unterschied zwischen den mineralischen Krystallen und den Biokrystallen, über den wir gerade durch von Ebner erst nähere Aufklärung erhalten haben.[1] Dieser Forscher (Wien. Ber., 95, 1. Abth., 1887, S. 134) charakterisirt die zu den Biokrystallen gehörigen Nadeln der Kalkschwämme als „haupsächlich aus Kalkspath bestehende, keine organische Substanz enthaltende Individuen von

[1] Vergl. hierzu auch Fr. Dreyer, Die Theorie der Biokrystallisation im Allgemeinen und die Skelettbildung der Polycystinen im Besonderen. Inaugural-Dissertation, Jena, 1890.

Mischkrystallen, deren äussere Form — ohne Begrenzung durch wahre Krystallflächen — von der specifischen Thätigkeit eines lebenden Organismus bedingt ist, und deren innere Struktur, obwohl vollständig krystallinisch, durch eine eigenthümliche Vertheilung der Gemengtheile mit der äusseren Form in Beziehung steht". Es erscheint durchaus möglich, dass es durchfeuchtete Complexe nach einer bestimmten Regel orientirter Micelle gibt, die sich zu den Krystalloiden, welche der obigen v. Ebner'schen Definition des Begriffes Krystalloid entsprechen, ganz ähnlich verhalten, wie sich nach Vorstehendem die (nicht durchfeuchteten) Biokrystalle zu den durch krystallinische Form ausgezeichneten eigentlichen Krystallen verhalten. Im Hinblick hierauf sowie im Hinblick darauf, dass auch die unlängst erschienenen Mittheilungen von O. Lehmann über „tropfbarflüssige Krystalle" es nahe legen, mit Behauptungen darüber, was der Natur in diesem Gebiete unmöglich sei, zurückhaltend zu sein, haben wir in unseren Ausführungen einen etwas allgemeineren Begriff des Krystalloides zu Grunde gelegt in der Weise, dass wir unter einem Krystalloide nur einen Complex durch Flüssigkeitsschichten von einander getrennter und annähernd nach bestimmter Regel angeordneter und orientirter Micelle (d. h. krystallinischer Körperchen) verstehen und dabei als gleichgültig ansehen, ob dieser Complex eine wahre Krystallform und andere derartige den eigentlichen Krystallen zukommende Eigenschaften besitzt oder nicht besitzt. Die der obigen v. Ebner'schen Definition entsprechenden Krystalloide stellen also nur eine der möglichen Arten der nach Vorstehendem von uns als Krystalloide bezeichneten Körper dar; und mit dem Nachweise, dass die Disdiaklasten Krystalloide in unserem Sinne sind, ist demgemäss natürlich noch nicht der Nachweis erbracht, dass sie der v. Ebner'schen Definition entsprechen, und umgekehrt mit dem Nachweise, dass die Disdiaklasten nicht Krystallform besitzen, würde noch nicht die Ansicht widerlegt sein, dass sie durchfeuchtete Complexe annähernd nach einer bestimmten Regel orientirter Micelle seien.

Aehnlich wie die oben erwähnten Biokrystalle Mischkrystalle sind, kann Entsprechendes auch von den Disdiaklasten gelten. Die Annahme, dass die Disdiaklasten aus etwas verschiedenen Arten von Micellen zusammengesetzt seien oder zwischen den für ihre Funktion wesentlicheren Micellen noch andere Bestandtheile eingelagert enthielten, kann keineswegs als unmöglich bezeichnet werden.

Zur Rechtfertigung des Umstandes, dass wir hier einen etwas weiteren Begriff des Krystalloides zu Grunde gelegt haben, machen wir die Umständlichkeit der Ausdrucksweise geltend, zu der wir in diesem und dem folgenden Paragraphen vielfach genöthigt gewesen sein würden, wenn wir darauf verzichtet hätten, uns für den Begriff eines Complexes durch Flüssigkeitsschichten von einander getrennter, nach bestimmter Regel annähernd orientirter Micelle des kurzen und bequemen Ausdruckes Krystalloid zu bedienen. Da die Krystalloide auf natürlichem Wege nur innerhalb der organisirten Körper entstehen, so kann man natürlich nicht daran denken, nach Analogie des Ausdruckes Biokrystalle auf diejenigen durchfeuchteten Micellcomplexe, welche der v. Ebner'schen Definition eines Krystalloides nicht völlig entsprechen, einfach die Bezeichnung Biokrystalloid anzuwenden. —

Wir haben oben unterlassen, eine interessante Beobachtung Brücke's mitzutheilen, in welcher man auf den ersten Blick gleichfalls einen Hinweis auf die krystalloide Natur der Disdiaklasten erblicken könnte, deren Deutung aber bei näherer Ueberlegung doch etwas zweifelhaft erscheint. Brücke berichtet nämlich in seinen Vorlesungen über Physiologie (2. Aufl., 1, S. 476) Folgendes: „Wenn man lebende Muskeln in destillirtes Wasser hineinwirft und sie darin absterben lässt, und dann die Endstücke derselben, welche zunächst von dem destillirten Wasser zerstört worden sind, unter das Polarisationsmikroskop bringt, sieht man im dunkeln Sehfelde nicht die sarcous elements, sondern einen feinen, silbergrauen, molekularen Staub, in welchen die sarcous elements zerfallen sind.“ Wenn nicht noch Raum für die Vermuthung wäre, dass in den von Brücke beobachteten, in ihrer Struktur stark geschädigten Fasertheilen die Disdiaklasten wenigstens theilweise von ihrer Einordnung in das Fasergerüst befreit gewesen seien und durch die Art ihrer Vertheilung im Faserinneren jenen Eindruck eines in der Faser vertheilten, feinen, hellen Staubes erweckt hätten, und wenn man nicht zweifeln könnte, inwieweit überhaupt Bruchstücke von Disdiaklasten für die mikroskopische Betrachtung noch als einzelne Bruchstücke merkbar sein können, so könnte man geneigt sein, die hier in Rede stehende Erscheinung nach Analogie der Zersplitterungen zu erklären, welche manche Krystalloide nach den Schilderungen von Schimper (a. o. a. O. S. 155) bei Einwirkung gewisser Flüssigkeiten erfahren. „Lässt man frisch dargestellte natürliche Paranusskrystalloide einige Tage in trockener Luft liegen, so zerfallen sie, sobald sie rasch befeuchtet werden, parallel der Basis in eine Unzahl von Stücken . . . Die Krystalloide Drechsel's verhalten sich nicht minder instruktiv; hier findet aber Zerklüftung nach allen Richtungen statt“ u. s. w. Diesen Beobachtungen Schimper's reiht sich eine Beobachtung an, welche H. Ambronn (Ber. d. deutschen Bot. Gesellsch., 7, 1889, S. 113) neuerdings mitgetheilt hat. „Wirft man Stücke von stark eingetrockneten Gallerten in Wasser, so zerspringen sie unter lautem Geknatter in zahlreiche kleine Splitter, ähnlich wie die bekannten Glasthränen.“ Dieses Zersplittern der Krystalloide und anderer quellungsfähiger Körper bei plötzlicher Berührung von Flüssigkeiten, in denen sie stark aufquellen, möchten wir (nach Analogie der Erklärung, welche für das Zerspringen der Glasthränen gegeben wird) einfach daraus erklären, dass die äusseren Schichten des quellungsfähigen Körpers bei der plötzlichen Einwirkung der Flüssigkeit in plötzliche starke Spannungen gerathen, denen die inneren Schichten nicht genügend folgen können, so dass der Zusammenhang der Körpertheilchen sich an manchen Stellen löst.

§ 19.

Im Vorstehenden haben wir die Thatsachen angeführt, welche hauptsächlich auf die Krystalloidtheorie hinweisen. Wir machen nun im Folgenden noch auf eine Anzahl von Consequenzen aufmerksam, welche sich aus der krystalloiden Natur der Disdiaklasten ergeben.

1) Wir haben oben (S. 3) betreffs der elektrischen Leitungsfähigkeit der Disdiaklasten bemerkt, dass dieselbe bedeutend grösser sei als die Leitungsfähigkeit der Umgebung der Disdiaklasten. Wir haben jetzt, wo wir die krystalloide Natur der Disdiaklasten anerkannt haben, diese Bemerkung dahin zu ergänzen oder zu modificiren, dass wir der Flüssigkeit, welche die einzelnen Micelle eines Disdiaklasten umspült und von einander trennt, eine beträchtlich geringere elektrische Lei-

tungsfähigkeit zuschreiben als den Micellen selbst. Angenommen nun, es trete eine Muskelerregung ein, so werden in Folge der stattfindenden Wärmebildung zwar die beiden Pole jedes Micelles mit entgegengesetzten Elektricitäten geladen werden, hingegen wird von einer in Betracht kommenden polaren elektrischen Ladung der Disdiaklasten in demselben Sinne wie vom Standpunkte der Krystalltheorie aus nicht mehr gesprochen werden können. Denn die an den Polen jedes Micelles hervorgerufenen entgegengesetzten Elektricitäten werden sich im Wesentlichen durch die Substanz des Micelles hindurch mit einander ausgleichen und nur zu einem sehr geringen Theile durch die das Micell umgebenden, verhältnissmässig schlecht leitenden Flüssigkeitsschichten hindurch sich mit den Elektricitäten ausgleichen, welche an den zugewandten Polen der vorn und hinten befindlichen Nachbarmicelle erweckt worden sind. Nach der Krystalloidtheorie ist also im Gegensatze zur Krystalltheorie eine polare Ladung mit entgegengesetzten Elektricitäten nicht sowohl für die Disdiaklasten als Ganze als vielmehr für die Micelle, welche die Disdiaklasten zusammensetzen, anzunehmen.[1] Hierbei bleibt es aber natürlich erlaubt, auch vom Standpunkte der Krystalloidtheorie aus kurz von einer elektrischen Ladung der Disdiaklasten zu reden, indem man unter letzterer eben die polare elektrische Ladung der die Disdiaklasten zusammensetzenden Micelle versteht.

2) Bereits nach der Krystalltheorie müssen die Disdiaklasten bei eintretender Muskelerregung principiell betrachtet eine Verkürzung und Verdickung dadurch erfahren, dass die Querbälkchen, entsprechend der ihnen bei der Muskelcontraktion zu Theil werdenden Dehnung, in der Richtung ihrer Längserstreckung einen Zug auf die Disdiaklasten ausüben.[2] Diese im Sinne einer Verkürzung und Verdickung der Disdia-

---

[1] Wir brauchen nicht erst zu bemerken, dass die Disdiaklasten des erregten Muskels auch nach der Krystalloidtheorie insofern entgegengesetzte Elektricitäten an ihren Polen zeigen, als die Micelle, welche an dem einen, z. B. oberen, Ende eines Disdiaklasten die äusserste Grenzschicht bilden, an ihren nach aussen (oben) gewandten Polen mit derjenigen Elektricität geladen sind, welche entgegengesetzter Art ist wie die Elektricität, mit der die Micelle der am anderen (unteren) Ende des Disdiaklasten befindlichen Grenzschicht an ihren nach aussen (unten) gekehrten Polen geladen sind. Auch ist natürlich die polare elektrische Ladung der Micelle hinsichtlich der aus ihr entspringenden gegenseitigen Anziehungen und Abstossungen der Disdiaklasten einer bestimmten polaren elektrischen Ladung der Disdiaklasten äquivalent.

[2] Von den Ursachen zweiter Ordnung, welche auch nach der Krystalltheorie bei der Muskelerregung im Sinne einer Formänderung der Disdiaklasten wirken müssen (von dem unmittelbaren Einflusse der Temperaturänderung und

klasten wirksamen Kräfte erfahren nun nach der Krystalloidtheorie eine wesentliche Verstärkung dadurch, dass bei der Muskelerregung die einzelnen Micelle jedes Disdiaklasten, in Folge der ihnen zu Theil werdenden polaren elektrischen Ladungen, in der Richtung der Längsaxe des Disdiaklasten mit anziehenden, hingegen in den dazu senkrechten Querrichtungen mit abstossenden Kräften auf einander wirken. Nach der Krystalloidtheorie wirkt also bei der Muskelerregung nicht blos die Wechselwirkung der Disdiaklasten vermittelst der Spannungen, welche sie in den Querbälkchen hervorruft, auf indirektem Wege im Sinne einer Verkürzung und Verdickung der Disdiaklasten, sondern in gleichem Sinne wirkt auf direktem Wege auch die Wechselwirkung der einzelnen Micelle jedes Disdiaklasten. Hiernach ist es nicht zu verwundern, dass die bei der Muskelcontraktion eintretende Verkürzung und Verdickung der Disdiaklasten trotz der Elasticitätskräfte, welche einer Aenderung der gegenseitigen Lageverhältnisse der Micelle entgegenwirken, so beträchtlich ausfallen kann, dass ihr Eintreten, wie wir in § 29 sehen werden, auch schon aus vorliegenden Beobachtungsthatsachen mit Sicherheit erschlossen werden kann.[1]

Hinsichtlich der hier erwähnten Gestaltänderung, welche die Disdiaklasten bei der Muskelcontraktion erfahren, ist auf vier Punkte aufmerksam zu machen. Erstens nämlich lassen diese Gestaltänderungen vermuthen, dass bei der Muskelcontraktion nicht blos die Querbälkchen, sondern auch die Disdiaklasten von der Nachquellung betroffen werden. Zur Zeit lässt sich allerdings noch kein genaueres Bild darüber gewinnen, in welchem Grade auch der Saftgehalt der Disdiaklasten bei der Muskelcontraktion sich verändert. Auf der einen Seite kommt der schon in § 5 geltend gemachte Gesichtspunkt in Betracht, dass es der Bestimmung und Funktion der Muskelfaser entspricht, wenn die Bestandtheile des Fasergerüstes von der Art sind, dass sie der Faser einen grösseren Dehnungswiderstand gegenüber dehnenden Aussenkräften, hingegen einen geringeren Contraktionswiderstand gegenüber contrahirenden Innenkräften ermöglichen. Von diesem Gesichtspunkte aus würde zu vermuthen sein, dass die Elasticität der Disdia-

der polaren elektrischen Ladung auf die Form der Disdiaklasten u. dergl. m.), ist hier abgesehen worden.

[1] Als ein wirklicher Beweis für die Krystalloidtheorie und gegen die Krystalltheorie könnten die bei der Muskelcontraktion eintretenden Formänderungen der Disdiaklasten, wie nach Obigem leicht ersichtlich, erst dann angeführt werden, wenn es möglich wäre, zu zeigen, dass auch an einer ganz isolirten Fibrille physiologische Contraktionen auftreten können, bei denen deutliche Verkürzungen und Verdickungen der Disdiaklasten stattfinden.

klasten in der axialen Richtung grösser sei als in den zur Axe senkrechten Richtungen. Ein solches Verhalten der Elasticität der Disdiaklasten muss aber gemäss den Ausführungen auf S. 15 die Betheiligung der Disdiaklasten an dem Vorgange der Nachquellung fördern. Auf der anderen Seite aber kommt in Betracht, dass wegen der Verknüpfung der Disdiaklasten mit den Längsbälkchen diejenigen Poren den ersteren, welche bei der Muskelcontraktion erweitert werden, zum grossen Theile dem freien Muskelsafte nicht unmittelbar zugänglich sind, wodurch die Betheiligung der Disdiaklasten an der Nachquellung mehr oder weniger eingeschränkt werden muss. Wie es sich nun aber auch hinsichtlich des Grades, in welchem die Disdiaklasten sich an der Nachquellung betheiligen, verhalten möge, auf jeden Fall können die wesentlichen Punkte unserer Theorie durch eine nähere Feststellung der Grösse der Aenderungen, welche der Saftgehalt der Disdiaklasten bei der Muskelcontraktion erfährt, in keiner Weise berührt werden. Falls sich zeigen sollte, dass diese Aenderungen ziemlich erhebliche Werthe erreichen so würde man unter der Bezeichnung der f. Poren auch diejenigen Poren der Disdiaklasten, welche bei der Contraktion erweitert und durch die Nachquellung in merkbarem Grade safthaltiger werden, mit zu befassen haben. In entsprechender Weise würde man mit dem Ausdrucke f. Imbibitionsdruck zu verfahren haben. Alles dasjenige aber, was wir früher von den Gesetzen der Nachquellung, von dem Einflusse des f. Imbibitionsdruckes auf die Muskelspannung u. dergl. m behauptet haben, würde nach wie vor seine Gültigkeit besitzen.

Zweitens ist hinsichtlich der bei der Muskelcontraktion eintretenden Gestaltänderungen der Disdiaklasten darauf aufmerksam zu machen, dass dieselben natürlich auch von Einfluss auf die Werthe des inneren Deformationswiderstandes sind. Denn in Folge dieser Formänderungen der Disdiaklasten müssen z. B. bei der Contraktion eines unbelasteten Muskels die Biegung und Zusammendrückung der Längsbälkchen und die Dehnung der Querbälkchen geringer ausfallen, als sie bei den gleichen Contraktionsgraden ausfallen würden, wenn die Disdiaklasten bei der Contraktion nicht an Länge verlören und an Querschnittsgrösse gewönnen.

Drittens müssen natürlich auch die gegenseitigen Anziehungen und Abstossungen, welche die Disdiaklasten bei der Muskelerregung auf einander ausüben, in Folge der Gestaltänderungen der Disdiaklasten etwas andere Werthe besitzen, als sie bei der gleichen elektrischen Ladung der Micelle und bei den gleichen Entfernungen der Schwerpunkte der Disdiaklasten von einander besitzen würden, wenn die Gestalt der Disdiaklasten bei der Muskelcontraktion unverändert bliebe.

Endlich viertens wollen wir bereits hier vorläufig darauf aufmerksam machen, dass die Contraktion der glatten Muskelfasern, deren Fibrillen in ihrem ganzen Verlaufe doppelbrechend sind, d. h. in ihrem ganzen Verlaufe nach Art der Disdiaklasten der quergestreiften Muskelfasern aus pyroelektrischen Micellen aufgebaut sind, im Wesentlichen darauf beruht, dass sich diese ihre Fibrillen bei eintretender Erregung in Folge der stattfindenden elektrischen Ladung ihrer Micelle in ihrem ganzen Verlaufe in gleicher Weise verkürzen und verdicken, wie sich die Disdiaklasten der quergestreiften Muskelfasern bei eintretender Erregung in ihrem ganzen Verlaufe verkürzen und verdicken. Weiteres hierüber und über das Verhältniss der quergestreiften zu den glatten Muskelfasern wird in § 24 bemerkt werden. Hier genügt es darauf aufmerksam zu machen, dass eine Theorie, welche die krystalloide Natur der Disdiaklasten nicht berücksichtigen würde, in der That Schwierigkeiten haben würde, die Thätigkeit der glatten Muskeln in befriedigender Weise zu erklären und das Verhältniss dieser Muskeln zu den quergestreiften Muskeln in überzeugender Weise aufzuklären.

3) Eine weitere Folge der krystalloiden Natur der Disdiaklasten besteht darin, dass man bei Erklärung der optischen und mechanischen Erscheinungen des erregten Muskels nicht blos mit den etwaigen Desorientirungswinkeln der Disdiaklasten zu rechnen hat, sondern ausserdem berücksichtigen muss, dass möglicher Weise auch die Micelle beim Ruhezustande des Muskels in Vergleich zu einer strengen Orientirung im Sinne der Längsaxe des Disdiaklasten mehr oder weniger grosse Desorientirungswinkel bilden, welche bei der Muskelerregung durch die elektrische Ladung der Micelle verringert oder ganz aufgehoben werden.

4) Wie ohne Weiteres einleuchtet, muss ferner die Durchfeuchtung der Disdiaklasten die Folge haben, dass sie zerstörenden Einflüssen, welche von chemischen Agentien oder von dem Vorgange des Absterbens der Muskelfaser ausgehen, leichter und schneller erliegen. So sind ja auch gewisse Unregelmässigkeiten im inneren Baue von Proteinkrystallen bereits darauf bezogen worden, dass die letzteren „weil imbibitionsfähig, auch langsam chemischen Veränderungen unterliegen“ (Strasburger, Ueber den Bau und das Wachsthum der Zellhäute, Jena, 1882, S. 171).

5) Wenn man in Rücksicht zieht, dass nach unseren Anschauungen die Disdiaklasten oder vielmehr ihre Micelle gleichnamige Pole nach demselben Faserende hinkehren, so drängt sich die Frage auf, ob unter diesen Umständen bei der Muskelreizung in Folge der pyroelektrischen Erregung der Micelle nicht eine constatirbare Elektricitätsbewegung entstehen müsse, welche z. B. bei Herstellung einer leitenden

Verbindung zwischen beiden Muskelenden einen den Schliessungsbogen durchfliessenden elektrischen Strom zu Folge habe. Wir werden uns späterhin eingehender mit der Frage beschäftigen, inwieweit zu erwarten sei, dass es gelingen werde, die bei der Muskelerregung eintretenden elektrischen Ladungen der Disdiaklasten direkt nachzuweisen durch Beobachtung von Elektricitätsströmungen oder elektrischen Influenzwirkungen, die von der pyroelektrischen Erregung der Disdiaklasten herrühren. Hierbei werden wir zugleich die Vermuthung zur Sprache bringen, dass der elektrische Schlag der elektrischen Organe gewisser Fischarten nichts Anderes sei als ein durch plötzliche Erwärmung und pyroelektrische Erregung von Disdiaklasten bewirkter elektrischer Strom. An diesem Orte soll nur darauf hingewiesen werden, dass unseres Erachtens die krystalloide Natur der Disdiaklasten des Muskels auch sehr wesentlich bei Erklärung des Umstandes in Betracht kommt, dass bei der Muskelthätigkeit ein auf der pyroelektrischen Erregung der Disdiaklasten beruhender elektrischer Strom im Allgemeinen nicht merkbar ist. Bestehen die Disdiaklasten des Muskels aus Micellen, die in Vergleich zu der Grösse eines Disdiaklasten nur sehr klein sind und durch Flüssigkeitsschichten von verhältnissmässig beträchtlicher Dicke von einander getrennt sind, und ist das elektrische Leitungsvermögen dieser Micelle bedeutend grösser als dasjenige der sie umgebenden Flüssigkeitsschichten, so werden die an den Polen der Micelle erweckten Elektricitäten, wie schon oben bemerkt, sich im Wesentlichen durch die Substanz der Micelle hindurch mit einander ausgleichen und einen nach aussen hin zu Tage tretenden elektrischen Strom nicht zu Folge haben.

§ 20.

Man kann die Frage aufwerfen, wie sich die pyroelektrische Erregbarkeit der Disdiaklasten, auf welcher die Contraktilität der quergestreiften Muskelfasern beruht, ihrem Grade nach zu der pyroelektrischen Erregbarkeit bekannter Mineralien, z. B. des Turmalins, verhalte. Die Beantwortung dieser Frage würde auch dann, wenn wir über die Dimensions- und Abstandsverhältnisse der Disdiaklasten vollständig und genau unterrichtet wären, nur auf Grund von Berechnungen möglich sein, die trotz ihrer überaus grossen Weitläufigkeit einen nur mässig approximativen Charakter besässen. Thatsächlich sind uns aber zur Zeit noch nicht einmal die Unterlagen für diese Berechnungen mit genügender Vollständigkeit gegeben. Ferner würde auch die Beantwortung der hier erwähnten Frage für unsere Theorie oder für die derselben gegenüber einzunehmende Stellung unseres Erachtens durchaus keine wesentliche Bedeutung besitzen. Angenommen nämlich, es stelle sich bei einer vergleichenden quantitativen Untersuchung heraus, dass die von den Disdiaklasten des erregten Muskels ausgehenden elektrischen Kräfte stärker sind als die unter entsprechenden Umständen (bei gleichen Dimensionen, Abständen u. s. w.) eintretenden elektrischen Kräfte jedweden pyroelektrischen Minerales,[1] so ist aus diesem (uns keineswegs unwahrscheinlich erscheinenden) Resultate nicht im Entferntesten ein Einwand gegen unsere Theorie abzuleiten. Es ist in dieser Beziehung der folgende, allgemeinere Gesichtspunkt zu beachten. Wenn man der mechanischen Auffassung der Lebenserscheinungen huldigt, so hat man sich allerwärts darauf gefasst zu machen, solche eigenthümliche Constellationen der materiellen Elementarbestandtheile und Kräfte, die sich in der unorganischen Natur nur in geringem Grade ausgeprägt und entwickelt und so zu sagen nur zufällig vorfinden, in den organisirten Körpern in hohem Masse entwickelt und in zweckvoller Weise verwendet anzutreffen. Wir erinnern z. B. an die Quellung. Niemand zweifelt an der physikalischen oder physikalisch-chemischen Natur derselben. Aber in der unorganischen Natur finden sich nur dürftige Ansätze dazu, und wie arg würde derjenige irren, welcher den Umfang, den die Quellungsvorgänge annehmen können, und die Verwendung und Bedeutung, welche dieselben erlangen können, nach jenen schwachen in der unorganischen Natur vorhandenen Anklängen an die Quellung beurtheilen wollte! Analoges könnte auch von der Pyroelektricität gelten. In den Disdiaklasten der Muskeln liegt uns das Ergebniss einer unsagbar langen Wirksamkeit der natürlichen Zuchtwahl vor, einer Wirksamkeit, welche schliesslich dahin geführt hat, dass die Disdiaklasten eine für ihre pyroelektrische Erregbarkeit und Funktion äusserst günstige chemische Beschaffenheit besitzen. In der unorganischen Welt hingegen ist niemals eine natürliche

[1] Für denjenigen, welcher mit den Resultaten der neueren Untersuchungen über die Pyroelektricität nicht vertraut ist, mag hier hervorgehoben werden, dass die elektrischen Ladungen und Kräfte, welche bei den an Turmalinen und anderen Mineralien zu beobachtenden Erscheinungen der Pyroelektricität wirksam sind, thatsächlich sehr bedeutende Werthe besitzen. So bemerkt Riecke (Nachr. v. d. K. Ges. d. W. zu Göttingen, 1890, S. 199), dass die elektrische Dichtigkeit, welche einer der von ihm untersuchten Turmaline bei der Abkühlung um 100° und bei isolirender Masse und Oberfläche entwickelt habe, zu 60 Einheiten des cm. g. s. Systems angenommen werden könne. „Das bedeutet eine Stärke der elektrischen Ladung, welche die bei den gewöhnlichen elektrostatischen Apparaten auftretenden weit übertrifft; zum Beispiel habe ich bei einer Influenzmaschine zweiter Art die grösste Dichtigkeit der auf den rotirenden Scheiben angesammelten Elektricität zu 6 Einheiten (cm. g. s.) bestimmt."

Zuchtwahl in der Richtung thätig gewesen, Krystalle heranzuziehen, welche eine für die Pyroelektricität möglichst günstige chemische Beschaffenheit besässen.

Wir wollen noch einen zweiten Vergleich hier ziehen. Wer daran Anstoss nehmen sollte, dass in den organisirten Wesen Körperchen von höherer pyroelektrischer Erregbarkeit vorkommen sollen, als sich in der unorganischen Natur vorfinden, der würde ganz ähnlich denken wie einer, der die Anschauungen und Formeln der organischen Chemie deshalb für unrichtig erklären würde, weil die unorganische Chemie bei ihrem Bestreben, die Struktur der in der unbelebten Natur gegebenen Stoffe aufzuhellen, nicht genöthigt sei einen gleichen hochcomplicirten Aufbau der Moleküle anzunehmen, wie ihn die organische Chemie vielfach annimmt. Vielleicht liegt hier mehr vor als ein blosser Vergleich. Nach den gegenwärtigen Anschauungen von den Ursachen der Pyroelektricität hängt dieselbe von der Beschaffenheit der Moleküle des betreffenden Körpers ab. Ist es nun so sehr zu verwundern, wenn gewisse eiweissartige Körper, deren Moleküle sich in höchst complicirter Weise aus viel mehr Atomen zusammensetzen als die Moleküle der anorganischen Körper, im krystallinischen oder vielmehr krystalloiden Zustande eine höhere pyroelektrische Erregbarkeit erkennen lassen, als die uns bekannten krystallinischen Mineralien besitzen?

Doch Vorstehendes nur beiläufig. Der Punkt, auf den wir eigentlich hier hinauswollen, ist folgender. Gegenüber dem, schon im Vorstehenden als ziemlich oberflächlich dargethanen Einwande, dass unsere Theorie vielleicht genöthigt sei, den Disdiaklasten eine höhere pyroelektrische Erregbarkeit zuzuschreiben, als zur Zeit an den Mineralien festgestellt sei, kann man nämlich auch noch die Frage aufwerfen, ob vielleicht die krystalloide Natur der Disdiaklasten für die Stärke der elektrischen Kräfte, die sie in Folge ihrer Pyroelektricität bei eintretender Muskelerregung entfalten, von Wichtigkeit sei. Leider liegen experimentelle Untersuchungen über die Pyroelektricität der Krystalloide zur Zeit noch nicht vor. Wir sind daher auf eine rein theoretische Erörterung der hier aufgeworfenen Frage angewiesen.

Die Anschauungen, die wir uns nach dem gegenwärtigen Stande der Forschung hinsichtlich der Entstehung der pyroelektrischen Erscheinungen zu bilden haben, sind folgende.[1] Die Moleküle jedes pyro-

[1] Vergl. W. Thomson, Mathematical and physical papers, Vol. I, Cambridge, 1882, S. 315; Riecke in den Nachrichten v. d. Ges. d. Wiss. zu Göttingen, 1885, S. 430 ff., 1887, S. 151 ff., 1890, S. 188 ff.; W. Voigt in den Abhandl. d. K. Ges. d. Wiss. zu Göttingen, 36, 1890, S. 1 ff. In unserer Darlegung über das Zustandekommen der pyroelektrischen Erscheinungen beschränken wir

elektrischen Körpers besitzen eine permanente elektrische Polarisation. Die aus dieser Polarisation entspringenden elektrischen Kräfte werden unter gewöhnlichen Umständen (bei constanter Temperatur und Fernhaltung deformirender Aussenkräfte) nach aussen hin dadurch maskirt, dass durch den Einfluss dieser Kräfte in den der Oberfläche des Krystalles unmittelbar anliegenden materiellen Theilchen eine elektrische Schicht angehäuft ist, welche die Wirkung der elektrischen Polarisation der Körpermoleküle für alle äussern Punkte compensirt. Wird nun die Temperatur des Krystalles verändert, so wird das bisher vorhanden gewesene Gleichgewicht zwischen der Wirkung der elektrischen Polarisation der Krystallmoleküle und der Wirkung jener maskirenden Oberflächenschicht gestört und nach aussen hin eine elektrische Wirksamkeit des Krystalles oder seiner Oberflächenbedeckung hervorgerufen. Und zwar geschieht hierbei die Störung jenes Gleichgewichtes zwischen molekularer Polarisation und maskirender Oberflächenschicht dadurch, dass das elektrische Moment der Krystallmoleküle durch die Deformation oder irgend eine andere Veränderung, welche dieselben bei der Temperaturerhöhung oder -erniedrigung erfahren, andere Werthe erhält. Hat die Aenderung der Krystalltemperatur ihr Ende erreicht, so muss die elektrische Ladung[1] des Krystalles, welche durch jene Störung des Gleichgewichtes zwischen molekularer Polarisation und maskirender Oberflächenschicht hervorgerufen worden ist, allmählich abklingen. Denn erhält bei der Temperaturänderung die maskirende Oberflächenschicht das Uebergewicht über die molekulare Polarisation, so wird sich die überschüssige Elektricität der Oberflächenschicht durch die Substanz des Krystalles und seiner Umgebung hindurch allmählich mit einander ausgleichen. Erhält umgekehrt die molekulare Polarisation durch die Temperaturänderung das Uebergewicht, so tritt durch den Einfluss derselben eine neue elektrische Scheidung an der Oberfläche des Krystalles ein. Von den durch diese Scheidung freiwerdenden beiden entgegengesetzten Elektricitäten wird an jedem Punkte der Krystalloberfläche die eine sich allmählich durch Leitung verlieren, während die andere in entsprechendem Grade zur allmählichen Compensation des

uns natürlich darauf, nur diejenigen Punkte zur Sprache zu bringen, deren Berücksichtigung durch den ganzen Zweck dieser Darlegung gefordert wird.

[1] Wie leicht zu erkennen, ist es eigentlich der Sache nicht ganz entsprechend, aber der Kürze wegen erlaubt, von einer durch die Temperaturänderung bewirkten elektrischen Ladung des Krystalles zu reden. Streng genommen kann man nur von einer nach aussen hin sich kundgebenden elektrischen Wirksamkeit der durch die Temperaturänderung bewirkten Aenderung des elektrischen Momentes der Krystallmoleküle reden.

durch die Temperaturänderung bewirkten Uebergewichtes der molekularen Polarisation dient. Die Geschwindigkeit des Abklingens der elektrischen Ladung des Krystalles hängt hiernach von der elektrischen Leitungsfähigkeit der Umgebung und der eigenen Substanz des Krystalles sowie von den Dimensionen des letzteren ab. Je grösser jene elektrische Leitungsfähigkeit und je geringer die Dimensionen des Krystalles sind, desto schneller wird die elektrische Ladung desselben abklingen.

Wir denken uns nun eine grosse Anzahl elektrisch polarisirter Moleküle das eine Mal unmittelbar mit einander zu einem Krystalle (im engeren Sinne des Wortes) verbunden, das andere Mal aber durch Flüssigkeitsschichten von einander getrennt zu einem Krystalloide vereinigt. Alsdann wird im ersteren Falle das Krystall als ganzer, im zweiten Falle aber jedes einzelne Krystallmolekül seine maskirende Oberflächenschicht besitzen; und bei einer Temperaturänderung wird im ersteren Falle für den Krystall als ganzen, im zweiten Falle aber für jedes einzelne Krystallmolekül das Gleichgewicht zwischen elektrischer Polarisation und maskirender Oberflächenschicht gestört werden. Es ist klar, dass im zweiten Falle die durch diese Gleichgewichtsstörung bewirkte elektrische Ladung eines Krystallmoleküles durch die Substanz dieses Moleküles und seine nächste Umgebung hindurch sich schneller ausgleichen wird, als sich im ersteren Falle die durch eine gleiche Temperaturänderung bewirkte elektrische Ladung des Krystalles durch die weit grössere Masse dieses letzteren und seiner Umgebung hindurch ausgleicht. Es wird also durch die krystalloide Natur der Disdiaklasten der gegenseitige Ausgleich der freien Elektricitäten, die durch eine Temperaturänderung erzeugt worden sind, gefördert. Und da nun die Höhe der elektrischen Wirkungsfähigkeit, welche den Disdiaklasten durch eine bestimmte Temperaturänderung ertheilt wird, umso geringer sein muss, je leichter und schneller sich die in oder an ihnen erzeugten freien Elektricitäten mit einander ausgleichen, so erscheint von diesem Gesichtspunkte aus die krystalloide Natur der Disdiaklasten für die Stärke der elektrischen Kräfte, die sie bei einer gegebenen Temperaturänderung erlangen, keineswegs besonders günstig.

Wir vergleichen ferner einen polar-pyroelektrischen Krystall und ein polar-pyroelektrisches Krystalloid, welche beide ganz gleiche Form und ganz gleiches Volumen besitzen. Die krystallinischen Moleküle beider Körper sollen die gleiche elektrische Polarisation besitzen und auch bei einer Temperaturänderung eine gleiche Veränderung ihres elektrischen Momentes erfahren. Nur soll eben der Unterschied bestehen, dass das gleiche Volumen in dem einen Falle ausschliesslich von Krystallmolekülen, in dem anderen Falle theils von Krystallmolekülen theils von Flüssigkeitsschichten eingenommen wird, welche die Krystallmoleküle von einander trennen. Von dem im Vorstehenden dargethanen Einflusse, den die krystalloide Natur auf die Schnelligkeit des gegenseitigen Ausgleiches der durch die Temperaturänderung erweckten freien Elektricitäten und hierdurch auch auf die Höhe der eintretenden elektrischen Ladung ausübt, soll bei dem hier zu unternehmenden Vergleiche ganz abgesehen werden. Alsdann zeigt sich, dass selbst bei völliger Ignorirung des soeben erwähnten Einflusses der krystalloiden Beschaffenheit das Krystalloid als ein Körper anzusehen ist, der sich hinsichtlich der elektrischen Wirksamkeit, die er bei gegebener Temperaturänderung entfaltet, nach Massgabe des Grades seiner Durchfeuchtung in einem gewissen Nachtheile gegenüber dem Krystalle befindet. Am einfachsten überzeugt man sich von dem hier darzuthuenden Einflusse der Durchfeuchtung auf die Grösse der pyroelektrischen Wirkungen in folgender Weise. Man denke sich die Flüssigkeitsschichten, welche die festen Moleküle des Krystalloides von einander trennen, durch feste Moleküle ersetzt, welche hinsichtlich ihrer Beschaffenheit und Orientirung völlig mit den thatsächlich vorhandenen festen Molekülen des Krystalloides übereinstimmen. Durch diese fingirte Ersetzung der Flüssigkeitsschichten durch feste Moleküle erhält man einen Gesammtkörper, der hinsichtlich seiner Grösse, Form und Beschaffenheit völlig mit dem Krystalle übereinstimmt, mit welchem das Krystalloid hinsichtlich seiner Pyroelektricität verglichen werden soll. Denkt man sich jene fingirten Moleküle, durch welche die Flüssigkeitsschichten in dem Krystalloide verdrängt wurden, in festem Zusammenhang zu einander stehend, so bilden sie zusammen einen so zu sagen in die feste Masse des Krystalloides hineingeschobenen Körper, den wir kurz als den f i n g i r t e n E r g ä n z u n g s k ö r p e r bezeichnen. Nun entfaltet der Gesammtkörper, der durch die feste Masse des Krystalloides und den in diese hineingeschobenen Ergänzungskörper gebildet wird, bei gegebener Temperaturänderung auch genau dieselbe elektrische Wirksamkeit wie der Krystall, mit welchem das Krystalloid hier verglichen werden soll. Folglich erhalten wir über das Verhältniss, in welchem dieser Krystall und das Krystalloid bei eintretender Temperaturänderung hinsichtlich ihrer elektrischen Wirkungen zu einander stehen, einfach dadurch Auskunft, dass wir von den elektrischen Kräften, welche der Krystall und mithin auch jener aus der festen Masse des Krystalloides und dem fingirten Ergänzungskörper bestehende Gesammtkörper bei gegebener Temperaturänderung entfaltet, diejenigen elektrischen Kräfte abziehen, welche der fingirte Ergänzungskörper allein genommen bei derselben Temperaturänderung entwickelt. Da nun, wie unmittelbar ersichtlich ist, bei eintretender Temperaturänderung der von diesem Ergänzungskörper gelieferte Beitrag zur elektrischen Wirksamkeit jenes Gesammtkörpers das gleiche Vorzeichen besitzt wie der von der festen Masse des Krystalloides gelieferte Beitrag, so folgt, dass bei gegebener Temperaturänderung die elektrische Wirksamkeit des Krystalloides hinter derjenigen des Krystalles von gleichem Volumen zurücksteht. Zugleich ergibt sich auch ohne Weiteres nach der hier benutzten Methode, dass dieser Unterschied in der elektrischen Wirkungsfähigkeit beider Körper umso grösser ist, je mehr durchfeuchtet das Krystalloid ist. (Man denke sich in dem Krystalloide, das wir soeben betrachtet haben, die Anzahl der festen Moleküle verringert und die Menge der imbibirten Flüssigkeit in entsprechendem Masse vermehrt, so bedarf es zur Ersetzung dieses Zuwuchses der imbibirten Flüssigkeit noch eines zweiten fingirten Ergänzungskörpers u. s. w.) Also auch dann, wenn man von dem Einflusse ganz absieht, den die krystalloide Natur eines Körpers auf die Schnelligkeit des Ausgleiches der ihm durch eine Temperaturänderung ertheilten elektrischen Ladung ausübt, zeigt sich, dass das Durchfeuchtetsein eines pyroelektrischen Körpers für die an diesem durch eine Temperaturänderung zu erzielende elektrische Wirkungsfähigkeit keineswegs günstig ist und zwar einfach deshalb, weil diese elektrische Wirkungsfähigkeit sich natürlich in ganz wesentlichem Masse nach der Anzahl der polarisirten Moleküle bestimmt, die in dem Volumen des Körpers enthalten sind.

Allein hinsichtlich der uns hier beschäftigenden Frage ist noch ein anderer Gesichtspunkt nicht zu vernachlässigen. Bei der vorstehenden Vergleichung eines Krystalles und Krystalloides von gleicher Form und Grösse haben wir vorausgesetzt, dass die Aenderung, welche das elektrische Moment eines elektrisch polarisirten Moleküles durch eine gegebene Temperaturänderung erfahre, für beide Körper dieselbe sei. Indessen es frägt sich, ob die Deformation oder etwaige andere für das elektrische Moment massgebende Veränderung, welche ein solches Molekül durch eine bestimmte Temperaturerhöhung oder -erniedrigung erfährt, als dieselbe angesehen werden darf, wenn wir uns das Molekül das eine Mal als Bestandtheil eines Krystalles, das andere Mal aber als Bestandtheil eines Krystalloides und als durch Flüssigkeitsschichten von seinen Nachbarmolekülen getrennt vorstellen. Der Einfluss, den der Zusammenhang der festen Körpermoleküle unter einander auf das physikalische Verhalten der einzelnen Körpermoleküle, insbesondere auf die bei stattfindender Temperaturänderung eintretende Deformation oder sonstige für das elektrische Moment massgebende Veränderung der Körpermoleküle, ausübt, sowie der ganze Zustand dieser Moleküle kann in beiden Fällen nicht derselbe sein. Es ist leicht denkbar, dass die das elektrische Moment des Körpermoleküles beeinflussende Deformation oder sonstige Veränderung, welche ein festes Körpermolekül durch eine gegebene Temperaturänderung erfährt, im zweiten Falle, wo das Molekül sowohl als Ganzes als auch in seinen Bestandtheilen freier beweglich ist, merkbar grösser sei als im ersteren Falle. Verhält sich aber die Sache wirklich in dieser Weise, so muss auch die Störung, welche das Gleichgewicht zwischen molekularer elektrischer Polarisation und maskirender Oberflächenschicht bei einer Temperaturänderung erfährt, für jedes feste Molekül (Micell) des Krystalloides grösser sein, als man zu erwarten haben würde, wenn man annähme, dass die festen Moleküle des Krystalloides durch eine Temperaturänderung genau nur die gleiche Veränderung erführen wie die festen Moleküle des Krystalles. Hiernach bleibt denkbar, dass die Durchfeuchtung der Disdiaklasten für die Höhe der elektrischen Wirkungsfähigkeit, die sie bei eintretender Temperaturänderung erreichen, in gewissem Sinne vortheilhaft sei.[1]

Fassen wir dasjenige, was wir im Bisherigen über den Einfluss der Durchfeuchtung auf die pyroelektrische Wirkungsfähigkeit der Disdiaklasten bemerkt haben, kurz zusammen, so ergibt sich Folgendes. Die Durchfeuchtung der Disdiaklasten erscheint für die Stärke der elektrischen Kräfte, welche dieselben bei eintretender Temperaturänderung erlangen, insofern nicht günstig, als die Stärke dieser elektrischen Kräfte ganz wesentlich von der Anzahl der elektrisch polarisirten Moleküle abhängt, welche in dem Volumen eines Disdiaklasten enthalten sind. Da ferner in Folge der krystalloiden Natur der Disdiaklasten bei eintretender Temperaturänderung in Wahrheit nicht sowohl die Disdiaklasten als vielmehr ihre Micelle eine polare elektrische Ladung erfahren, so ist durch die krystalloide Beschaffenheit der ersteren die Schnelligkeit gefördert, mit welcher sich die durch eine Temperaturänderung derselben erweckten freien Elektricitäten gegenseitig ausgleichen, und hierdurch zugleich ein Umstand gesetzt, welcher das Emporsteigen der elektrischen Kräfte der Disdiaklasten zu höheren Werthen erschwert. Endlich drittens ist zu beachten, dass sich die elektrisch polarisirten Moleküle der Disdiaklasten in Folge der

[1] Könnte man annehmen, dass der wärmebildende Erregungsprocess sich auch in denjenigen Saftschichten, welche die einzelnen Micelle eines Disdiaklasten von einander trennen, in wesentlichem Masse entwickele, so könnte man natürlich die Durchsaftung der Disdiaklasten auch noch als eine Eigenschaft bezeichnen, welche zu Folge habe, dass dieselben in ihren verschiedenen Theilchen bei eintretender Muskelerregung eine gleichförmigere, schnellere und zu etwas höheren Graden emporsteigende Erwärmung erfahren.

Durchfeuchtung der letzteren in Zuständen, Beziehungen und Zusammenhängen befinden, die von den Zuständen und Zusammenhängen, in denen sie sich bei fehlender Durchfeuchtung der Disdiaklasten befinden würden, nicht unwesentlich verschieden sind, und von denen zur Zeit nicht mit Sicherheit zu sagen ist, ob sie der Stärke der elektrischen Kräfte, welche die Disdiaklasten bei eintretender Muskelerregung erlangen, besonders förderlich sind oder nicht. Ein endgültiges Gesammturtheil darüber, welchen Einfluss die krystalloide Natur der Disdiaklasten auf die pyroelektrische Wirkungsfähigkeit derselben ausübt, lässt sich mithin zur Zeit noch nicht abgeben. —

Die gewisse Vollständigkeit, die wir in theoretischer Hinsicht in dieser Schrift anstreben, brachte die vorstehenden, ziemlich langwierigen Auseinandersetzungen über die krystalloide Natur der Disdiaklasten leider nothwendig mit sich. Werfen wir einen kurzen Rückblick auf den Inhalt dieser Auseinandersetzungen, so zeigt sich, dass die krystalloide Beschaffenheit der Disdiaklasten hauptsächlich deshalb in Betracht kommt, weil sie die Quellbarkeit, Tingirbarkeit und leichtere Löslichkeit derselben bedingt, und weil sie es mit sich bringt, dass bei der Muskelerregung im Grunde nicht die Disdiaklasten, sondern vielmehr ihre Micelle eine polare elektrische Ladung erfahren, und hierdurch zur Folge hat, dass die bei der Muskelcontraktion eintretenden, für die Muskelthätigkeit in verschiedener Hinsicht nicht ganz belanglosen Formänderungen der Disdiaklasten eine grössere Ausgiebigkeit erreichen. Ganz besonders hat man die krystalloide Natur der Disdiaklasten zu berücksichtigen, wenn man dazu übergeht, die Funktion der glatten Muskelfasern und ihr Verhältniss zu der Funktion der quergestreiften Fasern zu untersuchen, sowie auch dann, wenn man sich darüber Rechenschaft zu geben versucht, weshalb die Pyroelektricität der Disdiaklasten bei eintretender Muskelerregung nicht eine merkbare Elektricitätsbewegung in einem z. B. an die Muskelenden angelegten Schliessungsbogen zu Folge hat.

Zweites Capitel.

Von der feineren Struktur und Gliederung der quergestreiften Muskelfaser und von der Bedeutung ihrer verschiedenen Struktur- und Gliederungseigenthümlichkeiten.

§ 21.

Betrachten wir die Einrichtung, welche die quergestreifte Muskelfaser in Wirklichkeit besitzt, so zeigt sich, wie schon erwähnt, dass das schematische Bild, das wir auf S. 1 f. von derselben entworfen haben, in mehrfacher Beziehung zu berichtigen ist. Nach jenem schematischen Bilde stellt sich die quergestreifte Muskelfaser dar als aufgebaut aus nur zwei Arten von Abtheilungen, die mit regelmässiger Abwechselung auf einander folgen, nämlich aus anisotropen und isotropen Abtheilungen; und zwar sind die anisotropen Abtheilungen diejenigen Partien der Muskelfaser, in denen sich die disdiaklastenhaltigen Querbälkchensysteme befinden, die isotropen Abtheilungen hingegen sind diejenigen Theile, welche von den Längsbälkchen durchsetzt werden. Thatsächlich zeigen nun aber die Querbälkchensysteme im Vergleich zu einander mit regelmässiger Abwechselung gewisse Verschiedenheiten der Struktur, und auch die Längsbälkchen zeigen je nach der Art der Querbälkchensysteme, die sie mit einander verbinden, im Allgemeinen gewisse Unterschiede, wenigstens in ihren Dimensionen. Demgemäss gliedert sich die Faser in ihrer Längsrichtung in eine Reihe von sog. Muskelfächern, deren jedes aus einer bestimmten Aufeinanderfolge verschiedener anisotroper und verschiedener isotroper Abtheilungen besteht. Auch im Querschnitte zeigt die Faser eine eigenthümliche Gliederung, die schon früher erwähnte Anordnung der sog. Cohnheim'schen Felder, welche darauf beruht, dass die Fibrillen den Binnenraum der Faser nicht in gleichmässiger Vertheilung durchziehen, sondern zu Bündeln vereinigt sind, die durch grössere Zwischenräume von einander getrennt sind. Jedes derartige Fibrillenbündel (nebst den die einzelnen Fibrillen des Bündels mit einander verbindenden Saftschichten und Querbälkchen) stellt sich in der Längenansicht der Faser als ein sog. Muskelsäulchen dar. Wir können uns natürlich auch so ausdrücken, dass wir sagen, der Anblick der Cohnheim'schen Felder entspringe daraus, dass die Disdiaklasten jedes Querbälkchensystemes nicht gleichförmig über den Querschnitt der Faser vertheilt sind, sondern Gruppen bilden, die durch grössere Zwischenräume von einander getrennt sind.

Stellen wir uns also die Aufgabe, die Bedeutung der verschiedenen Eigenthümlichkeiten darzuthun, welche die Struktur und Gliederung der quergestreiften Muskelfaser bei näherer Betrachtung darbietet, so haben wir offenbar vor Allem vier Fragen zu beantworten. Nämlich erstens die Frage nach der Bedeutung der Querschichtung der Faser überhaupt, d. h. die Frage, welche Bedeutung es habe, dass die Faser in ihrer Längsrichtung aus einer Reihe abwechselnd isotroper und anisotroper Querabtheilungen aufgebaut ist. Zweitens die Frage nach der Bedeutung derjenigen Differenzirung dieser Querschichtung, welche zur Erschaffung des Begriffes des Muskelfaches und zur Unterscheidung verschiedener anisotroper und verschiedener isotroper Abtheilungen des Muskelfaches geführt hat, sowie die hiermit zusammenhängende Frage nach der Bedeutung der innerhalb der Muskelfaser bestehenden, durch die Querbälkchen repräsentirten Querverbindungen. Drittens die Frage nach der Bedeutung der fibrillaren Struktur der Muskelfaser, und endlich viertens die Frage nach der Bedeutung der Zusammenfassung der Fibrillen zu bündelartigen Gruppen.

Bevor wir indessen auf die Beantwortung dieser Fragen eingehen, haben wir zunächst noch in diesem Paragraphen betreffs der Abtheilungen des Muskelfaches, die wir unterscheiden, und betreffs der Benennungen, die wir denselben geben, uns näher zu erklären und hierauf im folgenden Paragraphen eingehender auseinanderzusetzen, worin die Strukturverschiedenheiten der unterschiedenen Abtheilungen des Muskelfaches bestehen, und wodurch insbesondere auch die Verschiedenheiten der optischen Eigenschaften dieser Fachabtheilungen bedingt sind. —

Im Anschluss an die Darlegungen von Engelmann u. A. gehen wir davon aus, dass sich an einem Muskelfache, welches den höchsten der vorkommenden Differenzirungsgrade besitzt, folgende Abtheilungen unterscheiden lassen.

Erstens die beiden dunklen,[1] ziemlich stark lichtbrechenden, anisotropen Querscheiben und die zwischen diesen befindliche, gleichfalls doppelbrechende Mittelscheibe.

Die Mittelscheibe ist von den Querscheiben durch zwei isotrope Schichten getrennt, welche wir kurz als die isotropen Mittelschichten bezeichnen, indem wir ganz allgemein die anisotropen Abtheilungen des Muskelfaches nach dem Vorgange von Engelmann u. A. als Scheiben benennen, die isotropen Abtheilungen aber als Schichten bezeichnen.

Die Mittelscheibe, die isotropen Mittelschichten und die Querscheiben bilden zusammen das eine der beiden Bänder oder Zonen, die man am Muskelfache zu unterscheiden pflegt. Das andere Band hat sein Centrum in der stark lichtbrechenden, dunklen, anisotropen Zwischenscheibe. An jeder Seite der Zwischenscheibe befindet sich eine, zuweilen nur schmale, isotrope Schicht. An diese beiden isotropen

[1] Alle in dieser Schrift vorkommenden Angaben über Helligkeitsverhältnisse verschiedener Fachabtheilungen oder Faserbestandtheile beziehen sich selbstverständlich, wenn nicht ausdrücklich etwas Anderes bemerkt ist, stets auf den Fall der üblichen, tiefen Einstellung des Mikroskopes. Bei hoher Einstellung des letzteren sind die Helligkeitsverhältnisse bekanntlich geradezu entgegengesetzter Art wie bei tiefer Einstellung.

Schichten schliessen sich die beiden anisotropen Nebenscheiben an, die nur selten ganz so dunkel sind wie die Zwischenscheibe. Hieraus folgen noch zwei isotrope Schichten, durch welche die Nebenscheiben von den Querscheiben getrennt werden.

Für diese zwischen den Nebenscheiben und Querscheiben befindlichen isotropen Schichten sowie für diejenigen isotropen Schichten, welche die Nebenscheiben von der Zwischenscheibe trennen, liegen besondere Namen nicht vor. Wir bezeichnen erstere kurz als die isotropen Querschichten und letztere als die isotropen Nebenschichten.

Die aus der Mittelscheibe, den isotropen Mittelschichten und den Querscheiben bestehende Zone des Muskelfaches pflegt als das anisotrope Band (oder die anisotrope Substanz) bezeichnet zu werden, während die aus der Zwischenscheibe, den isotropen Nebenschichten, den Nebenscheiben und den isotropen Querschichten bestehende zweite Zone kurz das isotrope Band genannt wird. In Hinblick auf die thatsächliche Anisotropie der dieser letzteren Zone angehörigen Zwischen- und Nebenscheiben können wir diese Gegenüberstellung eines anisotropen und eines isotropen Bandes unmöglich acceptiren. Wir bezeichnen daher die erstere der beiden in Rede stehenden Zonen des Muskelfaches mit dem schon bisher von manchen Forschern angewandten Ausdrucke Querband; die zweite Zone soll kurz das Zwischenband heissen.

Eine anschauliche Uebersicht über die von uns unterschiedenen Abtheilungen des Muskelfaches gibt die nachfolgende Zusammenstellung, in der dieselben in der gleichen Ordnung aufgezählt sind, in welcher sie in Wirklichkeit auf einander folgen. Die beigesetzten Buchstaben stellen die sogleich näher zu besprechenden Buchstabenbezeichnungen für die verschiedenen Fachabtheilungen und das Querband dar.

Querscheibe	q	Querband Q
isotrope Mittelschicht	h	
Mittelscheibe	m	
isotrope Mittelschicht	h	
Querscheibe	q	
isotrope Querschicht	I	Zwischenband
Nebenscheibe	N	
isotrope Nebenschicht	E	
Zwischenscheibe	Z	
isotrope Nebenschicht	E	
Nebenscheibe	N	
isotrope Querschicht	I	

An unserer Benennungsweise, die sich möglichst an die von ENGELMANN benutzte Bezeichnungsweise anschliesst, sind nur die Benennungen der isotropen Schichten und der Ausdruck Zwischenband neu. Erstere knüpfen indessen in leicht ersichtlicher Weise an die bereits in Gebrauch befindlichen ENGELMANN'schen Bezeichnungen der anisotropen Scheiben an, indem dasselbe Präfix mittel, quer oder neben, welches herkömmlicher Weise zur Bezeichnung einer bestimmten Art der anisotropen Scheiben dient, von uns auch zur Bezeichnung derjenigen isotropen Schichten verwandt wird, welche auf die anisotropen Scheiben der betreffenden Art unmittelbar folgen, wenn man die verschiedenen Scheiben und isotropen Schichten der Muskelfaser immer in der Richtung von Mittelscheibe zu Zwischenscheibe durchgeht. Was den Ausdruck Zwischenband anbelangt, so knüpft derselbe an die für diese Zone des Muskelfaches nicht selten vorkommende Bezeichnung Zwischensubstanz an sowie an den Namen der in dieser Zone eine wichtige, centrale Stellung einnehmenden Zwischenscheibe.

Nachdem schon ENGELMANN (1, S. 37) sich beiläufig einfacher Buchstaben zur Bezeichnung der verschiedenen Abtheilungen des Muskelfaches bedient hatte, hat neuerdings ROLLETT (1, S. 93 ff.) vorgeschlagen, diese Abtheilungen überhaupt nur durch Buchstaben zu bezeichnen, „sowie man ja auch die dunklen Linien im Sonnenspektrum oder die Bänder in Absorptionsspektren in bündiger und leicht und allgemein verständlicher Weise einfach mittelst Buchstaben bezeichnet.“ An die von ENGELMANN bereits benutzten Buchstabenbezeichnungen der Fachabtheilungen theilweise anknüpfend bezeichnet ROLLETT mit Z die Zwischenscheibe, mit E die isotrope Nebenschicht, mit N die Nebenscheibe und mit I die isotrope Querschicht. Was die dem Querbande angehörigen Fachabtheilungen betrifft, so ist ROLLETT der Ansicht, dass dieselben im Vergleich zu einander nicht eine gleich hohe Verschiedenheit und Selbständigkeit besitzen wie die dem Zwischenbande angehörigen Fachabtheilungen. Demgemäss bezeichnet er das Querband in seiner Gesammtheit mit Q; für die Querscheiben und die Mittelscheibe aber hat er gar keine besonderen Buchstabenbezeichnungen; nur die isotrope Mittelschicht bezeichnet er (an die Bezeichnung derselben als HENSEN'scher Streifen anknüpfend) mit h, und zwar nimmt er hier einen kleinen Buchstaben, um damit anzudeuten, dass der betreffende Streifen in einem anderen, umfassenderen Streifen Q liege.

Wir wüssten gegen diese ROLLETT'sche Bezeichnungsweise nichts einzuwenden, finden dieselbe im Gegentheil sehr praktisch, namentlich in allen denjenigen Fällen, wo es sich, wie bei Erörterung des scheibengebenden Zerfalles der Muskelfasern, darum handelt, Abschnitte des Muskelfaches, die sich hinsichtlich der in ihnen enthaltenen anisotropen Scheiben und isotropen Schichten in mannigfaltiger Weise unterscheiden, in ihrer Zusammensetzung kurz zu charakterisiren.[1] Demgemäss werden wir auch selbst zur Bezeichnung der verschiedenen Fachabtheilungen uns der ROLLETT'schen Buchstaben in denjenigen Paragraphen bedienen, wo wir in Anschluss an die Untersuchungen ROLLETT's die Erscheinungen des scheibengebenden Zerfalles der dem Einflusse einer Säure oder des Alkohols ausgesetzten Muskelfaser näher erörtern. Nur bedürfen wir, sobald wir uns einmal auf die ROLLETT'sche Bezeichnungsweise einlassen, auch noch besonderer Buchstaben zur Bezeichnung der Querscheiben und der Mittelscheibe. Nach dem Vorgange von ENGELMANN bezeichnen wir die ersteren einfach mit q, die letztere mit m. Zur Bezeichnung des Zwischenbandes in seiner Gesammtheit einen besonderen Buchstaben einzuführen, hat sich für uns kein Bedürfniss gezeigt.

Was die Abgrenzung der Muskelfächer von einander anbelangt, so herrscht hinsichtlich derselben noch kein bindender Gebrauch. Man könnte in dieser Beziehung von dem Gesichtspunkte ausgehen, dass als die eine Grenzabtheilung des Muskelfaches diejenige Abtheilung desselben anzusehen sei, mit welcher der quergestreifte Faserinhalt an dem an die Sehne anstossenden Sarkolemmaende abschliesse. Da nun nach den (an den Muskeln verschiedener Käferarten angestellten) Untersuchungen von ENGELMANN (8, S. 533) die am Sarkolemmaende befindliche Endabtheilung des Faserinneren stets eine isotrope Nebenschicht ist, die nach innen zu von einer anisotropen Nebenscheibe begrenzt ist,[2] so würde man von dem hier erwähnten Gesichts-

[1] Wenn ROLLETT es für einen Vortheil seiner Bezeichnung mit Buchstaben erklärt, dass sie für die Bezeichnung der anisotropen Abtheilungen des Muskelfaches den Ausdruck Scheibe ganz entbehrlich mache und hierdurch der Thatsache gerecht werde, „dass Scheiben immer artefacte Produkte einer Zerlegung der Muskelfaser und nicht morphologische präformirte Bestandtheile derselben sind“, so glauben wir den in Betracht kommenden thatsächlichen Verhältnissen auch dadurch hinlänglich Rechnung tragen zu können, dass wir die in gewissen Fällen des Faserzerfalles zur Beobachtung kommenden scheibenartigen Zerfallsprodukte als Zerfallsscheiben von den in üblicher Weise als Scheiben bezeichneten anisotropen Abtheilungen des in seiner Gliederung unversehrten Muskelfaches unterscheiden.

[2] Nach AMICI und NASSE (a. a. O. S. 76) soll der letzte erkennbare Theil am natürlichen Ende der Muskelfaser eine Zwischenscheibe sein. Vergl. übrigens hierzu auch RANVIER in den Compt. rend., 110, 1890, S. 507 f.

punkte aus die Grenzlinie, welche zwei verschiedene Muskelfächer von einander trennt, bei den von ENGELMANN untersuchten Muskeln stets in eine solche Linie zu verlegen haben, in welcher eine Zwischenscheibe sich mit einer der an sie angrenzenden isotropen Nebenschichten berührt. Wir ziehen indessen eine andere Art der Abgrenzung der Muskelfächer vor. Wie nämlich schon ROLLETT in ähnlicher Weise geltend gemacht hat, kommt es bei Abgrenzung und Benennung der Segmente und Segmentabtheilungen der Muskelfaser gar nicht darauf an, sich auf der ganzen Länge der letzteren in toto zu orientiren, sondern vielmehr darauf, die Abgrenzung der einzelnen Segmente und ihrer Abschnitte von einander so vorzunehmen, wie es für die Uebersicht über die Eigenthümlichkeiten der feineren Struktur der Muskelfaser und für die Erörterung der mikroskopisch wahrnehmbaren physiologischen Erscheinungen derselben am dienlichsten ist. Es kann also schon aus diesem Grunde der soeben angeführte Gesichtspunkt für die Abgrenzung der Muskelfächer nicht massgebend sein. Da man nun ferner bei Besprechung der bisher beobachteten Thatsachen der mikroskopischen Erscheinungsweise des ruhenden und des thätigen Muskels gar nicht umhin kann, mit der obigen Zweitheilung des Muskelfaches in zwei Zonen oder Bänder, ein Querband und ein Zwischenband, zu operiren, und auch die auffallende, gröbere Querstreifung der Fasern, welche überhaupt zu der Bezeichnung dieser Fasern als quergestreifter Fasern geführt hat, auf der Verschiedenheit des optischen Gesammteindruckes jener beiden Zonen beruht, so schien es uns angezeigt, diejenige Begrenzung des Muskelfaches anzunehmen, welche sich mit der Zweitheilung desselben in jene zwei Zonen verträgt, d. h. diejenige Begrenzung, welche in der obigen Uebersicht über die verschiedenen Abtheilungen des Muskelfaches zu Grunde gelegt ist. Dieser Begrenzungsweise gemäss hat man bei Verfolgung des Längsverlaufes einer Muskelfaser in der einen oder anderen Richtung die Grenze zwischen zwei Muskelfächern stets da anzunehmen, wo auf eine isotrope Querschicht eine Querscheibe folgt, bez. wo auf eine Querscheibe eine isotrope Querschicht folgt. Diese Art der Abgrenzung des Muskelfaches hat übrigens den Vortheil, dass jedes der beiden unterschiedenen Bänder desselben einen völlig symmetrischen Bau besitzt.

Obwohl wir die zuweilen aufgetauchte Vermuthung, dass die oben angeführten verschiedenen Abtheilungen des Muskelfaches vielleicht gar keine reale Existenz besässen und nur auf diese oder jene Weise den Beobachtern optisch vorgespiegelt worden seien, für durchaus verfehlt halten und mit ROLLETT der Ansicht sind, dass diese Vermuthung schon allein durch die Zerfallserscheinungen der in Alkohol eingelegten

Muskelfasern völlig widerlegt wird (vergl. § 36),[1] so sind wir doch weit davon entfernt zu behaupten, dass die oben unterschiedenen zwölf Abtheilungen des Muskelfaches in allen quergestreiften Muskelfasern vorkommen müssten. Diejenige Abtheilung, welche am leichtesten fehlen kann, dürfte die Mittelscheibe sein, bei deren Wegfalle die beiden Querscheiben natürlich nur durch eine einzige isotrope Mittelschicht von einander getrennt sind. In der vorliegenden Literatur ist in der Regel nur von einer zwischen den beiden Querscheiben befindlichen Mittelscheibe oder von einem in der Mitte des Querbandes sichtbaren helleren Streifen, dem sog. HENSEN'schen Streifen, den übrigens auch schon BRÜCKE (a. a. O. S. 79) gelegentlich beobachtet hatte, die Rede; so z. B. bei ENGELMANN, welcher die Mittelscheibe ausdrücklich als deutlich doppelbrechend bezeichnet. Wie schon MERKEL (Arch. f. mikrosk. Anat. 19, 1881, S. 652) in Beziehung auf die Darstellungen ENGELMANN's hervorgehoben hat, vermisst man in den vorliegenden Benennungen der Abtheilungen des Muskelfaches und in den Erörterungen über die bei der Ruhe und bei der Thätigkeit des Muskels vorhandenen Erscheinungsweisen der verschiedenen Fachabtheilungen vielfach ein scharfes Auseinanderhalten der anisotropen Mittelscheibe einerseits und der isotropen Mittelschichten andererseits. Indessen lässt sich doch den Abbildungen und Darstellungen verschiedener Forscher[2]

[1] Die oben angedeutete Vermuthung wird nicht blos durch die verschiedenen Erscheinungen widerlegt, welche die unterschiedenen Abtheilungen des Muskelfaches bei Einwirkung macerirender Mittel auf die Muskelfaser darbieten, sondern verträgt sich ausserdem auch nicht mit den verschiedenen (in § 22 zu erwähnenden) Verhaltungsweisen, welche die verschiedenen Fachabtheilungen färbenden Mitteln gegenüber bekunden. Vergl. hierzu EXNER in Pflüger's Arch., 40, 1887, S. 379 ff.

[2] Vergl. HENSEN in den Arb. a. d. Kieler ph. Instit., Tafel I, Figur 2; ENGELMANN in Pflüger's Arch., 7, 1873, Tafel II, Figuren 21, 24, 26, 27; WAGENER im Arch. f. mikrosk. Anat., 9, 1873, S. 715 f.; MERKEL, ebenda, 8, 1872, Tafel XIII, Figur 6, und 19, 1881, Tafel XXX, Figur 6; RUTHERFORD in den Transactions of the international medical congress, 7. session, Vol. I, London, 1881, S. 270; NASSE, a. a. O. S. 64 ff. und Figuren 4, 5, 6, 8, 13; ROLLETT, 1, S. 94 u. 124; 2, S. 64. Auch die Bemerkung von RANVIER (Leçons sur l'histologie du système nerveux, Paris, 1878, T. 2, S. 230), dass es bei gewissen Insekten zwei Nebenscheiben (disques accessoires) auf jeder Seite der dicken Scheibe (disque épais) gebe, gehört hierher. Die dicke Scheibe ist in solchen Fällen mit unserer Mittelscheibe identisch, und von den vier accessorischen Scheiben entsprechen thatsächlich zwei den Querscheiben und zwei den Nebenscheiben. Die Thatsache, dass verschiedene Forscher (FLÖGEL, WAGENER, FREDERICQ, NASSE) bei der Beobachtung zwischen gekreuzten Nicols in der Mitte des hellen Querbandes einen dunkleren Streifen wahrgenommen haben, dürfte gleichfalls darauf zu beziehen sein, dass sich der mittlere Abschnitt des Querbandes zu einem

deutlich entnehmen, dass mit dem Vorhandensein einer anisotropen Mittelscheibe wenigstens in vielen Fällen zugleich auch das Bestehen zweier isotroper Schichten, durch welche diese Scheibe von den Querscheiben getrennt wird, gegeben ist.

Nach der Mittelscheibe dürften die Nebenscheiben die entbehrlichsten Abtheilungen des Muskelfaches sein. So kommt ROLLETT (1, S. 102; 2, S. 59 f.) bei seinen Untersuchungen zu dem Resultate, dass das Vorhandensein oder Fehlen der sogenannten Nebenscheiben einem sehr grossen und anscheinend ganz regellosen Wechsel unterworfen sei. Im Falle des Fehlens dieser Scheiben fallen natürlich auch die isotropen Nebenschichten weg, und wird alsdann die Zwischenscheibe nur durch die isotropen Querschichten von den Querscheiben getrennt.

Endlich wird uns auch von Fällen berichtet, wo das Querband sich als ein homogenes Ganzes darstellte, mithin Mittelscheibe und isotrope Mittelschichten anscheinend ganz fehlten und nur eine einzige Querscheibe[1] vorhanden erschien. Fälle dieser Art hat z. B. FLÖGEL (Arch. f. mikrosk. Anat. 8, 1872, S. 71) beobachtet. Bei EXNER (Pflüger's Arch. 40, 1887, S. 392) finden wir gar die Behauptung, dass man an lebenden Muskelfasern zuweilen mit Sicherheit nur zwei abwechselnde Lagen einfach- und doppelbrechender Substanz wahrnehmen könne. Hingegen will NASSE (a. a. O. S. 52 ff.) die Zweitheiligkeit der Querscheibe in der Thierreihe bis hinab zu den Medusen verfolgt und überall, wo er überhaupt deutlich quergestreifte Muskulatur gesehen hat, auch die Zwischenscheibe gefunden haben.[2] Bei der embryonalen Entwickelung der Muskelfasern sowie bei der Neubildung derselben nach Verletzung des Muskels treten nach den Beobachtungen NASSE's mit den Querscheiben stets zugleich die Zwischenscheiben auf. NASSE hält

gewissen Theile aus isotropen Schichten zusammensetzt. Näheres über das Verhältniss der anisotropen Mittelscheibe zu den ihr unmittelbar benachbarten Schichten des Muskelfaches folgt im Schlusstheile von § 24.

[1] Der Fall, dass die beiden Querscheiben eines und desselben Querbandes und Muskelfaches verschiedene Höhe besitzen, kommt nach den Beobachtungen von W. FELIX (Zeitschr. f. wiss. Zoologie, 48, 1889, S. 236) in gewissen Stadien des Wachsthums der Muskelfaser vor.

[2] Hingegen berichtet ROLLETT (1, S. 104), dass man manchmal trotz aller Bemühungen nicht im Stande sei, auch nur eine leise Andeutung der Zwischenscheibe zu sehen. „Der Raum zwischen den Schichten N erscheint dann bei hoher Einstellung als dunkler, bei tiefer Einstellung als heller Streifen, und anstatt der drei dunklen Streifen, die man sonst bei tiefer Einstellung zwischen zwei Schichten Q wahrnimmt, sind dann nur zwei den Schichten N entsprechende dunkle Streifen dort wahrzunehmen.“

hiernach die zweitheilige Querscheibe und die Zwischenscheibe für constante und wesentliche Theile der quergestreiften Muskelfaser.

Was die sog. Höhe oder Länge des Muskelfaches anbelangt, so ist dieselbe zwar in jeder einzelnen Faser und im Ganzen genommen auch in den verschiedenen Fasern eines und desselben Muskels constant, hingegen zeigt dieselbe beträchtliche Verschiedenheiten, wenn man verschiedene Muskeln eines und desselben Thieres oder die Muskeln verschiedener Thierarten mit einander vergleicht. Bedeutende Unterschiede in dieser Beziehung kommen namentlich bei den Arthropoden vor, weniger bei den Wirbelthieren.[1] Mit der Höhe des Muskelfaches nimmt natürlich im Allgemeinen auch die Höhe der einzelnen Abtheilungen desselben zu. So bemerkt Engelmann ausdrücklich, dass die Zwischenscheibe im Allgemeinen eine umso grössere absolute Höhe besitze, je höher das Muskelfach sei.

§ 22.

Wir gehen nun dazu über, die Unterschiede in der Beschaffenheit der von uns oben angeführten Abtheilungen des Muskelfaches näher auseinanderzusetzen. Hierbei werden wir zugleich die früher (§ 16) verschobene Darlegung der Verhältnisse geben, in denen die verschiedenen Hauptbestandtheile der Muskelfaser (Disdiaklasten, Längs- und Querbälkchen, protoplasmatische und flüssigere Saftschichten) hinsichtlich ihres optischen Brechungsvermögens zu einander stehen. Wir stellen hinsichtlich dieses Punktes sowie hinsichtlich der Verschiedenheiten der angeführten Fachabtheilungen kurz folgende Sätze auf:

1) Die Disdiaklasten sämmtlicher anisotroper Scheiben des Muskelfaches sind stärker lichtbrechend als die Längsbälkchen.[2] Hierauf beruht es, dass die anisotropen Scheiben bei hoher Einstellung des Mikroskopes heller, bei tiefer Einstellung aber dunkler erscheinen als die isotropen Schichten des Muskelfaches (vergl. z. B. Rollett, 1, S. 105).

2) Die Längsbälkchen und mithin erst recht auch die Disdiaklasten sind stärker lichtbrechend als sämmtliche Schichten des Muskelsaftes. Hierauf beruht die Wahrnehmbarkeit der Fibrillen oder Fibrillenbündel, die bei tiefer Einstellung des Mikroskopes dunkler, bei hoher Einstellung heller erscheinen als die sie trennenden Saftschichten. Der Umstand,

---

[1] Vergl. hierzu Engelmann, 1, S. 38 ff.; Flögel im Arch. f. mikrosk. Anat., 8, 1872, S. 69; Nasse, a. a. O. S. 57 u. 69; C. Sachs im Arch. f. A. u. Ph., 1872, S. 634.

[2] Was die Disdiaklasten anbelangt, so hat man natürlich genau genommen stets von zwei Brechungscoefficienten derselben zu reden.

dass die fibrillare Struktur der Muskelfaser im Allgemeinen in den anisotropen Scheiben des Muskelfaches leichter und eher erkennbar ist als in den isotropen Schichten (vergl. z. B. Engelmann, 1, S. 60 f., 63; Rollett, 2, S. 54 ff.), erklärt sich unschwer daraus, dass das Lichtbrechungsvermögen des Muskelsaftes hinter demjenigen der Disdiaklasten mehr zurücksteht als hinter demjenigen der Längsbälkchen. Hiermit soll aber natürlich nicht bestritten werden, dass nach Anwendung chemischer Reagentien oder anderweiter Beeinflussung der Muskelfaser die in der Höhe der anisotropen Scheiben vorhandene leichtere Erkennbarkeit der fibrillaren Struktur theilweise auch in der besonderen Art des Einflusses ihren Grund haben könne, den die benutzten Agentien auf die Disdiaklasten ausüben.

3) Die Querbälkchen unterscheiden sich, ihrer starken Durchsaftung entsprechend, hinsichtlich ihres Brechungsvermögens nicht in merkbarem Grade von den umgebenden Saftschichten.

Von vorn herein könnte man daran denken, dass das dunklere Aussehen, welches die anisotropen Scheiben bei tiefer Einstellung des Mikroskopes in Vergleich zu den isotropen Schichten besitzen, seinen Grund vor Allem darin habe, dass jene Scheiben ausser den ihnen angehörigen Fibrillengliedern, den Disdiaklasten, auch noch die Querbälkchen einschliessen, während die isotropen Schichten ausser den Längsbälkchen nur noch Muskelsaft enthalten. Bei näherer Betrachtung zeigt sich indessen, dass die Querbälkchen nicht in merkbarem Grade bei Verursachung jenes dunkleren Aussehens der anisotropen Scheiben betheiligt sind. Denn überall, wo es gelingt, die Zwischenräume zwischen einzelnen Fibrillen oder Fibrillenbündeln deutlich zu erkennen, besitzen diese Zwischenräume in der Höhe der anisotropen Scheiben ein gleiches Aussehen wie in der Höhe der isotropen Schichten und lassen in der Höhe jener Scheiben nichts von einer stärker lichtbrechenden Substanz erkennen, welche die einzelnen Fibrillen oder Fibrillenbündel mit einander verbinde und die Hauptursache des stärkeren Lichtbrechungsvermögens jener anisotropen Scheiben sei. Uebrigens liegen auch Angaben vor, nach denen isolirte Fibrillen zwischen ihren auf einander folgenden, den anisotropen Scheiben und isotropen Schichten des Muskelfaches entsprechenden, einzelnen Abtheilungen ganz dieselben Helligkeitsunterschiede erkennen lassen sollen, wie zwischen den verschiedenen Fachabtheilungen der unversehrten Muskelfaser bestehen (vergl. Hensen in den Arb. a. d. Kieler ph. Instit., S. 6.; Krause, a. a. O. S. 30; Engelmann, 9, S. 563, Präparat II).

4) Die interstitiellen Körnchen sind in der Regel stärker lichtbrechend als die umgebenden Saftschichten. Protoplasmatische Schichten

des Muskelsaftes, welche stark von interstitiellen Körnchen durchsetzt sind, besitzen in Folge dieses Reichthums an eingelagerten Körnchen eine geringere Durchsichtigkeit als andere Partien des Muskelsaftes und des Faserinneren überhaupt.[1]

5) Die Disdiaklasten der verschiedenen anisotropen Scheiben des Muskelfaches besitzen im Allgemeinen verschiedene Quellungsfähigkeit und Durchsaftung, verschiedene Elasticität, Haltbarkeit und optische Brechungskraft. Will man die anisotropen Scheiben in der Weise anordnen, dass im Fortschritte der Reihe die Durchsaftung und Quellungsfähigkeit[2] ihrer Disdiaklasten zunimmt, hingegen die übrigen an-

---

[1] Als stärker lichtbrechend als ihre Umgebung werden die interstitiellen Körnchen z. B. von ROLLETT (2, S. 48) beschrieben. Auf der geringeren Durchsichtigkeit der an solchen Körnchen reichen Saftschichten beruht die auf S. 57 erwähnte Unterscheidung heller und trüber Muskelfasern. Betreffs dieser geringeren Durchsichtigkeit der körnchenreichen Schichten vergl. auch ROLLETT, 2, S. 54. Hierher gehört ferner auch folgende Thatsache. Während nach den sonstigen, auf den optischen Längsschnitt der Muskelfaser bezüglichen Darstellungen ROLLETT's (vergl. z. B. ROLLETT, 4, S. 254 f.) die zwischen den Muskelsäulchen befindlichen Massen bei frischem Zustande der Faser stets heller erscheinen als die Substanz der Muskelsäulchen (die übliche, tiefe Einstellung des Mikroskopes vorausgesetzt), erscheinen nach der Beschreibung, welche ROLLETT (4, S. 247) von dem Querschnittsbilde frischer Fasern der Flossenmuskeln des Seepferdchens gibt, die zwischen den Muskelsäulchengruppen befindlichen Massen dunkler als diese Gruppen. Dieser Thatbestand erklärt sich einfach aus der nicht unerheblichen Menge von interstitiellen Körnchen, welche nach ROLLETT's eigener Darstellung in den hier genannten Muskelfasern in die zwischen den Muskelsäulchengruppen befindlichen Massen eingestreut sind. Principiell ist hier übrigens auch noch der Umstand zu beachten, dass die Disdiaklasten bei einer solchen Richtung des Lichtdurchganges, welche annähernd mit der Richtung der Axe der Disdiaklasten übereinstimmt, als schwächer lichtbrechend anzusehen sind als bei einem Lichtdurchgange, welcher senkrecht zu jener Axenrichtung stattfindet. Denn je geringer der Winkel ist, den die Richtung der einfallenden Lichtstrahlen mit der Richtung der Axe der Disdiaklasten bildet, desto weniger wird der von der Richtung des Lichteinfalles unabhängige Brechungscoefficient des ordentlichen Strahles von dem Brechungscoefficienten des ausserordentlichen Strahles übertroffen.

[2] Wenn wir oben den Disdiaklasten der verschiedenen Scheiben des Muskelfaches hinsichtlich ihrer Quellungsfähigkeit eine gewisse Rangordnung ertheilt haben, so besitzt diese Rangordnung zwar nach den zur Zeit vorliegenden Versuchsergebnissen die oben behauptete Gültigkeit, principiell muss aber die Möglichkeit zugegeben werden, dass es vielleicht Flüssigkeiten gibt, bei deren Anwendung man andere Resultate erhalten würde, z. B. die Disdiaklasten der Zwischenscheibe quellungsfähiger finden würde als diejenigen der Querscheiben. Wie sich aus den Ausführungen auf S. 9 ff. ergibt, hängt die Quellungsfähigkeit, welche ein fester Körper bei Umspülung durch eine Flüssigkeit bekundet, ausser von der Cohäsion der Flüssigkeit und den Elasticitätskräften der Körper-

geführten Eigenschaften derselben abnehmen, so sind dieselben in folgender Ordnung aufzuführen: Zwischenscheibe, Nebenscheiben, Querscheiben nebst Mittelscheibe. Diese Reihenfolge hat jedoch keine uneingeschränkte Gültigkeit, da die Stellung der Nebenscheiben schwankend ist, dieselben nur in der grossen Mehrzahl der Fälle eine Mittelstellung zwischen der Zwischenscheibe und den Querscheiben einnehmen, in manchen Fällen den Querscheiben völlig gleich zu sein scheinen, in anderen Fällen aber der Zwischenscheibe gleich zu stellen sind oder gar (bei Beibehaltung des obigen Principes der Reihenfolge) noch vor derselben rangiren. Dass für die Quellungsfähigkeit der Disdiaklasten der verschiedenen Scheiben im Allgemeinen die obige Reihenfolge gültig ist, wird sich vor Allem in § 37 zeigen, wo die Erscheinungen zur Sprache kommen, welche die Einwirkung von Säuren an der Muskelfaser hervorruft. Hinsichtlich der Elasticität und der optischen Brechungskraft ihrer Bestandtheile kommen die anisotropen Scheiben des Muskelfaches in § 23 zu näherer Besprechung.

Der verschiedenen Quellungsfähigkeit der Disdiaklasten entspricht der Umstand, dass dieselben von solchen Substanzen, welche eine Quellung mit nachfolgender Auflösung zu bewirken vermögen, je nach der Scheibe des Muskelfaches, welcher sie angehören, mit verschiedener Leichtigkeit und Schnelligkeit zerstört werden. In der That hat schon Krause (Zeitschr. f. Biol., 5, 1869, S. 417) die Thatsache festgestellt, dass bei Einwirkung gewisser Substanzen auf die Muskelfaser nach Verlauf einiger Zeit die Querbänder ihr optisches Doppelbrechungsvermögen völlig verloren haben, während die Zwischenscheiben noch deutlich doppelbrechend sind. Die späteren Beobachtungen von Engelmann (1, S. 45 ff.), Rollett (1, S. 110 ff.) u. A. haben bestätigt, dass die Disdiaklasten der verschiedenen Scheiben in der oben angegebenen Reihenfolge verschiedene Widerstandsfähigkeit gegenüber der Einwirkung solcher Agentien besitzen, welche eine unbegrenzte Quellung hervorzurufen vermögen.

Wie Engelmann (7, S. 510) eindringlich hervorgehoben und O. Lehmann (Zeitschr. f. Krystallographie u. Mineralogie, 12, 1887,

moleküle auch noch von der Stärke der Adhäsionskräfte ab, mit denen die Körpermoleküle und Flüssigkeitsmoleküle auf einander wirken. Da nun keineswegs feststeht, dass ein Körper, welcher auf viele Flüssigkeiten mit einer stärkeren Adhäsionskraft wirkt als ein anderer Körper, überhaupt allen Flüssigkeiten gegenüber die stärkere Adhäsionskraft bekunden müsse, so kann der Satz, dass ein bestimmter Körper eine höhere Quellungsfähigkeit besitze als ein bestimmter anderer Körper, stets nur mit gewisser Reserve oder nur mit Einschränkung auf die bisher benutzten Flüssigkeiten aufgestellt werden.

S. 403) bei einem Versuche bestätigt gefunden hat, hängt die Tingirbarkeit der quellungsfähigen Körper ausser von ihrer chemischen Züsammensetzung auch noch in hohem Masse von dem vorhandenen Grade ihrer Durchfeuchtung ab. „Für jede einzelne quellungsfähige, tingirbare Masse gilt die allgemeine Regel, dass dieselbe sich umso intensiver färbt, je geringer ihr Gehalt an Imbibitionswasser. Dieser Regel gehorchen u. a. Protoplasma, Zellmembranen, cuticulare Gebilde, Intercellularsubstanzen, ja auch unorganisirte quellungsfähige Massen wie Leim, Schleim u. dergl. ... Dass bei Vergleichung specifisch verschiedener quellungsfähiger Gebilde Unterschiede der chemischen Zusammensetzung und der Struktur die Erscheinungen compliciren, den Einfluss der Unterschiede im Wassergehalt compensiren, ja übercompensiren können, ist Thatsache. Ueberblickt man die Erscheinungen im Grossen und Ganzen, so zeigt sich aber auch hier die Regel im Allgemeinen bestätigt, und umso vollkommener, je näher verwandt die verglichenen Gebilde sind.“ [1] Hiernach ist zu erwarten, dass auch die Disdiaklasten je nach der Scheibe des Muskelfaches, welcher sie angehören, sich in verschiedenem Grade als tingirbar erweisen und zwar in der Weise, dass im Allgemeinen die Disdiaklasten der Zwischenscheibe die höchste, diejenigen der Querscheiben und der Mittelscheibe aber die geringste Tingirbarkeit besitzen. Diese Erwartung wird, wie uns scheint, vollkommen durch dasjenige bestätigt, was ROLLETT (2, S. 61 ff.) über das Aussehen der mit Hämatoxylin gefärbten Muskelfasern sowie über diejenigen Goldbilder der Muskelfasern berichtet, in denen nicht die zwischen den Muskelsäulchen befindlichen Massen, sondern vielmehr einzelne Glieder der Muskelsäulchen gefärbt erscheinen.[2]

---

[1] Diese Abhängigkeit der Färbungsintensität von dem Durchfeuchtungsgrade des betreffenden Körpers dürfte sich einfach daraus erklären, dass in der Volumeneinheit des zu färbenden Körpers natürlich umso mehr Körpermoleküle, welche auf chemischem oder physikalischem Wege die kleinsten Theilchen des Farbstoffes festzuhalten vermögen, enthalten sind, je weniger durchfeuchtet der Körper ist. Bei sehr stark abnehmendem Durchfeuchtungsgrade muss aber die Färbungsintensität schliesslich wieder abnehmen oder ganz schwinden, weil alsdann die Weite der Körperporen und die Zugänglichkeit derselben für die kleinsten Theilchen des Farbstoffs eine zu geringe wird.

[2] Bei den Goldbildern der anderen, gewöhnlicheren Art sind die zwischen den Muskelsäulchen befindlichen Massen stark gefärbt, während die Muskelsäulchen selbst gar keine oder nur sehr geringe Färbung erkennen lassen. Man kann selbstverständlich aus diesen Goldbildern keinen Widerspruch gegen die obige Behauptung ableiten, dass die Tingirbarkeit eines festen Körpers im Allgemeinen umso geringer sei, je höher der vorhandene Durchfeuchtungsgrad desselben sei. Denn die Goldbilder der hier erwähnten Art beruhen darauf, dass unter den gegebenen Umständen die zur Einwirkung auf die Muskelfaser gebrachte Sub-

Nach diesen Mittheilungen ROLLETT's stellen sich die den Querscheiben und der Mittelscheibe entsprechenden Abschnitte der Muskelsäulchen im Allgemeinen in den helleren Farbennüancen dar, während die den Nebenscheiben und in noch höherem Grade die den Zwischenscheiben entsprechenden Theile der Muskelsäulchen die auf eine Ueberfärbung hindeutenden, dunkleren Farbennüancen erkennen lassen. Nur darf man nicht übersehen, dass das Aussehen, welches die verschiedenen Abschnitte der Muskelsäulchen einer der Tinktion unterworfenen Faser besitzen, ausser von der Menge des in die verschiedenen Abschnitte aufgenommenen Färbungsmateriales auch noch davon abhängig ist, welches Lichtbrechungsvermögen und Aussehen die verschiedenen Abschnitte an und für sich, d. h. vor Einwirkung eines solchen Färbungsmittels, besitzen.

Gemäss der Thatsache, dass ganz allgemein die Zunahme der Durchfeuchtung eines Körpers dazu dient, die Grösse der Elasticität desselben zu verringern, muss auch die Steigerung der Durchsaftung eines Disdiaklasten die Wirkung haben, die Elasticität desselben zu einer geringeren zu machen. Ferner muss jede Erhöhung des Durchsaftungsgrades eines Disdiaklasten auch eine Verringerung des optischen Brechungsvermögens desselben zu Folge haben, da der Muskelsaft bemerktermassen schwächer lichtbrechend ist als die feste Substanz der den Disdiaklasten angehörigen Micelle, und jede Zunahme des Quellungsgrades der Disdiaklasten dazu dient, die festen Bestandtheile derselben über ein grösseres Volumen zu vertheilen. Hiernach liegt es nahe, auch den schon oben erwähnten Umstand, dass in der

---

stanz mittels der ihr zu Theil werdenden Reduktion zwar zur Färbung des Muskelsaftes dient, hingegen von den festen Bestandtheilen der Fibrillen nicht angenommen wird. Man muss also bei Anwendung eines färbenden Mittels auf einen durchfeuchteten Körper streng unterscheiden zwischen demjenigen Falle, wo das Mittel sich auf chemischem oder physikalischem Wege mit den festen Molekülen des Körpers vereinigt, und demjenigen Falle, wo es zur Färbung der umspülenden und durchtränkenden Flüssigkeit dient, hingegen von den festen Körpermolekülen nicht angenommen wird. Nur im ersteren Falle handelt es sich um Tinktion des festen Körpers, und nur von diesem Falle gilt der Satz, dass (falls die Weite und Zugänglichkeit der Poren nicht zu gering ist) der Körper im Allgemeinen umso stärker gefärbt wird, je weniger durchfeuchtet er ist. Im zweiten Falle hingegen wird der Körper umso mehr gefärbt erscheinen, je mehr er von der gefärbten Flüssigkeit enthält, vorausgesetzt dass die färbende Masse überhaupt in die Poren des Körpers einzudringen vermag. Die Reihenfolge, die wir betreffs der Tingirbarkeit der Disdiaklasten oben aufgestellt haben, gilt also auch nur in demjenigen Falle, wo wirkliche Tinktion der Disdiaklasten vorliegt, d. h. das färbende Mittel sich wirklich mit den festen Bestandtheilen derselben vereinigt.

Regel die Zwischenscheibe eine grössere Elasticität und grössere optische Brechungskraft besitzt als die Nebenscheiben und diese wiederum hinsichtlich beider Eigenschaften den Querscheiben und der Mittelscheibe überlegen sind, einfach in Zusammenhang damit zu bringen, dass die Zwischenscheibe weniger durchsaftet ist als die Nebenscheiben und diese wiederum von den Querscheiben und der Mittelscheibe hinsichtlich des Durchsaftungsgrades übertroffen werden. Allerdings darf man sich hierbei nicht verhehlen, dass dieselben Unterschiede der Struktur oder chemischen Zusammensetzung, welche die Verschiedenheiten der Disdiaklasten hinsichtlich ihrer Quellungsfähigkeit und Durchsaftung bedingen, auch an und für sich (d. h. ganz abgesehen von den durch sie bewirkten Unterschieden des Durchsaftungsgrades) von Einfluss auf die Elasticität und optische Brechungskraft der Disdiaklasten sein können.[1]

Wir erblicken also in dem Unterschiede, der hinsichtlich der Quellungsfähigkeit und Durchsaftung zwischen den Disdiaklasten der verschiedenen Scheiben des Muskelfaches besteht, den durchgreifendsten Unterschied derselben. Aus ihm lassen sich die Unterschiede, die zwischen denselben hinsichtlich der Elasticität, des Brechungsvermögens, der Tingirbarkeit sowie hinsichtlich der Widerstandsfähigkeit gegenüber auflösenden Mitteln bestehen, in ungezwungener Weise ableiten. Man kann vielleicht fragen, ob man nicht noch einen Schritt weiter gehen könne, ob man nicht auch die Unterschiede, die zwischen den Disdiaklasten und den Längsbälkchen und den Querbälkchen bestehen, wenigstens zu einem wesentlichen Theile darauf zurückführen könne, dass hinsichtlich der Quellungsfähigkeit und Durchsaftung die Disdiaklasten von den Längsbälkchen und diese von den Querbälkchen übertroffen werden. Man kann für den hier erwähnten Gesichtspunkt anführen, dass die Längsbälkchen, wie gesehen, schwächer lichtbrechend sind als die Disdiaklasten, dass dieselben durch Mittel, welche die Substanz der Disdiaklasten färben, gar nicht oder nur schwach gefärbt werden (vergl. Rollett, 2, S. 61), dass die Querbälkchen noch schwächer lichtbrechend sind und noch weniger durch jene Mittel gefärbt werden als die Längsbälkchen und auch, wie die grössere Häufigkeit des fibrillaren Zerfalles des Fasergerüstes in Vergleich zu dem scheibengebenden Zerfalle des-

[1] Weil für die Elasticität eines durchfeuchteten Körpers ausser dem Durchfeuchtungsgrade auch noch die chemische Beschaffenheit der Körpermoleküle massgebend ist, so kommt bei Vergleichung verschiedenartiger durchfeuchteter Körper natürlich auch dann und wann der Fall vor, dass der schwächer durchfeuchtete Körper eine geringere Elasticität besitzt als der stärker durchfeuchtete. Entsprechendes gilt vom Lichtbrechungsvermögen.

selben darthut, erheblich leichter durch auflösende Agentien zerstört werden als die Längsbälkchen. Thatsächlich fügen sich indessen nicht alle Verschiedenheiten, welche in den Verhaltungsweisen der Disdiaklasten, Längsbälkchen und Querbälkchen beobachtet werden, dem soeben angeführten, erweiterten Gesichtspunkte. So scheinen uns z. B. die in § 37 zu besprechenden Erscheinungen, welche bei Einwirkung von Säuren an der Muskelfaser auftreten, zu der Annahme zu nöthigen, dass bei Einwirkung gewisser chemischer Substanzen die Disdiaklasten der Querscheiben stärker aufquellen und leichter der Auflösung anheimfallen als die Querbälkchen der Zwischenscheiben. Man muss also den Unterschieden des chemischen Aufbaues, welche zwischen den Disdiaklasten, Längs- und Querbälkchen bestehen, und welche die Verschiedenheit der Quellungsfähigkeit und Durchsaftung dieser drei Bestandtheile des Fasergerüstes bedingen, zugleich auch noch einen ins Gewicht fallenden direkten (d. h. nicht erst durch die Unterschiede des Durchsaftungsgrades vermittelten) Einfluss auf die zu Tage tretenden Eigenschaften und Verhaltungsweisen der Bestandtheile des Fasergerüstes zuschreiben. Nur hinsichtlich des optischen Verhaltens der verschiedenen Theile der Muskelfaser kann ganz allgemein der Satz zu Grunde gelegt werden, dass ein Bestandtheil der Muskelfaser und eine im Ganzen betrachtete Abtheilung des Muskelfaches einen umso grösseren Brechungscoefficienten besitzt und demgemäss bei der üblichen, tiefen Einstellung des Mikroskopes umso dunkler erscheint, je grösser das Verhältniss ist, in welchem die Masse der in diesem Bestandtheile oder dieser Fachabtheilung enthaltenen festen Substanz zu der Masse des ebendarin enthaltenen Muskelsaftes steht. Mittels dieses Satzes erklärt sich der Unterschied, der hinsichtlich des optischen Brechungsvermögens zwischen den Disdiaklasten der verschiedenen Scheiben des Muskelfaches und zwischen den Disdiaklasten und den Längsbälkchen sowie zwischen diesen und den Querbälkchen besteht. Mit Hilfe desselben Satzes erklärt sich natürlich auch der Unterschied, der zwischen den isotropen Schichten des Muskelfaches einerseits und den anisotropen Scheiben desselben andererseits hinsichtlich des von ihnen gemachten optischen Gesammteindruckes besteht. Die isotropen Schichten erscheinen bei gewöhnlicher, tiefer Einstellung des Mikroskopes heller als die anisotropen Scheiben, weil letztere, ganz abgesehen von den in ihnen verlaufenden Querbälkchen, wegen der geringeren Durchsaftung der Disdiaklasten und wegen des grösseren Querschnittes, den die letzteren in Vergleich zu den Längsbälkchen wenigstens in vielen Fällen besitzen, mehr feste Substanz und weniger Muskelsaft enthalten als die isotropen Schichten, was sich auch in der von Engelmann und Fredericq hervorgehobenen Thatsache zeigt, dass die anisotropen Scheiben bei Einwirkung wasserentziehender Agentien weniger schrumpfen als die isotropen Schichten. Auch die Veränderungen, welche die verschiedenen Abtheilungen des Muskelfaches hinsichtlich ihres Brechungsvermögens bei der Contraktion des Muskels erfahren, werden wir in § 28 in ganz ungezwungener Weise mit Hilfe des obigen Satzes erklären.

Kehren wir nun zur specielleren Betrachtung der Disdiaklasten zurück, so erhebt sich noch die Frage, wodurch die oben hervorgehobenen Unterschiede der Quellungsfähigkeit und Durchsaftung derselben bedingt seien. Drei Annahmen erscheinen hier möglich, erstens die Annahme, dass die Micelle, welche die Disdiaklasten bilden, in verschiedenen Scheiben des Muskelfaches eine verschiedene chemische Beschaffenheit besitzen, zweitens die Annahme, dass alle Disdiaklasten aus zwei oder mehr verschiedenen Arten von doppelbrechenden Micellen zusammengesetzt seien, aber das Mengenverhältniss, in welchem sich diese verschiedenen Arten von Micellen am Aufbaue der Disdiaklasten betheiligen, in verschiedenen Scheiben des Muskelfaches nicht dasselbe sei, und endlich drittens die Annahme, dass zwar die doppelbrechenden, durch ihre Pyroelektricität die Muskelcontraktion ermöglichenden Micelle in allen Disdiaklasten dieselben seien, dass aber letztere ausser diesen Micellen noch andere Substanz oder Substanzen enthielten, welche die Ursache der verschiedenen Quellungsfähigkeit der Disdiaklasten seien, indem ihre chemische Beschaffenheit oder das Mengenverhältniss, in welchem sie den pyroelektrisch wirksamen Micellen beigemischt seien, in verschiedenen Scheiben des Muskelfaches mehr oder weniger verschieden sei. Schon Nasse (a. a. O. S. 24) hat auf die Möglichkeit hingewiesen, dass die Aufquellung der Zwischenscheibe „durch Zumischung einer optisch indifferenten, minder quellungsfähigen Substanz“ erschwert sei. Es mag hier auch daran erinnert werden, dass dem auf S. 73 Angeführten gemäss die Biokrystalle, welche ebenso wie die krystalloiden Disdiaklasten unter dem Einflusse der specifischen Thätigkeit eines lebenden Organismus sich entwickeln, thatsächlich Mischkrystalle sind, die durch eine eigenthümliche Vertheilung ihrer Gemengtheile charakterisirt sind.

Was die Grössenverhältnisse anbelangt, in denen die Disdiaklasten der verschiedenen Scheiben zu einander stehen, so scheint sich eine feste Regel betreffs derselben nicht aufstellen zu lassen. In vielen Fällen besitzen die Disdiaklasten der Querscheiben die grösste Länge und sind insbesondere erheblich länger als die Disdiaklasten der Zwischenscheibe. Die letzteren sind oft auch noch bedeutend kürzer als die Disdiaklasten der Nebenscheiben; so kann z. B. nach ENGELMANN die Dicke der Nebenscheiben oft das Vierfache der Dicke der Zwischenscheiben betragen.

Auch betreffs ihrer optischen Anisotropie lassen sich die Disdiaklasten der verschiedenen Scheiben zur Zeit nicht in eine bestimmte Reihenfolge anordnen. Eine Vergleichung der verschiedenen Scheiben hinsichtlich der Helligkeit, mit welcher sie zwischen gekreuzten Nicols erscheinen, oder hinsichtlich der ihnen entsprechenden Interferenzfarbe hat, wie schon von vorn herein zu vermuthen, mit erheblichen Schwierigkeiten zu kämpfen. Und thatsächlich zeigen auch die Angaben der verschiedenen Beobachter, die sich auf die Helligkeitsverhältnisse beziehen, welche die verschiedenen Fachabtheilungen zwischen gekreuzten Nicols erkennen lassen, sehr bedeutende Abweichungen von einander, Abweichungen, die nur zu einem Theile durch Verschiedenheit der Art der beobachteten Muskeln zu erklären sind. Während z. B. die einen die Anisotropie der Zwischenscheibe nur mit Mühe constatiren konnten, fanden andere (vergl. z. B. FLÖGEL im Arch. f. mikrosk. Anat., 8, 1872, S. 72) die Doppelbrechung derselben ebenso deutlich wie diejenige der Querscheiben. Uebrigens würden etwaige Unterschiede, welche die verschiedenen Scheiben des Muskelfaches bei der Beobachtung mit dem Polarisationsmikroskope hinsichtlich ihrer Helligkeit oder Interferenzfarbe darbieten, verschiedene Erklärungsweisen zulassen. Denn für die Erscheinungen der optischen Anisotropie einer Scheibe des Muskelfaches sind ziemlich zahlreiche Faktoren massgebend: Form und Volumen der Disdiaklasten, der vorhandene Durchsaftungsgrad derselben, die chemische Struktur der Micelle, die vorhandenen Desorientirungswinkel der Disdiaklasten und ihrer Micelle (vergl. S. 78), die vorhandenen Spannungen der Disdiaklasten u. A. m.

6) Die Querbälkchen der verschiedenen Scheiben des Muskelfaches unterscheiden sich hinsichtlich der Grösse ihrer Elasticität und hinsichtlich ihrer Widerstandsfähigkeit gegenüber solchen Einflüssen, welche auf mechanischem oder chemischem Wege ihre Continuität zu zerstören streben, in der Weise, dass ihre Unterschiede denen der Disdiaklasten parallel gehen, so dass hinsichtlich der beiden erwähnten Eigenschaften im Allgemeinen die Querbälkchen der Querscheiben von denjenigen der Nebenscheiben und diese wiederum von denjenigen der Zwischenscheibe übertroffen werden.

Der Beweis für die Richtigkeit vorstehenden Satzes wird durch die, theils in § 23 theils in §§ 36 und 37 zur Sprache kommenden, Erscheinungen geliefert, welche die verschiedenen Scheiben des Muskelfaches bei Verlängerung oder Verkürzung des Muskels sowie bei Einwirkung solcher Agentien darbieten, welche einzelne Bestandtheile des Fasergerüstes oder die ganze Faser zur Schrumpfung oder Quellung oder gar zur allmählichen völligen Auflösung veranlassen.

7) Ob zwischen den Längsbälkchen der isotropen Nebenschichten einerseits und denjenigen der isotropen Querschichten andererseits abgesehen von etwaigen Unterschieden der Länge — so viel wir aus der Menge der vorliegenden Darstellungen ersehen können, besitzen von den isotropen Schichten des Zwischenbandes in regelloser Weise bald die Querschichten bald die Nebenschichten die grössere Höhe, bald sind sie sämmtlich annähernd gleich hoch[1] — auch noch Verschiedenheiten hinsichtlich der Dicke oder der chemischen Struktur bestehen, muss zur Zeit noch dahingestellt bleiben. Rollett (2, S. 67) erklärt für zweifelhaft, ob die den ersteren und die den letzteren der hier erwähnten isotropen Schichten entsprechenden Fibrillenglieder aus derselben Substanz bestehen. Dass die Zerfallserscheinungen der in Alkohol eingelegten Muskelfasern nicht, wie man vielleicht bei dem ersten Anblicke denken könnte, mit Nothwendigkeit die Annahme einer Strukturverschiedenheit jener Fibrillenglieder erfordern, wird in § 36 gezeigt werden.

8) Aus den Darlegungen von Rollett (2, S. 66) ergibt sich, dass zwischen den Längsbälkchen des Querbandes (der isotropen Mittelschicht oder Mittelschichten) einerseits und denjenigen des Zwischenbandes (der isotropen Quer- und Nebenschichten) andererseits ein Strukturunterschied besteht, und dass zwischen den Längsbälkchen des Querbandes einerseits und den Disdiaklasten desselben andererseits eine grössere Strukturähnlichkeit und morphologische Verwandtschaft besteht, als zwischen den Längsbälkchen des Zwischenbandes einerseits und den Disdiaklasten desselben Bandes andererseits vorhanden ist. Diese Verhältnisse treten unter Anderem an den in § 37 näher zu besprechenden Goldbildern der zweiten Art hervor, in denen die Längsbälkchen des Querbandes in ähnlicher Weise, wenn auch in schwächerem Grade, gefärbt sind wie die Disdiaklasten dieses Bandes, während die Längsbälkchen des Zwischenbandes der Färbung ganz entbehren, hingegen die Disdiaklasten letzteren Bandes sehr stark tingirt erscheinen. Aehnliches zeigt sich bei Anwendung anderer Tinktionsmittel, z. B. von Hämatoxylin.

9) Was in den vorstehenden Ausführungen dieses Paragraphen von den Verhältnissen bemerkt worden ist, in denen die verschiedenen Bestandtheile der Muskelfaser hinsichtlich ihrer Quellungsfähigkeit,

[1] Vergl. hingegen Nasse, a. a. O. S. 64.

optischen Brechungskraft, Elasticität u. s. w. zu einander stehen, gilt natürlich nur unter der Voraussetzung, dass sich die Muskelfaser in frischem Zustande oder wenigstens in einem solchen Zustande befindet, der von dem normalen Zustande des Lebens nur unwesentlich abweicht. Sind die Muskelfasern der Einwirkung chemischer Substanzen unterworfen worden, so können ihre Bestandtheile hinsichtlich ihrer optischen und sonstigen Eigenschaften sowohl absolut genommen als auch in Vergleich zu einander sich nicht unwesentlich anders verhalten, als im Bisherigen behauptet worden ist. Und zwar können die Verhältnisse, in denen sich die verschiedenen Faserbestandtheile hinsichtlich ihrer Eigenschaften in Vergleich zu einander darstellen, je nach der Art der chemischen Substanz oder Substanzen, deren Einwirkung die Faser unterworfen worden ist, ziemlich wechselnde sein, da die eine Art der Behandlung der Faser mehr diese, die andere Behandlungsart mehr jene Faserbestandtheile in ihren Eigenschaften beeinflusst, die eine Behandlungsart mehr diese Abtheilungen des Muskelfaches, die andere aber mehr jene hinsichtlich der Beschaffenheit ihrer festen Bestandtheile verändert. Schon ein solches Mittel, welches durch chemische Wirkung die Verhältnisse verändert, in denen die verschiedenen Bestandtheile des Fasergerüstes hinsichtlich ihres Durchfeuchtungsgrades zu einander stehen, kann den obigen Ausführungen gemäss durch die aus diesem Erfolge entspringenden Wirkungen die Eigenschaften und Verhältnisse der verschiedenen Fachabtheilungen in durchgreifender Weise verändern. Eine nähere Verfolgung dieses Gegenstandes liegt ausserhalb der Aufgaben dieser Schrift. Um wenigstens ein Beispiel für den verändernden Einfluss anzuführen, den ein chemisches Mittel auf die Eigenschaften und Verhältnisse der Faserbestandtheile und Fachabtheilungen auszuüben vermag, erinnern wir an gewisse Erfolge der Einwirkung von Alkohol auf die Muskelfaser. Durch die Einwirkung dieses Stoffes gewinnen bekanntlich diejenigen Glieder der Fibrillen oder Muskelsäulchen, welche den Querscheiben entsprechen, in hohem Grade an Brechungsvermögen. Erschienen diese Fibrillenglieder bei demjenigen Zustande der Muskelfaser, welcher der Einwirkung des Alkohols vorherging, (bei tiefer Einstellung des Mikroskopes) bedeutend weniger dunkel als die den Zwischenscheiben entsprechenden Fibrillenglieder, so besitzen sie nach Einwirkung des Alkohols annähernd dieselbe Dunkelheit wie letztere Fibrillenglieder. Gleichzeitig treten jetzt die im optischen Längsschnitt der Faser zwischen den Muskelsäulchen sichtbaren hellen Zwischenräume in der Höhe der Querscheiben mit grösserer Deutlichkeit und in grösserer Breite hervor; und auch die isotrope Mittelschicht oder die isotropen Mittelschichten können in Folge der

Alkoholwirkung leichter von den Querscheiben unterschieden und als besondere, hellere Streifen des Querbandes wahrgenommen werden (vergl. Rollett, 2, S. 55 f.; Ranvier, a. a. O. S. 452). Ferner dient die Einwirkung des Alkohols dazu, ebenso wie die Disdiaklasten der übrigen Scheiben des Muskelfaches in ganz besonderem Grade auch diejenigen der Querscheiben leichter und stärker tingirbar zu machen. So kann es bei längerer Vorbehandlung der Fasern mit Alkohol und nachheriger Einbringung derselben in das Goldbad kommen, dass die den Querscheiben entsprechenden Glieder der Fibrillen eine ganz ähnliche Färbung annehmen wie die den Neben- und Zwischenscheiben entsprechenden Fibrillenglieder und sich viel weniger als sonst von diesen zu unterscheiden scheinen (vergl. Rollett, 2, S. 63 ff.). Man erkennt leicht, dass sich die hier erwähnten Veränderungen, welche die Alkoholeinwirkung (neben anderen in § 36 zu besprechenden Veränderungen) in der Muskelfaser hervorruft, nach den oben auf S. 99 ff. gegebenen Darlegungen ganz ungezwungen darauf zurückführen lassen, dass die Einwirkung des Alkohols dazu dient, den Durchfeuchtungsgrad der Disdiaklasten zu verringern, und zwar in besonders hohem Masse den Durchsaftungsgrad der Disdiaklasten der Querscheiben vermindert, welche, wie wir aus dem Früheren wissen, unter normalen Umständen in der Regel beträchtlich safthaltiger sind als die Disdiaklasten der Neben- und Zwischenscheiben. Diese Wirkung des Alkohols muss nach dem Früheren zu Folge haben, dass die Fibrillen in der Höhe der Querscheiben bedeutend an Brechungsvermögen und an Tingirbarkeit gewinnen. Und es ist selbstverständlich, dass die durch den Alkohol bewirkte Volumenabnahme der Disdiaklasten der Querscheiben und die durch denselben herbeigeführte Steigerung des Brechungsvermögens dieser Disdiaklasten von einer Erhöhung der Wahrnehmbarkeit der isotropen Mittelschichten sowie von einem deutlicheren und breiteren Hervortreten der hellen Zwischenräume begleitet sind, die sich in der Höhe der Querscheiben zwischen den Muskelsäulchen befinden.

Wir halten es für das Richtige, dass man bei Erklärung der Veränderungen, welche die Einwirkung eines bestimmten Stoffes in der Muskelfaser hervorruft, in der vorstehenden Weise stets zunächst zusehe, ob sich die betreffenden Veränderungen nicht einfach durch die physikalischen oder chemisch-physikalischen Wirkungen erklären lassen, welche die Substanz durch Beeinflussung des Durchfeuchtungsgrades der verschiedenen Bestandtheile des Fasergerüstes, durch endosmotische Anschwellung der Faser, durch Erhöhung oder Verringerung der Zähigkeit des Muskelsaftes u. dergl. m. ausübt. Erst dann, wenn sich eine genügende Erklärungsweise dieser Art nicht finden lässt, hat man zu der weniger leicht controlirbaren und in geringerem Masse zur Ableitung neuer Folgerungen befähigenden Annahme specifisch chemischer Wirkungen seine Zuflucht zu nehmen. Das Ziel aller Untersuchungen auf diesem Gebiete muss sein, zunächst die dem normalen, lebenden Zustande eigenthümlichen Eigenschaften und Verhältnisse der verschiedenen Faserbestandtheile und Fachabtheilungen festzustellen und alsdann hieraus auf Grund erlangter Einsicht in die Wirkungen, welche der Vorgang des Absterbens, die Anwendung chemischer Agentien u. dergl. auf die Muskelfaser ausübt, in exakter Weise die Zustände und Verhältnisse abzuleiten, die man nach Beginn des Absterbens, nach Behandlung der Faser mit chemischen Reagentien, nach Einwirkung höherer Temperaturen auf dieselbe u. dergl. an den verschiedenen Bestandtheilen und Abtheilungen derselben wahrnimmt. Ueber das Bild, welches die Muskelfaser im lebenden Zustande gewährt, sowie über die Veränderungen, welche der Eintritt des Absterbens an diesem Bilde hervorruft, hat Rollett (2, S. 54 ff.) nähere Aufklärungen gegeben. Dieselben laufen im Wesentlichen auf Folgendes hinaus. Auch in der lebenden Faser zeigen die verschiedenen Theile hinsichtlich ihres optischen Brechungsvermögens die früher angegebene Stufenfolge: Disdiaklasten der Zwischenscheibe, der Nebenscheiben, der Quer- und Mittelscheiben, Längsbälkchen, Querbälkchen und Muskelsaft. Die Unterschiede zwischen den Brechungscoefficienten der verschiedenen Faserbestandtheile sind indessen beim lebenden Zustande nur gering. Beim Beginn des Absterbens tritt nun aber eine zweifache Aenderung ein. Erstens nämlich nimmt der Unterschied im Lichtbrechungsvermögen, der zwischen den Disdiaklasten der verschiedenen Scheiben, insbesondere denjenigen der Zwischenscheibe und der Querscheiben, besteht, bedeutend an Grösse zu. Zweitens erhöht sich das Brechungsvermögen des Muskelsaftes und nimmt in Folge dessen die Differenz zwischen diesem und dem Lichtbrechungsvermögen der Längsbälkchen ab. Die Folge dieser Veränderungen ist, dass, während beim frischen Zustande der Faser die den Muskelsäulchen entsprechende Längsstreifung der Faser in allen Abtheilungen des Muskelfaches erkennbar ist, nach Eintritt des Absterbens die Längsstreifung immer mehr hinter die Querstreifung zurücktritt und innerhalb der isotropen Schichten sogar ganz unwahrnehmbar wird.

§ 23.

Um die Unterschiede, welche den im Vorstehenden aufgestellten Sätzen gemäss zwischen den zu verschiedenen Abtheilungen des Muskelfaches gehörigen Disdiaklasten, Querbälkchen und Längsbälkchen bestehen, näher nachzuweisen und auszuführen, sowie auch um für anderweite, spätere Beweisführungen das erforderliche Thatsachenmaterial zugleich vorauszuschicken, gehen wir hier noch etwas näher auf die Einzelheiten des Aussehens und Verhaltens ein, welches die verschiedenen Fachabtheilungen als Ganze genommen unter verschiedenen Umständen darbieten.

Was zuvörderst die Zwischenscheibe anbelangt, so ist dieselbe nach den hierher gehörigen Angaben von ENGELMANN (1, S. 42 ff.), die durch die Beobachtungen anderer Forscher durchaus bestätigt worden sind, erstens dadurch ausgezeichnet, dass sie den grössten Brechungscoefficienten unter allen die quergestreifte Substanz zusammensetzenden Lagen besitzt und bei scharfer Einstellung im Allgemeinen den dunkelsten Querstreif der Muskelsubstanz bildet. Zweitens ist dieselbe dadurch charakterisirt, dass sie unter allen Abtheilungen des Muskelfaches die grösste Festigkeit und grösste Elasticität (geringste Dehnbarkeit und Zusammendrückbarkeit) besitzt. Diese verhältnissmässig grosse Elasticität der Zwischenscheibe zeigt sich darin, dass das Sarkolemma bei der Contraktion oder bei der in der Längsrichtung stattfindenden Zusammendrückung der Faser an den Ansatzstellen der Zwischenscheibe rinnenförmige Einschnürungen erkennen lässt, die umso tiefer sind, je mehr die Faser contrahirt oder zusammengedrückt ist.[1] Werden die mit diesen Einschnürungen versehenen, aktiv oder passiv verkürzten Fasern gedehnt, so verschwinden die Einschnürungen. Auch in dem Falle, wo die Faser von ihrer natürlichen Ruhelänge aus gedehnt wird, tritt zuweilen die relativ grosse Elasticität der Zwischenscheibe deutlich hervor. Falls nämlich die Dehnung eine ausgiebigere ist, so zeigt das Sarkolemma an den Ansatzstellen der Zwischenscheiben ringleistenförmige Erhabenheiten oder die bis dahin planparallelen Zwischenscheiben beginnen sich zu falten, während die Querscheiben noch keine Spur von Faltungen zeigen.

Die hier erwähnten Verhaltungsweisen der Zwischenscheibe, ihr grösseres Lichtbrechungsvermögen einerseits und der grössere Widerstand andererseits, den sie allen eine Vergrösserung oder Verringerung des Faserquerschnittes anstrebenden Einflüssen entgegenstellt, stehen in vollem Einklange zu unseren obigen Sätzen, dass die Disdiaklasten

[1] Diese an den Ansatzstellen der Zwischenscheiben befindlichen Einschnürungen des Sarkolemmas sind an der contrahirten Faser ausser von ENGELMANN auch von BRÜCKE, KRAUSE, FREDERICQ, RETZIUS, NICOLAIDES u. A. beobachtet worden. Nach ROLLETT (2, S. 60) sind dieselben auch bei anscheinendem Ruhezustande an den frischen Muskelfasern der Käfer, Hymenopteren und anderer Insekten zu beobachten.

der Zwischenscheibe weniger quellungsfähig und safthaltig und dementsprechend stärker lichtbrechend und mit grösserer Elasticität und Festigkeit begabt sind als die Disdiaklasten der übrigen Scheiben, und dass in entsprechender Weise auch die Querbälkchen der Zwischenscheibe diejenigen der übrigen Scheiben an Elasticität und Festigkeit übertreffen.

In gleicher Uebereinstimmung mit diesen Sätzen stehen auch die Veränderungen, welche die Zwischenscheibe hinsichtlich ihrer Form und ihres Volumens erleidet, wenn wasserentziehende oder quellungerregende Mittel auf die Muskelfaser einwirken. „Bei Schrumpfung, z. B. durch Alkohol von 60 Proc. und mehr, durch Terpentin (nach vorausgegangener Erhärtung in absolutem Alkohol), in den ersten Augenblicken nach Zusatz concentrirter Kochsalzlösung, kann das Sarkolemm an den Ansatzstellen der Zwischenscheibe leistenförmig nach aussen vorgewölbt werden; die Zwischenscheibe faltet sich auch nicht selten ein wenig. Bei Quellung der Muskelfasern durch Alkalien, sehr verdünnte Essigsäure, Milchsäure, Ameisensäure oder Salzsäure oder durch Kochsalzlösung von wenigstens 5 Proc. entstehen an den Ansatzstellen der Zwischenscheibe ringförmige Einschnürungen, wegen schnellerer Quellung des Inhalts der Muskelfächer, namentlich der anisotropen Substanz. Hierbei kann es endlich so weit kommen, dass das Sarkolemm von den stark gespannten Zwischenscheiben abreisst, worauf es dann als eine glatt gespannte Membran die zurückbleibenden Einschnürungen der quergestreiften Substanz überbrückt. Häufig aber glätten sich endlich, bei immer steigender Imbibition, die Einziehungen der Faseroberfläche durch wachsende Ausdehnung auch der Zwischenscheiben allmählich aus. Die Ausdehnung der letzteren scheint oft der Hauptsache nach eine passive zu sein, da die Membran dabei ausserordentlich dünn, schliesslich oft nicht oder kaum mehr wahrnehmbar wird.“ Betreffs dieser Beobachtungen Engelmann's haben wir zunächst Folgendes zu bemerken. Wenn eine Muskelfaser bei Einwirkung einer Umspülungsflüssigkeit anschwillt, so kann dieses Anschwellen principiell betrachtet auf dreifachem Wege zu Stande kommen. Erstens kann die Faser lediglich auf osmotischem Wege anschwellen, auf dieselbe Art und Weise, wie irgend ein Schlauch, der mit einem osmotisch wirksamen Safte angefüllt ist, bei Umspülung durch bestimmte Flüssigkeiten anschwillt. Bei einem derartigen Anschwellen der Faser müssen natürlich die verschiedenen Theile des Fasergerüstes passiv mehr oder weniger deformirt und gespannt und ihrer Deformation entsprechend auch hinsichtlich ihres Saftgehaltes verändert werden. Zweitens kann die Muskelfaser anschwellen dadurch, dass das Fasergerüst oder wenigstens gewisse Theile desselben zu derjenigen Modification des Muskelsaftes, welche durch den auf Diffusion beruhenden Stoffaustausch zwischen Faserinnerem und Umspülungsflüssigkeit bewirkt ist, eine grössere Quellungsverwandtschaft besitzen als zu der unter gewöhnlichen Verhältnissen vorhandenen Art des Muskelsaftes und demgemäss unter der Einwirkung der Umspülungsflüssigkeit durch Quellung an Volumen zunehmen und hierdurch zugleich auch Volumen und Form der Faser verändern. Endlich drittens kann das Anschwellen der Mukelfaser auch auf beiderlei Weise zugleich zu Stande kommen, also sowohl auf osmotischer Wirksamkeit des Muskelsaftes als auch darauf beruhen, dass alle oder einige Theile des Fasergerüstes zn der durch die Umspülungsflüssigkeit bewirkten Modification des Muskelsaftes eine grössere Quellungsverwandtschaft besitzen.[1] Die Deutung der nach Engelmann's Bericht oben mitgetheilten Erscheinungen, welche die Zwischenscheibe bei Anschwellen der Muskelfaser darbietet, fällt nun etwas verschieden aus je nach der Art und Weise, auf welche man das Anschwellen der Faser zu Stande kommen lässt. Nimmt man an, das Anschwellen der Faser komme lediglich durch die osmotische Wirksamkeit des Muskelsaftes zu Stande, so bedeuten die oben angeführten Erscheinungen, dass die Bestandtheile der Zwischenscheibe eine grössere Elasticität besitzen und demgemäss dem Anschwellen der Muskelfaser einen grösseren Widerstand entgegenstellen als die Bestandtheile der übrigen Scheiben. Macht man hingegen die Voraussetzung, dass das Anschwellen der Faser auf dem zweiten der oben angeführten Wege zu Stande komme, so führen die ringförmigen Einschnürungen, welche bei der Anschwellung der Faser an den Ansatzstellen der Zwischenscheiben entstehen, zu dem Schlusse, dass alle oder wenigstens gewisse feste Bestandtheile dieser Scheiben dem durch die Umspülungsflüssigkeit veränderten Muskelsafte gegenüber eine geringere Quellungsverwandtschaft besitzen als die entsprechenden Bestandtheile der übrigen Scheiben. Entscheidet man sich endlich für die dritte der Annahmen, die hinsichtlich des Zustandekommens der Anschwellung der Muskelfaser möglich sind, so haben die oben mitgetheilten Erscheinungen sowohl in einer grösseren Elasticität der festen Bestandtheile der Zwischenscheiben ihren Grund als auch darin, dass diese Bestandtheile sämmtlich oder theilweise dem durch die Umspülungsflüssigkeit verwandelten Muskelsafte gegenüber weniger quellungsfähig sind als die entsprechenden Bestandtheile der übrigen Scheiben. Man ist bisher auf die

[1] Näheres betreffs dieser drei Arten des Anschwellens einer Muskelfaser ist aus den Ausführungen im Anfangstheile von § 33 zu entnehmen.

verschiedenen Wege, auf denen ein Anschwellen der Muskelfaser zu Stande kommen kann, und auf die darauf bezüglichen Fragestellungen noch nie näher eingegangen.[1] Thatsächlich kann es keinem Zweifel unterliegen, dass viele von denjenigen Mitteln, welche ein Anschwellen der Muskelfaser hervorrufen, quellungerregend auf die verschiedenen Theile des Fasergerüstes wirken. Hierauf weist schon die von ENGELMANN berichtete Thatsache hin, dass die meisten der Flüssigkeiten, die ein Anschwellen der Faser bewirken, den Inhalt des Sarkolemmas schliesslich in eine echte Flüssigkeit verwandeln. Und bei Besprechung der Erscheinungen, welche die mit Säuren behandelten Muskelfasern zeigen, werden wir späterhin (in § 37) sehen, in wie wesentlichem Masse die Eigenthümlichkeit dieser Erscheinungen dadurch bedingt ist, dass die festen Bestandtheile der Zwischenscheibe in geringerem Grade aufquellen und weniger leicht aufgelöst werden als die Disdiaklasten der anderen Scheiben. Andererseits aber muss offenbar für alle diejenigen Fälle, wo bei der Anschwellung der Muskelfaser das Sarkolemma von dem Fasergerüste ganz abgelöst wird,[2] nothwendig angenommen werden, dass die Anschwellung der Faser wesentlich auf osmotischer Wirkung des Mukelsaftes beruhe. Wir kommen also zu dem Resultate, dass das eigenthümliche Verhalten, welches die Zwischenscheibe bei Anschwellung der Muskelfaser zeigt, theils auf der grösseren Elasticität der festen Bestandtheile dieser Scheibe, theils auf der (mit dieser grösseren Elasticität allerdings in gewissem Zusammenhange stehenden) geringeren Quellungsfähigkeit jener Bestandtheile beruht.

Analoge Betrachtungen, wie wir im Vorstehenden an die beim Anschwellen der Muskelfaser stattfindenden Erscheinungen der Zwischenscheibe angeknüpft haben, lassen sich in leicht ersichtlicher Weise auch an das Verhalten anknüpfen, welches diese Scheibe dem oben Mitgetheilten gemäss beim Schrumpfen der Muskelfaser zeigt. Wir können also auf Grund des Bisherigen mit vollem Rechte behaupten, dass das optische Verhalten der Zwischenscheibe und die Erscheinungen, welche dieselbe bei Verkürzung oder Dehnung der Faser sowie bei Anschwellung oder Schrumpfung derselben erkennen lässt, in zusammenstimmender Weise zu der Ansicht führen, dass die festen Bestandtheile

[1] Nur FR. HOFMEISTER weist in seinen soeben veröffentlichten Untersuchungen über den Quellungsvorgang (Arch. f. exp. Pathol. u. Pharmakol., 27, 1890, S. 397) kurz darauf hin, dass die Vorgänge, welche dem Anschwellen einer Muskelfaser zu Grunde liegen, wesentlich verschiedener Art sein können.

[2] Fälle dieser Art treten z. B. bei Behandlung der Faser mit reinem Wasser auf. Vgl. C. SACHS im Arch. f. A. u. Ph., 1872, S. 609; RANVIER, a. a. O. S. 442.

dieser Scheibe durch geringere Quellungsfähigkeit und Durchsaftung sowie durch grössere Elasticität und Haltbarkeit sich von den festen Bestandtheilen der übrigen Scheiben unterscheiden.

So viel über die Eigenthümlichkeiten und besonderen Erscheinungen der Zwischenscheibe. Betreffs der übrigen Abtheilungen des Muskelfaches haben wir nur Weniges zu bemerken. Hinsichtlich der Nebenscheiben ergeben die vorliegenden Untersuchungen, dass sie im Allgemeinen hinsichtlich ihres Lichtbrechungsvermögens und Aussehens sowie hinsichtlich ihrer Elasticität und Haltbarkeit eine Mittelstellung zwischen der Zwischenscheibe und den Querscheiben einnehmen.[1] Dies steht in vollem Einklange mit demjenigen, was wir oben auf S. 98 f. und 105 hinsichtlich der Verhältnisse bemerkt haben, in denen die Disdiaklasten und Querbälkchen der Nebenscheiben in Beziehung auf Quellungsfähigkeit, Durchsaftung, Elasticität und Haltbarkeit zu den Disdiaklasten und Querbälkchen der übrigen Scheiben des Muskelfaches stehen. Wenn Engelmann bemerkt, dass sich die Nebenscheiben betreffs der Elasticität und Festigkeit umso mehr der Zwischenscheibe nähern, je dunkler sie sind, so stimmt dies völlig mit unserer Ansicht überein, nach welcher die geringere optische Brechungskraft und die (durch diese bei tiefer Einstellung des Mikroskops bedingte) geringere Helligkeit einer Scheibe des Muskelfaches auf einer geringeren Durchsaftung ihrer Disdiaklasten beruht und diese geringere Durchsaftung der Disdiaklasten immer zugleich mit einer grösseren Elasticität und Festigkeit derselben verbunden ist. Wie bereits angedeutet, ist die Behauptung, dass die Nebenscheiben hinsichtlich ihrer Eigenschaften eine mittlere Stellung zwischen der Zwischenscheibe und den Querscheiben einnehmen, nur im Grossen und Ganzen, nur für die Mehrzahl der Fälle zutreffend. Auf der einen Seite kommen Fälle vor, wo die Nebenscheiben ein gleiches oder gar schwächeres Lichtbrechungsvermögen besitzen als die Querscheiben. Auf der anderen Seite fehlt es aber auch nicht an Fällen, wo die Nebenscheiben anscheinend ganz die Eigenschaften der Zwischenscheibe besitzen oder gar noch stärker lichtbrechend sind als diese.[2]

---

[1] Vergl. z. B. Nasse, a. a. O. S. 63. Dass die Nebenscheiben auch hinsichtlich ihrer Elasticität und Haltbarkeit eine Mittelstellung zwischen der Zwischenscheibe und den Querscheiben einnehmen, ergibt sich insbesondere auch aus gewissen, in § 36 zu erwähnenden Erscheinungen, die bei dem Zerfalle in Alkohol eingelegter Muskelfasern auftreten.

[2] Vergl. hierzu Engelmann, 1, S. 41; 4, S. 4 u. 12 ff.; Rollett, 1, S. 104; J. Renaut in den Compt. rend., 85, 1877, S. 964 ff.; Ranvier, a. a. O. S. 454. Nach den an dieser Stelle gegebenen Mittheilungen Ranvier's sind in den Fa-

Ueber die Eigenschaften der Mittelscheibe und ihr Verhältniss zu den übrigen Fachabtheilungen liegt nur Weniges vor. Die vorliegenden Angaben berücksichtigen vielfach die Mittelscheibe nicht näher, sondern beziehen sich nur auf das Verhalten des ganzen Abschnittes des Muskelfaches, der sich zwischen den beiden Querscheiben befindet und bei Vorhandensein einer Mittelscheibe nicht blos diese, sondern auch noch die isotropen Mittelschichten befasst. Da nun die einen Beobachter diesen ganzen zwischen den Querscheiben befindlichen Abschnitt als Mittelscheibe bezeichnen und beschreiben, andere aber mit uns hinsichtlich des Gebrauches dieser Bezeichnung übereinstimmen, und da ferner der zwischen den Querscheiben befindliche Abschnitt des Muskelfaches in manchen Fällen der von uns so genannten Mittelscheibe ganz entbehrt, so begreift sich leicht, dass die auf die Mittelscheibe bezüglichen Angaben der verschiedenen Beobachter anscheinend nur wenig Uebereinstimmung zu einander zeigen. Indessen kann doch als ganz sicher betrachtet werden, dass in vielen Fällen zwischen den beiden Querscheiben eines und desselben Muskelfaches eine von diesen durch isotrope Schichten getrennte anisotrope Scheibe vorkommt, die hinsichtlich ihrer Eigenschaften den Querscheiben viel näher steht als der Zwischenscheibe. Diese nähere Verwandtschaft der Mittelscheibe mit den Querscheiben tritt insbesondere auch in dem gleichartigen Verhalten zu Tage, welches diese Scheiben Tinktionsmitteln gegenüber zeigen (vergl. z. B. Rollett, 2, Tafel IV, Fig. 23 und 26). Ferner wird von den Beobachtern hervorgehoben, dass zwischen der anisotropen Mittelscheibe und den an sie angrenzenden isotropen Schichten sowie zwischen diesen und den Querscheiben keine so scharfe Abgrenzung wahrnehmbar sei, wie zwischen den anisotropen Scheiben und isotropen Schichten des Zwischenbandes bestehe. Mit diesem Verhalten dürfte die schon oben (auf S. 106) erwähnte, insbesondere aus den Darstellungen Rollett's sich ergebende Thatsache in Zusammenhang stehen, dass bei Einwirkung von Tinktionsmitteln auf die Muskelfaser die Längsbälkchen des Querbandes eine weit nähere Verwandtschaft zu den Disdiaklasten dieses Bandes erkennen lassen, als zwischen den Längsbälkchen und Disdiaklasten des Zwischenbandes vorhanden ist. Auch die Thatsache dürfte hierher gehören, dass es zwar ziemlich leicht möglich ist, bei dem Zerfalle der Muskelfaser, der unter dem Einflusse gewisser Agentien vor sich geht, Zerfallsscheiben zu erhalten, die ihrer Zusammensetzung nach dem Querbande des Muskelfaches entsprechen,

---

sern der Muskelhaut des Kropfes von Blatta orientalis die Nebenscheiben die am stärksten lichtbrechenden Scheiben.

hingegen, so viel wir wissen, bisher noch nicht gelungen ist, die anisotropen Scheiben des Querbandes einzeln als Zerfallsscheiben zu erhalten, z. B. die festen Bestandtheile der Mittelscheibe von den übrigen Theilen des Fasergerüstes zu isoliren. Endlich ist hier noch zu erwähnen, dass Fälle vorzukommen scheinen, wo die Fibrillen innerhalb des Querbandes sich in noch mehr abwechselnd auf einander folgende anisotrope und isotrope Abtheilungen gliedern, als nach der Unterscheidung zweier Querscheiben, zweier isotroper Mittelschichten und einer Mittelscheibe anzunehmen ist. So theilt Rollett (1, S. 129 f.) mit, dass er an den Muskeln gewisser Käfer (Hydrophilus u. a.) „eine eigenthümliche Beschaffenheit der die Schichten Q zusammensetzenden Stäbe“ wahrgenommen habe. „Dieselben zeigten nämlich nicht eine Einschnürung, wie sie öfter dem Streifen h entsprechend auftritt, sondern eine Reihe von Einschnürungen, so dass ein moniliformes Ansehen dieser Stäbe zu Stande kam. Entsprechend diesen Einschnürungen liefen dann eine Reihe von parallelen feinen Streifen durch die Schicht Q.“[1]

Wir glauben, dass die hier angeführten Thatsachen durchaus geeignet sind, auf die schon früher angeführte Anschauung Rollett's hinzuführen, dass zwischen den isotropen Fibrillengliedern des Querbandes einerseits und den anisotropen Fibrillengliedern desselben andererseits eine grössere Strukturähnlichkeit und morphologische Verwandtschaft bestehe, als zwischen den isotropen und den anisotropen Fibrillengliedern des Zwischenbandes vorhanden ist.

Wie aus den bisherigen Ausführungen zu ersehen ist, führen wir die wahrnehmbaren Helligkeitsunterschiede der verschiedenen Faserbestandtheile und Fachabtheilungen im Allgemeinen darauf zurück, dass diese Bestandtheile und Abtheilungen hinsichtlich ihres Lichtbrechungsvermögens von einander verschieden seien. Der Beweis für die Richtigkeit dieser Auffassung liegt in der

[1] Betreffs der obigen Ausführungen über die Mittelscheibe vergleiche vor Allem Rollett, 2, S. 61 ff.; ferner Wagener im Arch. f. mikrosk. Anat., 9, 1873, S. 715 f., und im Arch. f. A. u. Ph., Anatomische Abtheilung, 1880, S. 264 ff.; Engelmann, 1, S. 55 ff.; Nasse, a. a. O. S. 64 ff.; Nicolaides im Arch. f. A. u. Ph., 1885, S. 152, u. A. m. Was Engelmann als Mittelscheibe beschreibt und behandelt, ist stets der gesammte zwischen den beiden Querscheiben befindliche Abschnitt des Muskelfaches. Dies gilt insbesondere von seiner Beschreibung der Mittelscheibe als einer Fachabtheilung, welche in frischen Muskeln stets schwächer lichtbrechend sei als die Querscheiben, bei Einwirkung wasserentziehender Mittel stärker schrumpfe als die Querscheiben und bei Dehnung oder Verkürzung des Muskels den Formänderungen dieser Scheiben genau folge, sowie auch von seinem auf diese Beschreibung gestützten Schlusse, dass die Mittelscheibe während des Lebens beim Ruhezustande des Muskels wasserreicher, weicher und dehnbarer sei als die Querscheiben. Bemerkenswerth ist die Mittheilung Engelmann's über die ihm nicht recht gelungenen Versuche, die Mittelscheibe von den Querscheiben zu isoliren.

von ROLLETT (1, S. 93) u. A. hervorgehobenen Thatsache, dass die Helligkeitsverhältnisse, welche zwischen den verschiedenen Abschnitten der Fibrillen oder Fibrillenbündel und zwischen diesen und den fibrillenfreien Massen des Faserinneren bestehen, und ebenso auch die Verhältnisse der Helligkeitseindrücke, welche die verschiedenen Fachabtheilungen als Ganze genommen erwecken, sich völlig umkehren, wenn man von der üblichen tiefen Einstellung des Mikroskopes zu der hohen Einstellung übergeht oder umgekehrt. Dass die verschiedenen Faserbestandtheile und Fachabtheilungen auch hinsichtlich ihres Lichtabsorptionsvermögens verschieden sein dürften, kann principiell zugegeben werden. Allein es muss behauptet werden, dass diese Unterschiede des Absorptionsvermögens wegen der zu grossen Dünnheit der in Betracht kommenden Schichten für uns nicht merkbar werden und jedenfalls die bekannten Helligkeitsunterschiede der verschiedenen Fachabtheilungen nicht bedingen. Höchstens betreffs der oben (S. 97f.) erwähnten geringen Durchsichtigkeit und Trübheit derjenigen protoplasmatischen Saftschichten, welche stark von interstitiellen Körnchen durchsetzt sind, kann man zweifelhaft sein, ob die geringere Durchsichtigkeit und das trübe Aussehen dieser Schichten lediglich auf den Reflexionen beruhe, welche das Licht durch die interstitiellen Körnchen erfahre, oder ob hier zugleich auch das Lichtabsorptionsvermögen dieser Körnchen in merkbarem Grade im Spiele sei. Wir schliessen uns hier völlig den Ausführungen von EXNER (Pflüger's Arch., 40, 1887, S. 391) an, welcher mit Nachdruck geltend gemacht hat, dass alle nicht granulirten Theile der Muskelfaser in der Dicke, mit welcher wir es unter dem Mikroskope zu thun haben, als wasserhell zu betrachten sind, „d. h. wenn eine Absorption stattfindet, so ist sie unter der Grenze der Wahrnehmbarkeit ... Da wo Körnungen in der Muskelfaser vorkommen, werden natürlich Reflexionen von Strahlen stattfinden; ob die Körner auch Licht absorbiren, ist fraglich".

Thatsächlich herrscht in der vorliegenden Literatur betreffs der Frage, inwieweit die an der Muskelfaser beobachteten Helligkeitsunterschiede auf Unterschieden der Brechungscoefficienten oder der Absorptionscoefficienten beruhen, noch keineswegs volle Uebereinstimmung. So wird z. B. auch noch in den vor Kurzem erschienenen Grundzügen der Histologie von E. KLEIN (deutsch durch KOLLMANN, 2. Aufl., Leipzig, 1890, S. 84) das optische Verhalten des Sarkoplasmas durch die Bemerkung charakterisirt, dass dasselbe „durchsichtiger als die die Fibrillen zusammensetzenden festen Gebilde" sei.

Eine besondere Berücksichtigung verdient die Stellung, welche ROLLETT hinsichtlich der hier erwähnten Frage einnimmt. Obwohl dieser Forscher, wie bemerkt, die Thatsache, dass die Lichtvertheilung in den bei hoher und bei tiefer Einstellung des Mikroskopes erhaltenen Bildern der Muskelfaser genau die umgekehrte ist, mit Nachdruck betont und darauf hinweist, dass dieser Wechsel der Lichtvertheilung bei wechselnder Einstellung auf dem Vorhandensein verschieden lichtbrechender Substanzen in der Muskelfaser beruhen muss, so ist er doch der Ansicht, dass für eine Erklärung aller an der Muskelfaser auftretender Erscheinungen auch noch das Lichtabsorptionsvermögen aller in den Aufbau der Muskelfaser eingehender Substanzen bekannt sein müsse. Zur näheren Begründung dieser Ansicht bemerkt er (2, S. 56 f.) Folgendes: „Ich habe in der letzteren Beziehung vorzüglich die oft totale Homogenisirung aller Schichten der Muskelfasern bei völliger Unterscheidbarkeit dieser Schichten von einander im Auge, die eintritt, wenn man mit Alkohol behandelte Muskelfasern mit concentrirtem Glycerin oder mit Oelen und Lacken durchsichtig macht ... Wenn hier das Verschwinden der Längsstreifung in allen Schichten dadurch bedingt ist, dass die Unterschiede der Brechungsquotienten der Substanz der Fibrillen und des Sarkoplasmas in jeder Schicht ausgetilgt werden, dann müsste mit der Längsstreifung auch die Querstreifung völlig verschwinden, wenn nur gleich durchsichtige Substanzen von verschiedenem Lichtbrechungsvermögen in der Richtung der Längenaxe der Muskelfaser neben einander gelagert wären. Man sieht aber, wie gesagt, die Querstreifung erhalten. Wenn ich mich frage, wie diese Erscheinung künstlich nachgeahmt werden könnte, so fallen mir zunächst die jedem Mikroskopiker geläufigen Oele ein, welche für die homogene Immersion verwendet werden; unter diesen finden sich farblose und solche mit leichterem oder satterem Farbenstich, in welchen allen die Kanten desselben Crownglasprismas völlig verschwinden. Man könnte sich nun solche Oele geschichtet und damit die Querstreifen und mit dem Glase die Sarkoplasmaeinlagerungen nachgeahmt und so ein Schema einer nach den angeführten Methoden durchsichtig gemachten Muskelfaser hergestellt denken". Nach dieser Auslassung Rollett's sollen sich also die Fibrillentheile, welche verschiedenartigen Abtheilungen des Muskelfaches angehören, in einem unter Umständen merkbaren und den Eindruck der Querstreifung der Faser bedingenden Grade hinsichtlich des Lichtabsorptionsvermögens von einander unterscheiden. Hierbei ist uns nicht recht klar geworden, auf welchem Wege es eigentlich geschehen soll, dass das Sarkoplasma nach der angegebenen Behandlungsweise der Fasern von der Substanz der Fibrillen nicht mehr unterschieden werden kann. Das nach Rollett's Ansicht in den verschiedenen Abtheilungen des Muskelfaches im Allgemeinen gleichartige Sarkoplasma muss sich ja, wenn nicht in allen Arten von Fachabtheilungen, so doch mindestens in allen Arten mit Ausnahme einer einzigen hinsichtlich des Lichtabsorptionsvermögens von der Fibrillensubstanz unterscheiden. Falls nun die zwischen den verschiedenen Fibrillengliedern bestehenden Unterschiede des Lichtabsorptionsvermögens hinreichend sind, den Eindruck der Querstreifung der Faser zu bewirken, so wäre doch zu erwarten, dass auch die zwischen dem Sarkoplasma und der Fibrillensubstanz bestehenden Unterschiede des Absorptionsvermögens genügen, um das Sarkoplasma und die fibrillare Substanz wenigstens in einigen Abtheilungen des Muskelfaches deutlich unterscheidbar zu machen. Die Annahme, dass das Sarkoplasma hinsichtlich des Absorptionsvermögens eine mittlere Stellung zwischen den verschiedenen Fibrillengliedern einnehme, so dass letztere in Folge der Unterschiede des Absorptionsvermögens zwar zum Theil von einander, nicht aber auch von dem Sarkoplasma unterschieden werden könnten, ist sehr wenig plausibel. Denn zwischen den Fibrillengliedern, welche den anisotropen Scheiben, und denjenigen, welche den isotropen Schichten des Muskelfaches entsprechen, besteht hinsichtlich der optischen und sonstigen Eigenschaften sicherlich eine grössere Aehnlichkeit und Verwandtschaft, als zwischen den ersteren Fibrillengliedern und dem Sarkoplasma besteht.

Dass die protoplasmatischen Schichten des Muskelsaftes durch einen hohen Reichthum an Körnchen in ihrer Durchsichtigkeit stark beeinträchtigt werden können, hat, wie schon auf S. 98 erwähnt, Rollett gelegentlich hervorgehoben.

§ 24.

Nachdem wir uns im Bisherigen mit der näheren Gliederung der quergestreiften Muskelfaser hinlänglich bekannt gemacht haben, gehen wir nun dem auf S. 88 Bemerkten gemäss zur Beantwortung der Fragen über, die sich auf die Bedeutung der Besonderheiten dieser Gliederung beziehen. Wir versuchen also zunächst in diesem Paragraphen die Bedeutung der Querschichtung der Faser, d. h. die Bedeutung ihres Aufbaues aus einer Reihe abwechselnd anisotroper und isotroper Abtheilungen klar zu stellen.[1]

Die Kraft, mit welcher die Disdiaklasten bei Erregung der Muskelfaser im Sinne einer Contraktion der letzteren wirken, setzt sich, wie wir wissen, aus zwei Componenten zusammen, von denen die eine auf den gegenseitigen Abstossungen der Disdiaklasten in queren Richtungen, die andere auf den gegenseitigen Anziehungen derselben in axialer Richtung beruht. Wir wollen diese Componenten im Folgenden kurz als die Quercomponente und die Längscomponente der contrahirenden Kraft oder Wirksamkeit der Disdiaklasten bezeichnen. Von diesen beiden Componenten muss die erstere, die Quercomponente, unter sonst gleichen Umständen umso stärker ausfallen, je genauer die Disdiaklasten der ruhenden Muskelfaser in der Weise angeordnet sind, dass sie Quercolonnen bilden, die sämmtlich senkrecht zur Richtung der Verkürzung der Faser stehen. Denken wir uns einzelne Dis-

[1] Da man unter der Querstreifung der Faser herkömmlicher Weise das eigenthümliche Aussehen derselben versteht, welches darauf beruht, dass in vielen Fällen die mittlere Helligkeit des Zwischenbandes grösser ist als diejenige des Querbandes, so müssen wir uns für den eigenthümlichen Aufbau derselben aus einer Reihe abwechselnd isotroper und anisotroper Querabtheilungen eines anderen Ausdruckes bedienen. Der schon von Exner angewandte Ausdruck Querschichtung scheint uns nicht ungeeignet hierfür zu sein.

Was jene grobe Querstreifung der Fasern anbelangt, so hat sie keineswegs eine durchgreifende Bedeutung. Wie Engelmann (1, S. 41; 4, S. 4) hervorgehoben hat, kommen neben denjenigen Muskelfasern, in denen die mittlere Helligkeit des Zwischenbandes grösser ist als diejenige des Querbandes, nicht selten solche vor, in denen das Helligkeitsverhältniss beider Bänder das umgekehrte ist, z. B. in Folge einer verhältnissmässig grossen Höhe oder besonders tiefen Dunkelheit der Nebenscheiben; und auch solche Fasern kommen vor, an denen beide Bänder annähernd gleiche Durchschnittshelligkeit besitzen und in Folge dessen bei flüchtiger Beobachtung die Querstreifung ganz vermisst wird. Die grobe Querstreifung von Muskelfasern ist also eine secundäre Erscheinung von mehr zufälliger und äusserlicher Art, welche eine besondere Bedeutung nicht besitzt und Muskelfasern gemeinsam ist, die hinsichtlich ihrer Struktur mehr differiren können als zwei Fasern, von denen die eine die grobe Querstreifung besitzt, die andere aber nicht. Die Frage, ob eine Muskelfaser diese Art der Querstreifung besitzt oder nicht, hat im Grunde nicht mehr Wichtigkeit als irgend eine andere Frage, welche sich in etwas summarischer Weise auf die Dimensionsverhältnisse, Zahl oder Beschaffenheit der in einer Faser vorhandenen Abtheilungen des Muskelfaches bezieht.

diaklasten aus ihrer regelrechten Anordnung in den Quercolonnen etwas nach oben oder nach unten hin verschoben, so muss die Quercomponente der contrahirenden Kraft der Disdiaklasten nothwendig schwächer ausfallen, als dies bei der regelrechten Anordnung der Disdiaklasten der Fall ist, die in der quergestreiften Faser unter normalen Umständen besteht. Das gleiche Resultat erhält man, wenn man annimmt, dass die Disdiaklasten jeder Quercolonne zwar sehr genau mit ihren Schwerpunkten in einer und derselben Ebene angeordnet seien, aber einzelne Quercolonnen nicht senkrecht, sondern schief zur Richtung der Faserverkürzung stünden. Was ferner den Umstand anbelangt, dass die zu einander parallelen und zu der Contraktionsrichtung senkrecht stehenden Quercolonnen von Disdiaklasten durch verhältnissmässig hohe Schichten isotroper Substanz von einander getrennt sind, so versteht sich zunächst von selbst, dass, wenn die Quercolonnen der Disdiaklasten in der Längsrichtung der Faser einander sehr nahe gerückt wären, alsdann eine ausgiebigere Verkürzung der Faser bei der Erregung nur in dem Falle zu Stande kommen könnte, dass auch die Disdiaklasten selbst in Folge der Muskelerregung eine sehr bedeutende Verkürzung ihres Längsdurchmessers erführen. Denn die Quercolonnen würden sich schon nach Herstellung eines nur geringen Contraktionsgrades der Faser gegenseitig berühren, und nach Erreichung dieses Punktes würde jede weitere Verkürzung der Faser nur noch mit Hilfe einer weiteren Verkürzung des Längsdurchmessers der Disdiaklasten möglich sein. Es ist also die Zwischenlagerung einer aus Saft und biegsamen Längsbälkchen bestehenden isotropen Schicht zwischen die anisotropen Scheiben eine Einrichtung, welche die Muskelfaser dazu befähigt, auch ohne gleichzeitige bedeutende Verkürzung und Verdickung der Disdiaklasten sich in hohem Grade zu contrahiren.

Zu einer vollständigeren und tiefer gehenden Auffassung der Bedeutung dieser Einrichtung gelangt man, wenn man die quergeschichtete Muskelfaser mit einer Faser vergleicht, deren Fibrillen überhaupt nicht aus abwechselnd isotropen und anisotropen Gliedern bestehen, sondern in der Weise aufgebaut sind, dass die polar-pyroelektrischen Micelle jeder Fibrille in mehr oder weniger gleichförmiger Weise in dem gesammten von der Fibrille eingenommenen Raume vertheilt sind, hierbei aber hinsichtlich ihrer Pole und Axen im Allgemeinen richtig im Sinne einer gegenseitigen Anziehung in der Längsrichtung der Faser orientirt sind. Es ist leicht zu erkennen, dass in einer derartigen, in ihrem ganzen Verlaufe doppelbrechenden, sog. glatten Faser die Quercomponente der contrahirenden Kraft, welche auf den in queren Richtungen stattfindenden gegenseitigen Abstossungen der Fibrillen beruht, einen nur sehr geringen, kaum in Betracht kommenden Werth besitzen kann. Denn es seien z. B. A und B Theile zweier neben einander verlaufender Fibrillen, welche zunächst die soeben charakterisirte Beschaffenheit der Fibrillen glatter Muskelfasern besitzen. Tritt eine plötzliche Temperaturänderung beider Fibrillen ein, so müssen sich in Folge der elektrischen Ladung der Micelle die in gleicher Höhe der Faser befindlichen Fibrillenabschnitte a und α, b und β, c und γ, d und δ, e und ε gegenseitig abstossen. Hingegen ziehen sich diejenigen Abschnitte beider Fibrillen, die sich in verschiedener Höhe der Faser befinden, gegenseitig an. So ziehen sich z. B. gegenseitig an die Abschnitte a und β, c und β, c und δ, d und ε u. a. m.

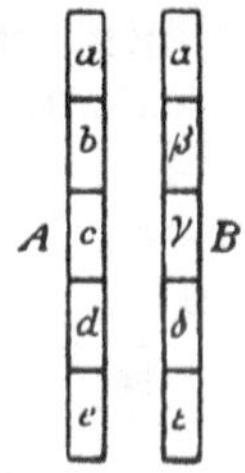

Diese gegenseitigen Anziehungen der in verschiedener Höhe befindlichen Abschnitte beider Fibrillen wirken natürlich der Abstossung entgegen, welche für die beiden Fibrillen aus der Wechselwirkung der in gleicher Höhe befindlichen Abschnitte entspringt, so dass in Folge dessen die gegenseitige Abstossung, welche für beide Fibrillen aus der Wechselwirkung aller ihrer Abschnitte und Micelle thatsächlich resultirt, nur sehr schwach ist.[1]

Jetzt denke man sich die beiden glatten Fibrillen in quergeschichtete Fibrillen verwandelt und zwar in folgender Weise. Die polar-pyroelektrischen Micelle, die sich in dem Abschnitte b befinden, sollen in den Abschnitt a hinübergeführt und mit Beibehaltung der bisherigen Orientirung ihrer Axen gleichmässig in demselben vertheilt werden. Ebenso sollen die bisher in dem Fibrillenabschnitte d befindlichen Micelle jener Art gleichmässig in dem Raume von c vertheilt werden; die in dem Raume von α befindlichen polar-pyroelektrischen Micelle sollen um die bisher in dem Abschnitte β vorhandenen vermehrt werden; desgleichen soll auch der Abschnitt δ zu Gunsten des Abschnittes γ seines Gehaltes an derartigen Micellen beraubt werden. In entsprechender Weise soll hinsichtlich der übrigen,

---

[1] Denkt man sich die beiden glatten Fibrillen als zwei polar-pyroelektrische Krystalle, so wird die bei der Muskelerregung eintretende gegenseitige Abstossung derselben in der üblichen Weise durch die (in Vergleich zu den Dimensionen der Fibrillen nur sehr geringe) Kraft repräsentirt, mit welcher die beiden elektrischen Endbelegungen derselben auf einander wirken (vergl. Riecke in den Nachr. v. d. Ges. d. Wiss. zu Göttingen, 1885, S. 430 ff.). Wie sich aus den Ausführungen auf S. 83 ff. leicht ergibt, macht sich die thatsächliche Durchfeuchtung der glatten Fibrillen dahin geltend, dass ihre gegenseitige Abstossung bei der Muskelerregung thatsächlich noch einen beträchtlich geringeren Werth besitzt, als sich aus den beiden Endbelegungen der festen Gerüste dieser Fibrillen berechnet.

hier nicht mit dargestellten Abschnitte beider Fibrillen verfahren werden. Eine Volumenänderung der verschiedenen Fibrillenabschnitte soll mit den Dislocationen der Micelle nicht verbunden sein, indem einerseits der Verlust an fester Substanz, den die Fibrillenabschnitte b, β, d, δ u. s. w. durch die Abgabe ihrer pyroelektrischen Micelle erleiden, durch Einfügung anderer, pyroelektrisch nicht wirkungsfähiger, fester Bestandtheile ersetzt werde, und andererseits den Fibrillenabschnitten a, α, c, γ u. s. w. ebenso viel an pyroelektrisch unwirksamer, flüssiger oder fester Substanz genommen werde, als ihnen an pyroelektrisch wirkungsfähigen Micellen zugeführt wird. Alsdann wächst durch diese Veränderung der Struktur beider Fibrillen die abstossende Kraft, welche die in gleicher Höhe befindlichen Abschnitte a und α, c und γ, e und ε nach Eintritt einer Muskelerregung auf einander ausüben, auf das Vierfache ihres bisherigen Werthes an. Es findet also trotz des Umstandes, dass die bisherigen gegenseitigen Abstossungen der Abschnitte b und β, d und δ u. s. w. in Wegfall kommen, eine Verdoppelung der abstossenden Kraft statt, welche aus der Wechselwirkung in gleicher Höhe befindlicher Abschnitte beider Fibrillen entspringt. Gleichzeitig fallen die gegenseitigen Anziehungen hinweg, welche bisher zwischen den in verschiedener Höhe befindlichen Fibrillenabschnitten b und α, b und γ, d und γ, d und ε, β und a, β und c u. s. w. eintraten. Mithin muss die im Sinne einer gegenseitigen Abstossung beider Fibrillen wirkende Kraft, welche bei der Muskelerregung aus der Wechselwirkung sämmtlicher Micelle beider Fibrillen resultirt, eine ganz bedeutende Verstärkung erfahren, wenn man sich die beiden Fibrillen in der obigen Weise aus dem anfänglichen glatten Zustande in den quergeschichteten Zustand übergeführt denkt. Selbst dann noch erhält man eine Verstärkung jener resultirenden gegenseitigen Abstossung beider Fibrillen, wenn man sich die polar-pyroelektrischen Micelle, welche bei dem anfänglichen glatten Zustande beider Fibrillen in den Abschnitten b, β, d, δ u. s. w. vorhanden sind, nicht in die angrenzenden Abschnitte a, α, c, γ u. s. w. übergeführt, sondern einfach nur ihrer Pyroelektricität beraubt denkt. Die gegenseitige Abstossung beider Fibrillen fällt also bei dem quergeschichteten Zustande selbst dann noch grösser aus als bei dem glatten Zustande, wenn man annimmt, die Dichtigkeit, mit welcher die polar-pyroelektrischen Micelle in den anisotropen Abschnitten der quergeschichteten Fibrillen angehäuft seien, sei nicht grösser, sondern nur gleich gross wie die Dichtigkeit, mit welcher diese Micelle sich im ganzen Verlaufe der glatten Fibrillen vorfinden.[1]

[1] Wie ohne Weiteres zu erkennen, gibt es eine gewisse Grenze für die Gültigkeit des hier aufgestellten Satzes, dass die bei einer Temperaturänderung

Nach Vorstehendem haben wir also in dem quergeschichteten Bau der quergestreiften Muskelfasern eine Struktureigenthümlichkeit zu erblicken, welche zu Folge hat, dass die contrahirende Kraft der polar-pyroelektrischen Micelle nicht, wie in den glatten Muskelfasern der Fall ist, in der

eintretende gegenseitige Abstossung zweier langgestreckter, neben einander befindlicher Körper oder Fasern, die aus gleichförmig vertheilten, aber mit den Axen in der Längsrichtung der Körper orientirten polar-pyroelektrischen Micellen bestehen, an Stärke gewinnt, wenn man aus beiden Körpern in gleicher Höhe einzelne Partien herausnimmt und durch isotrope feste Massen ersetzt. Dieser Satz gilt nämlich nur so lange, als die Länge der herausgenommenen und in der angegebenen Weise ersetzten Partien einen von den Dimensionsverhältnissen der Körper, der Zahl der herausgenommenen Partien u. s. w. abhängigen Grenzwerth nicht überschreitet. Mit Sicherheit lässt sich behaupten, dass die Höhe der isotropen Schichten der quergestreiften Muskelfaser diesen Grenzwerth bei weitem noch nicht erreicht.

Wenn man sich ein Bündel glatter Fibrillen in der obigen Weise in ein Bündel quergeschichteter Fibrillen verwandelt denkt, in deren anisotropen Abschnitten sich die pyroelektrischen Micelle nur mit derselben Dichtigkeit vorhanden finden, mit welcher sie sich im ganzen Verlaufe der glatten Fibrillen vorfinden, so fällt allerdings die Gesammtstärke der gegenseitigen Anziehungen, welche die pyroelektrischen Micelle einer und derselben Fibrille bei der Muskelerregung in axialer Richtung auf einander ausüben, in einer quergeschichteten Fibrille kleiner aus als in einer glatten Fibrille, entsprechend der geringeren Anzahl der in der ersteren Fibrille enthaltenen pyroelektrischen Micelle. Dieser Nachtheil der Querschichtung dürfte aber bereits dadurch vollständig compensirt werden, dass, wie leicht ersichtlich, in dem glatten Fibrillenbündel die Micelle jeder Fibrille nur seitens solcher Micelle, welche derselben Fibrille angehören, eine Anziehung in axialer Richtung erfahren, während in dem quergeschichteten Fibrillenbündel ein Disdiaklast auch von solchen Disdiaklasten der benachbarten Quercolonnen, welche anderen Fibrillen angehören, eine anziehende Krafteinwirkung erfährt, deren eine Componente in die Längsrichtung der Faser fällt. Nimmt man an, dass die Dichtigkeit, mit welcher die pyroelektrischen Micelle vorhanden sind, in den anisotropen Abtheilungen der quergeschichteten Fibrillen merklich grösser sei als in den glatten Fibrillen, so ist der Vortheil des quergeschichteten Fibrillenbündels jedenfalls ein recht beträchtlicher. Für die Beantwortung der Frage, wie sich in Wirklichkeit die Dichtigkeit, mit welcher die pyroelektrischen Micelle gegeben sind, einerseits in den anisotropen Gliedern der quergeschichteten Fibrillen und andererseits in den glatten Muskelfibrillen verhalte, fehlt es zur Zeit noch an jeder empirischen Unterlage. Da die Verkürzung der glatten Fasern auf der gegenseitigen Annäherung beruht, welche die festen Bestandtheile ihrer Fibrillen in axialer Richtung erfahren, so entspricht es so zu sagen dem Principe des Aufbaues der glatten Fasern, dass ihre Micelle behufs Ermöglichung eines genügenden Umfanges der Muskelcontraktion in der Längsrichtung der Fibrillen nicht sehr dicht auf einander folgen, während das Princip des Aufbaues der quergestreiften Fasern es nur wünschenswerth erscheinen lässt, dass die pyroelektrischen Micelle möglichst reichlich und dicht in den Disdiaklasten vorhanden seien.

Hauptsache nur auf den in der Längsrichtung der Faser wirksamen gegenseitigen Anziehungen dieser Micelle beruht, sondern ausserdem auch noch in wesentlichem Grade auf den gegenseitigen Abstossungen beruht, welche in gleicher Höhe der Faser befindliche anisotrope Theile verschiedener Fibrillen auf einander ausüben.

Ein zweiter Vortheil, den die quergeschichtete Faser vor der glatten Faser voraus hat, besteht darin, dass der innere Contraktionswiderstand, so weit er von der Elasticität der Fibrillen selbst herrührt, in ersterer beträchtlich geringer ist als in letzterer. Die Contraktion einer glatten Faser beruht im Wesentlichen darauf, dass sich jede Fibrille in Folge der in der Längsrichtung der Faser stattfindenden, gegenseitigen Anziehungen, welche für die Micelle aus ihrer elektrischen Ladung resultiren, in ihrem ganzen Verlaufe aktiv verkürzt und verdickt.[1] Es ist leicht zu erkennen, dass ein solches Zustandekommen der Contraktion den inneren Widerstand, den die Substanz der Fibrillen selbst in Folge ihrer Elasticität den contrahirenden Kräften entgegenstellt, an und für sich mehr zur Geltung kommen lässt, als ein solcher Contraktionsvorgang, bei welchem die contrahirenden Kräfte nur von einzelnen Fibrillenabschnitten ausgehen, die anderen isotropen Abschnitte aber rein passiv von diesen Kräften zu der erforderlichen Biegung bewogen werden.

Die Auffassung, die man sich hinsichtlich der Bedeutung der Querschichtung der quergestreiften Muskelfasern zu bilden hat, geht also dahin, dass die Querschichtung eine Struktureigenthümlichkeit ist, welche die bei der Muskelreizung eintretende plötzliche Erwärmung und elektrische Ladung der Micelle besser für die Erzielung einer möglichst starken contrahirenden Kraft ausnutzt, als dies die Struktur der glatten Muskelfasern thut. Demgemäss finden wir die Querschichtung im Allgemeinen in denjenigen Muskeln, welche ganz besonders dazu bestimmt erscheinen, schnell und kräftig sich zu contrahiren, und betreffs deren daher eine solche Struktur, welche ein möglichst sparsames Arbeiten, eine möglichst gute Ausnutzung des durch eine Reizung bewirkten Stoffverbrauches verstattet, ganz besonders wünschenswerth ist.

Wenn die quergestreiften Muskeln im Allgemeinen sich schneller contrahiren als die glatten Muskeln, so ist daraus nicht zu schliessen, dass die Querschichtung für die Erzielung einer höheren Contraktionsgeschwindigkeit erforderlich ist. Die Contraktionsgeschwindigkeit bestimmt sich vielmehr in erster Linie nach der Beschaffenheit des

[1] Solche bei der Contraktion eintretende Verkürzungen und Verdickungen glatter Fibrillen sind z. B. von Engelmann (3, S. 438f. und 446) beobachtet worden.

Muskelsaftes, insbesondere der erregbareren Schichten desselben; denn nach dieser (und der Beschaffenheit des Reizes) bestimmt sich die Art des Verlaufes, den der durch einen gegebenen Reiz hervorgerufene wärmebildende Erregungsprocess in der Faser nimmt; und zwar werden wir späterhin sehen, dass die Schnelligkeit des Erregungsablaufes sich wesentlich nach der Zähigkeit der erregbaren Saftschichten bestimmt, dass der Erregungsprocess sich umso schneller entwickelt, je weniger zäh diese Saftschichten sind. Von der Zähigkeit des Muskelsaftes in erster Linie hängt ferner auch die Geschwindigkeit ab, mit welcher der contrahirte Muskel erschlafft und zu seiner ursprünglichen Länge zurückkehrt; denn je zäher der Muskelsaft ist, desto grösser ist der innere Reibungswiderstand, welcher bei der Erschlaffung, insbesondere bei der Auspressung des überzählig gebundenen Muskelsaftes (vergl. S. 40) aus den f. Poren, zu überwinden ist. Ausser der Beschaffenheit des Muskelsaftes (und des Reizes) ist für die Zuckungsdauer massgebend auch noch die Beschaffenheit der polar-pyroelektrischen Micelle; denn je geringer die elektrische Leitungsfähigkeit derselben ist, desto weniger schnell muss unter sonst gleichen Umständen die elektrische Ladung derselben schwinden,[1] und bis zu desto grösserer Höhe muss dieselbe unter sonst gleichen Umständen emporsteigen. Auch die Struktur und Elasticität der übrigen festen Bestandtheile des Muskels kommt für die Contraktionsgeschwindigkeit insofern in Betracht, als die Höhe, welche die Contraktion bei gegebener elektrischer Ladung der Disdiaklasten erreicht, in leicht ersichtlicher Weise von dem näheren Verhalten des inneren Deformationswiderstandes abhängig ist. Je schneller der innere Deformationswiderstand bei der Muskelverkürzung anwächst, desto eher wird unter sonst gleichen Umständen das Zuckungsmaximum erreicht werden, und desto kürzere Zeit wird unter sonst gleichen Umständen die Erschlaffung in Anspruch nehmen. Allein dieser Einfluss der Struktur des Fasergerüstes und der sonstigen festen Muskelbestandtheile auf die Contraktionsgeschwindigkeit ist doch nur von geringerer Grössenordnung[2] in Vergleich zu der Abhängigkeit, in welcher dieselbe zu der Beschaffenheit des Muskelsaftes, zu der Schnelligkeit des Erregungsverlaufes steht. Eine glatte Muskelfaser von sehr trägem Zuckungs-

---

[1] Auf der Verringerung, welche die elektrische Leitungsfähigkeit dieser Micelle bei Herabsetzung der Temperatur erfährt, beruht zu einem wesentlichen Theile die Verlängerung der Zuckungsdauer, welche bei Kälte beobachtet wird.

[2] Eine eingehende und vollständige Erörterung der Abhängigkeit, in welcher die Zuckungsdauer zu der Art des Ablaufes des wärmebildenden Erregungsprocesses und den anderen oben angedeuteten Faktoren steht, ist natürlich an diesem Orte nicht beabsichtigt.

verlaufe kann principiell betrachtet ohne jede Aenderung der Beschaffenheit und Struktur ihres festen Gerüstes lediglich durch geeignete Aenderung der Beschaffenheit ihres Muskelsaftes in eine Faser verwandelt werden, welche die gleiche Zuckungsdauer zeigt wie eine schnell zuckende quergestreifte Faser. Es genügt, die Beschaffenheit des Muskelsaftes in der Weise abzuändern, dass erstens der bei eintretendem Reize in ihm stattfindende wärmebildende Erregungsprocess einen sehr schnellen und sehr intensiven Verlauf nehmen muss, und zweitens zugleich die Saftzähigkeit eine nur sehr geringe wird, so dass die Erschlaffung des contrahirten Muskels durch den inneren Reibungswiderstand des Muskelsaftes nur noch wenig verzögert wird.

Ein gewisser näherer Zusammenhang zwischen der Querschichtung der quergestreiften Fasern und der Schnelligkeit ihrer Contraktionen besteht allerdings auch nach unserer Ansicht. Derselbe ist aber nicht darin zu suchen, dass die grössere Schnelligkeit der Contraktion behufs ihrer Ermöglichung die Querschichtung erfordere, sondern nur darin, dass die schnellere Contraktion eines Muskels an und für sich auch einen grösseren Verbrauch von chemischer Spannkraft in demselben erfordert, und mithin der quergeschichtete Bau, welcher ein sparsameres Arbeiten begünstigt, gerade für diejenigen Muskeln ein besonderes Bedürfniss ist, welche zu schnelleren Contraktionen bestimmt sind. Für die Erreichung eines und desselben Contraktionsgrades bedarf der gleiche Muskel einer umso reichlicheren Wärmebildung und einer umso intensiveren elektrischen Ladung seiner Disdiaklasten, je schneller die Contraktion stattfindet. Denn je schneller der Muskel sich verkürzt, desto weniger kann sich die Nachquellung[1] bei der Verkürzung geltend machen, desto intensiver muss also die elektrische Ladung der Disdiaklasten und der Verbrauch chemischer Spannkräfte sein.[2] Weil also

[1] Bei nicht-quergestreiften Muskeln treten an die Stelle der Nachquellung eventuell entsprechende andere Vorgänge der Saftumlagerung.

[2] Der hier aufgestellte, später noch näher zu erörternde Satz, dass eine und dieselbe Verkürzung des Muskels (bei gleicher Belastung) eine umso geringere Wärmebildung desselben erfordert, je langsamer Wärmebildung und Contraktion stattfinden, gilt, wie leicht zu erkennen, nur bis zu einer gewissen oberen Grenze der Dauer der Wärmebildung. Als eine Bestätigung dieses Satzes ist die Thatsache anzuführen, dass nach den Untersuchungen von W. Gleiss (Pflüger's Arch., 41, 1887, S. 69 ff.) der sich langsamer zusammenziehende Wadenmuskel der Kröte bei der gleichen Arbeitsleistung regelmässig weniger Säure entwickelt als der schneller sich verkürzende Wadenmuskel des Frosches, und dass in entsprechender Weise auch der langsamer arbeitende rothe Säugethiermuskel sparsamer arbeitet als der weisse. Hierher gehört ferner auch die Thatsache, dass nach den Beobachtungen von Heidenhain u. A. bei fortschreitender Ermüdung und dementsprechender Verlängerung der Zuckungsdauer die

die grössere Schnelligkeit der Contraktion an und für sich einen stärkeren Stoffverbrauch erfordert, deshalb findet sich diejenige complicirtere Struktur des Fasergerüstes, welche die durch einen Reiz bewirkte elektrische Ladung der Micelle besser im Sinne der Entstehung einer starken contrahirenden Kraft ausnutzt, im Allgemeinen gerade bei denjenigen Muskeln, welche zur Ausführung schneller Bewegungen bestimmt sind. Wäre die Natur durchaus vollkommen, so würde sich der quergeschichtete Bau auch noch bei anderen Muskeln von langsamerem Contraktionsverlaufe vorfinden. Thatsächlich aber hat es die Natur bisher eben nicht weiter gebracht als bis zu demjenigen Grade zweckmässiger Einrichtung, bei welchem diese complicirtere und zweckmässigere Strukturart des Fasergerüstes sich im Allgemeinen (wenn auch nicht stets) wenigstens in denjenigen Muskeln vorfindet, für welche gemäss ihrer eigenthümlichen Bestimmung eine derartige Struktur am dringendsten Bedürfniss ist.

Unsere Behauptung, dass die Querschichtung zwar in der soeben dargethanen Weise in einem gewissen Zusammenhange zu der grösseren Contraktionsgeschwindigkeit der quergestreiften Muskelfasern stehe, aber doch nicht die Ursache derselben sei, wird bestätigt, sobald sich glatte Muskeln finden, welche hinsichtlich der Contraktionsgeschwindigkeit durchaus in gleicher Linie mit den quergestreiften Muskeln stehen. Nach den Untersuchungen, welche de Varigny (Arch. de Zool. expér. et générale, 2. Sér., T. III, 1885) in weit ausgedehntem Masse an den Muskeln der Wirbellosen angestellt hat, ist dies in der That der Fall. Derselbe bemerkt in Hinblick auf die von ihm gefundenen Resultate unter Anderem Folgendes: „Il y a donc des muscles lisses qui, au point de vue de la rapidité de la contraction, sont très différents des autres muscles également lisses; et l'on est loin de retrouver chez les invertébrés l'uniformité approximative qui se rencontre parmi les muscles lisses chez les vertébrés. En outre, les différences observées chez les invertébrés sont beaucoup plus considérables parmi les muscles lisses que parmi les fibres striées: il suffit encore de comparer les deux tableaux précédents. Mais de cette comparaison ressort un dernier fait, qui est le plus important: c'est que tels muscles lisses ont une contraction plus brève que tels muscles striés, même des plus agiles. Ainsi la contraction est plus brève chez la Seiche et l'Elédone que dans la pince de divers crustacés. Physiologiquement ces muscles lisses sont assimilables à des muscles striés, puisqu'ils peuvent égaler tels de ces derniers et même en dépasser quelques-uns

Hubhöhe zuweilen eine Abnahme nicht erkennen lässt, während die Wärmebildung sich deutlich verringert, u. dergl. m.

par la brièveté de la secousse. Evidemment le nombre de muscles lisses assimilables aux fibres striées n'est pas grand, mais il suffit qu'il s'en trouve un seul pour qu'il soit interdit de conclure que la supériorité physiologique générale des muscles striés, au point de vue qui nous occupe, s'explique par leur structure.“ In Zusammenhang mit der hier angeführten, die Zuckungsdauer betreffenden Thatsache steht die andere, gleichfalls von DE VARIGNY gefundene Thatsache, dass auch hinsichtlich der Kürze des sogenannten Latenzstadiums gewisse glatte Muskeln durchaus in einer Linie mit den quergestreiften Muskeln stehen.

In den vorstehenden Ausführungen, welche nur die Aufgabe hatten, die Bedeutung der Querschichtung der quergestreiften Fasern in genügender Weise darzuthun, und den Unterschied, der zwischen den quergestreiften und den glatten Muskelfasern besteht, noch keineswegs nach allen Seiten hin erschöpft haben, ist die Kürze der Zuckungsdauer der quergestreiften Muskelfasern als eine wichtige Eigenschaft derselben erwähnt worden. Wir möchten hier beiläufig an Folgendes erinnern. Unter den natürlichen Lebensverhältnissen kommt die auf einen einzelnen Reizstoss erfolgende Zuckung im Allgemeinen nicht vor, sondern jede natürliche Muskelbewegung beruht auf einer mehr oder weniger grossen Reihe von Impulsen. Demgemäss besteht auch die Bedeutung, welche die eine kurze Zuckungsdauer bedingende Beschaffenheit der erregbaren Saftschichten der quergestreiften Muskelfasern besitzt, nicht blos darin, dass in Folge jener Beschaffenheit dieser Saftschichten die quergestreiften Muskeln einen bestimmten Contraktionsgrad oder einen bestimmten Spannungsgrad schneller zu erreichen vermögen, sondern vor Allem auch darin, dass diese Muskeln, sowohl als einzelne als auch in ihrer Vereinigung zu Gruppen, in ihrer Thätigkeit leichter und mannigfaltiger abgestuft und nüancirt werden können. Denn je langsamer die von einem Einzelimpulse hervorgerufene Erregung in einem Muskel abläuft, desto weniger ist dieser dazu passend, in Thätigkeitsformen versetzt zu werden, die hinsichtlich des zeitlichen Verlaufes der Verkürzung und Spannung die mannigfaltigsten und feinsten Nüancirungen darbieten. Der Umstand, dass die dem Willen zur Verfügung stehenden Muskeln im Allgemeinen stets Muskeln von kurzer Zuckungsdauer sind, erhält erst von dem hier angedeuteten Gesichtspunkte aus seine volle Beleuchtung. —

Zur näheren Verdeutlichung der oben berührten Verschiedenheit, die zwischen der Funktionsweise der quergestreiften Fasern und derjenigen der glatten Muskelfasern besteht, möge hier noch Folgendes beigefügt werden. Jede der Fibrillen eines glatten Muskels erfährt, in Folge der elektrischen Ladung der Micelle, in ihrer Totalität eine Verkürzung und Verdickung in ganz gleicher Weise, wie sich nach dem auf S. 76 Bemerkten jeder Disdiaklast einer quergestreiften Faser in Folge der elektrischen Ladung seiner Micelle in seiner Totalität verkürzt und verdickt. Diese Formänderung der Disdiaklasten ist allerdings, wie schon auf S. 77 bemerkt, für den an der quergestreiften Faser sich vollziehenden Contraktionsvorgang nicht ganz gleichgültig. Denn je mehr sich die Disdiaklasten bei der Muskelcontraktion verkürzen und verdicken, desto geringer ist die Biegung, welche die Längsbälkchen bei Herstellung eines bestimmten Grades der Muskelcontraktion zu erfahren haben, und desto geringer ist die Dehnung, welche den Querbälkchen bei Herstellung einer bestimmten Grösse der Muskelcontraktion ertheilt werden muss. Allein diese Folgen der bei der Muskelcontraktion eintretenden Formänderung der Disdiaklasten sind doch nur von nebensächlicher Bedeutung. Das Eigenthümliche und Wesentliche des an der quergestreiften Faser sich vollziehenden Contraktionsprocesses besteht darin, dass mit dem Vortheile der Erzielung einer beträchtlichen Quercomponente der contrahirenden Kraft und mit dem Vortheile eines geringeren inneren Contraktionswiderstandes die Contraktion nicht wesentlich auf den Dimensionsänderungen beruht, welche die mittels der polar-pyroelektrischen Micelle aufgebauten Gebilde in Folge der elektrischen Ladung dieser Micelle erfahren, sondern vielmehr auf den Anziehungen und Abstossungen beruht, welche die aus solchen Micellen bestehenden Gebilde bei eintretender elektrischer Ladung ihrer Micelle aus der Ferne auf einander ausüben. Während in den glatten Muskelfasern die contrahirenden Kräfte im Wesentlichen nur aus der Wechselwirkung entspringen, in welcher die pyroelektrischen Micelle jeder einzelnen Fibrille zu einander stehen, beruht die Contraktion der quergestreiften Fasern in einem sehr wesentlichen Grade auch auf der Wechselwirkung solcher Micelle, welche verschiedenen Fibrillen angehören. —

Im Anschluss an die vorstehenden Ausführungen über die Bedeutung der Querschichtung möchten wir endlich hier kurz noch Folgendes bemerken. Es ist bisher noch nicht besonders darauf geachtet worden, inwieweit unter normalen Umständen die einzelnen Fasern eines Muskels sich hinsichtlich ihrer Querschichtung so zu einander verhalten, dass gleichartige Abtheilungen benachbarter Fasern sich unmittelbar an einander anschliessen, so dass nicht blos die einzelnen Fasern, sondern auch ganze Bündel von Fasern betrachtet werden können als Quercolonnen von Disdiaklasten enthaltend, die durch ihren ganzen Querschnitt hindurchgehen, zu einander parallel sind und zu der Richtung der Muskelverkürzung senkrecht stehen. Falls die Disdiaklasten benachbarter Fasern nur durch sehr geringe Abstände von einander getrennt sind, muss eine Einrichtung der hier angedeuteten Art nothwendig dazu dienen, die contrahirende Kraft, welche bei gegebener elektrischer Ladung der Disdiaklasten auftritt, ein wenig zu erhöhen. Denn bei einer derartigen Einrichtung werden im Falle eintretender Muskelerregung nicht blos solche Disdiaklasten, welche derselben Faser angehören, sondern auch solche, welche sich in benachbarten Fasern befinden, mit Kräften auf einander wirken, die sich im Sinne einer Contraktion des Muskels geltend machen. Sind die Disdiaklasten benachbarter Fasern nur durch sehr geringe Abstände von einander getrennt und besteht die hier in Rede stehende Einrichtung des gegenseitigen Anschlusses der Querschichtungen benachbarter Fasern nicht, so müssen umgekehrt bei eintretender Muskelerregung aus der Wechselwirkung benachbarter Disdiaklasten, welche verschiedenen Fasern angehören, Desorientirungen und Verschiebungen der Disdiaklasten entspringen, welche zwar nicht stark ins Gewicht fallen, aber immerhin nicht als vortheilhaft für die contrahirende Kraft anzusehen sind. In Wirklichkeit sind die Schichten von Flüssigkeit, Bindegewebe u. s. w., welche benachbarte Muskelfasern von einander trennen, in vielen Fällen zu gross, als dass überhaupt bei der Muskelerregung die Wechselwirkung solcher Disdiaklasten, welche verschiedenen Fasern angehören, in Betracht käme. Wie die gegenseitigen Lageverhältnisse der Disdiaklasten benachbarter Fasern unter normalen Umständen in denjenigen Fallen liegen, wo die Disdiaklasten benachbarter Fasern nur

durch sehr geringe Abstände von einander getrennt sind, ist, wie schon oben bemerkt, zur Zeit noch nicht festgestellt.

§ 25.

Nachdem wir im Vorstehenden gesehen haben, welche Bedeutung es hat, dass die quergestreifte Faser aus einer Reihe abwechselnd anisotroper und isotroper Lagen besteht, die parallel zu einander sind und senkrecht zur Richtung der Faserverkürzung stehen, erhebt sich nun die weitere Frage, welche Bedeutung der Umstand besitze, dass die anisotropen Scheiben einander nicht völlig gleich sind, sondern die in der Gliederung des Muskelfaches vorliegenden, in §§ 22 und 23 näher dargelegten Verschiedenheiten besitzen. Diese Frage werden wir am besten in der Weise beantworten, dass wir uns zunächst die Bedeutung klar machen, welche überhaupt die in der Muskelfaser vorhandenen Querverbindungen besitzen, die darin bestehen, dass die Disdiaklasten durch die Querbälkchen sowohl mit einander als auch mit dem Sarkolemma verknüpft sind.

Die Querverbindungen in der Muskelfaser haben erstens dem auf S. 43 f. Bemerkten gemäss den Zweck, die Herstellung andauernder und annähernd gleichmässiger Contraktionszustände zu ermöglichen. Denn hauptsächlich auf der Existenz der Querbälkchen beruht der Vorgang der Nachquellung und der durch die Nachquellung bedingte Erschlaffungswiderstand des überzählig gebundenen Muskelsaftes, ohne welchen nach dem früher Bemerkten ein annähernd constant bleibender Contraktionszustand nicht möglich ist.

Zweitens dienen die Querverbindungen in der Muskelfaser dazu nachtheiligen Verschiebungen und Desorientirungen der Disdiaklasten entgegenzuwirken. Wir wissen, dass die contrahirende Gesammtkraft, welche die Disdiaklasten bei gegebener elektrischer Ladung entfalten, durch jede Verschiebung einer oder mehrerer Quercolonnen, durch welche diese schief zu der Richtung der Faserverkürzung zu stehen kommen, Einbusse erleidet. Den gleichen, ungünstigen Erfolg hat jede Verzerrung einer Fibrille, bei welcher einzelne oder alle in dieser Fibrille enthaltenen Disdiaklasten nach dieser oder jener Seite hin aus ihren Quercolonnen heraustreten oder starke Abweichungen ihrer Axen von einer Orientirung in der Längsrichtung der Faser erfahren. Es leuchtet ohne Weiteres ein, dass diese nachtheiligen Verschiebungen und Desorientirungen der Fibrillen und Disdiaklasten, zu denen die Erschlaffung des Muskels und die Einwirkung äusserer Zug- oder Druckkräfte auf denselben an und für sich leicht Veranlassung geben können, bedeutend erschwert sein müssen, wenn die Disdiaklasten jeder Quercolonne durch feste Querbälkchen mit einander verbunden sind, und in noch höherem Grade erschwert sein müssen, wenn die Disdiaklasten jeder Quercolonne auch noch mit dem Sarkolemma feste Querverbindungen besitzen.[1]

[1] Es bedarf keiner weiteren Ausführung, dass nach unseren Anschauungen das Vorhandensein des Sarkolemmas und das Bestehen fester Querverbindungen zwischen demselben und dem Fasergerüste zwar sehr zweckmässig ist, aber keineswegs unbedingt erforderlich ist, um einem aus disdiaklastenhaltigen Fibrillen bestehenden Gebilde die Eigenschaft der Contraktilität zu verleihen. Auch eine Muskelfaser, welche des Sarkolemmas ganz entbehrt, oder in welcher das Fasergerüst gar keinen festen seitlichen Zusammenhang mit dem Sarkolemma besitzt, kann bei eintretendem Reize sich contrahiren, einen Vorgang der Nachquellung in sich entstehen lassen u. dergl. m.

Die feste Verbindung des Fasergerüstes mit dem Sarkolemma scheint uns übrigens nicht blos zur besseren Aufrechterhaltung der richtigen Stellung und Orientirung des Disdiaklasten zu dienen, sondern auch noch in folgender Hinsicht Bedeutung zu besitzen. Wir denken uns eine Faser, deren Gerüst der festen seitlichen Verbindungen mit dem Sarkolemma ganz entbehre. In einer solchen Faser kann ebenso wie in einer Faser von normaler Beschaffenheit der Fall vorkommen, dass von den beiden Componenten der contrahirenden Wirksamkeit der Disdiaklasten, der Anziehung, welche dieselben in axialer Richtung auf einander ausüben, und der Abstossung, mit welcher dieselben in queren Richtungen auf einander einwirken, die erstere ein erhebliches Uebergewicht besitzt. Dieses Uebergewicht der in axialer Richtung stattfindenden gegenseitigen Anziehung der Disdiaklasten muss in der Faser, welche der festen seitlichen Verbindungen des Fasergerüstes mit dem Sarkolemma entbehrt, zur Folge haben, dass bei der Muskelcontraktion die gegenseitigen Abstände der Disdiaklasten einer und derselben Quercolonne und die Längenwerthe der Querbälkchen in einem geringeren Verhältnisse zunehmen, als die Durchmesser des Faserquerschnittes anwachsen, so dass der Querschnitt des nur von Muskelsaft erfüllten Raumes, der sich zwischen dem Sarkolemma und der quergestreiften Substanz befindet, in grösserem Verhältnisse zunimmt als der Querschnitt des von der quergestreiften Substanz eingenommenen mittleren Raumes des Faserinneren. Unter derartigen Verhältnissen kann aber ein andauernder Contraktionszustand, der ohne deutliche, den einzelnen Erregungsimpulsen entsprechende Schwankungen des Contraktionsgrades verlaufe, nicht hergestellt werden. Denn, wie in § 13 gesehen, ist das Vorhandensein eines andauernden Contraktionszustandes dieser Art daran gebunden, dass schon bei der geringsten Verringerung des vorhandenen Contraktionsgrades der Erschlaffungswiderstand des überzählig gebundenen Muskelsaftes ins Spiel trete. Da nun der Punkt, wo der Erschlaffungswiderstand des überzählig gebundenen Muskelsaftes ins Spiel tritt, sich nach der vorhandenen Länge und Safthaltigkeit der Querbälkchen bestimmt und in dem hier angenommenen Falle (wo die festen seitlichen Verbindungen des Fasergerüstes mit dem Sarkolemma ganz fehlen und bei der Muskelerregung die gegenseitige Anziehung der Disdiaklasten in axialer Richtung über die queren gegenseitigen Abstossungen derselben deutlich überwiegt)

Man erkennt nun leicht, dass eine Muskelfaser, welche in der Höhe aller anisotroper Scheiben feste Querverbindungen von grosser Elasticität besässe, zwar gegen nachtheilige Verschiebungen und Desorientirungen ihrer Disdiaklasten in hohem Grade gesichert sein würde, aber doch unzweckmässig eingerichtet sein würde, weil die Querbälkchensysteme der Vergrösserung des Faserquerschnittes, welche bei jeder Contraktion der Faser eintritt, einen zu beträchtlichen Widerstand entgegenstellen würden. Soll also eine Muskelfaser wirklich zweckmässig beschaffen sein, so darf bei Aufbau derselben die Tendenz auf Sicherung der Disdiaklasten vor nachtheiligen Verschiebungen nicht völlig über die Tendenz überwogen haben, den inneren Contraktionswiderstand innerhalb mässiger Grenzen zu halten. Dieser Anforderung genügt die Gesammtheit der Querbälkchensysteme der quergestreiften Faser in der Regel dadurch, dass sie an gewissen, durch einen constanten Abstand von einander getrennten Stellen, nämlich an den Stellen der Zwischenscheiben, eine grosse Elasticität und Festigkeit besitzen und somit einen festen Halt für das Fasergerüst abgeben, in den zwischen diesen Stellen befindlichen Theilen der Faser hingegen eine geringere Elasticität besitzen und dem Bestreben der erregten Faser nach Vergrösserung ihrer Querschnitte einen schwächeren Widerstand entgegenstellen. Die Bedeutung, welche die in der Regel vorhandene und dominirende Differenzirung der anisotropen Scheiben in Zwischenscheiben und Querscheiben besitzt, liegt hiernach klar zu Tage. Ist die Muskelfaser von Eingriffen, welche ihre Disdiaklasten in nachtheilige Stellungen zu bringen geeignet sind, nicht sehr bedroht, bedarf es also keiner nur sehr geringen Intervalle zwischen den einzelnen Zwischenscheiben, so ist es natürlich nur zweckmässig, wenn die contrahirende Kraft, welche

---

bei der Muskelcontraktion die Dehnung der Querbälkchen nicht gleichen Schritt mit der Verkürzung und Verdickung der Faser hält, sondern hinter derselben zurückbleibt, so kann in diesem Falle ein ohne deutliche Schwankungen des Contraktionsgrades verlaufender andauernder Contraktionszustand nicht hergestellt werden. Wir erblicken also in dem Vorhandensein einer festen seitlichen Verbindung des Fasergerüstes mit dem Sarkolemma zugleich auch eine Regulirvorrichtung, welche dazu dient, etwaige Ungleichmässigkeiten der beiden Componenten der contrahirenden Wirksamkeit der Disdiaklasten in ihren Wirkungen auf das Fasergerüst auszugleichen und die Herstellbarkeit andauernder Contraktionszustände von annähernd schwankungslosem Verlaufe zu sichern. Schon in der Anmerkung zu S. 13 haben wir hervorgehoben, dass die feste Verbindung des Sarkolemmas mit dem Fasergerüste die Folge hat, dass sich die aus der gegenseitigen axialen Anziehung der Disdiaklasten entspringende Tendenz, die beiden Muskelenden einander zu nähern, zugleich auch wie eine Kraft geltend macht, welche die Querbälkchensysteme in den zur axialen Richtung senkrechten Richtungen dehnt.

bei gegebenem Reize auftritt, dadurch gefördert ist, dass zwischen je zwei Zwischenscheiben sich mehrere andere anisotrope Scheiben befinden, indem nicht blos an Stelle einer Querscheibe thatsächlich zwei durch eine isotrope Schicht von einander getrennte Querscheiben in jedem Muskelfache vorhanden sind, sondern ausserdem auch noch zwischen die Querscheiben und die benachbarten Zwischenscheiben je eine Nebenscheibe eingeschoben ist und etwa gar noch zwischen den beiden Querscheiben jedes Muskelfaches sich eine Mittelscheibe befindet, deren Disdiaklasten und Querbälkchen (falls letztere überhaupt vorhanden sind[1]) ebenso wie diejenigen der Querscheiben eine verhältnissmässig nur geringe Elasticität besitzen.

Dass unsere Ansicht von der Bedeutung der Zwischenscheiben richtig ist, dass dieselben also ausser ihrer contrahirenden Funktion, die sie bei gegebenem Reize als Stätten von Disdiaklasten entwickeln, auch noch die Funktion besitzen, in hervorragender Weise einen festen Halt für das Fasergerüst abzugeben, scheinen auch die Beobachtungen von Krause (Zeitschr. f. Biol., 5, 1869, S. 422) zu bestätigen, nach denen in solchen Fällen, wo durch mechanische Verletzung der Faser die Zwischenscheiben zerrissen und in Unordnung gebracht sind, auch die gewöhnliche Querstreifung der Faser nicht mehr vorhanden und auch durch Anwendung bestimmter Flüssigkeiten nicht mehr wiederherstellbar ist.

Bekanntlich hat Engelmann sich für die Annahme ausgesprochen, „dass nur die anisotrope Lage contraktil, die isotrope aber und speciell die Grundmembran (d. h. die Zwischenscheibe nebst den beiden Nebenscheiben) der Sitz nur elastischer, der Verkürzung im Allgemeinen entgegenwirkender Kräfte sei.“ Eine gegentheilige Annahme sei höchst unwahrscheinlich. „Denn die fundamentale Verschiedenheit, welche in Bezug auf chemische und physikalische Struktur zwischen der isotropen und anisotropen Substanz besteht, muss auch eine wesentliche Verschiedenheit der physiologischen Leistungen beider bedingen.“ Hierzu bemerken wir kurz Folgendes. Wie neben anderen Forschern auch Engelmann selbst (1, S. 43 f.) festgestellt hat, sind die Zwischenscheiben in gleicher Weise wie die Querscheiben doppelbrechend und zwar beruht ihr Doppelbrechungsvermögen gleichfalls auf einem Gehalt an „doppelbrechenden Körnern“, von denen je eines einer Fibrille entspricht. Diese Gleichartigkeit der Struktur der Querscheiben und der Zwischenscheiben, die darin besteht, dass dieselben Fibrillen beide Scheibenarten durchsetzen und in der Höhe beider Scheibenarten doppel-

[1] Wie wir in § 40 näher sehen werden, lässt sich ein sicherer Beweis dafür, dass auch innerhalb der Mittelscheibe Querbälkchen vorhanden sind, zur Zeit nicht erbringen.

brechende Glieder enthalten, scheint uns schon von vorn herein darauf hinzuweisen, dass beide Scheibenarten auch in physiologischer Beziehung eine gleichartige, wenn auch graduell verschiedene, Stellung einnehmen. Die Unterschiede, welche im Uebrigen zwischen beiden Scheibenarten bestehen, und welche, wie wir gesehen haben, im Wesentlichen darauf hinauslaufen, dass die Zwischenscheiben behufs Erzielung einer grösseren Elasticität und Haltbarkeit derselben weniger durchsaftet sind als die Querscheiben (wobei allerdings die geringere Durchsaftung zugleich auch noch andere Verschiedenheiten in dem Verhalten beider Scheibenarten mit sich führt), finden in ganz ungezwungener Weise ihr Verständniss durch unsere Auffassung, nach welcher die Zwischenscheiben durch die in ihnen enthaltenen Disdiaklasten in gleicher Weise wie die Querscheiben an der Hervorrufung der Muskelcontraktion betheiligt sind, hingegen in bedeutend höherem Grade als die Querscheiben zugleich auch dazu dienen, dem Fasergerüste einen festen Halt zu geben.

Was die Nebenscheiben anbelangt, so ist aus dem früher erwähnten Umstande, dass sie in der Regel hinsichtlich der Durchsaftung, Elasticität und sonstiger Eigenschaften eine mittlere Stellung zwischen den Querscheiben und den Zwischenscheiben einnehmen, zu schliessen, dass sie an der Aufgabe, einen festen Halt für das Fasergerüst zu liefern, im Allgemeinen zwar nicht in gleichem Grade wie die Zwischenscheiben, aber doch in höherem Grade theilnehmen als die Querscheiben. Je mehr sich die Nebenscheiben hinsichtlich ihrer physikalischen Eigenschaften den Zwischenscheiben nähern, desto näher werden sie denselben auch hinsichtlich ihrer physiologischen Funktion stehen. In den früher erwähnten, zuweilen vorkommenden Fällen, wo die Nebenscheiben hinsichtlich ihrer physikalischen und physikalisch-chemischen Eigenschaften den Zwischenscheiben völlig zu gleichen scheinen, werden jene Scheiben auch in ganz gleichem Grade wie diese an der Aufgabe theilnehmen, das Fasergerüst vor nachtheiligen Verschiebungen seiner Bestandtheile zu sichern.

Neben den Fällen der soeben erwähnten Art scheinen nach dem auf S. 95 (Anmerkung 2) und 114 Angeführten auch noch Fälle vorzukommen, wo die Nebenscheiben sogar fester und widerstandsfähiger gebaut sind als die Zwischenscheibe und letztere nur die Rolle einer zwischen die stark entwickelten Nebenscheiben eingeschobenen dünnen Hilfsscheibe spielt. Ja selbst solche Muskelfasern, in denen die Zwischenscheibe ganz fehlt, scheinen sich hier und da vorzufinden. In der That lässt sich vom Standpunkte unserer Anschauungen aus neben dem gewöhnlichen Typus der quergestreiften Faser, bei welchem die widerstandsfähig gebaute Zwischenscheibe durch den festen Halt, den sie dem Fasergerüste gibt, eine hervorragende Stellung einnimmt und hinsichtlich dieser Funktion die etwa vorhandenen beiden Nebenscheiben so zu sagen nur als Hilfsscheiben neben sich hat, auch noch ein anderer zweckmässiger Typus erdenken, welcher dadurch charakterisirt ist, dass die Aufgabe, das Fasergerüst vor nachtheiligen Verzerrungen zu sichern, in erster Linie den beiden Nebenscheiben zugewiesen ist, während die Zwischenscheibe entweder ganz fehlt oder nur als eine schwache Hilfsscheibe erscheint, die hauptsächlich zur Verstärkung der contrahirenden Kräfte zwischen die beiden Nebenscheiben eingeschoben ist. Der Uebergang von dem einen dieser beiden Typen zum anderen wird durch den schon oben erwähnten, dritten Typus vermittelt, bei welchem die Zwischenscheibe und die Nebenscheiben in gleichem Grade und so zu sagen als einander völlig gleichstehende Glieder der Aufgabe dienen, nachtheilige Verschiebungen der Disdiaklasten zu verhindern, die ihnen neben ihrer anderen Aufgabe, Ausgangsstätten contrahirender Kräfte zu sein, noch gestellt ist. Wenn mehrere Wege denkbar sind, um in einem Organe, das sich in zahllosen Arten von Wesen unter den mannigfaltigsten Bedingungen entwickelt, einen bestimmten Zweck zu erreichen, so wäre es sehr zu verwundern, wenn die Natur sich überall nur an einen einzigen dieser Wege hielte und die anderen nicht einmal in einigen wenigen Arten so zu sagen versuchsweise einschlüge. —

Man hat die Frage aufgeworfen, ob die Verschiedenheiten in der Höhe des Muskelfaches, die bei verschiedenen Thierarten und Muskelarten gefunden werden, sich in Beziehung zu physiologischen Unterschieden der betreffenden Muskeln bringen liessen. Vom Standpunkte der im Vorstehenden entwickelten Anschauungen aus würde man zu vermuthen haben, dass die Höhe des Muskelfaches vor Allem von denjenigen Umständen abhängig sei, welche für die Leichtigkeit und Wahrscheinlichkeit massgebend sind, mit der das Gerüst der einzelnen Fasern nachtheilige Verschiebungen oder Verzerrungen erfahren kann. Je mehr die Gerüste der Fasern des Muskels derartigen störenden und verschiebenden Einflüssen ausgesetzt seien, desto geringer müsse bei dem gewöhnlichen Typus der Muskelfaser der gegenseitige Abstand der Zwischenscheiben sein, welche nach Obigem dem Fasergerüste als stärkster Halt gegen jene Einflüsse dienen, desto geringer müsse also auch die Höhe des Muskelfaches sein. Von dem hier angedeuteten Gesichtspunkte aus würde man zu vermuthen haben, dass die Nachbarschaft der Muskelfasern, ihre Dicke,[1] die Zähigkeit des Muskelsaftes

[1] Bei Rollett (1, S. 102) finden wir die Bemerkung, dass die dünnsten unter den Muskelfasern eines Käfers sich gewöhnlich durch eine besondere Breite des Querbandes auszeichnen.

u. dergl. m. von Einfluss auf die Höhe des Muskelfaches seien. Es ist indessen nicht zu übersehen, dass diese Vermuthung überhaupt nur unter der Voraussetzung eine gewisse Berechtigung hat, dass in den mit einander verglichenen Muskelfasern das Muskelfach abgesehen von seiner verschiedenen Höhe in völlig gleicher Weise aufgebaut sei, so dass die verschiedenen Scheiben des Muskelfaches sich in allen verglichenen Fasern in gleichen Graden und gleichen Verhältnissen an der Aufgabe betheiligen, das Fasergerüst vor nachtheiligen Verschiebungen zu bewahren. Denn angenommen z. B., in der einen Faser besässen die Nebenscheiben fast die gleiche Elasticität und Haltbarkeit wie die Zwischenscheibe, in der anderen aber seien sie nur schwach gebaut, von gleich geringer Elasticität und Haltbarkeit wie die Querscheiben oder überhaupt gar nicht vorhanden, so wird die erstere Faser selbst dann, wenn in ihr das Muskelfach eine grössere Höhe besitzt als in der zweiten Faser, in höherem Grade gegen nachtheilige Verzerrungen ihres Gerüstes gesichert sein als letztere Faser. Zu einem ähnlichen Resultate kommt man, wenn man zwei Fasern mit einander vergleicht, die sich dadurch von einander unterscheiden, dass sämmtliche Querbälkchensysteme der einen viel fester gebaut und mit viel grösserer Elasticität begabt sind als die Querbälkchensysteme der anderen. Endlich ist noch zu beachten, dass möglichste Vermeidung und möglichst schnelle Ausgleichung nachtheiliger Verzerrungen des Fasergerüstes nicht für alle Muskelfasern von gleicher Wichtigkeit ist. Muskelfasern, welche zur Ausführung genau abgemessener Bewegungen bestimmt sind, bedürfen einer solchen Einrichtung, welche ihre Fibrillen und Disdiaklasten vor nachtheiligen Verschiebungen sichert, in viel höherem Grade als Muskelfasern, bei denen es nicht so genau darauf ankommt, dass der gleiche Erregungsimpuls stets den gleichen Contraktionseffekt oder Spannungszuwuchs am Muskel bewirke.

Im Vorstehenden glauben wir hinlänglich gezeigt zu haben, dass die Höhe des Muskelfaches in einem ziemlich complicirten Verhältnisse zu den anderweiten Struktureigenthümlichkeiten und den physiologischen Eigenschaften des Muskels steht, so dass die Hoffnung aufzugeben ist, man werde jemals eine histologische oder physiologische Eigenschaft des Muskels entdecken, deren Werth oder nähere Bestimmtheit in ausschliesslicher und völlig eindeutiger Weise für die Höhe des Muskelfaches massgebend ist. Etwas einfacher liegt die Sache, wenn man statt der Höhe des Muskelfaches, das hinsichtlich der Zahl, Beschaffenheit und Grössenverhältnisse seiner verschiedenen Abtheilungen so starke Variationen aufweist, einfach die Höhen der isotropen Schichten desselben oder, was dasselbe bedeutet, die Grössen der Abstände ins

Auge fasst, welche die einzelnen Quercolonnen der Disdiaklasten von einander trennen. Wie leicht ersichtlich, ist der Umfang, den die Contraktion einer quergestreiften Faser erreichen kann, dadurch eingeschränkt, dass die elektrischen Kräfte der Disdiaklasten überhaupt aufhören müssen im Sinne einer weiteren Verkürzung der Faser zu wirken, sobald die Contraktion so weit fortgeschritten ist, dass die einander zugewandten Pole benachbarter Quercolonnen von Disdiaklasten anfangen einander zu berühren oder in das gleiche Niveau der Muskelfaser zu fallen. Allerdings dürfte dieser Punkt in Wirklichkeit wohl niemals erreicht werden wegen des Vorhandenseins der Längsbälkchen und überhaupt wegen des starken Anwachsens des inneren Contraktionswiderstandes sowie auch wegen der bei der Muskelcontraktion eintretenden, auf S. 76 erwähnten Formänderungen der Disdiaklasten, welche eine gegenseitige Berührung benachbarter Quercolonnen bei der Muskelcontraktion noch schwieriger und unwahrscheinlicher erscheinen lassen. Aber immerhin erscheint die Frage nicht unberechtigt, ob sich nicht eine gewisse Beziehung zwischen dem maximalen Umfange der Contraktion und der Grösse der Abstände, welche die einzelnen Quercolonnen der Disdiaklasten von einander trennen, auf empirischem Wege nachweisen lasse.

Bisher ist es namentlich die Schnelligkeit der Contraktion oder die Zuckungsdauer gewesen, von der man vermuthet hat, dass sie in einer näheren Beziehung zur Höhe des Muskelfaches stehe. Man hat gemeint, dass die Zuckungsdauer umso geringer sei, je niedriger die Muskelfächer seien. Gegen diese Ansicht hat schon Engelmann (1, S. 40) die Thatsache angeführt, „dass die Dauer der Zuckung bei vielen breitgestreiften Insektenmuskeln kürzer ist als bei den enggestreiften der Schildkröte, bei diesen aber sehr viel länger als bei den meisten andern Wirbelthieren, deren Muskelfächer zum wenigsten nicht enger gestreift sind als die der Schildkröte.“ Nach der Meinung Nasse's lässt sich allerdings eine Beziehung zwischen der Höhe des Muskelfaches und der Zuckungsdauer nicht nachweisen, wenn man die Muskeln verschiedener Thierarten mit einander vergleicht; beschränke man hingegen den Vergleich auf die verschiedenen Muskeln einer und derselben Thierart, vergleiche man z. B. Muskelfasern, welche theils dem Scheerenschliessmuskel, theils einem Schwanzmuskel des Flusskrebses entnommen seien, so zeige sich in der That, dass bei Abnahme der Höhe der Muskelfächer die Contraktion an Schnelligkeit zunehme. Nach Krukenberg (a. a. O. S. 358) zeigt sich indessen eine solche Abhängigkeit der Contraktionsgeschwindigkeit von der Höhe des Muskelfaches nicht einmal dann, wenn man den Vergleich in der von Nasse vorgeschlagenen Weise auf die verschiedenen Muskeln einer und derselben Thierart beschränkt. Nach unserer Theorie war ein derartiges negatives Verhalten durchaus zu erwarten. Denn, wie wir bereits auf S. 125 f. näher erörtert haben, ist nach derselben die Contraktionsgeschwindigkeit in erster Linie von der Geschwindigkeit abhängig, mit welcher der wärmebildende Erregungsprocess im Muskelsafte verläuft.

Die absolute Muskelkraft, die Spannung, welche die Muskelfaser bei Verhinderung der Contraktion im Falle ihrer Erregung zu entwickeln vermag, wird allerdings zunehmen müssen, wenn wir uns die gegenseitigen Abstände der Quercolonnen der Disdiaklasten verringert denken, während alle übrigen Umstände unverändert bleiben. Da indessen die absolute Muskelkraft in leicht ersichtlicher Weise ausser von den gegenseitigen Abständen jener Quercolonnen auch noch von der Anzahl der Disdiaklasten, welche eine solche Quercolonne zusammensetzen, sowie von der Beschaffenheit und Grösse der Disdiaklasten abhängig ist und sich ausserdem auch noch in wesentlichem Grade nach dem Verlaufe und der Ausgiebigkeit der Temperaturschwankung bestimmt, welche die Disdiaklasten in Folge der Muskelerregung erfahren, so ist wenig Hoffnung dafür vorhanden, dass sich zwischen der absoluten Muskelkraft und der Höhe des Muskelfaches oder der Grösse der gegenseitigen Abstände der anisotropen Scheiben desselben eine allgemeine Beziehung von der Art herausstellen werde, dass allgemein die absolute Muskelkraft umso grösser sei, je niedriger das Muskelfach sei, oder je geringer die Höhe der isotropen Schichten sei, welche die anisotropen Scheiben von einander trennen. —

Fassen wir die wesentlichen Resultate der bisherigen Ausführungen dieses Paragraphen kurz zusammen, so ergibt sich also Folgendes:

Der Umstand, dass die Fibrillen durch Querbälkchen mit einander sowie mit dem Sarkolemma verknüpft sind, dient erstens dazu, der Muskelfaser die Herstellung annähernd gleichmässiger andauernder Contraktionszustände zu ermöglichen.

Zweitens dienen jene innerhalb der Muskelfaser bestehenden Querverbindungen dazu, nachtheilige Verschiebungen und Desorientirungen der Disdiaklasten zu erschweren, bez. wieder auszugleichen.

Diese beiden Aufgaben sind mit der Anforderung, den inneren Contraktionswiderstand nicht höhere Werthe erreichen zu lassen, als unbedingt nothwendig ist, in zweckmässiger Weise dadurch in Einklang gebracht, dass die Querbälkchensysteme mit regelmässiger Abwechselung verschiedene Elasticität und Haltbarkeit besitzen, so dass die Muskelfaser in eine Reihe auf einander folgender Muskelfächer sich gliedert, die sämmtlich in ganz gleicher Weise verschiedenartige anisotrope Scheiben einschliessen.

Der vorherrschende Typus des Muskelfaches, bei welchem die Zwischenscheibe die grösste, die Quer- und Mittelscheiben aber die geringste Elasticität und Haltbarkeit besitzen, ist nur einer der denkbaren Typen, welche den angeführten Aufgaben oder Anforderungen entsprechen. In der That finden sich auch noch andere derartige Typen in der Natur verwirklicht.

Der Umstand, dass das Muskelfach in den verschiedenen Thierarten und Muskelarten hinsichtlich der Zahl, der Beschaffenheit und der Dimensionen seiner isotropen und anisotropen Abtheilungen so mannigfaltige Variationen aufweist, ist nach unseren Anschauungen nicht im Mindesten befremdend und räthselhaft.

Eine histologische oder physiologische Eigenschaft des Muskels, nach welcher sich die Höhe des Muskelfaches in ausschliesslicher und eindeutiger Weise bestimme, gibt es nicht. —

Noch nicht berücksichtigt ist in den vorstehenden Ausführungen der auf S. 115f. näher dargethane Umstand, dass nach vorliegenden Beobachtungen zwischen den isotropen Fibrillengliedern des Querbandes einerseits und den anisotropen Fibrillengliedern desselben andererseits eine grössere Aehnlichkeit der Struktur und des Verhaltens besteht, als zwischen den isotropen und den anisotropen Fibrillengliedern des Zwischenbandes vorhanden ist. Wir sind geneigt diesen Umstand dahin zu deuten, dass das Querband hinsichtlich der Differenzirung seiner verschiedenen Abtheilungen im Allgemeinen noch auf einer früheren Entwickelungsstufe stehe als das Zwischenband.

Zur Verdeutlichung unserer auf diesen Punkt bezüglichen Anschauungen erinnern wir zunächst an Folgendes. Nach den Untersuchungen von Engelmann (3, S. 457ff.) gibt es Muskeln, deren Fasern bei vollendeter Entwickelung quergestreift sind, in einem gewissen frühen Entwickelungsstadium aber sich bereits als doppelbrechend und contraktil erweisen, während noch keine Spur von Querstreifung zu erkennen ist. Die Contraktilität derartiger glatter Fasern kommt, wie wir aus dem Früheren wissen, dadurch zu Stande, dass die pyroelektrisch wirkungsfähigen Micelle zwar in der gesammten Masse der Fibrillen vertheilt sind, aber doch hinsichtlich ihrer Pole und Axen im Allgemeinen richtig orientirt sind. Inwiefern der Uebergang von einer solchen glatten Muskelfaser zu einer quergestreiften Faser, in welcher jede Fibrille aus abwechselnden isotropen und anisotropen Abtheilungen besteht, einen wesentlichen Fortschritt hinsichtlich der Leistungsfähigkeit der Faser bedeutet, ist bereits auf S. 120ff. dargelegt worden.

Hinsichtlich des Querbandes der bei den Beobachtungen gewöhnlich benutzten Fasern scheint uns nun die Sache so zu stehen, dass die demselben entsprechenden Fibrillenglieder eine Struktur besitzen, die in mannigfaltiger Weise variirt und zwar sich zwischen den beiden Extremen bewegt, deren eines durch die soeben charakterisirte Beschaffenheit repräsentirt wird, welche ein Fibrillenstück einer contraktilen, aber mit Querstreifung noch nicht versehenen Faser besitzt, und deren anderes durch die deutlich differenzirte Struktur repräsentirt wird, welche in einer normalen quergestreiften Faser die dem Zwischenbande entsprechenden Fibrillenglieder besitzen. Es ist also möglich, dass in seltenen Fällen die den Querbändern entsprechenden Fibrillenglieder noch in ihrer ganzen Ausdehnung sei es ausschliesslich, sei es neben anderer fester Substanz doppelbrechende, polar-pyroelektrische Micelle enthalten. Andererseits scheinen nach gelegentlichen Darstellungen die isotropen und anisotropen Abtheilungen des Querbandes sich zuweilen mit derselben Schärfe von einander abzuheben wie die isotropen und anisotropen Abtheilungen des Zwischenbandes. In der Mehrzahl der Fälle aber entspricht die Beschaffenheit des Querbandes einer derjenigen Entwickelungsstufen, welche den Uebergang von der einen der beiden soeben erwähnten Strukturarten zu der anderen vermitteln.

Auf Grund der hier entwickelten Anschauungen verstehen sich nun leicht alle diejenigen Beobachtungsthatsachen, die sich auf die besondere Beschaffenheit des Querbandes beziehen, z. B. die bei manchen Beobachtungen gefundene geringere Schärfe der Grenze zwischen den isotropen und anisotropen Abtheilungen des Querbandes, das von Rollett beobachtete gleichartigere Verhalten dieser Abtheilungen gegenüber der Einwirkung tingirender Mittel, der festere Zusammenhalt, den dieselben bei Einwirkung mancher Agentien, z. B. des Alkohols, dadurch bekunden, dass bei eintretender Bildung von Zerfallsscheiben der Querbruch des Fasergerüstes nirgends durch das Querband hindurchgeht. Ferner lässt sich mit obigen Anschauungen auch leicht die Thatsache in Einklang bringen, dass nach vorliegenden Berichten zuweilen nur eine einzige, den ganzen Raum des Querbandes einnehmende Querscheibe vorkommen soll, dass in anderen Fällen zwar eine zwischen den beiden Querscheiben befindliche und von diesen durch ihr Aussehen verschiedene Mittelscheibe beobachtet wurde, aber nicht zugleich auch eine trennende isotrope Schicht zwischen dieser Mittelscheibe und jeder der beiden Querscheiben zur deutlichen Wahrnehmung kam, u. A. m.

Wenn man dem Vorstehenden entsprechend annimmt, dass das

Querband hinsichtlich der Differenzirung seiner verschiedenen Abtheilungen im Allgemeinen nicht bis zu der gleichen Stufe der Entwickelung gelangt sei wie das Zwischenband, so hat man natürlich in letzter Linie Anschauungen zu hegen wie etwa die, dass in der Zeit der ersten Anfänge thierischen Lebens der Zustand aller contraktiler Fibrillen der oben erwähnte Zustand der in ihrem ganzen Verlaufe doppelbrechenden und contraktilen, glatten Fibrillen gewesen sei, dass dieser Zustand in manchen Muskeln zum Vortheile der betreffenden Wesen dem Zustande der quergestreiften Fibrillen, in denen sehr kleine anisotrope und isotrope Abtheilungen abwechselnd auf einander folgen und nur die ersteren sich aktiv bei der Contraktion verhalten, gewichen sei, und dass eben dieser seit Jahrtausenden sich vollziehende Differenzirungsprocess in denjenigen Fibrillenabschnitten der quergestreiften Fasern, welche den Querbändern der Muskelfächer entsprechen, sich vielfach noch nicht im gleichen Grade geltend gemacht habe wie in den übrigen Fibrillenabschnitten.[1] Schon durch theoretische Erwägungen allgemeinerer Art kann man zu der Ueberzeugung geführt werden, dass jener Vorgang in der lebenden Natur, der in der herumprobirenden Erzeugung neuer Form- und Strukturvarietäten und in der allmählichen Auswahl und Festhaltung der zweckmässigeren Formen und Strukturen besteht, noch nicht zu Ende sei. Noch mächtiger aber als alle allgemeineren Erwägungen hat uns zu der Ueberzeugung, dass wir noch mitten drin in diesem Processe stehen, die denkende Beschäftigung mit der Mannigfaltigkeit der besonderen Gestaltungen geführt, welche die contraktile Faser in den verschiedenen Arten von Muskeln und von Lebewesen aufweist.

§ 26.

Wenn wir in diesem Paragraphen kurz die Bedeutung angeben, welche der fibrilläre Aufbau der Muskelfasern besitzt, so geben

[1] Noch dahingestellt muss es bis auf Weiteres bleiben, ob in manchen Beobachtungsfällen der geringere Differenzirungsgrad des Querbandes nicht einfach darin seinen Grund gehabt habe, dass die beobachtete Muskelfaser noch jung und unvollständig entwickelt war. Denn nach Obigem steht zu vermuthen, dass es für eine Muskelfaser, welche in ihrem ersten Entwickelungsstadium noch völlig glatte Fibrillen besitzt, hingegen nach vollendeter Entwickelung in allen ihren Theilen eine deutliche Differenzirung in isotrope und anisotrope Schichten erkennen lässt, ein gewisses Zwischenstadium gebe, in welchem eine Differenzirung dieser Art zwar an den Zwischenbändern, nicht aber auch an den Querbändern mit Deutlichkeit zu erkennen ist. Ueberhaupt ist bisher noch viel zu wenig untersucht und festgestellt worden, inwieweit beobachtete Strukturunterschiede der Muskelfasern einfach auf Altersunterschieden derselben beruhen können.

wir thatsächlich die Beantwortung einer Frage von allgemeinerer Bedeutung, welche sich nicht blos auf die quergestreifte Faser, sondern auch auf die glatten Muskelfasern und andere contraktile Gebilde bezieht. Nachdem schon G. R. Wagener in verschiedenen Abhandlungen[1] darauf hingewiesen hatte, dass die Fibrille auch in den Muskelfasern lebender Thiere zu beobachten sei, und die Ansicht vertreten hatte, dass die Fibrille allgemein der letzte Bestandtheil des Muskels sei, hat Engelmann (6, S. 538 ff.) näher dargethan, dass nicht blos die quergestreiften, sondern auch die glatten und doppeltschräggestreiften Muskelfasern und andere contraktile Gebilde sämmtlich fibrillare Struktur besitzen. Dieser Nachweis, dass Contraktilität, wie sie den Muskeln eigenthümlich ist, stets mit einem fibrillaren Aufbau der betreffenden contraktilen Gebilde verbunden ist, hat neuerdings noch eine interessante Bestätigung durch die Untersuchungen von E. Ballowitz über „Fibrilläre Struktur und Contraktilität" (Pflüger's Arch., 46, 1890, S. 433 ff.)[2] gefunden. Derselbe stellte durch weit ausgedehnte, an den Spermatosomen sowohl von Wirbelthieren als auch von Wirbellosen angestellte Beobachtungen fest, dass solche an den Spermatosomen vorhandene Gebilde, in denen Fibrillen existiren, zugleich auch Contraktilität besitzen, während ganz homologe Gebilde, in denen die Fibrillen fehlen, zugleich auch der Contraktilität entbehren. Dieser an den Spermatosomen gewonnene Nachweis eines Zusammenhanges zwischen Contraktilität und fibrillarer Struktur gewinnt, wie Ballowitz (a. a. O. S. 458 f.) hervorhebt, dadurch noch eine gewisse Verstärkung, dass die der Contraktilität dienenden Fibrillen in verschiedenen Fällen entwickelungsgeschichtlich verschiedenen Ursprungs zu sein scheinen, in den einen Fällen dem Zellprotoplasma entstammen, in den anderen Fällen aber vom Kerne herzustammen scheinen. Ballowitz glaubt auf Grund seiner Untersuchungen den allgemeinen Satz aufstellen zu können, „dass alle regelmässige in bestimmten Bahnen verlaufende Contraktion contraktiler Substanzen an das Vorhandensein regelmässiger, parallel oder annähernd parallel neben einander liegender contraktiler Fibrillen gebunden ist. Die Fibrillen, nicht die Zwischensubstanz, sind für die Contraktilität das Wesentliche, die Fibrillen müssen als die eigentlichen Träger der Contraktilität angesehen werden."

Ohne hier bereits in eine vergleichende Betrachtung aller an

[1] Vergl. z. B. Arch. f. mikrosk. Anat., 9, 1873, S. 712 ff. und 10, 1874, S. 293 ff., ferner Arch. f. A. u. Ph., Anat. Abth., 1880, S. 253 ff., und Pflüger's Arch., 30, 1883, S. 511 ff.

[2] Vergl. auch Ballowitz im Arch. f. mikrosk. Anat., 32, 1888, S. 401 ff. und 36, 1890, S. 225 ff., Zeitschr. f. wiss. Zool., 50, 1890, S. 317 ff.

lebenden Wesen zu Tage tretender Contraktilitätserscheinungen eintreten zu wollen,[1] fassen wir bei unserer jetzigen Erörterung der Bedeutung der fibrillaren Struktur neben den quergestreiften Fasern zugleich auch die glatten und doppeltschräggestreiften Muskelfasern mit ins Auge. Nach unserer Theorie ist ohne Weiteres klar, dass der fibrillare Aufbau dieser drei Faserarten nothwendig ist, weil die Micelle oder Micellcomplexe (Disdiaklasten) in ein relativ festes System von Balken oder Fäden eingefügt oder Theile eines solchen Systemes sein müssen, wenn sie überhaupt bei dem Wechsel der Zustände der Muskelfaser Stellungen beibehalten oder wiedereinnehmen sollen, die sie für den Fall ihrer elektrischen Ladung zu einer genügenden contrahirenden Wirksamkeit befähigen. Man denke sich eine Struktur der Muskelfaser, bei welcher die Micelle oder Micellcomplexe im Allgemeinen der Einfügung in feste Gebilde ganz entbehrten und in dem Mukelsafte als frei bewegliche Körperchen suspendirt seien und nur an den Sehnenenden der Faser eine Anzahl zweckmässig orientirter Micelle oder Disdiaklasten in fester Verbindung mit den festen Massen des Muskels stünde, um überhaupt die bei der Muskelerregung auftretenden, in der Längsrichtung der Faser stattfindenden gegenseitigen Anziehungen der Micelle oder Disdiaklasten dazu zu befähigen, sich im Sinne einer Annäherung der beiden Faserenden an einander geltend zu machen. Bei einer solchen Struktur der Muskelfaser würden die freibeweglichen Micelle oder Disdiaklasten in Folge der Verschiebungen, die sie bei der Erschlaffung der Faser, bei zufälligen äusseren Einwirkungen auf letztere, ja sogar häufig schon in Folge ihrer eigenen Schwere erfahren würden, eine in unregelmässiger Weise wechselnde, häufig sehr unzweckmässige Orientirung besitzen und sich zuweilen in Stellungen befinden, die bei eintretender Muskelerregung ihre contrahirende Wirksamkeit minimal werden liessen.

Ebenso also wie im Bindegewebe die Fibrillen die Bedeutung von Stützgebilden besitzen, so gilt dasselbe auch von den Fibrillen der Muskelfasern, und zwar besitzen diese in erster Linie die Funktion, diejenigen pyroelektrischen Körperchen, von denen bei der Muskelerregung die contrahirenden Kräfte ausgehen, in sich einzuschliessen und in denjenigen Stellungen zu erhalten, welche jenen Körperchen bei eintretender Muskelerregung eine genügende contrahirende Wirksamkeit ermöglichen. In dieser Funktion werden die Fibrillen dem

[1] Nur beiläufig sei hier schon bemerkt, dass wir keineswegs der Ansicht sind, dass j e d e an einem Gebilde von fibrillarer Struktur auftretende Bewegungserscheinung in näherem Zusammenhange zu dieser Struktureigenthümlichkeit stehe.

früher (S. 130 ff.) Bemerkten gemäss in allen denjenigen Fasern, wo Querbälkchen vorhanden sind, durch die Querbälkchen unterstützt. Durch das soeben Bemerkte soll nicht ausgeschlossen sein, dass die Fibrillen entsprechend ihrer Elasticität und Festigkeit ausser der hier erwähnten Funktion auch zugleich noch die Funktion haben, die normale Form der Muskelfaser bei Einwirkung äusserer oder innerer Kräfte, z. B. dehnender Aussenkräfte, einigermassen aufrechtzuerhalten oder wiederherzustellen. Aber hinsichtlich dieser letzteren Funktion, an der in gewissem Grade auch die Querbälkchen theilnehmen, könnten die verschiedenen Bestandtheile des Fasergerüstes auch durch anderweite Einrichtungen, einen festeren Aufbau des Sarkolemmas u. dergl., ersetzt werden, während sie in ihrer Funktion, feste Träger oder Stützgebilde für die pyroelektrisch wirksamen Micelle oder Micellcomplexe zu sein, unersetzlich sind und mithin diese Funktion als ihre Hauptfunktion angesehen werden muss.

Was den Umstand anbelangt, dass in der quergestreiften Faser die Richtung der Längserstreckung der Fibrillen stets mit der Richtung der Faserverkürzung zusammenfällt, dass also, was auf dasselbe hinauskommt, die weniger durchsafteten, stärker das Licht brechenden und mit grösserer Elasticität begabten Bälkchen des Fasergerüstes stets in der Längsrichtung der Faser, nicht aber in den queren Richtungen derselben sich erstrecken, so ist zur Erklärung dieses Umstandes zunächst zu bemerken, dass die sehr langgestreckte Gestalt der Faser es in ganz selbstverständlicher Weise mit sich bringt, dass das Fasergerüst behufs Vermeidung nachtheiliger Störungen der Stellung und Struktur seiner Bestandtheile gerade in der Längsrichtung mit grösserer Widerstandsfähigkeit und Haltbarkeit begabt ist. Bedürfen wir für irgend einen Mechanismus eines langgestreckten Körpers, dessen Dimensionen sich ähnlich verhalten wie die einer quergestreiften Faser, dessen Länge also z. B. tausendmal grösser ist als sein Querdurchmesser, so werden wir es gleichfalls für selbstverständlich erachten, in erster Linie dafür zu sorgen, dass die Theilchen des Körpers solchen Kräften, welche ihren Zusammenhalt in der Längsrichtung des Körpers bedrohen, einen hinlänglichen Widerstand zu leisten vermögen. Vor Allem aber ist hier zu beachten, dass, wie schon auf S. 12 bemerkt, der Muskel im Allgemeinen seinen Aufgaben nur dann in hinlänglichem Masse genügen kann, wenn er einerseits dehnenden Aussenkräften, die in der Richtung seiner Axe wirken, einen nicht zu geringen inneren Dehnungswiderstand entgegenstellt und andererseits den in seinem Inneren auftretenden contrahirenden Kräften einen nur geringen inneren Contraktionswiderstand bereitet. Dass es vielfach mit zur Funktion des Muskels gehört, einen gewissen inneren Dehnungswiderstand zu entfalten, zeigt sich z. B. darin, dass die Skeletmuskeln entsprechend der Spannung, in der sie sich gemäss ihrer Befestigungsweise schon im ruhenden Zustande befinden, zum Theil als Faktoren gelten, welche bei Erhaltung des festen Zusammenhanges der Knochen in den Gelenken in gewissem Grade mitwirken. Auch diejenigen, allerdings in der Mehrzahl der Fälle glatten, Muskelfasern, welche den Wandungen von Hohlräumen des Körperinneren angehören, bedürfen in ihrer Längsrichtung einer gewissen Elasticität und Festigkeit, um den sie einschliessenden Wandungen eine genügende Widerstandsfähigkeit gegenüber solchen Kräften zu verleihen, welche die betreffenden Hohlräume stark zu erweitern streben. Dieser Aufgabe, unter Umständen einen nicht ganz geringen inneren Dehnungswiderstand zu entfalten, und jener anderen Anforderung der Entwickelung eines nur geringen inneren Contraktionswiderstandes genügen nun die quergestreiften Fasern in trefflicher Weise durch die eigenthümliche Beschaffenheit ihres Fasergerüstes. Die Leistung eines nicht ganz geringen inneren Dehnungswiderstandes wird ihnen namentlich durch die grössere Elasticität der Fibrillen ermöglicht; und ein stärkerer innerer Contraktionswiderstand entspringt den in ihnen auftretenden contrahirenden Kräften weder aus dem Verhalten der nur mit geringer Elasticität begabten Querbälkchen noch aus dem Verhalten der Längsbälkchen, deren Elasticität allerdings beträchtlich grösser ist, die aber bei der Muskelcontraktion nicht eine Compression in axialer Richtung, sondern nur eine zur Entwickelung bedeutender Widerstandskräfte nicht Anlass gebende Biegung erfahren. Allerdings darf nicht ausser Auge gelassen werden, dass in der Regel die Contraktion eines Muskels von einer Dehnung eines oder mehrerer antagonistischer Muskeln begleitet ist, und dass demgemäss eine nicht unbeträchtliche Stärke des inneren Dehnungswiderstandes eines Muskels zugleich eine nicht unerhebliche Stärke des äusseren Contraktionswiderstandes bedeutet, den der antagonistische Muskel oder Muskelcomplex bei seiner Contraktion zu überwinden hat. Allein man denke sich eine Muskelfaser, in welcher der Versuch gemacht wäre, dem Fasergerüste den erforderlichen Halt dadurch zu geben, dass den Querbälkchen diejenige Elasticität und Festigkeit verliehen sei, welche in den thatsächlich existirenden Muskelfasern die Längsbälkchen besitzen, und umgekehrt die Längsbälkchen mit denjenigen physikalischen Eigenschaften ausgestattet seien, welche in den thatsächlich vorkommenden Fasern den Querbälkchen eigenthümlich sind. Da die Zahl der Querbälkchensysteme in einer Muskelfaser eine sehr bedeutende ist, in der Regel die Zahl der in der Faser vorhandenen Fibrillen weit übertrifft,[1] da ferner die Querbälkchen einer Faser von der soeben fingirten Art bei der Muskelcontraktion nicht wie die ihnen an Beschaffenheit gleichen Längsbälkchen der wirklichen Muskelfasern gebogen, sondern gedehnt werden würden, so würde der innere Contraktionswiderstand, welcher den contrahirenden Kräften eines Muskels, dessen Fasern die hier fingirte Struktur besässen, lediglich aus dem Verhalten der Querbälkchen entspringen würde, in ganz bedeutendem Masse stärker sein als der gesammte Widerstand, welcher für die contrahirenden Kräfte eines gleichgestalteten wirklichen Muskels von normaler Beschaffenheit einerseits aus dem eigenen inneren Contraktionswiderstande dieses Muskels und andererseits aus dem Dehnungswiderstande des antagonistischen Muskels oder Muskelcomplexes entspringt. Wir glauben also in der Thatsache, dass die Längsbälkchen eine geringere Durchsaftung, grössere Elasticität und Festigkeit besitzen als die Querbälkchen, durchaus eine zweckmässige Einrichtung erblicken zu müssen, durch welche das Fasergerüst den verschiedenen ihm gestellten Aufgaben in befriedigender Weise gerecht wird.

Dass die im Vorstehenden vertretene Ansicht von der Bedeutung des fibrillaren Baues der Muskelfasern richtig ist, dass also die Fibrillen im Wesentlichen Träger und Stützpfeiler der Micelle oder Disdiaklasten sind und ihre in den quergestreiften Muskeln vorhandene Längserstreckung in der Richtung der Faseraxe eine andere als die im Vorstehenden angedeutete Bedeutung nicht besitzt, ergibt sich vor Allem auch daraus, dass eine abweichende Auffassung der fibrillaren Struktur der Muskelfasern weder den eigenthümlichen quergeschichteten Bau der quergestreiften Muskelfasern noch die merkwürdige Struktur und Funktionsweise der doppeltschräggestreiften Muskelfasern zu erklären vermag. Was zunächst die quergestreiften Fasern betrifft, so vermag die z. B. von Kölliker vertretene Ansicht, nach welcher jede Fibrille in ihrem ganzen Verlaufe in gleicher Weise contraktil ist und die Contraktilität der Muskelfaser auf der Contraktilität beruht, welche jeder ihrer Fibrillen isolirt betrachtet zukommt, schon die einfache Thatsache, dass die Fibrillen der quergestreiften Fasern sich aus abwechselnd isotropen und anisotropen Gliedern aufbauen, in keiner Weise zu

---

[1] Kölliker (a. a. O. S. 364) schätzt die in einer dicken Muskelfaser vorhandene Anzahl von Primitivfibrillen auf ca. 2000. Nimmt man nun an, es sei eine Faser gegeben, welche eine Länge von ca. 4 cm besitzt, und in welcher die Höhe des Muskelfaches 2,5 μ beträgt, so kommen auf die ganze Länge der Faser ca. 16000 Muskelfächer und, wenn wir annehmen, dass das Muskelfach in dieser Faser 5 anisotrope Scheiben (Zwischenscheibe, 2 Nebenscheiben und 2 Querscheiben) enthalte, nicht weniger als 80000 Querbälkchensysteme.

erklären. Noch weniger vermag diese Ansicht anzugeben, weshalb in einer und derselben Höhe der quergestreiften Faser immer gleichartige Abschnitte der verschiedenen Fibrillen der Faser liegen, so dass in Folge dessen die Faser in der Längenansicht das Bild regelmässig mit einander abwechselnder, isotroper und anisotroper Querschichten darbietet.

Was ferner die doppeltschräggestreiften Muskelfasern anbelangt, die auch noch hinsichtlich anderer, im Nachstehenden zugleich mit anzudeutender Punkte von fundamentaler Bedeutung für die Begründung und Durchführung unserer Contraktionstheorie sind, so haben wir nach den Untersuchungen von ENGELMANN (6, S. 551 ff.) in jeder doppeltschräggestreiften Faser zwei Systeme von Fibrillen zu unterscheiden, „welche, in zur Faseroberfläche parallelen concentrischen Lagen, entgegengesetzt gewundene Schraubenlinien um die Faseraxe beschreiben . . . Im mässig gedehnten, nicht activen Zustand sind die Schraubenlinien so steil, dass sie der Faseraxe nahezu, doch nie völlig parallel laufen; je mehr die Faser sich verkürzt, umso weniger steil werden die Windungen, umso mehr also nähert sich der Winkel, unter dem sie sich schneiden, 180°, ohne diesen Werth doch jemals zu erreichen.“ Die Fibrillen beider Systeme sind in ihrem ganzen Verlaufe doppelbrechend und zwar positiv einaxig, und die optische Axe der Fibrillen fällt nicht mit der Längsrichtung der Fibrillen, sondern unter allen Umständen mit der Längsaxe der Muskelfasern zusammen. „Gleichviel in welchem Verkürzungszustand die Muskelfaser sich befindet, gleichviel also unter welchem Winkel die Fibrillen die Faseraxe schneiden, immer erscheint zwischen gekreuzten Nikols die Faser im Maximum der Helligkeit, wenn ihre Längsaxe in der Ebene des Gesichtsfeldes unter einem Winkel von 45° gegen die Polarisationsebenen orientirt ist. Fiele die optische Axe der Fibrillen mit der Längsaxe der Fibrillen zusammen, so müsste beispielsweise die Faser bei α[1] = 90° am dunkelsten erscheinen, wenn sie unter 45°, am hellsten, wenn sie unter 0°, bezüglich 90° zu den Polarisationsebenen orientirt wäre.“

Diese Einrichtung und Verhaltungsweise der doppeltschräggestreiften Muskelfasern ist für uns in folgenden Beziehungen von Wichtigkeit:

1) Sie zeigt uns, wie schon ENGELMANN selbst hervorgehoben hat,

[1] Als α bezeichnet ENGELMANN den (von der Faseraxe halbirten) Winkel, unter dem sich die beiden Fibrillensysteme der doppeltschräggestreiften Faser schneiden.

die Unrichtigkeit jener Ansicht, nach welcher die Anisotropie der Muskelfasern für die Funktion derselben nicht von Wichtigkeit ist, sondern nur morphologische Bedeutung besitzt. Denn nach letzterer Ansicht ist nicht einzusehen, weshalb die optische Axe in allen Muskelfasern mit der Richtung der Muskelverkürzung zusammenfällt und zwar sogar auch in den doppeltschräggestreiften Fasern, in denen die Axe der Fibrillen von der Richtung der Muskelverkürzung abweicht.

2) Es ergibt sich die Unhaltbarkeit derjenigen Ansicht, welche die Anisotropie der Muskelfasern oder gewisser Abschnitte derselben auf im Faserinneren bestehende Spannungen zurückführt und der Annahme widerspricht, dass kleine krystallartige Körperchen die Ursache der Anisotropie der Muskelfasern seien. Denn nimmt man an, die beim Ruhezustande zu beobachtende optische Anisotropie der Fibrillen der doppeltschräggestreiften Fasern beruhe nur auf Spannungen, die während des Ruhezustandes in den Fibrillen bestünden, so ist entweder gar nicht oder nur mittels der allerwillkürlichsten, jeder erfahrungsmässigen Grundlage und jedes weiteren Nutzens entbehrenden Hypothesen zu begreifen, wie bei der Muskelcontraktion, bei welcher sich die Richtung der Fibrillen in Vergleich zu der Richtung der Faseraxe ganz bedeutend verändern kann, die optische Axe der Fibrillen dennoch die schon beim Ruhezustande vorhandene, mit der Richtung der Faseraxe und der Faserverkürzung identische Richtung unverändert beibehält.

3) Nimmt man hingegen im Sinne unserer Theorie an, dass die Anisotropie der Fibrillen der doppeltschräggestreiften Fasern von kleinen, doppelbrechenden und polar-pyroelektrischen Körperchen herrührt, deren Axen beim Ruhezustande der Faser in die Längsrichtung der Faser fallen, und deren analoge Pole sämmtlich dem einen und deren antiloge Pole sämmtlich dem anderen Faserende zugekehrt sind, so zeigt sich, dass bei der Muskelerregung die elektrischen Kräfte, mittels deren jene in den Fibrillen vorhandenen Micelle auf einander wirken, nicht blos im Sinne einer Verkürzung und Verdickung der Faser sich geltend machen, sondern zugleich auch dahin wirken, die Axen jener Micelle im Gegensatze zu den Veränderungen, welche die Fibrillen hinsichtlich der Richtung ihres Verlaufes erfahren, in ihrer ursprünglichen, mit der Richtung der Faseraxe identischen Richtung festzuhalten. Die von Engelmann gefundene Thatsache, dass bei der Contraktion der doppeltschräggestreiften Fasern die optische Axe trotz der stattfindenden Aenderung der Richtung des Fibrillenverlaufes ihre ursprüngliche Richtung beibehält, ist eine der schönsten Bestätigungen unserer Theorie; denn sie beweist, dass bei der Muskelerregung Kräfte entstehen, welche ganz unmittelbar und direkt auf die Träger des

optischen Doppelbrechungsvermögens der Muskelfaser einwirken und dieselben ganz unabhängig von der jeweiligen Verlaufsrichtung der Fibrillen in der axialen Richtung festzuhalten streben. Welcher Art sollen diese die Orientirung der Axen der doppelbrechenden Micelle bestimmenden, durch die Muskelerregung geweckten Kräfte sein, wenn sie nicht pyroelektrischer Art sind?

4) Endlich — und dies ist der Punkt, auf den es uns hier hauptsächlich ankommt — bestätigt die Verhaltungsweise der doppeltschräggestreiften Fasern auch unsere obige Auffassung hinsichtlich der Bedeutung des fibrillaren Aufbaues der Muskelfasern. Denn die Ansicht, dass die Fibrillen nur insofern für die Contraktilität der Muskelfasern von wesentlicher Bedeutung sind, als sie als feste Träger und Stützen derjenigen doppelbrechenden Körperchen dienen, von denen bei eintretender Muskelerregung die contrahirenden Kräfte ausgehen, muss als bestätigt gelten, wenn sich Fälle herausstellen, wo die Richtung der Muskelverkürzung fortwährend mit der Richtung der Axe jener Körperchen zusammenfällt, hingegen nicht übereinstimmt mit der während der Muskelcontraktion sich fortwährend verändernden Richtung, in welcher die Fibrillen verlaufen. Solche Fälle aber finden wir an den doppeltschräggestreiften Fasern verwirklicht, über deren Funktionsweise und eigenthümliche Stellung im Systeme der contraktilen Gebilde wir weiter unten (S. 151 ff.) noch Einiges bemerken werden.

Eine historische Uebersicht über die Entwickelung der Anschauungen von dem Wesen und der Bedeutung der Muskelfibrille würde eines gewissen Interesses nicht entbehren. Gemäss dem Umstande, dass eine historische Berücksichtigung fremder Anschauungen nicht zu den dieser Schrift gestellten Aufgaben gehört, mag hier nur Folgendes erwähnt werden. Geraume Zeit hindurch ist zweifelhaft gewesen, ob die Fibrille überhaupt in dem lebenden Muskel existire und nicht blos ein Produkt des Absterbeprocesses sei. Noch Engelmann (1, S. 59 ff.) hat in seiner ersten Abhandlung über die quergestreifte Muskelsubstanz die Anschauung vertreten, dass die Fibrillen erst durch einen beim Absterben auftretenden Spaltungsprocess entstünden. Späterhin indessen ist Engelmann (6, S. 542 f. und anderwärts) auf Grund eigener und fremder Beobachtungen für die Präexistenz der Fibrillen eingetreten, und, wie oben erwähnt, ist es neben G. R. Wagener und anderen früheren Forschern vor Allem Engelmann gewesen, welcher darauf hingewiesen hat, dass die den Muskeln eigenthümliche Contraktilität allgemein mit einem fibrillaren Aufbau derselben verbunden ist.

Rollett (2, S. 46 ff.) hat darauf hingewiesen, dass die Längsstreifung, welche beim lebenden Zustande an den Muskelfasern wahrnehmbar sei, wenigstens bei den von ihm untersuchten Muskelarten nur auf die Muskelsäulchen zu beziehen sei. Während also die Präformation der Muskelsäulchen im lebenden Muskel eine direkt beobachtbare Thatsache sei, könne das Gleiche von der Präexistenz der Fibrillen nicht behauptet werden. Indessen lasse sich die Annahme, dass auch die Fibrillen präformirt seien, doch wenigstens auf Wahrscheinlichkeitsgründe stützen. Ausser der Thatsache, dass frische Muskelfasern nach dem

Eintritt der Todtenstarre und nach der Einwirkung der verschiedensten Reagentien sich leicht in Fibrillen spalten lassen, scheine auch die Verschiedenheit der Muskelsäulchen bei verschiedenen Thieren für die Präformation der Fibrillen zu sprechen. „Der faserige Bau der lebenden contraktilen Substanz der Muskeln ist durch den Nachweis der Muskelsäulchen allein schon erwiesen. Nun finden wir aber die verschieden geformten und durch verschieden angeordnete Sarkoplasmalagen auseinandergehaltenen Muskelsäulchen verschiedener Thiere ganz gleichmässig in feinste Fäserchen spaltbar. Man wird also geneigt sein, diese als das letzte Element des faserigen Baues der Muskeln anzusehen und anzunehmen, dass die morphologischen Verschiedenheiten der Muskelfasern verschiedener Thiere dadurch gegeben seien, dass die Fibrillen in verschiedener Zahl und Zusammenordnung in den Muskelsäulchen verschiedener Thiere sich vorfinden."

Wie leicht zu erwarten, ist auch schon die Frage aufgeworfen worden, ob nicht vielleicht in ähnlicher Weise, wie die Muskelsäulchen aus einer Anzahl von Fibrillen sich zusammensetzen, auch die Fibrillen selbst noch Aggregate sehr feiner Elementarfäserchen seien.

Was die Bedeutung der fibrillaren Struktur der Muskelfaser anbelangt, so kann man nicht gerade sagen, dass gegenwärtig völlige Uebereinstimmung in der Auffassung derselben bestehe. Erstens gibt es Forscher, welche die Contraktilität der Muskelfaser, auch der quergestreiften Faser, darauf beruhen lassen, dass jede ihrer Fibrillen in ihrem ganzen Verlaufe contraktil sei, und welche demgemäss weit davon entfernt sind, bei dem Zustandekommen der Contraktion der quergestreiften Faser auch eine Wechselwirkung der verschiedenen Fibrillen eine wesentliche Rolle spielen zu lassen. Zu diesen Forschern gehört, wie bereits erwähnt, vor Allem Kölliker (a. a. O. S. 369). Derselbe vertheidigt, wie er selbst sagt, „seit vielen Jahren den Satz, dass die Muskelfibrillen, ebenso wie sie in der ganzen Länge aus einem und demselben Stoffe bestehen (?), so auch in der ganzen Länge contraktil sind". Das Vorkommen von isotropen und anisotropen Theilen bei den quergestreiften Muskelfasern ist nach Kölliker's Ansicht „physiologisch kaum von grösserer Bedeutung".

Zweitens gibt es gegenwärtig auch noch Vertreter der Ansicht, nach welcher nicht die fibrillare Substanz der contraktile Bestandtheil der Muskelfaser ist, sondern die zwischen den fibrillaren Massen befindlichen Mengen von protoplasmatischem Muskelsaft (Sarkoplasma, Sarkoglia) diejenigen Theile der Muskelsubstanz sind, welche durch ihre Contraktilität die Verkürzung der Faser ermöglichen. Man vergleiche z. B. Leydig, Zelle und Gewebe, Bonn, 1885, S. 160 f.

Endlich drittens hat Pflüger (Die allgemeinen Lebenserscheinungen, Bonn, 1889, S. 33) neuerdings die eigenthümliche Anschauung vertreten, dass ebenso wie beim Nerven die Fibrille und nicht der flüssige Saft die reizbare Substanz sei, auch beim Muskel nicht der Saft, sondern die Fibrille, die feste organisirte Materie, das Reizbare sei.

Allen diesen Anschauungen muss entgegengehalten werden, dass sie die eigenthümliche Struktur der quergestreiften und auch der doppeltschräggestreiften Muskelfasern nicht im Mindesten verstehen lassen, und dass sie überhaupt wie alle bisherigen, sei es von anatomischer sei es von physiologischer Seite aus vorgebrachten, das Zustandekommen der Muskelcontraktion betreffenden theoretischen Vermuthungen auch nicht einmal einen ernsthaften Versuch dazu gemacht haben, ihre Triftigkeit durch eine Erklärung oder Verständlichmachung aller zur Zeit bekannten, histologischen und physiologischen, Eigenthümlichkeiten der Muskelfasern zu erweisen. Was die an zweiter Stelle angeführte Ansicht anbelangt, nach welcher die protoplasmatischen Saftmassen die Contraktilität der Muskelfaser ermöglichen sollen, so mag hier beiläufig darauf hingewiesen werden, dass nach St. Apáty (Biol. Centralbl., 9, 1889, S. 534) Fälle vorkommen, wo die feineren Zweige einer sich verzweigenden glatten Muskelfaser der protoplasmatischen Substanz überhaupt ganz entbehren.

Wie im Hinblick auf die oben an erster Stelle angeführte Ansicht von dem selbständigen Contraktionsvermögen der Fibrillen leicht begreiflich ist, hat man zuweilen ein lebhaftes Interesse für die Beantwortung der Frage empfunden, ob eine isolirte (d. h. jeder Wechselwirkung mit Nachbarfibrillen beraubte) Fibrille fähig sei sich bei gegebenem Reize zu contrahiren. So berichtet z. B. Hensen (Arb. a. d. Kieler ph. Instit., S. 175) über einen ohne Erfolg von ihm angestellten Versuch, isolirte Fibrillen zur Contraktion zu bringen. Hinsichtlich derartiger Versuche ist zu bemerken, erstens, dass dasjenige, was man bei diesen und ähnlichen Versuchen für isolirte Fibrillen gehalten hat, gemäss der Leichtigkeit, mit welcher Fibrillen und Muskelsäulchen verwechselt werden können, möglicher Weise gar nicht Fibrillen, sondern vielmehr Fibrillenbündel gewesen sind, zweitens, dass, wie schon Engelmann (6, S. 542) gelegentlich hervorgehoben hat, es nicht leicht ist, physiologische Formänderungen der Fibrillen von solchen Formänderungen derselben, welche aus rein physikalischen oder chemischen Ursachen vor sich gehen, im einzelnen Falle mit völliger Sicherheit zu unterscheiden, und drittens, dass auch nach unserer Theorie es möglich sein muss, eine isolirte Fibrille zur Contraktion zu bringen, falls zwei wesentliche Bedingungen erfüllt sind, falls nämlich erstens die anisotropen Theile der Fibrille noch die beim lebenden, funktionsfähigen Zustande der Faser vorhanden gewesene Struktur besitzen, und falls es zweitens wirklich gelingt, die pyroelektrischen Micelle der isolirten Fibrille einer Temperaturänderung zu unterwerfen, die mit der gleichen explosionsartigen Geschwindigkeit vor sich geht, mit welcher die in der lebenden Faser durch einen Reiz hervorgerufenen Temperaturerhöhungen der pyroelektrischen Micelle sich vollziehen. Ballowitz, welcher gleichfalls (a. a. O. S. 456) die Frage erörtert, ob bereits einer einzelnen Elementarfibrille Contraktilität zuzusprechen sei, macht darauf aufmerksam, dass die Zahl der Elementarfibrillen im Axenfaden der Spermatosomen nicht unbeträchtlich variire, z. B. je nach der variablen Dicke desselben verschieden gross sein könne. Hieraus gehe jedenfalls hervor, dass Contraktilität nicht an eine ganz bestimmte Anzahl von Fibrillen gebunden sei. Auch dies scheine für eine grössere Selbständigkeit wenigstens der Fibrillenbündel zu sprechen, dass die letzteren, wie sich bei Insekten öfter habe beobachten lassen, „im von einander getrennten Zustande an dem noch lebenden Spermatosom für sich allein contraktil sind". —

Was endlich die oben kurz erwähnten doppeltschräggestreiften Muskelfasern anbelangt, so ergibt sich bei näherer Erwägung der Wirkungen, welche die den Fibrillen dieser Fasern angehörigen polar-pyroelektrischen Micelle bei eintretender Muskelerregung in Folge ihrer elektrischen Ladung auf einander ausüben müssen, sowie bei sonstiger Erwägung der Folgen, welche die eigenthümliche Struktur dieser Fasern haben muss, kurz Folgendes:

1) Aus der Wechselwirkung, welche bei der Muskelerregung zwischen den polar-pyroelektrischen Micellen der beiden sich kreuzenden Fibrillensysteme stattfindet, resultirt eine Kraft, welche diese Micelle trotz der Richtungsänderung, die den Fibrillen bei der Muskelcontraktion zu Theil wird, in ihrer ursprüng-

lichen, mit der Richtung der Faseraxe identischen Richtung festzuhalten strebt. Der Umstand, dass diese Kraft thatsächlich den Erfolg hat, dass die optische Axe jener Micelle bei der Muskelcontraktion keine merkbare Richtungsänderung erleidet, erfordert natürlich die Annahme, dass jene Micelle hinsichtlich der Stellung ihrer Axen eine hohe Beweglichkeit besitzen. Wir werden in der That weiterhin (S. 156) sehen, dass eine Beobachtung vorliegt, welche ganz im Sinne dieser Annahme darauf hinweist, dass die Bestandtheile der Fibrillen der doppeltschräggestreiften Fasern mit nur sehr schwachen Elasticitätskräften einer Aenderung ihrer räumlichen Verhältnisse entgegenwirken und die Fibrillen dieser Fasern eine weit geringere Elasticität und Festigkeit des Aufbaues besitzen als die Fibrillen der übrigen Muskelfasern.

2) Aus der Wechselwirkung (gegenseitigen Anziehung) derjenigen Micelle, welche benachbarten, aber in verschiedener Höhe der Faser befindlichen Fibrillentheilen beider Fibrillensysteme angehören, resultirt bei der Muskelerregung eine Kraft (eine Längscomponente der contrahirenden Kraft), welche direkt im Sinne einer Annäherung der beiden Faserenden an einander wirkt.

3) Aus der Wechselwirkung derjenigen Micelle, welche benachbarten, aber in gleicher Höhe der Faser befindlichen Fibrillentheilen beider Fibrillensysteme angehören, resultirt bei der Muskelerregung eine Kraft (eine Quercomponente der contrahirenden Kraft), welche direkt im Sinne einer Vergrösserung der Abstände wirkt, welche die Fibrillen in den zur Faseraxe senkrechten Richtungen von einander trennen, und mithin direkt auf eine Vergrösserung des Faserquerschnittes gerichtet ist.

4) Vergleicht man eine doppeltschräggestreifte Faser mit einer glatten Muskelfaser, deren gleichfalls in ihrem ganzen Verlaufe doppelbrechende Fibrillen genau in der Richtung der Faseraxe und Faserverkürzung verlaufen, so ergibt sich, dass die eigenthümliche Schrägstellung und der gewundene Verlauf der Fibrillen der ersteren Faser dazu dient, die Quercomponente der contrahirenden Kraft, welche auf den queren gegenseitigen Abstossungen neben einander befindlicher Fibrillen oder neben einander befindlicher Theile verschiedener Fibrillen beruht, und welche, wie wir auf S. 120 ff. gesehen haben, in der glatten Muskelfaser einen nur sehr geringen, kaum in Betracht kommenden Werth besitzen kann, in der doppeltschräggestreiften Faser zu beträchtlichen und ins Gewicht fallenden Werthen gelangen zu lassen. Von diesem Vorzuge der doppeltschräggestreiften Faser überzeugt man sich in einfachster Weise dadurch, dass man mit der glatten Faser zunächst eine (der Einfachheit halber als cylindrisch vorgestellte) Faser vergleicht, deren Fibrillen sämmtlich ringförmige Gebilde von verschiedenen Ringdurchmessern sind und (mit Hilfe stützender Querbälkchen oder anderer ähnlicher Gebilde) Schichten bilden, die senkrecht zur Richtung der Faseraxe stehen, und deren jede sich aus einer Anzahl in gleicher Höhe der Faser befindlicher, concentrischer Ringfibrillen zusammensetzt. Die polar-pyroelektrischen Micelle dieser in ihrem ganzen Verlaufe doppelbrechenden Ringfibrillen sollen gleichnamige Pole demselben Faserende zukehren, und die Richtung ihrer Axen soll mit der Richtung der Faseraxe zusammenfallen. Offenbar stellt eine solche, mit Ringfibrillen versehene Muskelfaser in gewisser Hinsicht das vollendete Gegenstück zu der, mit genau axial verlaufenden Fibrillen ausgestatteten, glatten Faser dar. Die Strukturen beider Fasern repräsentiren in gewissem Sinne die beiden Extreme, zwischen denen sich die Struktur der doppeltschräggestreiften Faser bewegt. Nun wirken, wie

leicht zu erkennen, in der aus Ringfibrillen aufgebauten Faser bei der Muskelerregung diejenigen Ringfibrillen, welche einer und derselben Querschicht angehören und sich concentrisch verhalten, mit sehr beträchtlichen Abstossungskräften auf einander, während, wie wir früher gesehen haben, bei der Erregung der glatten Muskelfaser nur eine sehr schwache gegenseitige Abstossung benachbarter Fibrillen auftritt. Mithin stellt der den doppeltschräggestreiften Muskelfasern eigenthümliche Fibrillenverlauf, welcher so zu sagen den Uebergang von der Struktur der glatten Faser zu der Struktur der mit Ringfibrillen ausgestatteten Faser vermittelt, eine Einrichtung dar, welche dazu dient, auch in einer solchen Faser, deren Fibrillen nicht aus abwechselnden isotropen und anisotropen Abtheilungen bestehen, sondern in ihrem ganzen Verlaufe polarpyroelektrische Micelle enthalten, bei eintretender Muskelerregung eine starke Quercomponente der contrahirenden Kraft, d. h. eine starke gegenseitige Abstossung der Fibrillen in zur Faseraxe senkrechten Richtungen, auftreten zu lassen.

5) Der Vergleich einer doppeltschräggestreiften Faser mit einer abgesehen von der Art des Fibrillenverlaufes mit ihr ganz übereinstimmenden glatten Muskelfaser zeigt ferner, dass der innere Contraktionswiderstand in der ersteren Faser erheblich geringer ist als in der letzteren. Während in der glatten Faser, wie auf S. 124 hervorgehoben, die Elasticitätskräfte der festen Fibrillensubstanz der Verkürzung und Verdickung der Fibrillen und mithin auch der Contraktion der gesammten Faser einen beträchtlichen Widerstand entgegenstellen, steht in der sich contrahirenden doppeltschräggestreiften Faser der gegenseitigen Annäherung der Fibrillen in der Längsrichtung der Faser sowie der Vergrösserung des Radius ihrer Windungen um die Faseraxe ein entsprechend starker Widerstand seitens der Elasticität der Fibrillensubstanz nicht entgegen.[1]

Aus Vorstehendem ergibt sich, dass die doppeltschräggestreifte Faser vor der glatten Muskelfaser genau dieselben Vortheile voraushat, die nach dem auf S. 123 f. Bemerkten die quergestreifte Faser in Vergleich zu der glatten Faser besitzt, nämlich die beiden Vortheile, dass der innere Contraktionswiderstand geringere Werthe besitzt, und dass die Quercomponente der contrahirenden

[1] Die Wichtigkeit des Verhaltens des inneren Contraktionswiderstandes für die Funktionstüchtigkeit der Muskelfaser ist vielleicht auch der Grund dafür, dass es Muskelfasern, die in der oben fingirten Weise aus Querschichten concentrischer Ringfibrillen bestehen, thatsächlich nicht gibt, obwohl eine derartige Struktur geeignet ist, sowohl die Längscomponente als auch die Quercomponente der contrahirenden Wirksamkeit der pyroelektrischen Micelle verhältnissmässig hohe Werthe erreichen zu lassen. Die Contraktion einer derartigen Faser würde sich nur unter gleichzeitiger starker Verlängerung der Ringfibrillen (Vergrösserung der durch sie dargestellten Kreisumfänge) und mithin nur unter gleichzeitiger Ueberwindung eines bedeutenden Deformationswiderstandes vollziehen können. Eine doppeltschräggestreifte Faser hingegen, deren Fibrillensysteme sehr schräg gestellt sind, ist bei höheren Contraktionsgraden hinsichtlich der zu erzielenden Werthe der Längscomponente und der Quercomponente der contrahirenden Kraft fast ebenso begünstigt wie jene fingirte, aus Ringfibrillen aufgebaute Faser und hat zugleich den Vortheil, zu einer Contraktion oder Erhöhung des vorhandenen Contraktionsgrades einer Verlängerung ihrer Fibrillen überhaupt nicht zu bedürfen.

Wirksamkeit der polar-pyroelektrischen Micelle beträchtliche Werthe erreicht. Wir haben früher (S. 129) hervorgehoben, dass das Zustandekommen des Contraktionsvorganges in den glatten und in den quergestreiften Muskeln insofern verschieden sei, als die Contraktion in den ersteren Muskeln wesentlich nur aus der Wechselwirkung solcher Micelle entspringe, welche einer und derselben Fibrille angehören, hingegen in den quergestreiften Muskeln in sehr wesentlichem Grade auch auf der Wechselwirkung solcher Micelle beruhe, welche verschiedenen Fibrillen angehören. Aus den vorstehenden Sätzen ergibt sich, dass die doppeltschräggestreiften Muskeln sich gleichfalls dadurch von den glatten Muskeln unterscheiden, dass in ihnen die Wechselwirkung solcher Micelle, welche verschiedenen Fibrillen angehören, in wesentlichem Grade zur Bewirkung der contrahirenden Kraft dient. Es ist also die Einrichtung der doppeltschräggestreiften Muskelfasern als ein Versuch der Natur zu betrachten, dieselben Vortheile, welche eine Sonderung der Fibrillensubstanz in anisotrope und isotrope Abtheilungen zu gewähren vermag, auch auf einem Wege zu erreichen, welcher eine Aenderung der Struktur der in allen ihren Abschnitten anisotropen Fibrillen nicht erheischt, sondern nur eine eigenthümliche Art des Verlaufes der Fibrillen erfordert. Schon von vorn herein, schon ohne Rücksichtnahme auf irgendwelche Contraktionstheorie, kann man geneigt sein, in den doppeltschräggestreiften Muskelfasern eine Art von Muskelfasern zu erblicken, in denen der Aufbau aus abwechselnd isotropen und anisotropen Querschichten, der in den quergestreiften Muskelfasern durch einen quergeschichteten Bau der Fibrillen hergestellt ist, dadurch angestrebt und mit gewisser Annäherung erreicht ist, dass die in ihrem ganzen Verlaufe anisotropen Fibrillen schräg verlaufen und in der Längsrichtung der Faser durch Schichten isotroper Substanz von einander getrennt sind. Der Umstand, dass die schräg verlaufenden Fibrillen nicht sämmtlich einander parallel gehen, sondern zwei sich kreuzende Systeme bilden, dient erstens dazu, das Eintreten von Drehungen der Muskelfaser bei der Contraktion zu verhindern, und hat ausserdem, wie oben bemerkt, noch die Folge, dass bei der Contraktion aus der Wechselwirkung der in der Faser enthaltenen polar-pyroelektrischen Micelle eine Kraft resultirt, welche die Axen dieser Micelle in ihrer ursprünglichen, mit der Richtung der Faseraxe identischen Richtung festzuhalten strebt. Es lässt sich also vom Standpunkte unserer Theorie aus auch die Anordnung der Fibrillen zu zwei sich kreuzenden Systemen durchaus verstehen.

Man kann die Frage aufwerfen, ob sich ein Umstand angeben lasse, der dafür massgebend sei, ob ein für energischere oder sparsamere Thätigkeit angelegter Muskel[1] aus quergestreiften oder aus doppeltschräggestreiften Fasern

[1] Wenn die Struktur einer Muskelfaser von der Art ist, dass sie einen verhältnissmässig geringen inneren Contraktionswiderstand bedingt und die pyroelektrischen Kräfte der Micelle in verhältnissmässig ergiebiger Weise für die zu entwickelnde Contraktionskraft ausnutzt, so kann diese Struktur sowohl dazu dienen, dass der Muskel die gleiche Leistung mittels geringeren Verbrauches von aufgespeichertem Kraftmaterial vollziehe als ein Muskel von weniger zweckmässiger Struktur, als auch dazu, dass derselbe bei gleichem Aufwande von Kraftmaterial höhere Spannungen oder umfangreichere Contraktionen erziele. Was den Begriff der Sparsamkeit, mit welcher ein Muskel arbeitet, anbelangt, so soll bereits hier vorläufig darauf hingewiesen werden, dass man nur dann zwei Muskeln hinsichtlich der Sparsamkeit, mit welcher sie arbeiten, unmittelbar mit einander vergleichen darf, wenn sie ihre Arbeitsleistung

bestehe. Für die Beantwortung dieser Frage dürfte in Betracht zu ziehen sein, dass die doppeltschräggesreifte Faser in Folge der Eigenthümlichkeit ihrer Struktur einer Dehnung durch äussere Kräfte bedeutend geringeren Widerstand entgegenstellt als die quergestreifte Faser. Denn während jede Dehnung der letzteren Faser nur so stattfinden kann, dass ihre einzelnen Fibrillen um den gleichen Betrag gedehnt werden, um welchen die Faser gedehnt wird, steht der Betrag der Verlängerung, welche die Fibrillen der doppeltschräggestreiften Faser erfahren, wenn diese Faser von ihrer natürlichen Ruhelänge aus gedehnt wird, bedeutend hinter dem Betrage der dieser Faser zu Theil werdenden Verlängerung zurück. Ferner ist hier die sehr geringe Elasticität und Festigkeit des Aufbaues der Fibrillen der doppeltschräggestreiften Fasern zu beachten, welche sich dem oben (auf S. 152) Bemerkten gemäss aus der Thatsache zu ergeben scheint, dass die Axe der doppelbrechenden Micelle dieser Fibrillen bei der Muskelcontraktion in Folge der elektrischen Wechselwirkung der Micelle trotz der eintretenden Aenderung der Verlaufsrichtung der Fibrillen ihre Richtung annähernd unverändert beibehält. Die soeben angeführten Punkte legen die Vermuthung nahe, dass die doppelte Schrägstreifung hauptsächlich an solchen Muskeln sich finde, welche in Folge einer tonischen Erregung und Verkürzung, in der sie sich unter normalen Umständen fortwährend befinden, oder aus anderen Gründen nicht in gleicher Weise wie z. B. manche Skeletmuskeln der Wirbelthiere gelegentlich in die Lage kommen, äusseren dehnenden Kräften gegenüber eines erheblichen Dehnungswiderstandes ihrer Fibrillen zu bedürfen. Ein Ueberblick über die Reihe der zur Zeit bekannten doppeltschräggestreiften Muskeln — dieselben sind Muschelschliessmuskeln, Hautmuskeln, Darmmuskeln u. dergl. von wirbellosen Thieren — lässt es möglich erscheinen, dass sich die soeben angedeutete Vermuthung bei einer näheren Untersuchung der (zur Zeit theilweise noch sehr wenig bekannten) anatomisch-mechanischen und physiologisch-biologischen Verhältnisse, die in der hier in Rede stehenden Beziehung in Betracht kommen, allgemein bestätige. Auf jeden Fall findet diese Vermuthung eine schöne Be-

---

mit gleicher Geschwindigkeit vollziehen. Man kann sich von der Richtigkeit dieser Behauptung leicht überzeugen, wenn man erwägt, dass, wie auf S. 126 gezeigt, z. B. ein und derselbe quergestreifte Muskel für die gleiche Verkürzung und gleiche mechanische Arbeitsleistung einer umso reichlicheren Wärmebildung bedarf, je schneller er diese Verkürzung und Arbeitsleistung vollendet. Wenn sich also herausstellen sollte, dass ein schnell sich verkürzender, z. B. quergestreifter, Muskel, dessen Struktur nach unserer Auffassung auf Ermöglichung eines sparsameren Arbeitens angelegt ist, für die Leistung der gleichen mechanischen Arbeit eines grösseren Verbrauches von chemischem Kraftmaterial bedarf als ein langsam sich contrahirender, z. B. glatter, Muskel, so ist hierin nicht im Mindesten eine Widerlegung unserer Anschauungen zu erblicken, nach denen die Struktur des ersteren Muskels zur Ermöglichung eines sparsameren Arbeitens dienlich ist. Denn der zweite Muskel würde dann, wenn der Verlauf des Erregungsprocesses in ihm ein anderer wäre und er sich mit derselben Geschwindigkeit verkürzte wie der erstere Muskel, zur Leistung der gleichen Arbeit eines noch viel grösseren Verbrauches von Kraftmaterial bedürfen als jener. Gerade deshalb, weil die Contraktionen des ersteren Muskels wegen ihrer Schnelligkeit unter allen Umständen einen starken Stoffverbrauch erfordern, ist die Struktur dieses Muskels in höherem Grade als diejenige des sich stets nur langsam verkürzenden Muskels auf sparsames Arbeiten angelegt.

stätigung durch die von BIEDERMANN (Wien. Ber., 91, 3. Abth., 1885, S. 29 ff.) näher festgestellte Thatsache, dass sich die doppeltschräggestreiften Schliessmuskeln unserer Süsswassermollusken unter normalen Verhältnissen im Zustande eines „ausserordentlich ausgeprägten Tonus“ befinden, mithin einer Struktur, bei welcher die Fibrillen etwaigen dehnenden Aussenkräften einen erheblichen Elasticitätswiderstand entgegenzustellen vermögen, gar nicht bedürfen, wohl aber behufs Verringerung der für die Unterhaltung jenes tonischen Zustandes erforderlichen Kraftausgaben einer solchen Einrichtung bedürfen, welche einen geringen Contraktionswiderstand bedingt und zugleich auch die in Folge der Muskelerregung auftretenden elektrischen Kräfte der Micelle möglichst im Sinne der Erzielung einer starken contrahirenden Kraft ausnutzt. BIEDERMANN (a. a. O. S. 40) theilt unter Anderem mit, dass der Tonus des hinteren Schliessmuskels von Anodonta allmählich verschwinde, wenn man das Präparat während mehrerer Stunden bei mittlerer Temperatur in der bei Herstellung desselben gewonnenen Flüssigkeit liegen lasse; nach Verlauf von 3—4 Stunden vermöge alsdann bisweilen schon eine Belastung von kaum 10 g eine fast maximale Dehnung des Muskels zu bewirken. Diese hohe Dehnbarkeit des nicht mehr tonisch erregten Schliess muskels ist eine direkte Bestätigung unserer Vermuthung, dass in den doppeltschräggestreiften Muskelfasern der innere Dehnungswiderstand sowohl wegen des beim natürlichen Ruhezustande vorhandenen gewundenen Verlaufes als auch wegen der besonders geringen Elasticität und besonders lockeren Struktur der Fibrillen nur schwach sein könne. Gleichzeitig ist diese hohe Dehnbarkeit des unerregten Schliessmuskels auch noch eine indirekte Bestätigung unserer schon wiederholt geäusserten Ansicht, dass in den quergestreiften Muskelfasern die Fibrillen zugleich mit als hauptsächliche Träger des inneren Dehnungswiderstandes fungiren und aus diesem Grunde eine bedeutend festere und weniger nachgiebige Struktur besitzen als die Querbälkchen. Da die Fibrillen der quergestreiften Fasern zugleich dazu dienen, diesen Fasern auch gegenüber solchen Kräften, welche senkrecht zur Faseraxe wirken und den Längszusammenhalt der Fasertheile bedrohen, eine grössere Widerstandsfähigkeit zu verleihen, so kann man vermuthen, dass in Muskeln, für welche aus diesem oder jenem Grunde eine sparsamere Arbeitsweise besonders wünschenswerth sei, an Stelle der quergestreiften Struktur die doppeltschräggestreifte Struktur insbesondere in solchen Fällen zur Verwirklichung gebracht sei, wo die Muskeln wegen ihrer geschützten Lage, wegen ihrer verhältnissmässig grossen Dicke oder aus anderen Gründen sehr wenig der Gefahr ausgesetzt sind, durch Kräfte, welche senkrecht zur Faseraxe wirken, in dem Längszusammenhalt oder in der Orientirung ihrer Bestandtheile stark beeinträchtigt zu werden. Auch von diesem Gesichtspunkte aus erscheint der Umstand, dass die doppelte Schrägstreifung sich an den Schliessmuskeln verschiedener Muschelarten findet, leicht verständlich.

Ein weiteres Eingehen auf die Funktionsweise der so überaus interessanten doppeltschräggestreiften Muskeln scheint uns verfrüht, so lange nicht zahlreichere und eingehendere Untersuchungen über das histologische und physiologische Verhalten dieser Muskeln vorliegen. In histologischer Hinsicht liegt im Grunde nur die eine Abhandlung von ENGELMANN vor, die zuerst eine wirkliche Einsicht in den Bau dieser Muskelfasern verschafft hat. In physiologischer Hinsicht ist man sich dessen anscheinend noch gar nicht bewusst geworden, dass in den doppeltschräggestreiften Muskeln eine besondere Art von Muskeln gegeben ist, die hinsichtlich der verschiedenen Fragen der Muskelphysiologie eine gleiche besondere Durchforschung verdient wie die Art der quergestreiften

Muskeln und dieser letzteren Art insofern durchaus coordinirt ist, als die Struktur beider Arten nach ähnlichen Principien darauf angelegt ist, dem Muskel eine grössere Sparsamkeit bei seinen Leistungen zu ermöglichen.[1] Erst dann, wenn eine breitere empirische Grundlage für die Erörterung der Funktionsweise der doppeltschräggestreiften Fasern gegeben ist, wird es an der Zeit sein, eine eingehendere mathematisch-mechanische Analyse dieser Funktionsweise und Begründung der oben aufgestellten Sätze zu geben und verschiedene im Bisherigen noch nicht berücksichtigte Punkte näher zu untersuchen, z. B. auch den Einfluss näher zu discutiren, den bei der Erregung dieser Muskelfasern die Wechselwirkung der zu einer und derselben Fibrille gehörigen Micelle auf die Gestalt und Form der Fibrille ausübt. Wie leicht zu erkennen, muss diese Wechselwirkung der zu einer und derselben Fibrille gehörigen Micelle an und für sich dahin wirken, die in der Richtung der Faseraxe und Micellenaxen gelegenen Durchmesser der Fibrille zu verringern, hingegen die zu dieser Richtung senkrecht stehenden Durchmesser derselben zu vergrössern. Hiernach muss, wie leicht ersichtlich, der Einfluss, den bei der Muskelerregung die Wechselwirkung der Micelle jeder Fibrille auf die Länge der Fibrille ausübt, je nach der Grösse des Winkels, den die Richtung des Fibrillenverlaufes mit der Richtung der Faseraxe einschliesst, variiren; bei geringen Werthen dieses Winkels muss sich jener Einfluss im Sinne einer Verminderung, bei hohen Werthen des Winkels hingegen im Sinne einer Vergrösserung der Fibrillenlänge geltend machen. Zu den noch zu erledigenden Punkten gehört endlich vor Allem auch noch die Beantwortung der Frage, ob in den doppeltschräggestreiften Fasern auch Gebilde existiren, welche den Querbälkchen der quergestreiften Fasern analog sind, bezw. welchen Verlauf diese isotropen und stark durchfeuchteten Gebilde besitzen.

§ 27.

Es bleibt uns nun noch übrig, die Bedeutung darzulegen, welche die Gliederung des Faserinneren zu Muskelsäulchen besitzt.

Wir denken uns eine quergestreifte Muskelfaser, deren Disdiaklasten überall ganz gleichförmig über den Faserquerschnitt vertheilt sind, so dass von Gruppen, zu denen die Disdiaklasten jeder Quercolonne zusammengefasst seien, oder, was auf dasselbe hinauskommt, von Bündeln, zu denen die Fibrillen vereinigt seien, in keiner Weise geredet werden kann. Ist die Zahl der Disdiaklasten, welche eine Quercolonne bilden, nicht gross, so wird die contrahirende Wirksamkeit, welche die Disdiaklasten bei gegebenem Reize entwickeln können, zunehmen, wenn wir die Zahl der Disdiaklasten einer Quercolonne unter Beibehaltung der Gleichförmigkeit ihrer Vertheilung über den Faser-

[1] So betrachtet z. B. Biedermann (a. a. O. S. 30) den von ihm bei seinen Versuchen benutzten hinteren Schliessmuskel von Anodonta (in dessen weisslichem Theile die Fasern allerdings die doppelte Schrägstreifung in weniger ausgeprägtem Grade zeigen) als einen glatten Muskel, der wegen seines ausgezeichnet regelmässigen, parallelfaserigen Baues zu einer Vergleichung mit dem regelmässigsten der zu Gebote stehenden quergestreiften Muskeln, dem Sartorius des Frosches, ganz besonders geeignet sei.

querschnitt erhöht und mithin die gegenseitigen Abstände der Disdiaklasten jeder Quercolonne verringert denken. Allein diese Zunahme der Leistungsfähigkeit der Muskelfaser bei Vermehrung der Zahl der Disdiaklasten, welche eine Quercolonne bilden, kann nur bis zu einer gewissen Grenze hin stattfinden, weil jede Vermehrung jener Zahl von Disdiaklasten oder, was auf dasselbe hinausläuft, jede Vermehrung der Zahl der Fibrillen bei constant bleibendem Volumen der Faser zugleich eine Abnahme der Menge des Muskelsaftes bedeutet, die Muskelfaser aber für ihre Leistungsfähigkeit eines gewissen Quantums von Muskelsaft von theils flüssigerer und erregbarerer theils zäherer und protoplasmatischer Beschaffenheit nothwendig bedarf. Denken wir uns die Vermehrung der Fibrillenzahl über jene Grenze hinaus fortgesetzt, so sinkt die Leistungsfähigkeit der Faser, weil die Menge des in ihr angehäuften und anhäufbaren erregbaren Materiales zu gering ist und die an die protoplasmatischen Saftmassen gebundenen trophischen Funktionen in zu geringem Masse vor sich gehen.

Wir nehmen nun an, die gleichförmig über den Faserquerschnitt vertheilten Disdiaklasten jeder Quercolonne seien in derjenigen Anzahl vorhanden, bei welcher das Massenverhältniss zwischen Fibrillensubstanz und Muskelsaft das für die Leistungsfähigkeit der Faser gerade günstigste ist. Alsdann können wir die contrahirenden Kräfte, welche ein gegebener Reiz bewirkt, dennoch steigern, wenn wir die gleichförmige Vertheilung der Disdiaklasten und Fibrillen über den Faserquerschnitt aufgeben und die Disdiaklasten jeder Quercolonne zu Gruppen, die Fibrillen zu Bündeln zusammentreten lassen, die durch grössere, vom Muskelsafte erfüllte Zwischenräume von einander getrennt sind. Alsdann bleibt die Menge des Muskelsaftes dieselbe wie zuvor, aber die Disdiaklasten sind in räumliche Verhältnisse gebracht worden, bei denen, wie leicht ersichtlich, sowohl die Quercomponente als auch die Längscomponente ihrer contrahirenden Wirksamkeit im Ganzen genommen grösser ausfällt, als sie bei gleicher elektrischer Ladung der Disdiaklasten ausfallen würde, wenn letztere ganz gleichförmig über den Faserquerschnitt vertheilt wären. Es ist demnach die Gliederung des Faserinneren zu Muskelsäulchen eine zweckmässige Einrichtung, welche die Disdiaklasten dazu befähigt, bei gegebener elektrischer Ladung stärkere contrahirende Kräfte zu entwickeln, als sie im Falle einer gleichförmigen Vertheilung über den Faserquerschnitt bei der gleichen elektrischen Ladung entfalten würden.

Die hier in Rede stehende Gliederung des Faserinneren ist eine umso zweckmässigere, weil sie zugleich auch noch die Folge hat, dass die Disdiaklasten durch den gleichen Reiz und den gleichen im Muskelsafte ablaufenden Erregungsprocess eine ausgiebigere plötzliche Erwärmung und elektrische Ladung erfahren. Man denke sich die Fibrillen gleichförmig im Faserinneren vertheilt und jede von einer dünnen Schicht flüssigeren und erregbareren Saftes umgeben, während die Zwischenräume zwischen diesen, den Fibrillen unmittelbar anliegenden, erregbareren Saftschichten von den protoplasmatischen Saftschichten eingenommen seien. Alsdann wird die Wärmemenge, welche in jenen erregbareren Saftschichten bei der Muskelerregung erzeugt wird, von Anbeginn ihrer Auslösung an in einem viel grösseren Bruchtheile auf die benachbarten protoplasmatischen Saftschichten übergehen und in einem viel geringeren Bruchtheile zur plötzlichen Erwärmung von Disdiaklastensubstanz dienen, als dies der Fall ist, wenn die Fibrillen sammt den sie umgebenden erregbareren Saftschichten zu sogenannten Muskelsäulchen vereinigt sind. Im letzteren Falle wird die in den erregbareren Saftschichten gebildete Wärmemenge zunächst zu einem grossen Theile zu einer plötzlichen Erwärmung der Disdiaklasten und Fibrillen dienen, und erst allmählich wird ein Temperaturausgleich zwischen der Substanz der Muskelsäulchen und den dieselben umgebenden protoplasmatischen Saftmassen sich vollziehen. Es ist also kurz gesagt für die Stärke der elektrischen Ladung der Disdiaklasten, welche bei einer Muskelerregung eintritt, nicht blos die Intensität der bei dieser Erregung stattfindenden Wärmebildung massgebend, sondern auch der Grad, in welchem diese Wärmebildung für eine plötzliche Erwärmung der Disdiaklasten ausgenutzt wird. Dieser Ausnutzungsgrad aber muss nothwendiger Weise dann, wenn die Fibrillen Bündel bilden und die Fibrillen jedes Bündels einander so weit genähert sind, dass sich die sie umgebenden erregbareren Saftschichten gegenseitig gerade berühren, viel grösser sein als dann, wenn die Fibrillen sammt den ihnen anliegenden erregbareren Saftschichten gleichförmig unter die protoplasmatischen Massen des Muskelsaftes vertheilt sind.

Wirft man die Frage auf, warum die Vortheile, welche die Vereinigung der Fibrillen zu Bündeln gewährt, nicht in noch höherem Grade dadurch verwirklicht seien, dass sämmtliche Fibrillen der Faser so zu sagen zu einem einzigen, von den protoplasmatischen Massen rings umgebenen, grossen Bündel vereinigt seien, so ist darauf hinzuweisen, dass für eine normale, einigermassen nachhaltige Funktionsweise einer erregbareren Schicht des Muskelsaftes durchaus erforderlich ist, dass dieselbe von den protoplasmatischen Saftschichten nicht zu weit entfernt sei. Denn diese letzteren Schichten sind, wie schon früher bemerkt, so zu sagen die Vorrathskammern, aus denen die erregbareren Saftschichten im Falle andauernder Reizung ihren Ersatz an solchem

Materiale besitzen, welches bei dem wärmebildenden Erregungsprocesse verbraucht wird. Eine nachhaltige Funktion und genügend schnelle Erholung einer erregbareren Saftschicht ist nur möglich, wenn der Verlust an Stoffen der soeben angegebenen Art, den diese Schicht bei der Muskelerregung erleidet, von benachbarten protoplasmatischen Schichten aus schnell durch Diffusion einigermassen ausgeglichen werden kann. Demnach ist eine Struktur der Muskelfaser, bei welcher die protoplasmatischen Saftmassen sich zwischen die Massen von Fibrillen hineinschieben und die Muskelsäulchen einen gewissen, mässigen Umfang nicht überschreiten, eine Einrichtung, welche nothwendig ist, um der Faser die Möglichkeit einer nachhaltigen Funktionirung und die Fähigkeit einer genügend schnellen Erholung zu sichern.

Nach Vorstehendem ist also die Gliederung des Faserinneren zu Muskelsäulchen eine Einrichtung, welche mit der Fähigkeit der Faser zu genügend nachhaltiger Thätigkeit und schneller Erholung verträglich ist und zugleich zu Folge hat, dass erstens eine und dieselbe Wärmebildung eine stärkere elektrische Ladung der Disdiaklasten bewirkt und zweitens auch eine und dieselbe elektrische Ladung der letzteren sich stärker im Sinne einer Contraktion der Faser geltend macht, als der Fall sein würde, wenn die Fibrillen sammt den ihnen anliegenden erregbareren Saftschichten gleichförmig im Faserinneren vertheilt wären. Dass die hier in Rede stehende Einrichtung zugleich in einfacher Weise Raum für die Unterbringung der Muskelkerne im Faserinneren schafft, bedarf nicht erst der Erwähnung. Hierbei lassen wir dahingestellt, ob in denjenigen Fasern, in denen die Muskelkerne in den vom Sarkolemma entfernteren Theilen des Faserinneren vorgefunden werden, diese centraleren Lagen der Muskelkerne eine höhere Bedeutung besitzen. —

Namentlich durch Rollett's Untersuchungen[1] sind in neuerer Zeit drei Thatsachen in den Vordergrund getreten, die in näherer Beziehung zu der hier in Rede stehenden Gliederung des Faserinneren stehen.

Erstens nämlich hat sich gezeigt, dass die im Querschnittsbilde der Faser in der Form der sog. Cohnheim'schen Felder zu Tage tretende Gestalt der Muskelsäulchen je nach der Art des Muskels sehr verschieden sein kann. Die Muskelsäulchen stellen sich bald als strangförmige bald als bandförmige bald als hohle und röhrenförmige Gebilde dar. Sogar die Muskelsäulchen einer und derselben Faser zeigen

[1] Vergl. zum Folgenden namentlich Rollett, 4, S. 236 ff.

bei manchen Muskeln nicht unerhebliche Unterschiede in der Grösse und Form ihres Querschnittes.

Zweitens zeigen sich die Muskelsäulchen in vielen Muskelfasern zu Gruppen angeordnet, die durch grössere Massen fibrillenfreier Substanz von einander getrennt sind. Die Querschnittsbilder dieser Muskelsäulchengruppen lassen zuweilen schon innerhalb einer und derselben Faser sehr grosse Verschiedenheiten der Gestalt erkennen. So berichtet uns z. B. Rollett über die Struktur der Flossenmuskeln des Seepferdchens Folgendes: „Die Muskelsäulchen sind zu Gruppen geordnet, welche bandförmige und dabei wellenartig geschlungene, oder voluten- oder *c*- oder *ε*- oder kranzförmige, kreisrunde oder ovale und noch mannigfach andere Figuren auf dem Querschnitte darbieten. In diesen Gruppen haben aber auch die Muskelsäulchen selbst sehr vielfach in Bezug auf Form und Grösse abweichende Querschnitte, im Allgemeinen herrschen aber Muskelsäulchen von länglichem Querschnitte vor.“ In manchen Fasern sind die Muskelsäulchengruppen zu Gruppen noch höherer Ordnung, die durch besonders dicke Schichten fibrillenfreier Substanz von einander getrennt sind, vereinigt. Sogar diese Gruppen höherer Ordnung können noch zu Gruppen oder Systemen höchster Ordnung zusammengefasst sein.

Drittens hat sich ergeben, dass das Massenverhältniss, in welchem die Substanz der Muskelsäulchen zu der ausserhalb der Muskelsäulchen befindlichen fibrillenfreien Substanz steht, bei verschiedenen Muskelarten ein sehr verschiedenes sein kann. So zeichnen sich z. B. die Muskeln der Krebse und vor Allem die von Rollett zum Gegenstande besonderer Untersuchungen gemachten Flossenmuskeln des Seepferdchens dadurch aus, dass in ihren Fasern die protoplasmatischen Saftmassen in reichlicher, häufig sogar überwiegender, Menge vorhanden sind, so dass das Massenverhältniss, das zwischen der Substanz der Muskelsäulchen und der zwischen letzteren befindlichen Substanz besteht, bei den Fasern dieser Muskeln verhältnissmässig geringe Werthe besitzt. Hingegen besitzt jenes Massenverhältniss hohe Werthe in den übrigen Skeletmuskeln des Seepferdchens sowie in den Muskelfasern zahlreicher anderer Thiere.

Vom Standpunkte unserer theoretischen Anschauungen aus ist betreffs der hier angeführten drei Thatsachen kurz Folgendes zu bemerken.

Wie auf S. 53 ff. bemerkt, enthalten die zwischen den Muskelsäulchen befindlichen protoplasmatischen Saftschichten unter normalen Verhältnissen Reservestoffe, die zum Ausgleich der Verluste an erregbarem Materiale dienen, welche die den Fibrillen unmittelbar anliegenden erregbareren Saftschichten bei der Muskelerregung erleiden. Durch diese Reservestoffe wird es ermöglicht, dass die Muskelfaser nach einer Anstrengung sich in gewissem Grade auch dann erholen kann, wenn die Stoffzufuhr durch den Blutstrom unterbleibt, und dass bei Stattfinden dieser Stoffzufuhr der Ersatz der Verluste an erregbarem Materiale, welche die erregbareren Saftschichten bei der Muskelthätigkeit erleiden, schneller stattfindet, als der Fall sein würde, wenn diese Verluste immer erst von dem Blutstrome aus ersetzt würden. Sind also in den Fasern eines Muskels die protoplasmatischen Schichten in Vergleich zu der Masse der Muskelsäulchen reichlich vertreten, so wird man hierin zunächst einen Hinweis darauf zu erblicken haben, dass die Thätigkeit dieses Muskels für die Erhaltung des betreffenden Thieres eine besonders hohe Bedeutung besitzt, so dass durch reichliche Ansammlung von Reservestoffen in den protoplasmatischen Saftschichten dieses Muskels in besonderem Grade dafür Fürsorge getroffen ist, die Thätigkeit desselben auch in Zeiten mangelhafter äusserer Nahrungszufuhr zu sichern. Oder man hat zu vermuthen, dass den Existenzverhältnissen des Thieres gemäss von dem betreffenden Muskel zuweilen Anstrengungen so intensiver und andauernder Art gefordert werden, dass die Stoffzufuhr, welche der Muskel während dieser Anstrengungen durch den Blutstrom erfährt, auch nicht im Entferntesten zum Ersatze der stattfindenden Kraftausgaben des Muskels genügt und demgemäss zur Ermöglichung dieser andauernden Anstrengungen eine besonders reichliche Menge von Reservestoffen während der Ruhepausen in dem Muskel angehäuft werden muss.[1] Indessen ist neben dem hier angedeuteten Gesichtspunkte noch ein anderer, gleichfalls schon früher (S. 56) erwähnter Punkt nicht ganz ausser Auge zu lassen, nämlich die Möglichkeit, dass ein Muskel auch zur Aufspeicherung solcher Reservestoffe diene, welche mit der Funktion des Muskels gar nichts zu thun haben; sondern dazu bestimmt sind, bei der Entwickelung oder

[1] Wenn z. B. das Mengenverhältniss der protoplasmatischen Saftmassen zu der Substanz der Muskelsäulchen in den Flossenmuskeln des Seepferdchens bedeutend grösser ist als in den übrigen Skeletmuskeln desselben, so möchten wir dieses Verhalten in erster Linie nicht sowohl mit der von Rollett betonten grösseren Schnelligkeit der Flossenmuskelbewegungen, als vielmehr mit dem Umstande in Verbindung bringen, dass die oft ununterbrochen thätigen Flossenmuskeln mehr in Anspruch genommen werden als die übrigen Skeletmuskeln. Allerdings kommt die Schnelligkeit der Muskelcontraktion hier insofern auch in Betracht, als aus dem auf S. 126 angegebenen Grunde eine und dieselbe Contraktion und äussere Arbeitsleistung umso mehr Stoffverbrauch seitens des sich contrahirenden Muskels erfordert, je schneller die Contraktion desselben stattfindet.

Thätigkeit anderer Organe verwandt zu werden. In Hinblick auf diese Möglichkeit kann die Deutung, welche man dem reichlichen Vorhandensein der protoplasmatischen Saftmassen in einem Muskel zu geben hat, zuweilen zweifelhaft werden.

Ist nun ein Muskel aus diesem oder jenem Grunde reichlich mit protoplasmatischen Saftmassen ausgestattet, so ist es nicht nothwendig, dass diese Massen gleichförmig zwischen den verschiedenen Muskelsäulchen vertheilt seien. Wie vielmehr die Proviantvorräthe einer ins Feld gerückten Armee nicht sämmtlich in gleichförmiger Weise an die verschiedenen kleineren Truppenkörper vertheilt sind, sondern zum grossen Theile in den Depots der grösseren Truppenverbände angehäuft sind, von denen aus jeder der kleineren Truppenkörper bei drohendem Ausgehen seiner Vorräthe versorgt wird, so sind in ähnlicher Weise auch die einzelnen Muskelsäulchen einer mit reichlichen protoplasmatischen Saftmassen versehenen Faser im Allgemeinen nur von dünnen Schichten protoplasmatischen Saftes umgeben, aber an bestimmten Stellen des Faserinneren finden sich stärkere Ansammlungen oder Lagen solchen Saftes in der Weise, dass hierdurch die Muskelsäulchen zu Gruppen und unter Umständen sogar diese Gruppen wieder zu Systemen höherer oder höchster Ordnung zusammengefasst werden. Diese Vereinigung der Muskelsäulchen zu Gruppen niederer und höherer Ordnung muss von denselben Gesichtspunkten aus zweckmässig erscheinen, von denen aus wir oben die Zusammenfassung der Fibrillen zu Muskelsäulchen als eine Einrichtung erkannten, welche für die contrahirenden Kräfte, die bei gegebenem Reize von den Disdiaklasten entwickelt werden, förderlich ist. Der Beitrag, den bei gegebener elektrischer Ladung der Disdiaklasten die Wechselwirkung solcher Disdiaklasten, welche verschiedenen Muskelsäulchen angehören, für die contrahirende Kraft liefert, muss in Folge der Zusammenfassung der Muskelsäulchen zu Gruppen thatsächlich etwas grösser ausfallen, als er ausfallen würde, wenn die Muskelsäulchen gleichförmig im Faserinneren vertheilt wären. Auch der Grad, in welchem die von einem Reize im Muskel hervorgerufene Wärmebildung für die Erzielung einer plötzlichen Temperaturerhöhung der Disdiaklasten ausgenutzt wird, muss durch die Zusammenfassung der Muskelsäulchen zu Gruppen ein wenig erhöht werden.

Was endlich die mannigfaltigen Verschiedenheiten der Gestalt anbelangt, welche die Muskelsäulchen und Muskelsäulchengruppen niederer und höherer Ordnung in den Fasern verschiedener Muskelarten, ja zuweilen auch in den Fasern eines und desselben Muskels oder gar innerhalb einer und derselben Faser erkennen lassen, so lassen sich vom Standpunkte der im Vorstehenden geltend gemachten Anschauungen aus leicht die Vortheile und Nachtheile angeben, welche eine bestimmte Gestalt der Muskelsäulchen oder Muskelsäulchengruppen in Vergleich zu anderen Gestalten besitzt. Wir vergleichen Beispiels halber zunächst zwei Muskelsäulchen mit einander, deren Fibrillen gleichzahlreich und gleichbeschaffen sind und auch von ganz gleichbeschaffenen und gleichumfangreichen Schichten erregbareren Saftes umgeben sind, die sich aber dadurch von einander unterscheiden, dass das eine Muskelsäulchen die Gestalt eines Kreiscylinders besitzt, hingegen das andere von platter, bandförmiger Form ist, so dass im Querschnittsbilde das eine als eine Kreisfläche, das andere aber als ein langgestrecktes Feld erscheint. Wie leicht ersichtlich ist, besitzt das erstere, kreiscylinderförmige Muskelsäulchen vor dem zweiten und überhaupt vor allen anderen Muskelsäulchen, die sich von ihm nur durch die Gestalt (nicht aber durch die Zahl der Fibrillen oder den Umfang der die letzteren umgebenden Schichten erregbareren Saftes) unterscheiden, den Vorzug, dass in ihm die Wärmebildung, welche ein Reiz in den die Fibrillen einschliessenden erregbareren Saftschichten hervorruft, in grösstmöglichem Grade zur Erzielung einer plötzlichen Temperaturänderung der Disdiaklasten verwandt wird[1] und zugleich auch eine gegebene elektrische Ladung der Disdiaklasten in grösstmöglichem Grade im Sinne einer Contraktion des Muskelsäulchens wirkt.[2] Andererseits aber besitzt das kreiscylinderförmige Muskelsäulchen in Folge des Umstandes, dass es den umgebenden protoplasmatischen Schichten die geringste Berührungsfläche bietet, den Nachtheil, dass die auf der Wechselwirkung mit letzteren Schichten beruhende Erholung nach stattgefundener Erregung lang-

[1] Die Berührungsfläche zwischen dem Muskelsäulchen und den umgebenden protoplasmatischen Saftschichten ist ein Minimum, wenn das Muskelsäulchen die Gestalt eines Kreiscylinders besitzt. Aus diesem Grunde geht die Wärme, welche durch einen Reiz in den zu einem Muskelsäulchen gehörigen Schichten erregbareren Saftes ausgelöst wird, in dem Falle, wo das Muskelsäulchen die soeben angegebene Gestalt besitzt, langsamer auf die benachbarten protoplasmatischen Schichten über als in dem Falle, wo die Gestalt des Muskelsäulchens von irgend welcher anderen Art ist.

[2] Denkt man sich eine oder mehrere Fibrillen des kreiscylinderförmigen Muskelsäulchens aus den Stellungen, welche sie in diesem einnehmen, herausgenommen und diesem Muskelsäulchen an irgend welchen anderen Orten angefügt, so wird, wie unmittelbar ersichtlich, der Beitrag zu der im Muskelsäulchen auftretenden contrahirenden Kraft, welcher bei gegebener elektrischer Ladung der Disdiaklasten aus der Wechselwirkung jener Fibrillen mit den übrigen Fibrillen des Muskelsäulchens entspringt, bei jeder beliebigen Art der neuen Stellungen jener Fibrillen geringer ausfallen als zuvor, wo jene Fibrillen die Gestalt des Muskelsäulchens zu derjenigen eines Kreiscylinders ergänzten.

samer in ihm vor sich geht als in den Muskelsäulchen von anderer Gestalt. Kurz gesagt besitzt also das kreiscylinderförmige Muskelsäulchen die Eigenthümlichkeit, dass es sparsamer arbeitet, denselben Beitrag zur contrahirenden Kraft mit geringerem Stoffverbrauche liefert als die andersgestalteten Muskelsäulchen, hingegen einer schnellen Erholung weniger günstig ist. Gerade umgekehrt verhält sich das Muskelsäulchen von bandförmiger Gestalt, welches im Querschnittsbilde als ein langgestrecktes Feld erscheint. Dieses bietet den umgebenden protoplasmatischen Saftschichten eine verhältnissmässig grosse Berührungsfläche dar. Demgemäss ist seine Gestalt einer schnellen Erholung günstig, aber nicht einer sparsamen Arbeitsweise. Denn die in ihm durch einen Reiz ausgelöste Wärmemenge wird in nur mässigem Grade für die Erzielung einer plötzlichen Temperaturänderung und elektrischen Ladung der Disdiaklasten ausgenutzt, und auch die erzielte elektrische Ladung der Disdiaklasten macht sich in bedeutend geringerem Grade im Sinne einer Contraktion geltend, als sich eine gleich starke elektrische Ladung der Disdiaklasten in diesem Sinne geltend machen würde, wenn der Querschnitt des Muskelsäulchens weniger in die Länge gezogen und der Kreisform mehr genähert wäre.

In der vorstehenden, auf die Gestalt der Muskelsäulchen bezüglichen Betrachtung, die in analoger Weise auch für die Gestalt der Muskelsäulchengruppen Gültigkeit besitzt, haben wir gesehen, dass die platten, bandartigen Formen weniger sparsam arbeiten, aber zweckmässiger Weise wenigstens einen schnellen Ersatz stattgefundener Kraftausgaben von den protoplasmatischen Saftschichten aus verstatten, hingegen die rundlichen Formen sparsamer arbeiten und dementsprechend auch weniger auf Förderung der Wechselwirkung angelegt sind, die zwischen den, zu den Muskelsäulchen gehörigen, erregbareren Saftschichten und den die Muskelsäulchen umgebenden weniger erregbaren Saftschichten stattfindet und die Erholung des Muskels ermöglicht. Wir denken uns nun ein bandförmiges Muskelsäulchen, das im Querschnittsbilde als ein langes, geradlinig gestrecktes Feld erscheint, in der Weise gebogen, dass sich seine beiden seitlichen Endflächen gegenseitig berühren und mithin ein Muskelsäulchen von röhrenförmiger Gestalt entsteht, das in seiner Mitte ein gewisses Quantum protoplasmatischen Saftes einschliesst und im Querschnittsbilde als ein in seiner Mitte eine Lücke enthaltendes kreisförmiges Feld erscheint. Offenbar muss das Muskelsäulchen nach dieser Umformung, bei welcher Fibrillen desselben, welche vorher verhältnissmässig weit von einander entfernt waren, in nahe Nachbarschaft zu einander gebracht worden sind, viel sparsamer arbeiten als zuvor. Da ferner die Summe der beiden Flächen, welche das Muskelsäulchen von den von ihm eingeschlossenen und von den ihm aussen anliegenden protoplasmatischen Saftschichten abgrenzen, nicht viel hinter der Berührungsfläche zurücksteht, welche das Muskelsäulchen bei der früheren bandartigen Form den protoplasmatischen Saftschichten darbot, so ist durch jene Umformung auch die Fähigkeit der dem Muskelsäulchen angehörigen erregbareren Saftschichten, sich im Falle eintretender Erregung durch die Wechselwirkung mit den angrenzenden, weniger erregbaren Saftschichten zu erholen, nur in mässigem Grade verringert worden. Wir kommen also zu dem Resultate, dass die röhrenförmigen Muskelsäulchen, die sich im Querschnittsbilde als rundliche oder polygonale Felder repräsentiren, die in der Mitte eine kreisförmige oder sternförmige oder sonstwie gestaltete Lücke enthalten, sich dadurch auszeichnen, dass sie ihrer Gestalt nach in gewissem mittleren Grade sowohl auf sparsames Arbeiten als auch auf schnellen Ersatz der Stoffe angelegt sind, die bei der Muskelerregung in den ihnen angehörigen erregbareren Saftschichten verbraucht werden.

Weitere Anwendungen der im Vorstehenden zu Grunde gelegten Gesichtspunkte zu geben dürfte überflüssig erscheinen. Wir fassen das Wichtigste dessen, was hinsichtlich der Bedeutung der Form der Muskelsäulchen und Muskelsäulchengruppen zu sagen ist, kurz in folgenden Sätzen zusammen.

Es lassen sich drei Haupttypen von Muskelsäulchen unterscheiden, neben denen allerdings noch die mannigfaltigsten Uebergangsformen vorkommen:

Erstens strangförmige Muskelsäulchen mit annähernd kreisförmigem oder polygonalem Querschnitte, deren Gestalt ein sparsames Arbeiten begünstigt, hingegen einer schnellen Erholung ungünstig ist. Hierher gehören z. B. die Säulchen in den Muskelfasern von Melolontha.[1]

Zweitens bandförmige Muskelsäulchen mit langgestrecktem Querschnitte, deren Gestalt einem sparsamen Arbeiten ungünstig ist, hingegen eine schnelle Erholung begünstigt. Hierher gehören z. B. die Säulchen der Muskelfasern von Dytiscus.

Drittens röhrenförmige Muskelsäulchen, deren annähernd kreisförmige oder polygonale Querschnitte in ihrer Mitte eine Lücke haben, und zu denen z. B. die Säulchen der Muskelfasern von Hydrophilus

[1] Betreffs der hier angeführten Vertreter der drei Haupttypen der Muskelsäulchen sind die Abbildungen zu vergleichen, die sich bei Rollett, 2, Tafel I, Figur 1, 3 und 6, finden.

gehören. Diese Muskelsäulchen nehmen eine Mittelstellung zwischen denjenigen des ersten und des zweiten Typus ein, insofern als ihre Form ein sparsames Arbeiten in geringerem Grade als die Form des ersten, aber in höherem Grade als die Form des zweiten Typus begünstigt und einer schnellen Erholung weniger günstig als die Form des zweiten, aber günstiger als die Form des ersten Typus ist.

Entsprechende Haupttypen lassen sich auch an den Muskelsäulchengruppen unterscheiden. Bei diesen kommen neben anderen complicirteren Formen, deren Bedeutung und Wirkungsweise an der Hand der im Bisherigen geltend gemachten Gesichtspunkte leicht zu erkennen ist, aber nur in 'umständlicher Weise mit Worten auseinandergesetzt werden kann, insbesondere auch noch die Formen mit hakenförmig gekrümmtem Querschnitte vor, welche den Uebergang von den platten, bandartigen Formen zu den röhrenartigen Formen bilden.[1]

Wenn Fasern vorkommen, welche wie die Fasern der Flossenmuskeln des Seepferdchens Muskelsäulchen und Muskelsäulchengruppen von verschiedenen Typen neben einander enthalten, so kann dies vom Standpunkte unserer Anschauungen aus keineswegs befremden, sondern viel eher als eine unter Umständen zweckmässige Einrichtung erscheinen.

Es ist nicht zu übersehen, dass die contrahirende Kraft, welche bei der Muskelerregung entsteht, nicht ausschliesslich auf der Wechselwirkung der zu einem und demselben Muskelsäulchen gehörigen Fi-

[1] Muskelsäulchengruppen, welche die oben erwähnte Form mit hakenförmigem Querschnitte besitzen, finden sich nach den Darstellungen von Rollett (4, Tafel VII und VIII) sehr häufig in den Flossenmuskeln des Seepferdchens Ueberhaupt lassen sich bei Betrachtung der Faserquerschnitte dieser Muskeln entweder Formen der Muskelsäulchengruppen erkennen, welche dem ersten und dritten der obigen drei Typen der Muskelsäulchen entsprechen, d. h. annähernd Kreiscylinder oder rundliche Hohlröhren darstellen, oder es zeigen sich Formen, welche wenigstens so zu sagen eine starke, wenn auch nicht ganz erfolgreiche, Tendenz der Muskelsäulchen verrathen, in ihrer Gruppirung sich möglichst den beiden soeben erwähnten, ein sparsames Arbeiten begünstigenden Formen zu nähern. —

Zu den complicirteren Arten der Anordnung der Muskelsäulchen, deren Bedeutung und Wirkungsweise aber sich an der Hand der von uns angegebenen Gesichtspunkte leicht erkennen lässt, gehört z. B. die Anordnung, welche die Muskelsäulchen in den Fasern der Fliegenmuskeln besitzen (vergl. die Abbildungen bei Rollett, 2, Tafel II, Fig. 11a und 12, sowie Rollett, 4, Tafel VII, Fig. 3). Um nicht zu lange bei dem hier in Rede stehenden Punkte zu verweilen, sehen wir von einer Discussion dieser interessanten Anordnungsweise der Fibrillen und Muskelsäulchen ab. Dieselbe ist auf Grund unserer bisherigen Ausführungen wohl auch ohne Weiteres verständlich.

brillen, sondern auch auf der Wechselwirkung von Fibrillen beruht, welche verschiedenen Muskelsäulchen angehören. Die Bedeutung, welche die einem Muskel eigenthümliche Gestalt der Muskelsäulchen insofern besitzt, als sie ein sparsames Arbeiten mehr oder weniger begünstigt, wird demgemäss bei einer Untersuchung der Funktionsweise des Muskels umso weniger hervortreten, je grösser der Beitrag ist, den die Wechselwirkung von Fibrillen, die verschiedenen Muskelsäulchen angehören, zu der contrahirenden Kraft liefert. Denken wir uns zwei Fasern, deren eine hinsichtlich der Gestalt ihrer Muskelsäulchen dem ersten und deren andere dem zweiten der obigen drei Haupttypen entspricht, und nehmen wir an, die Muskelsäulchen seien in beiden Fasern nur durch äusserst dünne Schichten protoplasmatischen Saftes von einander getrennt, so wird der Unterschied in der Sparsamkeit der Arbeitsweise beider nur ganz minimal sein. In ähnlicher Weise muss auch der Einfluss, den die besondere Form der Muskelsäulchengruppen auf die Sparsamkeit des Arbeitens ausübt, umso mehr zurücktreten, je geringer die Abstände der verschiedenen Muskelsäulchengruppen von einander sind.

Was ferner die Erholungsfähigkeit der Muskelfaser anbelangt, so bestimmt sich dem früher Bemerkten gemäss die Menge der Kraftvorräthe, welche eine Muskelfaser in sich aufzunehmen vermag, nicht nach der Form der Muskelsäulchen, sondern nach dem Umfange der protoplasmatischen Schichten, die sich zwischen den Muskelsäulchen befinden. Nach der Form der Muskelsäulchen bestimmt sich nur die Schnelligkeit, mit welcher nach einer Anstrengung des Muskels die in den protoplasmatischen Schichten angehäuften Kraftvorräthe zur Ausgleichung des erlittenen Verlustes an Erregbarkeit herangezogen werden.[1] Sind durch vorherige Anstrengungen die Kraftvorräthe einer Faser erschöpft, so vermag sich dieselbe auch dann, wenn die Muskelsäulchen in ihr die für eine schnelle Erholung günstigste Form besitzen, nur langsam unter dem Einflusse des Blutstromes zu erholen.

Endlich mag noch darauf hingewiesen werden, dass die Art und Weise, wie die Muskelsäulchen geformt und über den Querschnitt der Faser vertheilt sind, natürlich auch für die Verhältnisse massgebend ist, in denen die Vergrösserungen zu einander stehen, welche die verschiedenen Durchmesser eines Faserquerschnittes bei der Contraktion der Faser erfahren. Es erscheint denkbar, dass es für die Funktion

[1] Dass die Schnelligkeit, mit welcher sich dieser früher (S. 53) kurz als die ausgleichende Diffusion bezeichnete Vorgang vollzieht, auch noch von dem Zähigkeitsgrade des Muskelsaftes abhängig ist, versteht sich von selbst und wird weiterhin noch hinlänglich hervorgehoben werden.

eines Muskels von Bedeutung sei oder durch die anatomisch-mechanischen Verhältnisse seiner Umgebung irgendwie gefordert werde, dass alle oder einige seiner Fasern bei der Contraktion eine Vergrösserung ihres Querschnittes erfahren, welche die verschiedenen Querschnittsdurchmesser nicht in gleichem Verhältnisse betrifft. Zur Zeit fehlen uns durchaus noch die erforderlichen Unterlagen, um beurtheilen zu können, ob in der That die Bedeutung und Zweckmässigkeit einer charakteristischen Anordnung der Fibrillen und Muskelsäulchen in der hier angedeuteten Weise zuweilen mit darin besteht, dass sie eine ganz bestimmte Veränderung des Faserquerschnittes bei der Contraktion zu Folge hat.

Aus Vorstehendem dürfte sich hinlänglich ergeben, dass die Beziehungen, in denen die einem Muskel eigenthümliche Anordnungsweise der Fibrillen und Muskelsäulchen und die relative Menge der Substanz der Muskelsäulchen zur Funktionsweise des Muskels stehen, ziemlich complicirter Art sind. Massgebend sind diese histologischen Eigenschaften der Faser für die Kraftvorräthe, welche die Faser in sich aufzuspeichern vermag, für die Schnelligkeit, mit welcher die angesammelten Kraftvorräthe zur Ausgleichung der durch Reizung bewirkten Verluste an Erregbarkeit herangezogen werden, sowie für die Sparsamkeit, mit welcher der Muskel mechanische Arbeit leistet. Die grössere oder geringere Schnelligkeit der Contraktion, welche man immer geneigt gewesen ist in nähere Beziehung zu den wahrgenommenen Struktureigenthümlichkeiten der Muskelfasern zu bringen, hat mit den hier in Rede stehenden histologischen Eigenschaften direkt nichts zu thun. Sie hängt, wie schon früher (S. 124 ff.) bemerkt, in der Hauptsache von der Zähigkeit ab, welche der Muskelsaft, vor Allem in seinen erregbareren Schichten, besitzt. Je grösser diese Zähigkeit ist, desto langsamer entwickelt sich die von einem Reize bewirkte Erregung und Contraktion des Muskels. Dass die Unterschiede, welche zwischen verschiedenen Muskelfasern hinsichtlich der Zähigkeit des Muskelsaftes bestehen, zugleich von Unterschieden in der chemischen Zusammensetzung des Muskelsaftes begleitet sind, und dass verschiedene Muskelfasern ebenso wie hinsichtlich der Zähigkeit des Muskelsaftes auch noch hinsichtlich des Mengenverhältnisses, das zwischen den protoplasmatischen und den erregbareren Saftschichten besteht, oder hinsichtlich der Dicke der die Fibrillen unmittelbar umgebenden, erregbareren Saftschichten differiren können, sei hier nur beiläufig noch als selbstverständlich erwähnt.

Neuerdings hat auch Rollett (5, S. 170) ausdrücklich anerkannt, dass sich kein auf die Dimensionen des Faserquerschnittes, die Zahl und Stellung der Muskelkerne, den Bau und die Anordnung der Fibrillen oder die relative Menge der Substanz der Muskelsäulchen bezügliches Unterscheidungsmerkmal angeben lasse, welches die schnell sich contrahirenden Muskelfasern von den langsam sich contrahirenden scheide. Bedeutende Verschiedenheiten hinsichtlich eines oder mehrerer der hier erwähnten histologischen Merkmale können sich, wie Rollett bemerkt, ebenso wie bei Muskeln, die hinsichtlich der Contraktionsgeschwindigkeit stark differiren, auch bei solchen vorfinden, die hinsichtlich der letzteren völlig mit einander übereinstimmen. Nur insofern kann nach unseren Anschauungen die Contraktionsgeschwindigkeit in einer gewissen Beziehung zu dem Umfange stehen, den die protoplasmatischen Saftschichten in der Muskelfaser besitzen, als, wie schon früher (S. 126 und 162) angedeutet, eine und dieselbe Contraktion und äussere Arbeitsleistung umso mehr Stoffverbrauch seitens des sich contrahirenden Muskels erfordert, je schneller die Contraktion stattfindet, und mithin ein Muskel umso mehr einer reichlichen Ansammlung von Kraftvorräthen bedürftig erscheinen kann, je schneller er sich zu contrahiren pflegt. Man würde aber doch weit fehlgreifen, wenn man in Hinblick hierauf den Satz aufstellen wollte, dass allgemein die relative Menge der protoplasmatischen Saftschichten in einer Muskelfaser umso grösser sei, je schneller die Faser sich zu contrahiren pflege. Denn die relative Menge der protoplasmatischen Saftschichten bestimmt sich (ganz abgesehen von der Möglichkeit, dass ein Muskel Reservestoffe ansammele, die für die Entwickelung oder Thätigkeit anderer Organe bestimmt sind, sowie ganz abgesehen von der Möglichkeit, dass die protoplasmatischen Saftmassen der Fasern theilweise zur Ermöglichung eines weiteren Wachsthums oder einer weiteren Vermehrung derselben bestimmt seien) nicht blos nach der Sparsamkeit, mit welcher der Muskel arbeitet, sondern auch nach der Intensität und der Andauer der Thätigkeit, die unter den gewöhnlichen Lebensverhältnissen von ihm verlangt wird, und nach der Leichtigkeit und Schnelligkeit, mit welcher der Muskel den Ernährungs- und Lebensverhältnissen des betreffenden Thieres gemäss bei angestrengter Thätigkeit die eintretenden Kraftausgaben mit Hilfe des Blutstromes von aussen her wieder zu ersetzen vermag. Um die Struktur der Fasern eines Muskels völlig zu verstehen, ist oft eine nähere Kenntniss der biologischen Verhältnisse des betreffenden Thieres unbedingt erforderlich. Bisher hat man die letzteren bei Erwägung der Bedeutung einer Muskelstruktur zu wenig berücksichtigt und überhaupt bei Erwägungen dieser Art fast ausschliesslich nur denjenigen Ideenreichthum entwickelt, der seinen Ausdruck in der Frage findet, ob die beobachteten Struktureigenthümlichkeiten in näherer Beziehung zu der Schnelligkeit stünden, mit der sich der Muskel contrahirt.

Wir schliessen diese Betrachtungen, indem wir einer schönen Bestätigung gedenken, welche die im Vorstehenden von uns entwickelten Anschauungen durch ROLLETT's Untersuchungen gefunden haben. Dieser Forscher hat bekanntlich neben der Feststellung der von uns oben (S. 166) angeführten histologischen Eigenthümlichkeiten der Muskelfasern von Hydrophilus und Dytiscus zugleich auch eingehende vergleichende Untersuchungen über die physiologischen Eigenschaften der Muskeln beider Thiere ausgeführt. Die Resultate dieser letzteren Untersuchungen fasst er (5, S. 171) kurz in dem Satze zusammen, „dass bei dem ersteren Thiere (Hydrophilus) in allen Muskeln Fasern von demselben Baue, von trägem Zuckungsverlaufe und ausdauernder Leistungsfähigkeit, dagegen bei dem letzteren Thiere wieder in allen Muskeln übereinstimmend, aber ganz anders als bei Hydrophilus gebaute Muskeln, von flinkem Zuckungsverlaufe und vergänglicher, aber immer durch Ruheperioden verhältnissmässig rasch wieder zu gewinnender Leistungsfähigkeit enthalten sind." Nach unseren Anschauungen ist dieses Verhalten einfach in folgender Weise zu deuten. Die Muskeln von Hydrophilus besitzen eine ausdauernde Leistungsfähigkeit, weil derjenige Typus der Muskelsäulchen, der sich in den Fasern dieser Muskeln verwirklicht findet, dem auf S. 166 f. Bemerkten gemäss ein sparsames Arbeiten in höherem Grade begünstigt als der durch die Muskelfasern von Dytiscus repräsentirte Typus der Muskelsäulchen, und weil in Folge der grösseren Zähigkeit des Saftes dieser Muskeln die Contraktion derselben träge verläuft und demgemäss aus dem früher (S. 126) angedeuteten Grunde bei der gleichen äusseren Arbeitsleistung weniger Stoffverbrauch erfordert als eine gleich ausgiebige schnell verlaufende Contraktion anderer Muskeln, z. B. der Muskeln von Dytiscus. Diese Muskeln von Dytiscus hingegen ermüden schnell, erstens weil dem oben Dargelegten gemäss der in diesen Muskeln verwirklichte Typus der Muskelsäulchen einem sparsamen Arbeiten nicht günstig ist, und zweitens weil die grosse Schnelligkeit der Contraktion dieser Muskeln einen starken Stoffverbrauch erfordert. Diese Muskeln vermögen sich aber schnell zu erholen, erstens weil die Gestalt ihrer Muskelsäulchen dem Obigen gemäss einer schnellen Erholung günstig ist, und zweitens deshalb, weil der diesen Muskeln eigenthümliche geringere Werth der Saftzähigkeit,[1] welcher der grösseren Schnelligkeit der Con-

[1] Wenn wir dem Muskelsafte in einem Muskel eine grössere Zähigkeit zuschreiben als in einem anderen Muskel, so behaupten wir diesen Zähigkeitsunterschied in erster Linie für die erregbareren Saftschichten beider Muskeln.

traktion derselben zu Grunde liegt, zugleich auch noch die Folge hat, dass der früher kurz als die ausgleichende Diffusion bezeichnete Diffusionsvorgang, durch welchen nach geschehener Muskelerregung erregbares Material aus den protoplasmatischen Saftschichten in die erregbareren Saftschichten übergeführt wird, mit grösserer Schnelligkeit vor sich geht. Je weniger zäh der Muskelsaft in seinen protoplasmatischen und erregbareren Schichten ist, desto schneller müssen sich die der Erholung der Faser zu Grunde liegenden Diffusionsvorgänge in derselben vollziehen. —

Hiermit schliessen wir unsere Erörterungen über die Bedeutung der verschiedenen Struktureigenthümlichkeiten der Muskelfasern. Nur die nach unserem Erachten klar zu Tage liegende Bedeutung, welche die Anisotropie der Muskelfaser oder vielmehr gewisser Bestandtheile derselben besitzt, wird späterhin (in § 34) noch näher zur Sprache kommen, weil es angezeigt erscheint, unsere Ansicht hierüber anderen abweichenden Auffassungen gegenüber eingehender geltend zu machen.

Unsere Kenntnisse über die Ontogenese der Muskelfasern sind noch zu unvollkommen. Sonst würde sich an die Erörterung der Bedeutung und Zweckmässigkeit, welche die verschiedenen Struktureigenthümlichkeiten der Muskelfasern besitzen, die Darlegung anzuschliessen haben, inwieweit die im Verlaufe der phylogenetischen Entwickelung allmählich erworbenen zweckmässigen Struktureigenthümlichkeiten der Muskelfasern auch im Verlaufe der ontogenetischen Entwickelung successiv nach einander sich einstellen. Zur Zeit wissen wir in dieser Beziehung aus gewissen Beobachtungen von Engelmann (3, S. 456 ff.), dass die quergestreiften Muskelfasern wenigstens in manchen Fällen aus einem Anfangszustande hervorgegangen sind, in welchem sie noch vollkommen glatte Fibrillen besassen. Ausserdem liegt noch eine Beobachtung von Wagener (Arch. f. A. u. Ph., Anat. Abtheilung, 1880, S. 257 f.) vor, nach welcher die Anordnung der Fibrillen zu Muskelsäulchen nicht zugleich mit der Existenz der Fibrillen gegeben ist, sondern erst in einem späteren Stadium sich herausbildet.

Aber auch zwischen den protoplasmatischen Schichten beider Muskeln wird ein gewisser Zähigkeitsunterschied von gleicher Richtung bestehen.

Drittes Capitel.

Von den Veränderungen, welche die verschiedenen Abschnitte des Muskelfaches und die verschiedenen Theile des Fasergerüstes bei der Contraktion hinsichtlich ihres Volumens, ihrer Form, ihres optischen Verhaltens und anderer Eigenschaften erfahren.

§ 28.

Wir versuchen im Folgenden vom Standpunkte unserer Theorie aus zunächst die Veränderungen zu erklären, welche die verschiedenen Abtheilungen oder umfassenderen Zonen des Muskelfaches bei der Contraktion hinsichtlich ihres Volumens und ihrer Form, hinsichtlich ihres Aussehens und hinsichtlich ihres Verhaltens gegenüber solchen Mitteln erfahren, welche flüssigkeitentziehend oder färbend auf die Faser einwirken. Nur die Veränderungen, welche das optische Doppelbrechungsvermögen der anisotropen Scheiben des Muskelfaches bei der Contraktion erleidet, werden erst im nachfolgenden Capitel zur Sprache kommen. Betreffs der näheren Beschaffenheit und des näheren Verlaufes der hier von uns zu erklärenden Erscheinungen des Contraktionsvorganges glauben wir in erster Linie die darauf bezüglichen Darlegungen von Engelmann (enthalten in den an zweiter, vierter, fünfter, siebenter und neunter Stelle angeführten Abhandlungen dieses Forschers) zu Grunde legen zu müssen.

Ehe wir die hier angegebene Aufgabe in Angriff nehmen, ist zunächst noch ein Punkt zu erledigen, der unsere Ausdrucksweise betrifft. Es herrscht nämlich keine volle Uebereinstimmung in der Art und Weise, wie die verschiedenen Dimensionen und Dimensionsänderungen des Muskelfaches und seiner Abtheilungen bezeichnet werden. Es wird von einer Verkürzung, Verdickung, Verbreiterung, einem Dünnerwerden, Schmälerwerden u. dergl. m. des Muskelfaches oder einzelner Abschnitte desselben gesprochen, ohne dass hinsichtlich der Anwendung dieser Ausdrücke volle Uebereinstimmung besteht, und ohne dass es möglich ist, die Bedeutung der Ausdrücke immer sofort ohne nähere Erwägung sicher zu erfassen. Um nun unsererseits in dieser Beziehung nicht zu gleicher Unsicherheit Anlass zu geben, erklären wir hiermit, dass wir die Ausdrücke Länge, Dicke, Verlängerung, Verkürzung und Verdickung auf das Muskelfach oder eine einzelne Fachabtheilung in ganz entsprechendem Sinne anwenden wie auf die ganze Muskelfaser. Es nimmt also unserer Ausdrucksweise nach die Länge (oder auch Höhe) des Muskelfaches ab oder zu, wenn sich die Erstreckung desselben in der Längsrichtung der Faser verringert, bez. vergrössert; und das Muskelfach oder ein einzelner Abschnitt desselben verdickt sich, wenn der Querschnitt desselben zunimmt.

Wenn wir im Folgenden die Veränderungen besprechen, welche die verschiedenen Zonen und Querabtheilungen des Muskelfaches bei der Contraktion erleiden, so soll hiermit natürlich nicht ausgeschlossen sein, dass Fälle vorkommen, wo die Muskelfächer und ihre verschiedenen Abschnitte nicht in ihrer ganzen Dicke, sondern nur mit einem seitlichen oder mittleren Theile an der Contraktion theilnehmen. Wie Engelmann (2, S. 164) gelegentlich hervorhebt, sterben dicke Muskelfasern oft sehr ungleichmässig ab, und zwar meist die oberflächlichen Lagen früher als die inneren. Häufig sterben die Fasern von einer Längsseite her ab. „Reizt man nun die Faser . . ., so treten sehr eigenthümliche Bilder auf, indem die erstarrten Fibrillen von der activ sich verkürzenden Masse mitbewegt werden. Ist z. B. nur die eine Längshälfte der Faser noch contraktil, die andere starr, so werden, indem die ganze Faser sich concav nach der reizbaren Seite hin krümmt, die der noch contraktilen Masse zunächstliegenden Fibrillen wellen- oder zickzackförmig gebogen, die weiter entfernten einfach gebogen, die entferntesten wohl auch merklich gedehnt.“ Wir brauchen nicht erst auszuführen, dass derartige partielle Contraktionen der Muskelfächer sich mit unserer Theorie durchaus vertragen und an den sich contrahirenden Fasertheilen ganz ähnliche Veränderungen erkennen lassen müssen, als sich den nachstehenden Darlegungen gemäss bei der normalen Contraktion an der ganzen Dicke des Muskelfaches beobachten lassen.

Eine andere von Engelmann (2, S. 173) gelegentlich hervorgehobene, hier mit zu erwähnende Thatsache besteht darin, dass bei der Entstehung und Fortpflanzung des Contraktionsvorganges in einer Muskelfaser ein Muskelfach sich nicht gleichzeitig als Ganzes contrahirt. Die im Nachstehenden anzuführenden, dem Contraktionsvorgange entsprechenden Veränderungen der verschiedenen Abtheilungen eines von der Contraktionswelle ergriffenen Muskelfaches zeigen sich an den dem Gipfel dieser Welle näheren Fachabtheilungen weiter fortgeschritten als an den von jenem Wellengipfel entfernteren Fachabtheilungen. Auch diese Thatsache entspricht einfach den Consequenzen unserer Contraktionstheorie.

Nach diesen einleitenden Bemerkungen gehen wir nun an die eigentliche Aufgabe dieses Paragraphen, an die Darlegung und Erklärung der bei der Contraktion eintretenden Veränderungen des Muskelfaches, heran.

1) Die bei der Contraktion eintretenden Form- und Volumenänderungen des Muskelfaches und seiner verschiedenen Abschnitte.

Bei der Contraktion ändert sich die Form des Muskelfaches in der Weise, dass das Sarkolemma an den Ansatzstellen der Zwischenscheibe rinnenförmige Einschnürungen erkennen lässt und die Muskelfaser an den Stellen der Querbänder aufgebaucht erscheint. Sind jene Einschnürungen schon bei anscheinendem Ruhezustande der Faser vorhanden (vergl. S. 110, Anmerkung), so gewinnen dieselben dem Contraktionsgrade entsprechend an Tiefe. Während ferner das Volumen des Muskelfaches im Ganzen betrachtet bei der Contraktion merklich constant bleibt (vergl. S. 17), ändert sich bei derselben das Verhältniss, in dem die Volumina des Querbandes und des Zwischenbandes zu einander stehen. Das Querband verkürzt sich bei der Erregung in geringerem Verhältnisse als das Zwischenband. Demgemäss nimmt bei der Contraktion das Volumen des letzteren Bandes ab, während dasjenige des Querbandes um den gleichen Betrag zunimmt.

Die Erklärung dieser Erscheinungen ist leicht gegeben. Die Einkerbungen, welche die contrahirte Faser an den Stellen der Zwischenscheibe erkennen lässt, haben wir schon früher (S. 110 f.) durch die verhältnissmässig hohe Elasticität der Disdiaklasten und Querbälkchen der Zwischenscheibe erklärt. Was ferner den Umstand anbelangt, dass sich das Zwischenband in grösserem Verhältnisse verkürzt als das Querband, so ist Folgendes zu beachten. Bei der Contraktion werden die Längsbälkchen gebogen und hierdurch die isotropen Schichten des Muskelfaches verkürzt. Diese Verkürzung der isotropen Schichten muss grösser sein als die gleichzeitig stattfindende Verkürzung der anisotropen Scheiben, welche darauf beruht, dass die Disdiaklasten, wie auf S. 76 bemerkt, bei der Muskelcontraktion in Folge der Wechselwirkung ihrer elektrisch geladenen Micelle sowie in Folge des mechanischen Einflusses, den sie seitens der gedehnten Querbälkchen erfahren, ihre Gestalt mehr oder weniger verändern müssen. Ein derartiges Ueberwiegen der Verkürzung der isotropen Schichten über diejenige der anisotropen Scheiben ist aber nicht anders möglich als so, dass das Volumen der ersteren bei der Contraktion abnimmt, hingegen dasjenige der letzteren zunimmt, indem die ersteren Muskelsaft an die letzteren abgeben. Wenn man nun bedenkt, dass in das Zwischenband nicht weniger als vier isotrope Schichten, nämlich die beiden Nebenschichten und die beiden Querschichten, hineinfallen, von denen die beiden letzteren in der ruhenden Faser in der Regel eine verhältnissmässig bedeutende Höhe besitzen,[1] und dass hingegen das Querband von den isotropen Schichten des Muskelfaches nur die beiden wenig hohen Mittelschichten (beziehentlich nur die eine Mittelschicht) einschliesst, so begreift es sich leicht, dass das Zwischenband bei der Contraktion an Volumen abnimmt und Muskelsaft an das Querband abgibt. Weil also bei der Muskelcontraktion die anisotropen Scheiben sich weniger verkürzen als die isotropen Schichten und mithin das Volumen der ersteren zunimmt, hingegen dasjenige der letzteren abnimmt, und weil das Zwischenband einem erheblich grösseren Bruchtheile nach als das Querband aus isotropen Schichten besteht, so muss sich das erstere Band bei der Contraktion nothwendig in grösserem Verhältnisse verkürzen als das Querband und Muskelsaft an letzteres abgeben. Der Umstand, dass das Zwischenband bei der Contraktion wegen der verhältnissmässig grossen Elasticität der Disdiaklasten und Querbälkchen der Zwischenscheibe in einem mehr oder weniger grossen Theile seiner Ausdehnung nicht einmal dieselbe Verdickung erfährt wie das Querband, kann natürlich nur dazu dienen, den Volumenverlust und die Saftabgabe des Zwischenbandes bei der Contraktion noch beträchtlicher ausfallen zu lassen.

Man hat sich häufig die Frage gestellt, ob bei der Contraktion eines Muskelfaches der Abstand zwischen Nebenscheibe und benachbarter Querscheibe sich in höherem Grade verringere als der Abstand zwischen Nebenscheibe und benachbarter Zwischenscheibe, ob also die Verkürzung des Zwischenbandes hauptsächlich auf Kosten der Höhe der isotropen Querschichten oder hauptsächlich auf Kosten der Höhe der isotropen Nebenschichten stattfinde. So glaubt z. B. Engelmann (5, S. 590) auf Grund der von ihm angestellten Messungen behaupten zu dürfen, dass die Höhenabnahme und Volumenverminderung, welche das Zwischenband bei der Muskelcontraktion erfährt, bei mässigen Graden der Muskelcontraktion zum weitaus überwiegenden Theile auf der Verkürzung der isotropen Querschichten beruhe; allerdings verliere auch der übrige Theil des Zwischenbandes während der Muskelcontraktion, namentlich während des späteren Verlaufes derselben, an Höhe und Volumen. Ueberblickt man indessen die Gesammtheit der vorliegenden auf den hier in Rede stehenden Punkt bezüglichen Beobachtungsangaben, so zeigt sich, dass eine allgemeine Regel betreffs dieses Punktes

[1] Bei den hierher gehörigen Messungen von Engelmann erwies sich die Summe der Höhen der beiden isotropen Querschichten in der ruhenden Faser als ungefähr gleich gross wie die Gesammthöhe des (aus den Nebenscheiben, isotropen Nebenschichten und der Zwischenscheibe bestehenden) übrigen Theiles des Zwischenbandes und als grösser als der vierte Theil der Gesammthöhe des Muskelfaches.

nicht aufgestellt werden kann, und dass sich bei der Muskelcontraktion bald der Abstand der Nebenscheiben von den Querscheiben, bald der Abstand derselben von der Zwischenscheibe mehr zu verringern scheint. So finden wir thatsächlich schon bei ENGELMANN selbst (4, S. 16 ff.) in der hier in Rede stehenden Beziehung zwei Typen oder Fälle der Muskelcontraktion unterschieden. In dem einen Falle scheinen bei eintretender Contraktion die Nebenscheiben mit den Querscheiben zu einer einzigen Masse zu verschmelzen, indem die zwischen ihnen befindlichen isotropen Querschichten schmäler und schmäler und schliesslich ganz unsichtbar werden, während die isotropen Nebenschichten noch deutlich erkennbar bleiben. In dem anderen Falle hingegen gehen bei Eintritt der Contraktion die Nebenscheiben an die Zwischenscheiben heran und legen sich dicht an dieselben, so dass die isotropen Nebenschichten anscheinend ganz verschwinden. Nach ROLLETT (1, S. 101) macht bei der Contraktion von Käfermuskeln der anfängliche Ruhezustand, bei welchem die Nebenscheiben durch isotrope Schichten sowohl von den Querscheiben als auch von der Zwischenscheibe deutlich getrennt sind, zunächst einem Zustande Platz, bei welchem zwar die isotropen Querschichten noch deutlich sichtbar sind, die isotropen Nebenschichten aber in Folge starker Annäherung der Nebenscheiben an die Zwischenscheibe nicht mehr erkannt werden können. Mit dieser Darstellung ROLLETT's stimmen die Angaben von FLÖGEL (Arch. f. mikrosk. Anat., 8, 1872, S. 78) und FREDERICQ (Bulletins de l'acad. royale de Belgique, 41, 1876, S. 589 f.) überein. Nach NASSE (a. a. O. S. 75) und RANVIER (Leçons sur l'histologie du système nerveux, II, Paris, 1878, S. 232) hingegen legen sich die Nebenscheiben in der Regel an die Querscheiben an.

Nach unseren theoretischen Anschauungen ist das hier erwähnte unregelmässige Verhalten der Nebenscheiben durchaus begreiflich. Die Art und Weise, wie sich die Abstände der Nebenscheiben von den Querscheiben und Zwischenscheiben in den verschiedenen Stadien der Contraktion verhalten, muss nach unserer Theorie abhängig sein von der Höhe, welche einerseits die isotropen Querschichten und andererseits die isotropen Nebenschichten beim Ruhezustande der Faser besitzen,[1] von der Dicke und von der Grösse der Elasticität, welche

[1] In den Muskelfasern, an denen ENGELMANN diejenigen Messungen ausgeführt hat, auf Grund deren er den obigen Satz aufstellt, dass die bei der Muskelcontraktion eintretende Höhenabnahme des Zwischenbandes zum weitaus überwiegenden Theile auf der Verkürzung der isotropen Querschichten beruhe, war beim Ruhezustande die Höhe, welche die beiden isotropen Querschichten zusammen genommen besassen, ungefähr gleich gross wie die Höhe, welche der

einerseits die in den ersteren und andererseits die in den letzteren Schichten vorhandenen Längsbälkchen besitzen, von der Grösse, Form und Beschaffenheit, welche einerseits die Disdiaklasten der Querscheiben und andererseits diejenigen der Zwischenscheiben besitzen, und von der Stärke der elektrischen Ladung, welche die Disdiaklasten dieser Scheibenarten ihren Gestalt- und Struktureigenthümlichkeiten entsprechend bei eintretender Erregung erfahren, u. A. m. Da nun das Verhältniss, in welchem beim Ruhezustande der Faser die Höhe der isotropen Querschichten zur Höhe der isotropen Nebenschichten steht, durchaus variabel ist, in vielen Fällen > 1, in anderen Fällen aber < 1 ist, da ferner die Gestalt- und Strukturverhältnisse der Disdiaklasten der Querscheiben und der Zwischenscheibe keineswegs in allen Fasern ganz dieselben sind, und da möglicher Weise überhaupt alle Faktoren, welche nach unserer Theorie während der Muskelcontraktion für die räumlichen Beziehungen der Nebenscheiben zu den ihnen benachbarten Scheiben massgebend sein müssen, eine mehr oder weniger grosse Variabilität besitzen, so versteht es sich von selbst, dass für das Verhalten, welches eben diese räumlichen Beziehungen der Nebenscheiben während der Contraktion darbieten, eine allgemeine Regel nicht aufgestellt werden kann.

Nach Krause (a. a. O. S. 14 u. 170) lässt sich an einer theilweise contrahirten Muskelfaser oft beobachten, dass diejenigen anisotropen Scheiben und isotropen Schichten, welche gerade in den contrahirten Zustand übergehen, sich convex nach derjenigen Faserstelle hin beugen, die bereits contrahirt ist. K. Kaufmann (Arch. f. A. u. Ph., 1874, S. 283) hat späterhin diese Beobachtung bestätigt. Krause führt dieselbe darauf zurück, dass in absterbenden Fasern die der Axe näher gelegenen Theile ihre Erregbarkeit besser bewahren als die peripherischen Theile. Man könnte indessen auch daran denken, dass hier der Umstand mit im Spiele sei, dass die Anziehungen, welche die Disdiaklasten benachbarter Quercolonnen bei eintretender Muskelerregung

---

aus der Zwischenscheibe, den beiden isotropen Nebenschichten und den beiden Nebenscheiben bestehende Abschnitt des Zwischenbandes besass. Nach unseren Anschauungen, nach denen sich bei der Muskelcontraktion die isotropen Schichten des Muskelfaches allgemein in bedeutend grösserem Verhältnisse verkürzen als die anisotropen Scheiben desselben, versteht es sich von selbst, dass bei den hier angegebenen Dimensionsverhältnissen der isotropen Querschichten und des übrigen Theiles des Zwischenbandes die Verkürzung dieses Bandes in weit überwiegendem Masse auf der Verkürzung der beiden isotropen Querschichten beruht. Auf der anderen Seite aber ist nach unseren Anschauungen auch nicht zweifelhaft, dass in solchen Fällen, wo die isotropen Nebenschichten beträchtlich höher sind als die isotropen Querschichten, die Verkürzung des Zwischenbandes in der Regel in höherem Grade auf der Verkürzung der ersteren als auf derjenigen der letzteren Schichten beruhen wird.

auf einander ausüben, für diejenigen Disdiaklasten, welche sich in der Mitte eines Faserquerschnittes befinden, in ihrem Gesammtwerthe nothwendig stärker sein müssen als für diejenigen Disdiaklasten, welche eine mehr peripherische Lage besitzen. Ueberhaupt leuchtet ein, dass die in den Randtheilen eines Faserquerschnittes befindlichen Disdiaklasten sich hinsichtlich der Krafteinwirkungen, welche sie von anderen Disdiaklasten erfahren, in quantitativer Beziehung etwas anders verhalten müssen als diejenigen Disdiaklasten, welche eine mehr centrale Lage im Faserquerschnitte besitzen. Das Entsprechende gilt auch schon, wenn man die Disdiaklasten, welche einem und demselben Querschnitte eines blossen Muskelsäulchens angehören, mit einander vergleicht.

2) Die bei der Contraktion eintretenden optischen Veränderungen der verschiedenen Bänder und Abtheilungen des Muskelfaches.

Falls die beobachtete Faser so hohe Muskelfächer hat, dass die verschiedenen anisotropen und isotropen Abtheilungen derselben deutlich unterschieden und in ihren Veränderungen verfolgt werden können, so zeigt sich bei der Contraktion Folgendes. Bei wachsender Verkürzung des Muskelfaches wird das Zwischenband stärker lichtbrechend und demgemäss dunkler. Das Querband hingegen mit Ausnahme seines mittleren Theiles wird schwächer lichtbrechend und heller. Bei gewissen Contraktionsgraden verschwindet schliesslich die Querstreifung, der Unterschied im Aussehen beider Bänder, vollständig[1] (sog. Uebergangsstadium) und bei noch höheren Graden der Verkürzung tritt die Querstreifung wieder deutlich hervor, indem jetzt die Zwischenbänder stärker lichtbrechend und dunkler sind als die Querbänder (sog. Umkehrungsstadium). In diesem Umkehrungsstadium sind die Querscheiben schwächer lichtbrechend und heller als beim Ruhezustande.[2] Bei Untersuchung zwischen gekreuzten Nicols erscheinen die

[1] Nur in denjenigen Fällen, wo schon in der ruhenden Faser die stark entwickelten Nebenscheiben beträchtlich dunkler als die Querscheiben sind und in Folge dessen das Zwischenband dunkler erscheint als das Querband, bleibt nach Engelmann (4, S. 4) die Faser auch bei sonst genügendem Betrage der Verkürzung stets deutlich quergestreift, indem der Streifen der grösseren Dunkelheit stets in die Zone der Zwischen- und Nebenscheiben fällt.

[2] Da wir gemäss den Ausführungen auf S. 116 f. guten Grund zu der Annahme haben, dass die Helligkeitsunterschiede, welche beim Ruhezustande der Faser zwischen den verschiedenen Abschnitten des Muskelfaches wahrgenommen werden, ihren wesentlichen Grund in Unterschieden des Lichtbrechungsvermögens, nicht aber des Lichtabsorptionsvermögens der Fachabschnitte besitzen, so führen wir, wie aus dem Obigen ersichtlich ist, dementsprechend auch die bei der Muskelcontraktion eintretenden Helligkeitsänderungen

Fasern in jedem Stadium der Verkürzung deutlich quergestreift, und zwar sind es bei allen Contraktionsgraden die Zwischenbänder, welche zwischen gekreuzten Nicols dunkel erscheinen.

Diese optischen Verhaltungsweisen der beiden Bänder des sich contrahirenden Muskelfaches sind nach unserer Theorie selbstverständlich, sobald man an dem früher (S. 103) von uns aufgestellten Satze festhält, dass eine Abtheilung des Muskelfaches einen umso grösseren Brechungscoefficienten besitzt und demgemäss bei der üblichen, tiefen Einstellung des Mikroskopes umso dunkler erscheint, je grösser das Verhältniss ist, in welchem die Masse der in dieser Fachabtheilung enthaltenen festen Substanz zu der Masse des ebendarin enthaltenen Muskelsaftes steht.[1] In den isotropen Schichten des Muskelfaches

---

der verschiedenen Fachabschnitte auf Aenderungen der Brechungscoefficienten derselben zurück. Merkwürdigerweise sind wir nicht in der Lage, diese unsere Auffassung einfach durch den Hinweis darauf zu stützen, dass einer der bisherigen Beobachter einen im Umkehrungsstadium der Contraktion befindlichen Fasertheil nicht blos bei tiefer, sondern auch bei hoher Einstellung des Mikroskopes betrachtet und bei letzterer Einstellung genau das entgegengesetzte Helligkeitsverhältniss der beiden Bänder des Muskelfaches wahrgenommen habe wie bei ersterer Einstellung. Unseres Wissens ist die hier angedeutete Beobachtung bisher noch nicht angestellt worden. Engelmann hat früher (2, S. 168) die bei der Contraktion eintretenden Helligkeitsänderungen der beiden Bänder des Muskelfaches dahin gedeutet, dass bei der Contraktion die isotrope Schicht (das Zwischenband) undurchscheinender, die anisotrope Schicht (das Querband) aber mit Ausnahme der Mittelscheibe durchsichtiger werde. Später (4, S. 5 ff.) hingegen hat er diese Helligkeitsänderungen in unzweideutiger Weise auf Aenderungen des Lichtbrechungsvermögens der verschiedenen Fachabschnitte zurückgeführt. —

Die bei hohen Contraktionsgraden eintretende Umkehrung des Helligkeitsverhältnisses der beiden Bänder des Muskelfaches ist zuerst von Flögel und Merkel und hierauf auch von Engelmann, Fredericq, Nasse, Rutherford u. A. beobachtet worden. Auch Rollett (1, S. 84) sieht dasselbe als festgestellt an. Wagener (Arch. f. mikrosk. Anat., 9, 1873, S. 713) behauptet an dem platten Kopfmuskel der Larve von Corethra plumicornis beobachtet zu haben, dass bei der Muskelcontraktion neben einer Verdickung der Fibrillen (Fibrillenbündel?) zugleich eine Verdunkelung der isotropen Theile derselben stattfinde. Die eigenthümliche Thatsache, dass Ranvier den Eintritt des Umkehrungsstadiums der Contraktion auf Grund von Beobachtungen bestreitet, die an der an der Verkürzung verhinderten erregten Muskelfaser angestellt sind, wird in § 30 ihre nähere Würdigung finden.

[1] Eine Bestätigung hat dieser Satz auch durch Beobachtungen von Exner (Pflüger's Arch., 40, 1887, S. 372 ff.) gefunden. Derselbe fand, dass, im Gegensatze zu dem (auf S. 183 von uns zu erwähnenden) Verhalten der in normaler Contraktion befindlichen Fasertheile, diejenigen Theile einer Muskelfaser, die sich in Folge des Absterbeprocesses contrahirt haben, eine deutliche Erhöhung des Brechungscoefficienten erkennen lassen, welche darin ihren Grund hat, dass

nimmt dieses Verhältniss bei der Contraktion zu, weil sie, wie oben (S. 175) gesehen, Muskelsaft an die anisotropen Scheiben abgeben und die feste Substanz der gebogenen und theilweise zusammengedrückten Längsbälkchen einen umso grösseren Bruchtheil der Gesammtmasse der isotropen Schichten ausmacht, je weiter fortgeschritten die Contraktion ist. In den anisotropen Scheiben hingegen nimmt bei der Contraktion das Verhältniss zwischen fester Substanz und Muskelsaft durch die Saftabgabe der isotropen Schichten zu. Demgemäss muss das Zwischenband, das in überwiegendem Masse aus isotropen Schichten besteht, bei der Contraktion immer stärker lichtbrechend und dunkler werden, hingegen müssen die Querscheiben immer schwächer lichtbrechend und heller werden, bis sie nach Eintreten eines gewissen Contraktionsgrades gleich hell erscheinen wie das Zwischenband und schliesslich gar schwächer lichtbrechend und heller sind als letzteres. In diesem Umkehrungsstadium erscheinen natürlich die Querscheiben nicht blos heller als das Zwischenband, sondern ihrem gesteigerten Saftgehalte entsprechend erscheinen sie zugleich auch deutlich heller, als sie selbst beim Ruhezustande des Muskelfaches erschienen. Ferner versteht es sich von selbst, dass durch die Saftumlagerungen und durch die Deformationen der festen Faserbestandtheile, welche bei der Contraktion eintreten, das von der Masse und Struktur der Disdiaklasten der verschiedenen Fachabschnitte abhängige Helligkeitsverhältniss, welches das Zwischenband und das Querband bei gekreuzten Nicols darbieten, nicht wesentlich verändert wird.

Wie schon oben angedeutet, nimmt der mittlere Abschnitt des Querbandes, welcher beim Ruhezustande gewöhnlich als ein heller Streifen zwischen den Querscheiben erscheint, an der Aufhellung und Verringerung des Lichtbrechungsvermögens, welche die Querscheiben bei der Contraktion erfahren, nicht mit Theil. Derselbe wird vielmehr ähnlich wie das Zwischenband bei der Contraktion immer dunkler und stärker lichtbrechend, so dass er bei gewissen Contraktionsgraden gleich hell und bei noch weiter fortgeschrittener Contraktion sogar dunkler aussieht als die Querscheiben. Dieses Verhalten erklärt sich einfach in folgender Weise. Die grössere Helligkeit, welche jener mittlere Streifen des Querbandes beim Ruhezustande in Vergleich zu den an ihn angrenzenden Querscheiben besitzt, beruht, wie wir wissen, darauf, dass jener Streifen ausser der anisotropen Mittelscheibe[1] auch noch die

bei der Absterbecontraktion eine Flüssigkeit von geringerem Brechungsvermögen aus der Faser ausgepresst wird.

[1] In den von Engelmann beobachteten Muskelfasern zeigte sich der mittlere Abschnitt des Querbandes in seinem ganzen Umfange stets gleich stark doppel-

beiden isotropen Mittelschichten umfasst, welche beim Ruhezustande ihrem verhältnissmässig hohen Saftgehalte entsprechend das Licht nur schwach brechen und hell erscheinen müssen. Bei eintretender Contraktion müssen diese isotropen Schichten dem Obigen gemäss Saft an ihre Umgebung verlieren und in Folge dessen dunkler und stärker lichtbrechend werden; und demgemäss muss auch die Durchschnittshelligkeit jenes mittleren Streifens des Querbandes sich verringern. Wenn ferner ENGELMANN bemerkt, dass die Dunkelheit jenes mittleren Abschnittes des Querbandes stets hinter derjenigen des Zwischenbandes zurückstehe, so dass selbst bei dem höchsten Contraktionsgrade letzteres Band noch beträchtlich dunkler sei als jener Abschnitt, so dürfte zur Erklärung dieses Verhaltens erstens der Umstand dienen, dass bei der Muskelcontraktion dem oben (S. 175) Bemerkten gemäss die verschiedenen Abtheilungen des Zwischenbandes sich in Folge der verhältnissmässig grossen Elasticität der Disdiaklasten und Querbälkchen der Zwischenscheibe nicht in gleich hohem Grade verdicken können wie die verschiedenen Abtheilungen des Querbandes. Dieser Umstand muss an und für sich dahin wirken, dass bei der Muskelcontraktion die isotropen Schichten des Querbandes (die isotropen Mittelschichten) weniger an Muskelsaft und Helligkeit verlieren als die isotropen Schichten des Zwischenbandes, und zugleich auch die anisotropen Scheiben des ersteren Bandes, darunter die Mittelscheibe, mehr an Muskelsaft und Helligkeit gewinnen als die anisotropen Scheiben des letzteren Bandes. Zweitens dürfte hier noch der Umstand in Betracht kommen, dass in den von ENGELMANN beobachteten Muskelfasern die anisotrope Mittelscheibe, welche bei der Contraktion schwächer lichtbrechend und heller werden musste, anscheinend einen beträchtlichen Bruchtheil des zwischen den beiden Querscheiben gelegenen, mittleren Streifens des Querbandes bildete. Da nun das optische Verhalten dieser Scheibe in beträchtlichem Grade das Verhalten der Durchschnittshelligkeit jenes mittleren Streifens des Querbandes mitbestimmen musste, so begreift es sich leicht, dass jener Streifen bei der Contraktion niemals die Dunkelheit des Zwischenbandes erreichte, dessen mittlere Helligkeit sich in weit überwiegendem Masse nach dem optischen Verhalten der in ihm enthaltenen isotropen Schichten bestimmte.

---

brechend wie die Querscheiben. Das Querband erschien zwischen gekreuzten Nicols wie ein einheitliches, homogenes Ganzes (vergl. ENGELMANN, 1, S. 56). Wie hieraus zu schliessen ist, war also in diesen Muskelfasern die anisotrope Mittelscheibe stets vorhanden, und zwar muss dieselbe einen ziemlich beträchtlichen Theil des (aus der anisotropen Mittelscheibe und den beiden isotropen Mittelschichten bestehenden) mittleren Abschnittes des Querbandes gebildet haben.

Was das Aussehen betrifft, welches die Zwischenscheibe und die Nebenscheiben beim contrahirten Zustande der Faser darbieten, wenn sie sich als einzelne Bestandtheile des Zwischenbandes deutlich erkennen und unterscheiden lassen, so erscheinen diese Scheiben beim contrahirten Zustande weniger hoch und heller als beim Ruhezustande. Diese Veränderungen bedürfen nach demjenigen, was wir oben hinsichtlich der bei der Muskelcontraktion eintretenden Verkürzung der anisotropen Scheiben und Vermehrung ihres Saftgehaltes und Abnahme ihres Lichtbrechungsvermögens bemerkt haben, keiner weiteren Erklärung. Engelmann bemerkt übrigens, dass zur Herbeiführung eines blässeren Aussehens der Zwischenscheibe auch die bei der Muskelcontraktion eintretende Verdunkelung der angrenzenden isotropen Schichten beitrage.

Wird endlich nicht das optische Verhalten der einzelnen Abtheilungen oder Bänder des Muskelfaches, sondern nur das optische Verhalten, welches das contrahirte Muskelfach im Ganzen betrachtet darbietet, beobachtet, so zeigt alsdann der Brechungscoefficient des Muskelfaches bei der Contraktion keine Aenderung, wie Exner (Pflüger's Arch., 40, 1887, S. 360 ff.) im Gegensatze zu einer gegentheiligen Behauptung von Wagener festgestellt hat. Dieses von Exner constatirte Verhalten ist nach unserer Auffassung, nach welcher der Brechungscoefficient eines Fasertheiles sich nach dem in diesem Fasertheile bestehenden Massenverhältnisse zwischen fester Substanz und Muskelsaft bestimmt, ohne Weiteres begreiflich, da ja das zwischen fester Substanz und Muskelsaft bestehende Massenverhältniss für das im Ganzen betrachtete Muskelfach bei der Contraktion ganz unverändert bleibt.

3) Die Veränderungen, welche die verschiedenen Abschnitte des Muskelfaches bei der Contraktion hinsichtlich ihres Verhaltens gegenüber solchen Mitteln erfahren, die der Muskelfaser Flüssigkeit entziehen oder färbend auf die verschiedenen Theile derselben einwirken.

Wirken wasserentziehende, chemisch möglichst indifferente Mittel auf die Muskelfaser beim Ruhezustande derselben ein, so treten quere Einziehungen der Faseroberfläche an den Stellen der Zwischenbänder auf[1] und die Faser erscheint an den Stellen der Querbänder ausgebaucht. Wirken jene Mittel auf eine Faser oder Faserpartie ein, die sich im sog. Uebergangsstadium der Contraktion befindet,[2] so

[1] Dem bereits auf S. 111 Bemerkten gemäss betheiligen sich aber die Zwischenscheiben an dieser Schrumpfung der Zwischenbänder nur in geringerem Grade, so dass letztere Bänder nach eingetretener Schrumpfung an den Stellen der Zwischenscheiben quere Hervorwölbungen der Faseroberfläche erkennen lassen.

[2] Wenn hier von Fasern oder Fasertheilen die Rede ist, welche bei Ein-

erfahren Querbänder und Zwischenbänder eine gleich grosse Schrumpfung. Befindet sich endlich die Faser, auf welche das flüssigkeitentziehende Mittel einwirkt, im sog. Umkehrungsstadium der Contraktion, so verhalten sich die beiden Bänder des Muskelfaches hinsichtlich der Ausgiebigkeit der Schrumpfung gerade umgekehrt wie im Ruhezustande, indem die Faser an den Stellen der Querbänder mehr schrumpft als an den Stellen der Zwischenbänder und demgemäss an den ersteren Stellen Einziehungen ihrer Oberfläche erkennen lässt. Diese Veränderungen, welche das zwischen den Schrumpfbarkeiten der beiden Bänder des Muskelfaches bestehende Verhältniss bei den verschiedenen Contraktionsgraden erleidet, erklären sich, wie Engelmann hervorgehoben hat, ganz einfach daraus, dass bei der Contraktion das Zwischenband nach Massgabe des eintretenden Contraktionsgrades Flüssigkeit an das Querband abgibt.

Auch die andere, von Engelmann erwähnte, hierher gehörige Thatsache, dass nämlich die im Umkehrungsstadium der Contraktion zur Schrumpfung gebrachten Fasern in der Höhe des mittleren Streifens des Querbandes nicht selten eine nach aussen gerichtete Hervorwölbung des Sarkolemmas erkennen lassen, ist eine Bestätigung unserer obigen Anschauungen, nach denen jener aus den beiden isotropen Mittelschichten und der anisotropen Mittelscheibe bestehende Streifen im Ganzen genommen bei der Contraktion Muskelsaft an die ihm benachbarten Querscheiben abgibt und dadurch dunkler wird als diese Scheiben. In Folge eben dieser Saftabgabe an die Querscheiben muss jener mittlere Streifen des Querbandes auch weniger schrumpfen als letztere Scheiben, wenn bei hohem Contraktionsgrade flüssigkeitentziehende Mittel auf die Faser einwirken.

Was endlich die Veränderungen anbelangt, welche die Tingirbarkeit der verschiedenen Abschnitte des Muskelfaches bei der Contraktion erleidet, so liegt in dieser Beziehung die Thatsache vor, dass bei Behandlung erhärteter Muskelfasern mit Hämatoxylinlösung sich in den im Ruhezustande befindlichen Muskelfächern nur das Querband in höherem Grade blau färbt, während die im Uebergangsstadium befindlichen Muskelfächer in ihrer ganzen Ausdehnung und die im Umkehrungssta-

wirkung eines flüssigkeitentziehenden Mittels sich im Uebergangs- oder Umkehrungsstadium der Contraktion befinden, so handelt es sich dabei selbstverständlich um Fasern, welche in diesen Stadien der Contraktion durch geeignete Mittel plötzlich in Erstarrung versetzt und alsdann der Einwirkung einer flüssigkeitentziehenden Substanz ausgesetzt worden sind. — Betreffs der oben mitgetheilten Wirkungen wasserentziehender Mittel auf die Muskelfaser vergl. Engelmann, 2, S. 175.

dium befindlichen Fächer hauptsächlich nur im Zwischenbande gefärbt werden.[1] Für die Erklärung dieser Erscheinungen kommt der schon früher (S. 100) in seiner Anwendung auf die durchfeuchteten Körper von uns erwähnte Satz in Betracht, dass die Intensität der Färbung, welche eine flüssigkeithaltige Masse durch ein mit ihren festen Bestandtheilen in Verbindung tretendes Färbemittel erfährt, ausser von der chemischen Zusammensetzung der festen Bestandtheile der Masse auch ganz bedeutend von der Menge der in der Masse enthaltenen Flüssigkeit abhängig ist; je grösser diese Flüssigkeitsmenge ist, desto geringer ist die Intensität der eintretenden Färbung. Mittels dieses Satzes erklären sich die hier angeführten Erscheinungen ohne Weiteres, wenn man bedenkt, dass beim Ruhezustande des Muskelfaches das Zwischenband im Ganzen genommen safthaltiger ist als das Querband, hingegen bei der Contraktion sich dieses Verhältniss allmählich umkehrt. Wo die Beobachtungsmittel eine deutliche Auflösung der beiden Bänder des Muskelfaches in die sie zusammensetzenden einzelnen Scheiben und isotropen Schichten verstatten, muss natürlich auch die Tingirbarkeit dieser Scheiben und Schichten bei der Contraktion diejenigen Veränderungen erkennen lassen, die sich nach dem soeben erwähnten Satze aus den bei der Contraktion eintretenden Aenderungen des Saftgehaltes der verschiedenen Schichten und Scheiben des Muskelfaches ableiten lassen. —

Bei den vorstehenden Erklärungen der Veränderungen, welche die Muskelfaser bei der Contraktion erfährt, haben wir mehrfach die Annahme zu Grunde gelegt, dass bei der Contraktion Flüssigkeit aus dem Zwischenbande in die Querscheiben übertrete. Diese Grundannahme findet nun, wie Engelmann (2, S. 180 u. 9, S. 577) hervorgehoben hat, eine gewisse Bestätigung darin, dass in demjenigen Falle, wo die Querscheiben auf künstlichem Wege, z. B. durch sehr verdünnte Säuren oder Alkalien zum Anschwellen gebracht werden und die Anschwellung eine gewisse Grenze nicht überschreitet, das Querband ähnliche Aenderungen der Form, des relativen Volumens, der optischen und anderer Eigenschaften beobachten lässt wie bei der physiologischen Verkürzung des Muskelfaches. Dies ist auch dann der Fall, wenn die zur Anschwellung veranlasste Faser eine nicht mehr erregbare, wärmestarre oder spontan erstarrte, Faser ist. Die durch eine Umspülungsflüssigkeit bewirkte Erhöhung des Flüssigkeitsgehaltes der Querscheiben und Steigerung des Verhältnisses, in welchem derselbe zu dem Flüssigkeitsgehalte des Zwischenbandes steht, hat begreiflicher Weise ähnliche Veränderungen der Eigenschaften der Querscheiben zu Folge wie die bei der

[1] Vergl. hierzu Engelmann, 7, S. 509 ff.

physiologischen Contraktion eintretende Erhöhung des Saftgehaltes dieser Scheiben. Auch der mittlere Streifen des Querbandes verhält sich bei jener künstlichen Anschwellung der Querscheiben ganz analog wie bei der physiologischen Contraktion, indem derselbe nach ENGELMANN's Beobachtungen ebenso wie bei letzterer auch bei ersterer dunkler zu werden pflegt. Da bei der künstlichen Anschwellung der Querscheiben neben einer Verdickung der Muskelfaser zugleich eine Verkürzung derselben eintritt,[1] so müssen sich die isotropen Mittelschichten — und das Entsprechende dürfte auch von den übrigen isotropen Schichten des Muskelfaches gelten — bei der Anschwellung der Faser in ganz ähnlicher Weise verhalten wie bei der physiologischen Contraktion, d. h. ihre Längsbälkchen müssen gebogen und zusammengedrückt werden und ihr Flüssigkeitsgehalt muss sich in Vergleich zu demjenigen der angrenzenden anisotropen Scheiben verringern. Die Folge hiervon muss sein, dass sich der mittlere Streifen des Querbandes bei der künstlichen Faseranschwellung in ähnlicher Weise verdunkelt wie bei der normalen Contraktion.[2]

§ 29.

Die vorstehenden Ausführungen bezogen sich auf die Veränderungen, welche die sowohl aus Saftmassen als auch aus Bestandtheilen des Fasergerüstes sich zusammensetzenden Abtheilungen und Bänder des Muskelfaches hinsichtlich ihrer Eigenschaften bei der Contraktion erleiden. Die Veränderungen, welche die einzelnen Bestandtheile des Fasergerüstes, insbesondere die Fibrillen, hinsichtlich ihrer gegenseitigen Abstände und hinsichtlich ihrer Gestalt bei der Contraktion erfahren, sind in diesen Ausführungen nur kurz und unvollständig zur Erwähnung gelangt. Im Nachstehenden soll nun diesem Mangel abgeholfen und das Verhalten, welches die Fibrillen als Ganze und in ihren einzelnen Bestandtheilen, den Disdiaklasten und Längsbälkchen, bei der Muskelcontraktion befolgen, zum Gegenstande besonderer Erörterung gemacht werden.

Nach unseren Anschauungen müssen sich bei der Muskelcontrak-

---

[1] Nach ENGELMANN kann diese Verkürzung unter Umständen bis über 50 Proc. betragen.

[2] Falls eine mit verdünnter Säure behandelte Muskelfaser in einem weiter vorgeschrittenen Stadium der Säurewirkung in der Mitte des Querbandes einen dunkleren Streifen erkennen lässt, so kommt, wie wir in § 37 sehen werden, für die Erklärung dieses dunklen Streifens ein anderer als der oben geltend gemachte Umstand als wesentlich in Betracht. Vergl. hierzu ROLLETT, 1, S. 115 ff.

tion die Abstände vergrössern, welche die verschiedenen Fibrillen einer Faser von einander trennen. Und in der That ist ein derartiges Auseinanderweichen der Fibrillen (oder Fibrillenbündel) bei der Muskelcontraktion von WAGENER (Arch. f. mikrosk. Anat., 9, 1873, S. 713 und 10, 1874, S. 304, Tafel XVII, Fig. 2 u. a.) beobachtet worden. Derselbe berichtet z. B. Folgendes: „An dem platten Kopfmuskel des Thieres (der Larve von Corethra plumicornis) lösten sich die sonst nur durch sehr schwache, feine Längsstreifen angedeuteten Fibrillen bei der Contraktion von einander los, so dass jede einzelne von ihren Nachbarn durch eine helle Zwischensubstanz in ihrer ganzen Länge getrennt war.“ Auch die Bemerkung von ROLLETT (2, S. 44), dass nach seinen Beobachtungen „das eigenthümliche Bild des Querschnittes der Muskelfaser während aller Phasen der Contraktion erhalten bleibt“, dürfte hierher gehören. Denn die Eigenthümlichkeit des Querschnittsbildes einer Muskelfaser, welche auf der in letzterer vorhandenen eigenthümlichen Vertheilung und Anordnung der fibrillaren und der nicht-fibrillaren Massen beruht, kann bei der Querschnittszunahme, welche die Muskelfaser bei ihrer Contraktion erfährt, nur dann erhalten bleiben, wenn sich die Fibrillen eines und desselben Muskelsäulchens und die verschiedenen Fibrillenbündel in gewissem Masse von einander entfernen und im Querschnitte über einen grösseren Raum verbreiten.

Was ferner die Gestaltänderung anbelangt, welche die Bestandtheile der Fibrillen bei der Contraktion erfahren, so haben wir bereits auf S. 75 f. hervorgehoben, dass die Disdiaklasten bei der Muskelcontraktion aus doppeltem Grunde eine Verkürzung und Verdickung erfahren müssen, deren Ausgiebigkeit allerdings von den Elasticitätskräften abhängig ist, mit denen die Bestandtheile der Disdiaklasten einer Aenderung ihrer gegenseitigen Abstände entgegenwirken. Von vorn herein bleibt nur fraglich, welche Ausgiebigkeit diese Formänderung der Disdiaklasten besitzt, ob sie mit unseren Beobachtungsmitteln wahrgenommen werden könne oder nicht, beziehentlich ob sie sich der Wahrnehmung als gross oder klein darstelle. Nur die Erfahrung kann in dieser Hinsicht Auskunft geben. Wir führen im Folgenden an, was sich zur Zeit auf Grund der vorliegenden Beobachtungen über diesen Gegenstand sagen lässt.

Wenn die Disdiaklasten sich bei der Contraktion der Muskelfaser verkürzen und verdicken, so muss bereits jede einzelne Fibrille einer contrahirten Muskelfaser eine Verdickung in ihren den anisotropen Scheiben entsprechenden Theilen erkennen lassen. In der That haben Forscher auf Grund ihrer Beobachtungen behauptet, dass bei der Muskelcontraktion eine Verdickung der Fibrillen stattfinde. So berichtet

G. R. WAGENER (Arch. f. mikrosk. Anat., 9, 1873, S. 713) von Anschwellungen, welche die Fibrillen des platten Kopfmuskels der Larve von Corethra plumicornis bei der Contraktion erkennen liessen. Nach der Angabe von KÖLLIKER (a. a. O. S. 368 ff.) sind bei Untersuchung frischer Thoraxmuskeln von Insekten leicht die Fibrillen in den verschiedenartigsten Contraktionszuständen zu beobachten, und zwar lassen die Fibrillen an den contrahirten Stellen ganz deutlich Anschwellungen von zum Theil sehr beträchtlichem Umfange erkennen. Damit Beobachtungen der hier angeführten Art volle Beweiskraft für die Annahme einer bei der Muskelcontraktion eintretenden Verkürzung und Verdickung der Disdiaklasten besitzen, müssen zwei Voraussetzungen erfüllt sein. Erstens muss man sicher sein, dass in den beobachteten Fällen wirklich echte physiologische Contraktionen der Fibrillen und nicht etwa aus rein physikalischen oder chemischen Ursachen entstandene Formänderungen derselben gegeben waren. Wie ENGELMANN (6, S. 542) gelegentlich hervorgehoben hat, ist es in vielen Fällen nicht leicht, mit Sicherheit zu entscheiden, ob eine Faser- oder Fibrillencontraktion einen echt physiologischen oder rein physikalisch-chemischen Charakter besitzt. Zweitens muss man Gewissheit besitzen, dass die beobachteten Objekte, welche an den Stellen der Contraktion Anschwellungen zeigten, auch wirklich nur einfache Fibrillen und nicht etwa Bündel von Fibrillen waren. So sind die Fibrillen der Thoraxmuskeln von Insekten, an deren contrahirten Theilen KÖLLIKER, wie oben angeführt, ganz deutlich Anschwellungen beobachtet hat, nach der Angabe von WAGENER und LEYDIG als Muskelsäulchen anzusehen, weil sie sowohl Längsstreifung als auch fibrillaren Zerfall erkennen lassen.[1] Ebenso

[1] Vergl. WAGENER im Arch. f. mikrosk. Anat., 9, 1873, S. 717 und im Arch. f. A. u. Ph., Anat. Abth., 1880, S. 253 ff.; FR. LEYDIG, Zelle und Gewebe, Bonn, 1885, S. 148 f. Von ENGELMANN (1, S. 65) und W. BIEDERMANN (Wien. Ber., 74, 1876, 3. Abth., S. 58) sind die sogenannten Fibrillen der Thoraxmuskeln der Insekten ausdrücklich für Elementarfibrillen erklärt worden. KÖLLIKER hat die Natur dieser sogenannten Fibrillen in der Zeitschr. f. wiss. Zool., 47, 1888, S. 693 ff. zum Gegenstande näherer Erörterung gemacht. Nach Anführung einiger Erscheinungen, welche es möglich erscheinen liessen, aber keinen vollen Beweis dafür enthielten, dass diese Fibrillen in Melolontha und noch anderen Gattungen aus feineren Fäserchen zusammengesetzt seien, fasst KÖLLIKER die Ergebnisse seiner Untersuchungen kurz folgendermassen zusammen: „Immerhin wird bei ferneren Untersuchungen die Möglichkeit, dass die stärkeren Fibrillen der Flügelmuskeln der Insekten aus noch feineren Fäserchen bestehen und somit Muskelsäulchen gleichwerthig sind, nicht aus den Augen zu verlieren sein, umso mehr als solche Säulchen bei gewissen dieser Muskeln wirklich bestehen. Nach meinen bisherigen Erfahrungen scheinen alle Flügelmuskeln mit feinen Fibrillen, die 1 μ oder etwas darunter messen, Muskelsäulchen zu besitzen."

ist nach Ranvier (a. a. O. S. 470) dasjenige, was zunächst als eine Fibrille des Hydrophilusflügels erscheint, thatsächlich als ein Bündel von Fibrillen zu betrachten. Ueberhaupt ist schon von verschiedenen Seiten an die Möglichkeit erinnert worden, dass ganz allgemein dasjenige, was uns als eine Elementarfibrille erscheine, thatsächlich doch noch ein Aggregat mehrerer feinerer Fäserchen sei. Bei Rollett (2, S. 46) finden wir die Bemerkung, dass an den Muskelfasern der von ihm untersuchten Thiere die Fibrillen während des lebenden Zustandes nicht direkt beobachtet werden könnten. Was man von Längsstreifung an lebendigen Muskelfasern wahrnehme, sei nur auf die durch Sarkoplasma auseinandergehaltenen Muskelsäulchen zu beziehen.

Bei der im Vorstehenden angedeuteten Sachlage kann in dem Umstande, dass einige Forscher deutlich eine Verdickung der Fibrillen quergestreifter Muskelfasern an den Stellen der Contraktion beobachtet haben wollen, nicht ein sicherer Beweis dafür erblickt werden, dass sich die Disdiaklasten bei der Muskelcontraktion verdicken und verkürzen. Hingegen ergibt sich ein ganz sicherer Beweis hierfür aus der Thatsache, dass nach den Feststellungen von Engelmann (2, S. 161, und 5, S. 587 f.) die Grösse der Verkürzung eines Muskelfaches im frischen Zustande unter Umständen 80—90 Proc. betragen kann. Wenn man nun auch annehmen wollte, dass bisher aus diesem oder jenem Grunde die Höhe, welche die anisotropen Scheiben des Muskelfaches beim Ruhezustande besitzen, in der Regel bedeutend zu gross aufgefasst und dargestellt worden sei, so darf man doch in keinem Falle so weit gehen, die Gesammthöhe dieser Scheiben auf weniger als 10—20 Proc. der Höhe des ganzen Muskelfaches anzuschlagen. Nimmt man nun an, dass die beim Ruhezustande vorhandene Gesammthöhe der anisotropen Scheiben unter diesen letzteren Werth niemals herabgehe, und bedenkt man dann weiter, dass die Gesammthöhe der isotropen Schichten des Muskelfaches selbst bei der ausgiebigsten Contraktion noch einen gewissen Bruchtheil der Höhe des Muskelfaches ausmachen muss, so ergibt sich, dass der Muskel sich um 80—90 Proc. seiner Länge nicht anders verkürzen kann als so, dass zugleich seine Disdiaklasten sich in gewissem Grade verkürzen.

Die früher bezweifelte, jetzt aber nicht mehr streitige Verringerung, welche die Höhe des Querbandes bei der Muskelcontraktion erfährt, kann natürlich an und für sich nicht als ein Beweis dafür dienen, dass bei der Muskelcontraktion eine Verkürzung der Disdiaklasten stattfinde. Denn eine Höhenabnahme des Querbandes kann auch lediglich dadurch zu Stande kommen, dass sich die gegenseitigen Abstände der zwei oder drei diesem Bande angehörigen anisotropen

Scheiben verringern, indem die isotrope Mittelschicht, bez. die beiden isotropen Mittelschichten eine Verminderung ihrer Höhe erfahren. Bedeutungsvoller ist es, wenn uns von einer einzelnen anisotropen Scheibe berichtet wird, dass sie bei der Contraktion immer platter und dünner werde. Dies ist z. B. betreffs der Zwischenscheibe der Fall.[1] Allerdings sind Beobachtungen der hier erwähnten Art nicht ganz eindeutig. Wie von vorn herein zu vermuthen ist und auch von ENGELMANN (5, S. 570) gelegentlich hervorgehoben wird, sind in den Muskelpräparaten, die bei derartigen Untersuchungen benutzt werden, „benachbarte Fibrillen sehr oft, namentlich an den ruhenden oder weniger stark verkürzten Stellen, in der Längsrichtung ein klein wenig gegen einander verschoben“. Man könnte nun denken, dass der Anschein einer bei der Muskelcontraktion eintretenden Verkürzung der Disdiaklasten der Zwischenscheibe oder einer anderen Scheibe dadurch entstehe, dass in den ruhenden Fasertheilen die Disdiaklasten der Scheibe in Folge der bei der Präparation unvermeidlichen Verschiebungen des Fasergerüstes nicht eine regelrechte Quercolonne bilden, sondern, mit dem Erfolge einer scheinbaren Vergrösserung der Scheibenhöhe, in grosser Anzahl theils nach oben theils nach unten hin aus den ihnen eigentlich zukommenden Stellungen etwas herausgetreten seien, während in den contrahirten Fasertheilen durch die richtende Wirksamkeit des Contraktionsvorganges alle vorher etwa vorhanden gewesenen Verschiebungen und Desorientirungen des Fasergerüstes und durch diese bedingten scheinbaren Vergrösserungen der Höhe der anisotropen Scheiben wieder rückgängig gemacht worden seien. Der hier angedeutete Gesichtspunkt ist allerdings an und für sich nicht unberechtigt und zur Erklärung geringer oder mässiger Verkürzungen, welche die scheinbare Höhe einer Scheibe bei der Muskelcontraktion erleidet, durchaus genügend. Aber er genügt nicht, wenn man die bedeutenden Werthe ins Auge fasst, welche die bei der Muskelcontraktion eintretenden Verkürzungen der Zwischenscheibe und auch der Nebenscheiben nach den Darstellungen ENGELMANN's thatsächlich erreichen, wenn man sieht, dass nach diesen Darstellungen[2] die Gesammthöhe, welche der aus der Zwischenscheibe, den beiden isotropen Nebenschichten und den beiden Nebenscheiben bestehende Abschnitt des

[1] Vergl. ENGELMANN, 2, S. 172. Auf der Verkürzung und Verdickung, welche die Disdiaklasten der Zwischenscheibe bei der Muskelcontraktion erfahren, dürfte es auch beruhen, dass diese Scheibe das körnige Aussehen, welches sie beim Ruhezustande besitzt, bei der Muskelcontraktion ganz verlieren kann (vergl. NICOLAIDES im Arch. f. A. u. Ph., 1885, S. 154).

[2] Vergl. Pflüger's Arch., 7, 1873, Tafel III, Fig. 1a.

Zwischenbandes in contrahirtem Zustande besitzt, bedeutend geringer ist als die Höhe, welche die Zwischenscheibe allein genommen beim Ruhezustande besitzt. Selbst dann, wenn man der Unsicherheit der Beobachtung und der Darstellung vollste Rechnung trägt, können derartige Beobachtungsresultate nicht anders als durch die Annahme erklärt werden, dass bei der Muskelcontraktion auch die Disdiaklasten selbst eine gewisse Verkürzung erfahren.

Nimmt man nun im Hinblick auf die im Vorstehenden angeführten Beobachtungsthatsachen[1] an, dass die Disdiaklasten bei der Muskelcontraktion eine mit dem Contraktionsgrade zunehmende, merkbare und unter Umständen sogar recht beträchtliche Verkürzung und Verdickung erfahren, so erhebt sich natürlich noch die weitere Frage, welches Verhalten die Längsbälkchen befolgen, wenn in Folge eingetretener Muskelerregung die Disdiaklasten sich in axialer Richtung einander nähern und zugleich auch ihre Form in der angegebenen Weise verändern. Die vorliegenden Beobachtungsangaben sind nicht im Stande, uns eine sichere und ganz bestimmte Antwort auf diese Frage zu geben. Abgesehen von dem Umstande, dass bisher die Absicht und das Interesse der Beobachter niemals in besonderem Grade darauf gerichtet war, eine sichere Entscheidung gerade dieser Frage zu gewinnen, kommt hier die Schwierigkeit und Unsicherheit der auf das Kleinste gehenden mikroskopischen Forschung in Betracht. Wir müssen uns erinnern, dass es ziemlicher Zeit bedurft hat, bis die Präexistenz der Fibrillen überhaupt als eine anerkannte Thatsache gelten konnte, dass, wie wir oben gesehen haben, es sehr schwer ist, mit Sicherheit zu entscheiden, ob ein beobachtetes Objekt eine einzelne Fibrille oder ein Bündel von Fibrillen sei, dass es nach Rollett überhaupt ganz unmöglich ist, beim lebenden Zustande der Faser die einzelnen Fibrillen zu unterscheiden, dass es nach den vorliegenden Angaben schon sehr schwierig ist, über die Zahl der anisotropen Scheiben, welche in dem Muskelfache eines bestimmten Muskels enthalten sind, ein vollkommen sicheres Urtheil zu gewinnen, u. dergl. m. Um wie viel schwerer muss es möglich sein — wenn hier überhaupt noch von Möglichkeit geredet werden kann —, durch Beobachtung ein zuverlässiges Bild über das Verhalten zu gewinnen, welches den Längsbälkchen beim contrahirten

[1] Beiläufig sei hier noch darauf hingewiesen, dass nach den von uns auf S. 120 ff. vertretenen Anschauungen auch die Verkürzungen und Verdickungen, welche die Fibrillen der glatten Muskeln bei der Contraktion der letzteren nach Engelmann (3, S. 438 f. u. 446) und Ranvier (Compt. rend., 110, 1890, S. 617) erfahren, darauf hinweisen, dass sich bei der Contraktion der quergestreiften Muskeln die Disdiaklasten verkürzen und verdicken.

Zustande der Faser zukommt, wo die verschiedenen, isotropen und anisotropen, Abtheilungen der Fibrillen und des Muskelfaches noch enger zusammengedrängt sind als beim Ruhezustande!

Dieser Sachlage entsprechend ist auch in den bisherigen Beobachtungsangaben nicht mehr enthalten als die uns bereits bekannten Bemerkungen, dass die isotropen Schichten bei der Muskelcontraktion an Höhe und Volumen verlieren, dass die Fibrillen (oder Fibrillenbündel) an den contrahirten Stellen Anschwellungen zeigen, u. dergl. m., Bemerkungen, aus denen sich betreffs des von den Längsbälkchen bei der Muskelcontraktion befolgten Verhaltens nichts Näheres entnehmen lässt, insbesondere nicht entnehmen lässt, ob die Deformation, welche die Längsbälkchen bei der Muskelcontraktion erfahren, eine in der Richtung ihrer Längserstreckung stattfindende, von Biegungen nicht begleitete Compression oder vielmehr eine bald nach dieser bald nach jener Seite hin stattfindende Biegung derselben ist. Angenommen selbst, es wäre festgestellt worden, dass nicht blos ein Fibrillenbündel, sondern auch eine einzelne Fibrille bei der Beobachtung den Eindruck erweckt, an der Stelle der Contraktion eine Anschwellung erfahren zu haben, so würde sich dieser Eindruck sowohl durch die Annahme erklären, dass die bei der Muskelcontraktion eintretende Verkürzung und Verdickung der Disdiaklasten zugleich von einer auf Compression beruhenden Verkürzung und Verdickung der Längsbälkchen begleitet sei, als auch durch die Annahme, dass die bei der Muskelcontraktion stattfindende Deformation dieser Bälkchen vielmehr in einer Biegung derselben bestehe, welche bei unserer Unfähigkeit, die feineren Details im Verhalten der einzelnen Fibrillentheile wahrzunehmen, in Verbindung mit der eintretenden Verdickung der Disdiaklasten vollkommen genüge, um in uns den Eindruck zu erwecken, dass die Fibrille in den contrahirten Partien eine Anschwellung erfahren habe. Wir sind also betreffs des uns hier interessirenden Punktes im Wesentlichen auf die rein theoretische Ueberlegung angewiesen. Dieselbe ergibt Folgendes.

Vollständig ausgeschlossen ist die Annahme, dass die Längsbälkchen bei der Muskelcontraktion gar keine Deformation oder gar eine Verlängerung erführen, indem der Betrag der Verkürzung, die eine Fibrille bei der Muskelcontraktion erleide, stets gleich gross oder gar kleiner sei als der Gesammtbetrag der Verkürzungen, welche die in der Fibrille enthaltenen Disdiaklasten erfahren. Gegen diese Annahme spricht, abgesehen von Anderem, erstens der Umstand, dass, soweit aus den vorliegenden Beobachtungsangaben zu schliessen ist, die Disdiaklasten nicht lang genug sind, um Verkürzungen erfahren zu können, welche den ganzen Betrag maximaler Verkürzungen der Muskelfaser hergeben, und zweitens der Umstand, dass nach dieser Annahme bei der Contraktion des Muskelfaches die isotropen Schichten an Saftgehalt und Volumen gewinnen und dem auf S. 103 aufgestellten Satze gemäss heller werden müssten, hingegen die anisotropen Scheiben an Volumen verlieren und saftärmer und dunkler werden müssten, während, wie wir auf S. 179ff. gesehen haben, in Wirklichkeit gerade das Gegentheil der Fall ist.

Als unzulässig erweist sich ferner die zweite Annahme, nach welcher die Längsbälkchen bei der Muskelcontraktion eine ohne jede Biegung verlaufende Compression in der Richtung ihrer Längsaxe nebst gleichzeitig stattfindender Vergrösserung ihres Querschnittes erfahren. Diese Annahme beruht auf der Voraussetzung, dass die Axen der verschiedenen Disdiaklasten einer Fibrille nicht blos beim Ruhezustande, sondern auch bei der Contraktion genau in eine und dieselbe gerade Linie fallen. Diese Voraussetzung dürfte aber keineswegs der Wirklichkeit entsprechen. Wir erinnern an die schon wiederholt erwähnte Thatsache, dass bei der Muskelcontraktion der Faserquerschnitt sich in der Höhe der Zwischenscheibe in langsamerer und weniger ausgiebiger Weise vergrössert als in der Höhe der Querscheiben. Man dürfte schwerlich irren, wenn man aus dieser Thatsache schliesst, dass die Fibrillen eine beim Ruhezustande etwa vorhandene geradlinige Erstreckung bei der Muskelcontraktion mehr oder weniger aufgeben, dass die gerade Linie, welche die beiden Enden eines Längsbälkchens verbindet, bei der Muskelcontraktion vielfach eine im Vergleich zur Faseraxe schiefe Stellung annimmt, und dass demgemäss auch die Deformation, welche die Längsbälkchen bei der Muskelcontraktion erfahren, nicht eine biegungslose blosse Compression derselben in der Richtung ihrer Längsaxe ist. Gegen die Annahme, dass die bei der Muskelcontraktion eintretende Deformation der Längsbälkchen von der soeben genannten Art sei, spricht überdies der Umstand, dass nach dieser Annahme der Widerstand, den die contrahirenden Kräfte bei Herstellung auch nur mässiger Contraktionsgrade an den Längsbälkchen zu überwinden hätten, ein sehr bedeutender sein müsste. Ein solches Verhalten ist aber sowohl von vorn herein wegen seiner hohen Unzweckmässigkeit kaum anzunehmen als auch in Widerspruch zu der durch Versuche festgestellten, später näher zu behandelnden Thatsache, dass der quergestreifte Muskel bei seiner Contraktion einen verhältnissmässig grossen Bruchtheil der durch den Reiz in ihm ausgelösten Wärmemenge in äussere mechanische Arbeit umzusetzen vermag.

Es bleibt also nur die, auch bereits in unseren bisherigen Ausführungen zu Grunde gelegte, Anschauung übrig, dass die Längsbälkchen bei der Muskelcontraktion eine Biegung erfahren. Diese Biegung ist in Folge der bei der Muskelcontraktion stattfindenden Verdickung der Disdiaklasten zugleich von einer Vergrösserung des Querschnittes derjenigen Theile der Längsbälkchen begleitet, welche unmittelbar an die Disdiaklasten anstossen. Auch eine Zusammendrückung einzelner Theile der Längsbälkchen kann, namentlich bei höheren Contraktionsgraden, mit jener Biegung dieser Bälkchen verbunden sein. Bei einem solchen Verhalten der Längsbälkchen wird der Widerstand, den dieselben bei eintretender Muskelerregung den contrahirenden Kräften entgegenstellen, zwar nicht von ganz zu vernachlässigender Grösse, aber doch weit geringer sein, als er sein würde, wenn diese Bälkchen bei der Muskelcontraktion eine ganz biegungslose Compression in der Richtung ihrer Längsaxe erführen. Mit der Thatsache, dass bei der Muskelcontraktion das Volumen der isotropen Schichten des Muskelfaches abnimmt und der Brechungscoefficient derselben sich erhöht, steht das hier von uns angenommene Verhalten der Längsbälkchen vollkommen in Einklang, wie wir schon früher auf S. 175 und 180 f. gesehen haben. In gleicher Uebereinstimmung steht dasselbe auch zu der am letzteren Orte erwähnten, specielleren Beobachtungsangabe Wagener's, dass die isotropen Abschnitte der Fibrillen (Fibrillenbündel?) bei der Muskelcontraktion anscheinend eine Verdunkelung erführen. —

Betreffs des Verhaltens, welches die Querbälkchen des Fasergerüstes bei der Muskelcontraktion befolgen, haben wir unseren in §§ 6, 7, 8 und 9 hierüber gegebenen Ausführungen nichts Wesentliches hinzuzufügen.

§ 30.

Wir beschäftigen uns in diesem Paragraphen mit einem Gegenstande, betreffs dessen trotz seiner Wichtigkeit leider nur sehr wenig Versuchsmaterial vorliegt, nämlich mit der mikroskopischen Erscheinungsweise der nur virtuellen Muskelcontraktion. Hierbei verstehen wir unter der virtuellen Contraktion, im Gegensatze zu der sei es mit sei es ohne Belastung unbehindert vor sich gehenden aktuellen Contraktion, denjenigen Zustand des Muskels, welcher vorhanden ist, wenn letzterer bei stattfindender Erregung durch einen äusseren Widerstand an der Verkürzung verhindert ist.[1] Es ergibt sich leicht, dass

[1] Wir glauben, dass unsere Unterscheidung einer aktuellen und einer virtuellen Contraktion vor Béclard's entsprechender Unterscheidung einer dynamischen und einer statischen Contraktion den Vorzug verdient. Fick's isometrische Contraktion ist mit unserer virtuellen Contraktion identisch, und wir haben keinen Grund, statt letzterer Bezeichnungsweise uns nicht auch gelegentlich der Fick'schen Ausdrucksweise zu bedienen. Hingegen ist unser Begriff

auch bei jeder virtuellen Contraktion thatsächlish noch eine gewisse, wenn auch nur sehr geringe, Verkürzung der Muskelfasern stattfindet, indem der Muskel in Folge seiner Contraktionstendenz einen Zug auf seine sehnigen Fortsetzungen und die sonstigen ihn mit den unverrückbaren Befestigungspunkten verbindenden Massen ausübt und sich um denselben Betrag verkürzt, um welchen diese Theile der Sehnen und des Apparates gedehnt werden.

Die mikroskopische Erscheinungsweise der virtuellen Contraktion würde ein besonderes Interesse besitzen, wenn die anisotropen Scheiben der Muskelfaser hinsichtlich ihrer Struktur und ihrer Dimensionen einander völlig gleich wären und dasselbe auch von den isotropen Schichten gälte. Wäre diese Voraussetzung erfüllt, so müssten sich die Veränderungen, welche die isotropen und anisotropen Abtheilungen des Muskelfaches bei der virtuellen Contraktion erfahren, in dem Falle, dass die Disdiaklasten sich bei der Muskelcontraktion in erheblichem Grade verkürzen und verdicken, wesentlich anders, genau genommen sogar gerade umgekehrt verhalten wie in dem Falle, dass dieselben bei der Contraktion keine merkbare Gestaltänderung erleiden. Im ersteren Falle müssten bei der virtuellen Contraktion die Disdiaklasten verkürzt und verdickt und die Längsbälkchen gedehnt werden. Im zweiten Falle müssten die Disdiaklasten bei der virtuellen Contraktion ihre Gestalt unverändert behalten, aber ihre gegenseitigen Abstände in axialer Richtung müssten sich, entsprechend der stattfindenden geringen Verkürzung der Fasern, ein wenig verringern und die Längsbälkchen würden dementsprechend ein wenig gebogen werden. Es müssten also, wenn die angegebene Voraussetzung erfüllt wäre, im ersteren Falle die anisotropen Scheiben bei der virtuellen Muskelcontraktion an Höhe und Volumen und (gemäss dem auf S. 103 aufgestellten Satze) auch an Helligkeit verlieren, hingegen die isotropen Schichten müssten höher, volumenreicher und heller werden. Im zweiten Falle aber müssten die anisotropen Scheiben bei der virtuellen Contraktion ihre Höhe behalten und entsprechend der stattfindenden geringen Vergrösserung ihres Querschnittes, ein wenig an Volumen und Helligkeit gewinnen, und die isotropen Schichten müssten in entsprechendem Grade an Höhe, Volumen und Helligkeit verlieren. Man würde also, wenn jene Voraussetzung der ganz regelmässigen blossen Zweischichtigkeit der Muskelfaser erfüllt wäre, unter Umständen behufs Beantwortung der Frage, ob die Disdiaklasten

der aktuellen Contraktion nicht identisch mit Fick's Begriff der isotonischen Contraktion; denn eine aktuelle Contraktion kann auch anisotonisch sein. Wo wir im Folgenden von Contraktion, Zuckung oder Tetanus schlechtweg reden, ist natürlich stets die aktuelle Form der Zuckung oder des Tetanus gemeint.

sich bei der aktuellen Muskelcontraktion in beträchtlichem Grade verkürzen und verdicken, der oben (S. 187 ff.) betreffs dieses Punktes von uns angestellten Erörterungen gar nicht bedürfen, sondern einfach in der Lage sein, auf Grund des Verhaltens, welches die isotropen und anisotropen Abtheilungen der Faser bei der virtuellen Contraktion erkennen lassen, ohne Weiteres eine bestimmte Entscheidung darüber zu treffen, wie es hinsichtlich der Gestalt der Disdiaklasten bei der Muskelerregung steht.

Thatsächlich ist nun aber jene Voraussetzung nicht erfüllt. Die Abstände, welche die anisotropen Scheiben des Muskelfaches von einander trennen, besitzen im Allgemeinen nicht einen und denselben Werth; so ist z. B., wie auf S. 106 erwähnt, die Entfernung zwischen Zwischenscheibe und Nebenscheibe im Allgemeinen nicht dieselbe wie die Entfernung zwischen Nebenscheibe und Querscheibe. Auch hinsichtlich der Grösse und Mächtigkeit ihrer Disdiaklasten stimmen die verschiedenen anisotropen Scheiben des Muskelfaches im Allgemeinen keineswegs mit einander überein, wie bereits auf S. 104 f. hervorgehoben worden ist. Ferner können auch die Unterschiede hinsichtlich der chemischen Zusammensetzung, die zwischen den Disdiaklasten der verschiedenen Scheiben des Muskelfaches bestehen, die Folge haben, dass die elektrischen Kräfte, mit denen die Disdiaklasten zweier benachbarter Scheiben bei gegebener Muskelerregung auf einander wirken, eine wesentlich verschiedene Intensität besitzen, je nachdem die beiden benachbarten Scheiben eine Zwischenscheibe und eine Nebenscheibe oder eine Nebenscheibe und eine Querscheibe oder eine Querscheibe und eine Mittelscheibe sind. Hierzu kommen endlich noch die auf S. 105 f. erwähnten Verschiedenheiten, welche zwischen den Querbälkchen der verschiedenen Scheiben und wenigstens theilweise auch zwischen den Längsbälkchen der verschiedenen isotropen Schichten hinsichtlich der Elasticität und anderer Eigenschaften bestehen. Durch alle diese hier in Erinnerung gebrachten Verhältnisse werden die Erscheinungen, welche die isotropen und anisotropen Abtheilungen der Muskelfaser bei der virtuellen Contraktion darbieten, ziemlich complicirt und theilweise mehrdeutig. Angenommen z. B., in einer Muskelfaser, welche der Einfachheit halber der Mittelscheibe und der Nebenscheiben ganz entbehre, seien die Kräfte, welche bei eintretender Erregung im Sinne einer gegenseitigen Annäherung der beiden Querscheiben jedes Muskelfaches wirken, in Folge einer geringeren Entfernung dieser beiden Scheiben von einander oder in Folge einer besonderen Struktur ihrer Disdiaklasten bedeutend stärker als die Kräfte, welche im Sinne einer Annäherung der Zwischenscheibe an die Querscheiben sich geltend machen, so könnte bei der virtuellen Contraktion der Faser neben einer Verkürzung der Querbänder eine deutliche Verlängerung der isotropen Querschichten auch dann eintreten, wenn die Disdiaklasten der Querscheiben bei der Muskelerregung ihre Gestalt in keiner Weise veränderten. Es ist also die Wahrnehmung, dass bei der virtuellen Contraktion bestimmte isotrope Schichten sich deutlich verlängern, keineswegs ohne Weiteres als ein Beweis dafür zu betrachten, dass die Disdiaklasten bei der Muskelerregung sich in merkbarem Grade verkürzen. Ebenso ist auch aus einer bei der virtuellen Contraktion etwa wahrnehmbaren Verkürzung bestimmter isotroper Schichten nicht ohne Weiteres zu schliessen, dass die Disdiaklasten bei der Muskelerregung sich nicht verkürzen. Denn in dem oben angenommenen Falle, wo bei der Muskelerregung die im Sinne einer gegenseitigen Annäherung der beiden Querscheiben wirksamen Kräfte bedeutend stärker sind als die im Sinne einer gegenseitigen Annäherung der Querscheiben und Zwischenscheibe wirksamen Kräfte, können die isotropen Mittelschichten bei der virtuellen Muskelcontraktion auch dann eine geringe Verminderung ihrer Höhe erfahren, wenn die Disdiaklasten der Querscheiben sich bei dieser Contraktion in merkbarem Grade verkürzen. In Folge des complicirten Aufbaues der quergestreiften Muskelfaser bedarf es also bei Deutung einzelner Erscheinungen, die man an den Fachabtheilungen der sich virtuell contrahirenden Faser wahrgenommen hat, einer ziemlichen Vorsicht und eingehender Berücksichtigung aller gegebenen Verhältnisse. Selbst die direkte Beobachtung einer anscheinenden Verkürzung einer anisotropen Scheibe bei der virtuellen Muskelcontraktion ist an und für sich nicht ganz unzweideutig, wie sich aus demjenigen ergibt, was wir auf S. 190 betreffs der analogen Beobachtung am aktuell sich contrahirenden Muskel bemerkt haben.

Die im Vorstehenden gemachten Bemerkungen finden Anwendung auf die Mittheilungen, welche Ranvier[1] über die mikroskopische Erscheinungsweise des virtuell contrahirten Muskels gemacht hat. Nach diesen Mittheilungen sollen die Fibrillen eines Muskels, welcher im gedehnten Zustande gereizt und zugleich an der Verkürzung verhindert ist, in Vergleich zu den Fibrillen eines Muskels, welcher im ruhenden Zustande sich auf derselben Dehnungslänge befindet, folgende Eigenthümlichkeiten besitzen: geringere Höhe und grössere Dicke derjenigen Abschnitte, welche den Querbändern (disques épais) entsprechen, und

[1] Ranvier, a. a. O. S. 462 f., ferner Leçons sur l'histoire du système nerveux, Paris, 1878, 2, S. 234 f., und Compt. rend., 110, 1890, S. 613 ff.

grössere Höhe der Zwischenscheiben (disques minces) und der hellen Räume (espaces clairs), die sich zwischen den Querbändern und den Zwischenscheiben befinden.[1]

Sehen wir von den Bedenken ganz ab, die sich etwa gegen das Versuchsverfahren von Ranvier erheben lassen,[2] so ist zu bemerken, dass sich Beobachtungen der hier mitgetheilten Art mit unserer Theorie vollkommen vereinen lassen, z. B. in folgender Weise. Bei der Muskelerregung waren die Kräfte, welche im Sinne einer gegenseitigen Annäherung der anisotropen Scheiben des Querbandes wirkten, in Folge der geringeren Werthe der Abstände, welche diese Scheiben von einander trennten, oder auch in Folge der besonderen Struktur oder Grösse der Disdiaklasten dieser Scheiben stärker als die Kräfte, welche im Sinne einer Annäherung der Zwischenscheibe an die Querscheiben wirksam waren. Die Folge hiervon musste sein, dass die Querbänder und die denselben entsprechenden Fibrillenabschnitte sich verkürzten und zugleich auch die den Querbändern angehörigen Disdiaklasten, entsprechend der Wechselwirkung der elektrisch geladenen Micelle jedes einzelnen Disdiaklasten, sich in gewissem Masse verkürzten und verdickten. Für die verschiedenen Abtheilungen der Zwischenbänder hingegen musste aus jener Verkürzung der Querbänder eine dehnende Kraft entspringen. Demgemäss verlängerten sich die isotropen Schichten, die „hellen Räume“ des Zwischenbandes bei der virtuellen Muskelcontraktion. Dass auch die Disdiaklasten der Zwischenscheiben trotz der Verkürzungstendenz, welche für sie aus der elektrischen Ladung ihrer Micelle entspringen musste, in Folge jener dehnenden Kraft sich verlängerten, erscheint denkbar, ist aber nach den vorliegenden Mittheilungen Ranvier's nicht nothwendig anzunehmen. Ranvier sagt uns nichts von den Nebenscheiben (die allerdings dem früher Bemerkten gemäss sich nicht in jeder der Beobachtung unterworfenen Muskelfaser vorzufinden brauchen). Wir haben keine Gewähr dafür, dass dasjenige, was diesem Forscher als eine vollzogene Verlängerung der Zwischenscheibe erschien, nicht einfach darauf beruht habe, dass sich die Nebenscheiben, welche beim Ruhezustande der Zwischenscheibe sehr benachbart waren und zusammen mit derselben den Eindruck

[1] In den früheren Mittheilungen von Ranvier (a. a. O. S. 463) findet sich die befremdliche Bemerkung, dass die den Querbändern entsprechenden Fibrillenabschnitte bei der virtuellen Contraktion ebenso wie an Länge auch an Dicke verlören. In der neuesten Mittheilung dieses Forschers hingegen finden wir die Behauptung, dass bei der virtuellen Contraktion jene Fibrillenabschnitte an Länge abnehmen, hingegen an Dicke zunehmen.

[2] Vergl. hierüber Engelmann, 5, S. 574.

einer einheitlichen, einzigen Scheibe erweckten, bei der virtuellen Contraktion in Folge der dehnenden Kraft, welche auf das Zwischenband ausgeübt wurde, sowie in Folge der Anziehung, welche sie seitens der anisotropen Scheiben des Querbandes erfuhren, ein wenig von der Zwischenscheibe entfernten, trotz des Umstandes, dass auch die letztere Scheibe eine anziehende Kraft auf sie ausüben musste.

Im Vorstehenden ist nur eine von denjenigen Deutungen angeführt, welche die obigen, von Ranvier angegebenen Erscheinungen der virtuellen Contraktion vom Standpunkte unserer Theorie aus finden können. Solange die Versuchsangaben von Ranvier, deren spätere Fassung, wie gesehen, von der früheren sehr wesentlich abweicht, nicht durch die Beobachtungen anderer Forscher hinlänglich bestätigt und näher ergänzt sind, scheint es uns verfrüht, in eine eingehendere Erörterung dieser Beobachtungsergebnisse und der verschiedenen von vorn herein denkbaren Deutungen derselben einzutreten. Eigenthümlich ist die theoretische Verwendung, welche Ranvier den von ihm beobachteten Erscheinungen der virtuellen Contraktion gibt. Nach seiner Ansicht beruht nämlich die Contraktilität der Muskelfasern darauf, dass die den Querbändern (und den Nebenscheiben) entsprechenden Fibrillenabschnitte, welche beim Ruhezustande die Form von Stäbchen besitzen, deren Längsrichtung der Faseraxe parallel ist, bei eintretender Muskelerregung darnach streben, die sphärische Form anzunehmen. Nun führt eine Ansicht, nach welcher die Contraktion der quergestreiften Faser lediglich durch eine Verkürzung und Verdickung der Disdiaklasten der Querbänder (und eventuell auch der Nebenscheiben) zu Stande kommt, nothwendig zu der Schlussfolgerung, dass bei jeder, aktuellen oder virtuellen, Muskelcontraktion diejenigen anisotropen Abtheilungen des Muskelfaches, denen die sich verkürzenden Disdiaklasten angehören, an Höhe, Volumen und Helligkeit verlieren, hingegen die übrigen Fachabtheilungen an Volumen und Helligkeit gewinnen. Es ist also eine derartige Ansicht mit den Erscheinungen des Uebergangs- und des Umkehrungsstadiums der aktuellen Contraktion, welche darauf beruhen, dass gerade die isotropen Schichten des Muskelfaches bei der aktuellen Contraktion an Höhe, Volumen und Helligkeit verlieren, in direktem Widerspruche. Demgemäss finden wir, dass Ranvier, um seine Ansicht vom Zustandekommen der Muskelcontraktion aufrecht erhalten zu können, das von einer recht erklecklichen Anzahl von Forschern verschiedener Nationen festgestellte Uebergangs- und Umkehrungsstadium der aktuellen Contraktion einfach für Einbildung erklärt, hingegen umso mehr Gewicht auf die von ihm beschriebenen Erscheinungen der virtuellen Contraktion legt, welche eine Dehnung der isotropen Schichten des Zwischenbandes ergäben und ein Uebergangs- und Umkehrungsstadium nicht erkennen liessen. Es scheint RANVIER nicht der Gedanke gekommen zu sein, dass die mikroskopische Erscheinungsweise der Muskelfaser bei der aktuellen und bei der virtuellen Contraktion nothwendig wesentlich verschieden sein muss, und dass vielleicht eine Theorie der Muskelcontraktion möglich sei, welche für die aktuelle Muskelcontraktion eine Verkürzung, Volumenabnahme und Verdunkelung der isotropen Schichten und den Eintritt eines Uebergangs- und Umkehrungsstadiums, hingegen für die virtuelle Contraktion eine Verlängerung, Volumenzunahme und Aufhellung aller oder einiger isotroper Schichten sowie das Ausbleiben derjenigen Erscheinungen ergebe, welche dazu berechtigen könnten, auch an dem virtuell sich contrahirenden Muskel ein Uebergangs- und ein Umkehrungsstadium zu unterscheiden. Aus der Verlängerung, welche RANVIER bei der virtuellen Contraktion an der Zwischenscheibe beobachtet haben will, glaubt derselbe schliessen zu dürfen, dass diese Scheibe nur passiv an dem Contraktionsvorgange theilnehme und nicht ebenso wie die übrigen anisotropen Scheiben ein Sitz contrahirender Kräfte sei. Wir haben oben gesehen, dass eine bei der virtuellen Contraktion eintretende Verlängerung der Zwischenscheibe sich durchaus mit der Ansicht vertragen würde, dass diese Zwischenscheibe in gleicher Weise wie die übrigen Scheiben des Muskelfaches, wenn auch mitunter in schwächerem Grade, durch die elektrischen Kräfte ihrer Disdiaklasten zur Bewirkung der Contraktion oder Spannung des Muskels beitrage. Sollte sich herausstellen, dass bei der Muskelerregung die von den Disdiaklasten der Zwischenscheibe ausgehenden elektrischen Kräfte in der Regel schwächer sind als die von den Disdiaklasten der anderen Scheiben ausgehenden Kräfte dieser Art, so würde dies für unsere Theorie nicht im Mindesten besondere Schwierigkeiten machen, z. B. leicht durch die Annahme zu deuten sein, dass die Zwischenscheiben ihrer früher (S. 132 f.) erwähnten Nebenaufgabe, einen besonders festen Halt für das Fasergerüst abzugeben, nur durch eine solche chemische Zusammensetzung ihrer Disdiaklasten genügen könnten, welche für die Stärke der Pyroelektricität der letzteren weniger günstig sei.

Nach RANVIER haben sich bis jetzt nur noch NASSE und NICOLAIDES mit der mikroskopischen Erscheinungsweise der virtuellen Contraktion beschäftigt. Ersterer (a. a. O. S. 74) belastete Froschmuskeln (Gastrocnemii) „so stark, dass das Gewicht auch bei dem stärksten Reiz nicht gehoben werden konnte, tetanisirte und injicirte fast gleichzeitig durch Einstich nach RANVIER's Methode eine zweiprocentige Osmiumsäurelösung in die Muskelsubstanz. Ebenso wurde in den gleich stark belasteten, aber nicht gereizten Gastrocnemius des anderen Beines Osmiumsäure injicirt. Während dieser nun die Querstreifung deutlich zeigte, waren die Streifen in dem gereizten Muskel fast gar nicht zu erkennen, die Fasern erschienen homogen".

Nicolaides (Arch. f. A. u. Ph., 1885, S. 155) stellte ganz ähnliche Versuche am M. sartorius des Frosches an. Er fand, dass in dem an der Verkürzung verhinderten, gereizten Muskel „die Querscheibe sich etwas über das Niveau der Muskelfaser erhebt, also etwas convex ist, und an ihrem Rande zeigt sich jetzt eine schwache Andeutung davon, dass sie das Sarkolemma etwas vorwölbt". Während ferner an der aktuell contrahirten Muskelfaser die isotropen Schichten des Zwischenbandes nicht mehr wahrnehmbar waren, liessen sich dieselben an der nur virtuell contrahirten Faser erkennen. Letztere Beobachtung bestätigt in gewisser Hinsicht die obigen Versuchsangaben von Ranvier. Die von Nicolaides beobachteten Emporwölbungen der Muskelfaser an den Stellen der Querbänder bedürfen nach unseren früheren Darlegungen auf S. 110 f. keiner weiteren Erörterung. Sie sind eine einfache Folge des Umstandes, dass die Querbälkchen des Querbandes in Folge ihrer geringeren Elasticität der Tendenz zur Vergrösserung des Faserquerschnittes, welche aus der gegenseitigen Abstossung der Disdiaklasten einer und derselben Quercolonne entspringt,[1] einen geringeren Widerstand entgegenstellen als die Querbälkchen der Zwischenscheibe.

Viertes Capitel.

Die Anisotropie des Muskels, ihre Veränderungen und ihre Bedeutung.

§ 31.

Wir werden in diesem Capitel in Zusammenhange mit einander alle diejenigen Erscheinungen und Fragen behandeln, welche sich auf die Doppelbrechung des Lichtes innerhalb der anisotropen Scheiben der Muskelfaser beziehen, vor Allem die Veränderungen, welche die doppelbrechende Kraft dieser Scheiben bei der physiologischen Contraktion der Muskelfaser, bei Dehnung, Druck und anderen Einwirkungen auf dieselbe erfährt. Bei der Erörterung dieser Erscheinungen werden wir

[1] Die in der Anmerkung zu S. 13 erwähnte, aus der gegenseitigen Anziehung benachbarter Quercolonnen auf indirektem Wege entspringende Tendenz zur Vergrösserung des Faserquerschnittes kommt bei der nur virtuellen Contraktion annähernd in Wegfall.

uns wesentlich auf die neuesten und zugleich umfassendsten und eingehendsten Untersuchungen dieses Erscheinungsgebietes zu beziehen haben, nämlich auf V. von Ebner's „Untersuchungen über die Ursachen der Anisotropie organisirter Substanzen".

Zuvörderst handeln wir von dem Verhalten des Doppelbrechungsvermögens des Muskels bei Einwirkung dehnender oder drückender Aussenkräfte. Hierbei setzen wir der Kürze halber voraus, dass der gedehnte oder gedrückte Muskel, wie bei den betreffenden Versuchen von Ebner's in der That auch der Fall war, stets horizontal mit seiner Längsaxe gelagert sei und in vertikaler Richtung von den Lichtstrahlen durchsetzt werde.

Für die Erklärung des Verhaltens, welches das Doppelbrechungsvermögen des quergestreiften Muskels bei Dehnung des letzteren erkennen lässt, kommen von vorn herein folgende Gesichtspunkte in Betracht:

1) Bei der Dehnung des Muskels werden die Disdiaklasten verlängert und verdünnt. Diese Gestaltänderung der Disdiaklasten hat eine Abnahme der Gesammtdicke der doppelbrechenden Schichten, welche ein Lichtstrahl in dem Muskel zu durchlaufen hat, zu Folge und wirkt demgemäss im Sinne eines Sinkens der Interferenzfarbe.

2) Durch Versuche von Brewster, Moigno und Soleil, Pfaff u. A. ist bekanntlich festgestellt worden, dass das Doppelbrechungsvermögen von Krystallen durch Druck oder Zug verändert wird.[1] Demgemäss muss auch sehr stark mit der Möglichkeit gerechnet werden, dass die Spannungen, welche die Disdiaklasten oder vielmehr ihre Micelle bei der Muskeldehnung erfahren, das Doppelbrechungsvermögen derselben in wesentlichem Grade verändern. In welcher Richtung eventuell diese Aenderung vor sich geht, ob nach oben oder nach unten hin, lässt sich von vorn herein nicht bestimmen.

Nach der Theorie Nägeli's freilich sollen die aus krystallinischen Micellen aufgebauten und durchfeuchteten doppelbrechenden Körper die Eigenschaft besitzen, dass sie durch ihnen ertheilte Spannungen in ihrem optischen Charakter nicht verändert werden. „Die organisirten Substanzen," heisst es z. B. bei Nägeli und Schwendener (Das Mikroskop, 2. Aufl., Leipzig, 1877, S. 354), „verhalten sich ... in wesentlichen Punkten anders als die nicht organisirten; ihr optischer Charakter ist nicht, wie bei diesen, von den Distanzveränderungen ab-

[1] Eine historische Uebersicht über die auf diesen Punkt bezüglichen Untersuchungen findet sich bei Fr. Pockels, Ueber den Einfluss elastischer Deformationen, speciell einseitigen Druckes auf das optische Verhalten krystallinischer Körper. Leipzig, 1889, S. 5 ff.

hängig, welche die kleinsten Theilchen durch Druck oder Zug oder auch durch Quellungsmittel erfahren; er bleibt constant, selbst wenn die Veränderungen ein Vielfaches der ursprünglichen Entfernungen betragen.“ Wir gestehen, dass wir einen theoretischen Gesichtspunkt, welcher diese allgemeine Behauptung von Nägeli und Schwendener einigermassen plausibel erscheinen lasse, nicht aufzufinden vermögen. Die Micelle eines durchfeuchteten Körpers von micellarer Struktur wirken durch Kräfte auf einander, deren Werthe sich nach den gegenseitigen Abständen und Lageverhältnissen der Micelle bestimmen. Wenn z. B. ein derartiger Körper bei Umspülung durch ein Quellungsmittel nur bis zu einer bestimmten Grenze aufquillt, so liegt dies daran, dass die Anziehungskräfte, mit denen die Micelle auf einander wirken, dem Bestreben der Flüssigkeit, die Micelle von einander zu entfernen, entgegenwirken und bei der betreffenden Quellungsgrenze gerade das Gleichgewicht halten. So verhält sich die Sache nicht etwa blos nach unserer Auffassung, sondern auch nach der (von unserer Auffassung in anderen Punkten abweichenden) Ansicht, welche Nägeli selbst an verschiedenen Orten[1] hinsichtlich des Zustandekommens des Quellungsprocesses vorträgt. Wird nun ein Körper der hier erwähnten Art gedehnt oder gedrückt, so ändern sich mit den gegenseitigen Abständen der Micelle auch die Kräfte, mit denen dieselben auf einander wirken. Eine Aenderung dieser Kräfte muss aber zugleich von einer Aenderung der für das optische Verhalten massgebenden Entfernungs- und Lageverhältnisse und Bewegungszustände begleitet sein, die innerhalb jedes Micelles an den Bestandtheilen desselben vorhanden sind. Nägeli und Schwendener (a. o. a. O.) kommen zu der Ansicht, dass die optischen Eigenschaften eines durchfeuchteten Körpers in den von ihnen als Micelle bezeichneten Molekülgruppen ihren Sitz haben, „dagegen mit der Entfernung derselben von einander und mit den Spannungen, die sich allfällig zwischen ihnen entwickeln, in keinem Zusammenhange stehen“. Hierzu möchten wir bemerken, dass mit den Entfernungen der Micelle von einander und mit den Spannungen, die zwischen ihnen stattfinden, sich auch die Spannungen und Zustände in den Micellen selbst verändern müssen. Da die Dimensionen eines Micelles nicht als sehr klein in Vergleich zu den Abständen der Micelle von einander betrachtet werden können, so ändern sich bei Vergrösserung oder Verkleinerung des gegenseitigen Abstandes zweier Micelle die Kräfte,

[1] Vergl. Nägeli, Die Stärkekörner (in den Pflanzenphysiologischen Untersuchungen von Nägeli und C. Cramer, 2. Heft, Zürich 1858), S. 332 f. u. 342 f., ferner Mechanisch-physiologische Theorie der Abstammungslehre, München und Leipzig, 1884, S. 801 ff.

welche von dem einen Micell auf die Bestandtheile des anderen ausgeübt werden, in einem für die verschiedenen Bestandtheile des anderen Micelles verschiedenen Verhältnisse. Demgemäss darf man nicht von der Voraussetzung ausgehen, dass bei Deformation eines Körpers der hier in Rede stehenden Art die Micelle desselben hinsichtlich ihrer inneren Zustände unverändert blieben. Diese Voraussetzung wäre nur dann erlaubt, wenn sich die Dimensionen der Micelle zu ihren Abständen von einander ähnlich verhielten, wie sich die Dimensionen der Fixsterne zu ihren gegenseitigen Abständen verhalten. Von einem solchen Verhältnisse zwischen der Grösse und dem gegenseitigen Abstande der Micelle kann aber keineswegs die Rede sein. Man denke sich ferner doch einfach nur einmal folgenden Fall. Es sei ein aus Micellen aufgebauter, quellungsfähiger Körper zunächst im ganz trockenen Zustande gegeben. Alsdann wird er sich bei Zug oder Druck ganz ähnlich verhalten wie ein sonstiger fester Körper; er wird also, wie auch Nägeli selbst zugibt, bei Einwirkung einer solchen deformirenden Kraft unter Umständen eine merkbare Aenderung seines optischen Charakters erfahren können. Nun werde dem Körper erlaubt, ein Minimum Flüssigkeit zu imbibiren. Sollen nun auf einmal die Bestandtheile desselben die Fähigkeit verloren haben, bei Einwirkung einer deformirenden Kraft solche Veränderungen ihrer Spannungen, räumlichen Beziehungen oder Bewegungszustände zu erleiden, welche mit einer Aenderung des optischen Charakters des Körpers verbunden sind? Will man diese unbegreifliche Annahme nicht machen, so lasse man nun den Körper noch ein zweites minimales Quantum von Flüssigkeit imbibiren, hierauf noch ein drittes, dann noch ein viertes u. s. w. An welcher Stelle, bei welchem Quellungsgrade soll nun die Natur den Sprung machen, dass die Bestandtheile des Körpers plötzlich der Fähigkeit beraubt werden, bei Einwirkung einer deformirenden Kraft solche Veränderungen ihrer Beziehungen oder Zustände zu erleiden, welche den optischen Charakter des Körpers beeinflussen?[1]

[1] Anscheinend in Hinblick auf den hier geltend gemachten Gesichtspunkt drückt sich auch Nägeli in seiner Abhandlung über das Verhalten des polarisirten Lichtes gegen pflanzliche Organisation (Münch. Ber., 1862, 1, S. 290 ff.) hinsichtlich des optischen Verhaltens der organisirten Substanzen bei Einwirkung deformirender Kräfte erheblich vorsichtiger aus als in der Schrift über das Mikroskop. Er bemerkt in jener Abhandlung (S. 311 f.): „Bei vollkommener Trockenheit . . . verändert die organisirte Substanz bei mechanischer Einwirkung ihre optischen Eigenschaften. Je mehr Wasser dagegen der imbibitionsfähige Körper enthält, . . . desto grössere mechanische Veränderungen kann er erleiden, ohne eine Modification in seinen ursprünglichen doppelbrechenden Eigenschaften zu zeigen."

Kurz uns ist unverständlich, wie man behaupten konnte, ein durchfeuchteter Körper von micellarer Struktur müsse sich bei Einwirkung deformirender Kräfte hinsichtlich seiner optischen Constanten nothwendig als unveränderlich erweisen. Und ebenso unbegreiflich ist es uns, wie von Ebner glauben kann, durch den Nachweis, dass ein durchfeuchteter Körper, z. B. ein anisotroper Theil einer Muskelfibrille bei Zug oder Druck seine optischen Constanten verändert, zugleich auch erwiesen zu haben, dass dieser Körper nicht aus kleinen, durch Flüssigkeitsschichten von einander getrennten, krystallinischen Körperchen bestehe. Allerdings hat Nägeli mit seiner Lehre, dass die durchfeuchteten, organisirten Körper aus krystallinischen Micellen aufgebaut seien, die beiden Behauptungen verbunden, dass diese Körper nur durch Intussusception wüchsen und bei Druck oder Zug hinsichtlich ihres optischen Charakters unverändert blieben. Aber aus diesen Anschauungen Nägeli's folgt nicht im Mindesten, dass zwischen den beiden letzteren Behauptungen und jener Lehre von der micellaren Struktur der organisirten Körper ein nothwendiger Zusammenhang von der Art bestehe, dass aus dem Wachsthume eines durchfeuchteten Körpers durch Apposition oder aus der Veränderung seines optischen Charakters bei Druck oder Zug unbedingt zu schliessen sei, der Körper besitze keine micellare Struktur. Uebrigens scheint uns sowohl von den Vertretern als auch den Bekämpfern der Nägeli'schen Micelltheorie nicht genügend beachtet worden zu sein, dass keinerlei Thatsache bekannt ist, welche gegen die Anschauung spräche, dass auch die doppelbrechenden mineralischen Krystalle aus Micellen aufgebaut seien, und dass im Gegentheile sogar, wie bereits auf S. 72 angedeutet, die Erscheinungen verschiedener physikalischer Untersuchungsgebiete immer mehr auf diese Anschauung hinweisen. Von Jahr zu Jahr hat in der letzten Zeit die Zahl derjenigen Physiker und Mineralogen zugenommen, die sich auf Grund bestimmter Thatsachen für die Annahme erklärt haben, dass „ein grosser Krystall immer aus unendlich vielen kleinen zusammengesetzt“ sei, dass auch ein ganz kleiner Krystall „aus einer grossen Anzahl kleiner Krystalle, deren gleichwerthige Flächen nicht vollkommen in dieselbe Ebene fallen, besteht“, u. dergl. m.[1] Kann es aber wirklich als festgestellt gelten, dass die doppelbrechenden mineralischen Krystalle aus doppelbrechenden Micellen bestehen, so erscheint sowohl die Annahme, dass es auch durchfeuchtete Körper gebe, welche aus doppelbrechenden Micellen bestünden, als auch die

[1] Vergl. hierzu z. B. P. Groth, über die Molekularbeschaffenheit der Krystalle, München, 1888, S. 13 ff.; O. Lehmann, Molekularphysik, 2. Bd., Leipzig, 1889, S. 382 ff.

weitere Annahme, dass diese durchfeuchteten doppelbrechenden Körper von micellarer Struktur ebenso wie die nicht-durchfeuchteten doppelbrechenden Körper von micellarem Aufbau bei Zug oder Druck ihren optischen Charakter in merkbarem Grade ändern können, fast als etwas ganz Selbstverständliches.

Was der NÄGELI'schen Lehre von der Unveränderlichkeit des optischen Charakters der durchfeuchteten Körper zuzugestehen ist, besteht in Folgendem. Denken wir uns einen Körper von micellarer Struktur im ganz trockenen Zustande, so ist das Verhältniss, in welchem die Grösse seiner Micelle zu der durchschnittlichen Entfernung zweier Nachbarmicelle von einander steht, keinesfalls minimal. Bei Deformation des Körpers und Aenderung der gegenseitigen Abstände der Micelle werden sich die Kräfte, welche von einem Micelle auf die Bestandtheile eines anderen, benachbarten Micelles ausgeübt werden, in einem für die verschiedenen Bestandtheile dieses Nachbarmicelles erheblich verschiedenen Verhältnisse verändern. Daher wird der Körper dem oben Bemerkten gemäss bei Druck oder Zug eine starke Veränderung seines optischen Charakters darbieten können. Nimmt man hingegen an, der Körper befinde sich, ohne in Lösung gegangen zu sein, in einem Zustande sehr hochgradiger Durchfeuchtung, bei welchem die Grösse seiner Micelle nur noch minimal ist in Vergleich zu dem Abstande zweier benachbarter Micelle, so werden die Kräfte, welche von einem Micelle auf ein benachbartes Micell ausgehen, bei einer Aenderung der Micellabstände sich für die verschiedenen Bestandtheile des Nachbarmicelles in annähernd gleichem Verhältnisse verändern. Der Körper wird also in diesem hochgradigen Durchfeuchtungszustande bei Druck oder Zug nur noch sehr geringe Aenderungen seines optischen Charakters erfahren können. Da nun der Körper dann, wenn er im Zustande völliger Trockenheit und starker Veränderlichkeit seines optischen Charakters zur Aufquellung veranlasst wird, eine Reihe von Zuständen durchläuft, bei denen er sich dem zuletzt betrachteten Zustande hochgradigster Durchfeuchtung und geringster Veränderlichkeit seines optischen Charakters immer mehr nähert, so folgt, dass die Aufquellung eines Körpers an und für sich, d. h. abgesehen von den mit der Aufquellung etwa verbundenen chemischen Veränderungen, dazu dient, den Grad der Aenderungen, die der Körper hinsichtlich seines optischen Charakters bei Druck oder Zug erfährt, herabzusetzen.[1] Wenn

[1] Dem hier aufgestellten Satze widerspricht es natürlich nicht im Mindesten, dass es Körper gibt, welche durch die Aufquellung eine Aenderung ihres opti-

man sich diesen Satz und die hier angedeuteten, zu ihm hinleitenden Erwägungen näher vergegenwärtigt, so lässt sich der ganze Thatbestand, welcher das optische Verhalten der durchfeuchteten Körper bei Einwirkung deformirender Körper betrifft, in leichter Weise begreifen. Man versteht dann leicht die Thatsache, auf welche aufmerksam gemacht zu haben das Verdienst Nägeli's und seiner Schule bleiben dürfte, dass die durchfeuchteten Körper bei Einwirkung deformirender Kräfte im Allgemeinen geringere Aenderungen ihres optischen Charakters erfahren als die nicht-durchfeuchteten Körper. Andererseits aber begreift sich auch leicht, dass, wie die Untersuchungen von von Ebner u. A. gezeigt haben, es auch solche Körper gibt, welche im durchfeuchteten Zustande durch Einwirkung deformirender Kräfte noch ganz deutliche, mitunter sogar recht beträchtliche Aenderungen ihres optischen Charakters erfahren. Zu den durchfeuchteten Körpern dieser letzteren Art gehören, wie wir weiterhin sehen werden, auch die Disdiaklasten der quergestreiften Muskelfasern und die in ihrem ganzen Verlaufe anisotropen Fibrillen der glatten Muskeln.

Es dürfte vielleicht nicht unangemessen erscheinen, wenn wir zur Ergänzung der vorstehenden Bemerkungen noch eine kurze Auseinandersetzung hier einfügen, welche unseren Begriff der micellaren Struktur eines Körpers, unsere Stellung zu Nägeli's Micelltheorie und andere im Vorstehenden berührte Punkte betrifft.

Zu dem Begriffe der micellaren Struktur eines Krystalles gehört unserer Formulirung nach nicht nothwendig, dass die Micelle, welche den Krystall zusammensetzen, eine gleiche Krystallform wie dieser oder überhaupt Krystallform besitzen. Das Wesentliche des micellaren Aufbaues eines Krystalles würden wir darin finden, dass die Verschiedenheiten des physikalischen Verhaltens, welches derselbe in verschiedenen Richtungen zeigt, nicht einfach darauf beruhen, dass die Moleküle des Körpers, ohne zu gesonderten Complexen zusammenzutreten, nach verschiedenen Richtungen hin in verschiedener Weise angeordnet sind, sondern vielmehr darauf, dass der Krystall sich aus solchen Molekülcomplexen zusammensetzt, die bereits selbst nach verschiedenen Richtungen hin eine verschiedene Anordnung ihrer Moleküle und ein verschiedenes physikalisches Verhalten besitzen. Hierbei sind aber auch diese Molekülcomplexe, die Micelle (welche als anisotrop oder im weiteren Sinne des Wortes als krystallinisch zu bezeichnen sind, denen aber nicht ohne Weiteres allgemein auch Krystallform zuzusprechen ist), entsprechend dem Umstande, dass die von ihnen ausgehenden Kräfte sich nach verschiedenen Richtungen hin verschieden

---

schen Verhaltens erfahren. Denn, um von Anderem ganz abzusehen, wir behaupten ja nicht, dass die Spannungen, welche bei der Aufquellung eines Körpers von micellarer Struktur die Micelle desselben nothwendig erfahren müssen, für das optische Verhalten des Körpers gleichgültig seien, sondern wir behaupten nur, dass die Aufquellung eines Körpers die Wirkung hat, die Aenderung, welche der optische Charakter des Körpers durch eine deformirende Kraft von bestimmter Art und Stärke erfährt, zu verringern.

verhalten, bereits selbst in dem Krystalle nach verschiedenen Richtungen hin verschieden angeordnet; und diese Art der Anordnung der Micelle ist natürlich auch für das physikalische Verhalten des Körpers nicht gleichgiltig. In entsprechender Weise verstehen wir unter einem durchfeuchteten Körper von micellarem Aufbau einen solchen Körper, in welchem nicht die einzelnen Moleküle, sondern vielmehr krystallinische Molekülcomplexe durch Flüssigkeitsschichten von einander getrennt sind. Hierbei sind wir (mit Nägeli) keineswegs der Ansicht, dass bei der Aufquellung eines bislang trocken erhaltenen Körpers von micellarer Struktur die Grösse der Micelle in demselben allgemein unverändert bleiben müsse.

Die Mineralogen pflegen diejenigen Molekülcomplexe (Complepe von Gasmolekülen), welche sie als Bestandtheile der Krystalle ansehen, kurz als Krystallmoleküle zu bezeichnen. Was wir als ein Micell bezeichnen, ist also hiernach einfach ein anisotropes Krystallmolekül. Die Krystallmoleküle der doppelbrechenden Krystalle sind sicher sämmtlich anisotrop, also Micelle; hingegen gilt nicht das Gleiche von den Krystallmolekülen der dem regulären Systeme angehörigen Krystalle. So sind z. B. die elastischen Eigenschaften des (dem regulären Systeme angehörigen) krystallisirten Steinsalzes nach Voigt's Untersuchungen „derartige, dass seine Moleküle nach allen Richtungen fast genau gleiche Wirkungen ausüben, sich also nahezu wie eine aus homogener Substanz bestehende Kugel verhalten“ (vergl. P. Groth, a. o. a. O. S. 15). Hingegen sind z. B. die Eigenschaften des (dem regulären Systeme nicht angehörigen) Bergkrystalles nach Voigt's Untersuchungen von der Art, dass für das Krystallmolekül desselben angenommen werden muss, dass „seine Gestalt stark von der Kugel abweicht, d. h. seine Wirkungen nach verschiedenen Richtungen ausserordentlich verschieden sind“.

Falls nun aber nicht einmal anzunehmen ist, dass die Krystallmoleküle sämmtlicher Arten von Krystallen anisotrop seien, so liegt gar kein Grund vor, ohne Weiteres anzunehmen, dass die Krystallmoleküle sämmtlicher Krystalloide (im strengeren Sinne des Wortes), auch derjenigen, welche dem regulären Systeme zuzurechnen sind, anisotrop seien, und noch viel weniger erscheint es gerechtfertigt, ohne Weiteres mit Nägeli (Münch. Ber., 1862, S. 311) vorauszusetzen, dass alle organisirten Substanzen aus anisotropen, doppelbrechenden Molekülcomplexen bestehen. Von den amorph erscheinenden Mineralien wird allerdings angenommen, dass manche von ihnen Aggregate regellos orientirter krystallinischer Partikelchen seien. Aber hierdurch wird noch keineswegs die Annahme gerechtfertigt, dass jede isotrope organisirte Substanz sich aus regellos orientirten Micellen, d. h. anisotropen Molekülcomplexen, zusammensetze. Warum in aller Welt sollen nicht auch isotrope Molekülcomplexe vorkommen? Wenn man annimmt, dass Körper existiren, die aus regellos orientirten Micellen bestehen, warum sollen nicht auch Molekülcomplexe vorkommen, die sich aus regellos orientirten Molekülen zusammensetzen? Wenn z. B. die Fibrillen der quergestreiften Muskelfasern aus abwechselnd isotropen und anisotropen Abschnitten bestehen, so kann man allerdings mit Kölliker (a. a. O. S. 361) annehmen, dass auch die isotropen Fibrillenglieder aus anisotropen Molekülcomplexen, die allerdings in ganz regelloser Weise orientirt seien, bestünden. Da indessen die Umstände und das umgebende Medium für die Entwickelung der isotropen Fibrillenglieder ganz dieselben sind wie für die Entwickelung der anisotropen Fibrillenglieder, da man also z. B. nicht sagen kann, dass zwar die Micelle der anisotropen Fibrillenglieder die erforderliche Zeit gehabt hätten, um sich bei ihrem Zusammentreten in richtiger Weise zu orientiren, hingegen die isotropen Fibrillenglieder ähnlich entstanden seien wie mineralische Massen, welche sehr schnell aus dem flüssigen in den festen Aggregatzustand übergeführt worden sind und deshalb nur aus regellos orientirten krystallinischen Massentheilchen bestehen und amorph erscheinen, so scheint uns die Annahme näher zu liegen, dass die isotropen Fibrillenglieder deshalb isotrop seien, weil die sie zusammensetzenden Molekülcomplexe isotrop, also keine Micelle, seien.

Wenn wir also auch nicht zweifeln, dass sehr viele organisirte Substanzen micellare Struktur besitzen, so möchten wir uns doch nicht der Ansicht Nägeli's anschliessen, dass alle organisirten Körper aus „krystallinischen" Molekülcomplexen bestehen. Was die anisotropen Fibrillen oder Fibrillenabschnitte der Muskeln anbelangt, so mag darauf aufmerksam gemacht werden, dass die Annahme einer micellaren Struktur dieser anisotropen Muskelbestandtheile kein wesentliches Glied unserer Contraktionstheorie ist, mit welchem diese Theorie steht oder fällt. Vielmehr verträgt sich unsere Theorie auch sehr wohl mit der Annahme, dass die einzelnen Moleküle der Disdiaklasten durch Saftschichten von einander getrennt seien und eine micellare Struktur der Disdiaklasten überhaupt nicht bestehe. Es sind nicht sowohl die Erfordernisse unserer Contraktionstheorie als vielmehr theoretische Erwägungen allgemeinerer Art, welche uns veranlassen, eine micellare Struktur der Disdiaklasten zu behaupten.

Weiter soll auf die Micelltheorie Nägeli's hier nicht eingegangen werden. Es kann uns nicht in den Sinn kommen, zu glauben, eine genügend eingehende Besprechung dieser Theorie und der durch die Durchfeuchtung bedingten Eigenthümlichkeiten der organisirten Substanzen innerhalb des Rahmens dieser Schrift nebenbei mit liefern zu können. Wir verweisen in dieser Beziehung auf die auf S. 9 erwähnte Abhandlung über die Quellung.

Auch bei unserer obigen Erörterung des optischen Verhaltens der durchfeuchteten Körper haben wir der Kürze wegen eine ganze Reihe von Thatsachen, Gesichtspunkten, Fragen und Bedenken gar nicht berücksichtigt, die unseres Erachtens bei einer eingehenden Erörterung dieses specielleren Gegenstandes der Biophysik nothwendig näher in Betracht kommen. So haben wir z. B. die für das optische Verhalten nicht ganz gleichgiltige Thatsache unerwähnt gelassen, dass von den Bestandtheilen eines quellungsfähigen Körpers aus doppeltem Grunde eine umso grössere Anzahl flüssig wird und in Lösung geht, je mehr der Körper aufquillt. Nur ein Punkt soll hier noch kurz hervorgehoben werden. Wir sind im Obigen von der Voraussetzung ausgegangen, dass das optische Verhalten eines Körpers von micellarer Struktur sich im Wesentlichen nach den Spannungen und Zuständen bestimme, in denen sich die einzelnen Bestandtheile der Micelle befinden. Neben dieser Auffassung, nach welcher also die Zustände der intramicellaren Partien des Lichtmediums und ihre Beeinflussung durch die Zustände der ponderablen Micellbestandtheile das in der Hauptsache Massgebende für das optische Verhalten des Körpers sind, ist nun noch eine andere Auffassung geäussert worden, nach welcher das optische Verhalten des Körpers sich in wesentlichem Grade nach den Zuständen der intermicellaren Partien des Lichtmediums bestimmt. So bemerkt von Ebner (a. a. O. S. 11) Folgendes: „Es ist von vorn herein wahrscheinlich, dass die Micelle ebenso wie die kleinsten materiellen Theilchen eines Krystalles oder die eines künstlich durch Druck, Zug, ungleiches Erwärmen u. s. w. doppelbrechend gemachten Körpers durch die in verschiedenen Richtungen verschiedene Lagerung die Doppelbrechung bedingen, und nicht dadurch, dass dieselben selbst Krystalle sind, während die Substanz, deren molekulare Struktur sie bedingen, den anderweitig ermittelten optischen Gesetzen nicht unterworfen wäre." Hierzu möchten wir Folgendes bemerken. Nimmt man an, dass die Lagerungsverhältnisse der Micelle von merkbarem Einflusse auf das optische Verhalten des Körpers seien, so muss sich natürlich das letztere erst recht auch nach den Lagerungsverhältnissen der Bestandtheile eines und desselben Micelles bestimmen; denn benachbarte Bestandtheile eines Micelles sind durch viel geringere Abstände von einander getrennt als benachbarte Micelle, und demgemäss sind auch die zwischen den Bestandtheilen eines und desselben Micelles befindlichen Partien des Lichtmediums durch die von diesen Bestandtheilen ausgehenden Kräfte in viel höherem Grade beeinflusst, als die in den intermicellaren Räumen vorhandenen Partien des Lichtmediums im Ganzen betrachtet durch die von den Micellen ausgehenden Kräfte beeinflusst sind. Ferner muss es schon von vorn herein als sehr wenig wahrscheinlich bezeichnet werden, dass sich das zur Beobachtung gelangende optische Verhalten eines aufgequollenen Körpers von micellarer Struktur im Wesentlichen nicht sowohl nach dem Zustande (z. B. der Dichtigkeit) derjenigen Partien des Lichtmediums bestimme, welche sich innerhalb der Micelle und unmittelbar an der Oberfläche derselben befinden, als vielmehr nach dem Zustande derjenigen Partien des Lichtmediums, welche sich in den von Flüssigkeit erfüllten intermicellaren Räumen vorfinden. Angenommen endlich, der Zustand dieser intermicellaren Partien des Lichtmediums sei wirklich massgebend für das optische Verhalten des Körpers, so würde sich auch auf dieser Grundlage durch eine ähnliche Betrachtung, wie wir oben angestellt haben, leicht der obige Satz ableiten lassen, dass eine Aufquellung oder Steigerung des Quellungsgrades des Körpers an und für sich dahin wirkt, die Veränderlichkeit des optischen Charakters des Körpers gegenüber deformirenden Kräften zu verringern. Denn da die Kräfte, welche die Bestandtheile der ponderablen Materie auf die umgebenden Theilchen des Lichtmediums ausüben, bei wachsender Entfernung sehr schnell abnehmen, so wird der Zustand der intermicellaren Partien des Lichtmediums durch eine Aenderung, welche die Micellabstände bei einer Deformation des Körpers erleiden, umso weniger verändert werden, je grösser in Folge von Quellung die Abstände der Micelle von einander sind, und je geringer demgemäss der Einfluss ist, den die Micelle auf die zwischen ihnen befindlichen Partien des Lichtmediums im Ganzen betrachtet ausüben.

Hiermit kehren wir wieder zu unserem eigentlichen Gegenstande zurück, nämlich zu der Aufzählung der Umstände oder Faktoren, welche von vorn herein betrachtet für das Verhalten massgebend sein können, welches das Doppelbrechungsvermögen des Muskels bei Dehnung des letzteren befolgt.

3) Die bei der Muskeldehnung eintretenden Bewegungen und Umlagerungen des Muskelsaftes können so lange, als sie stattfinden, dem Muskelsafte ein Doppelbrechungsvermögen ertheilen. Denn durch Versuche von Mach, Maxwell und Kundt[1] u. A. wissen wir, dass in Bewegung versetzte Flüssigkeiten, namentlich solche von colloidaler Natur, so lange als die Bewegung andauert, Doppelbrechung zeigen.

---

[1] Vergl. Mach in Poggendorf's Annal. d. Ph. u. Ch., 146, 1872, S. 315; Maxwell, ebenda, 151, 1874, S. 151 f. Kundt, Wiedemann's Annal., 13, 1881, S. 110 ff.

4) Auf einen weiteren hier in Betracht kommenden Umstand hat von Ebner (a. a. O. S. 82) mit folgenden Worten aufmerksam gemacht: „Die Faser besteht aus abwechselnd doppelbrechenden und isotropen Scheiben. Im ungedehnten Muskel liegen die doppelbrechenden Scheiben näher beisammen als im gedehnten. Liegen mehrere Schichten von Fasern über einander, so werden die meisten doppelbrechenden Scheiben ganz oder theilweise über einander liegen und sich in ihrer Wirkung verstärken. Je mehr der Muskel gedehnt wird, umso häufiger werden die doppelbrechenden Scheiben gerade über die isotropen Scheiben darüber und darunter befindlicher Fasern zu liegen kommen. Da man bei derartigen Experimenten nur die Gesammtwirkung ganzer Bündel beobachtet, muss durch diesen Umstand, unabhängig von der Verdünnung, ein Sinken der Doppelbrechung eintreten.“ Wir haben diese Auslassung von Ebner's wörtlich angeführt, weil sie uns die zu Grunde liegende Meinung dieses Forschers nicht ganz deutlich und unzweideutig wiederzugeben scheint. Wir können nämlich nicht mit Sicherheit erkennen, ob derselbe im Sinne des auf S. 129 von uns Bemerkten von der Voraussetzung ausgeht, dass unter normalen Umständen die verschiedenen Fasern eines Muskelfaserbündels sich hinsichtlich ihrer Querschichtung so zu einander verhalten, dass gleichnamige Abtheilungen benachbarter Fasern sich im Allgemeinen unmittelbar an einander anschliessen und annähernd in einen und denselben senkrecht zur Bündelaxe geführten Querschnitt des Bündels fallen. Ist die hier erwähnte Voraussetzung erfüllt, so müssen die anisotropen Scheiben mehrerer über einander befindlicher Fasern eines horizontal liegenden Muskels für einen vertikal herabblickenden Beobachter sich hinsichtlich ihrer doppelbrechenden Wirkung unter normalen Umständen gegenseitig verstärken. Bei der künstlichen Dehnung aber kann diese Regelmässigkeit der Faserlagen mehr oder weniger gestört werden, indem nicht selten eine anisotrope Scheibe einer Faser sei es ganz oder theilweise über eine isotrope Schicht einer darunter befindlichen Faser zu liegen kommt. Falls nun, wie bei den hierher gehörigen Versuchen von Hermann und von Ebner der Fall war, nicht die Doppelbrechung einzelner gedehnter Fasern untersucht, sondern nur die Gesammtwirkung ganzer Bündel beobachtet wird, so muss durch die hier erwähnten Verschiebungen der Theile verschiedener Fasern gegen einander bewirkt werden, dass bei der Muskeldehnung der Gangunterschied der beiden interferirenden Lichtstrahlen sinkt.

Wie schon erwähnt, sind wir nicht ganz sicher, ob von Ebner in der oben mitgetheilten Auslassung die hier angeführte Voraussetzung zu Grunde legt, dass gleichnamige Fachabtheilungen verschiedener Fasern eines und desselben

Bündels annähernd in einen und denselben Querschnitt des Bündels fallen oder wenigstens öfter in einen und denselben Bündelquerschnitt fallen, als der Fall sein würde, wenn die verschiedenen Fasern eines und desselben Bündels hinsichtlich ihrer Querschichtungen sich ganz unregelmässig und beziehungslos zu einander verhielten. Falls von Ebner in der That jene Voraussetzung macht, so ist die obige Auslassung desselben nebst der sich unmittelbar daran anschliessenden Darlegung, in welcher von Ebner den von uns auf S. 213 an fünfter Stelle angeführten Gesichtspunkt geltend macht, die einzige in der überreichen Literatur der Muskelhistologie von uns aufgefundene Auseinandersetzung, welche Stellung nimmt zu der auf S. 129 von uns aufgeworfenen Frage, wie sich die Querschichtungen benachbarter Fasern zu einander verhalten. Wir gestehen, dass wir der oben angeführten Auslassung von Ebner's nur dann einen richtigen Sinn unterzulegen wissen, wenn wir annehmen, dass dieser Forscher hinsichtlich des Verhaltens der Querschichtungen der verschiedenen Fasern eines und desselben Bündels die soeben angeführte Voraussetzung zu Grunde lege. Nimmt man nämlich an, dass die verschiedenen Fasern eines und desselben Muskels sich hinsichtlich ihrer Querschichtungen ganz unregelmässig und beziehungslos zu einander verhalten, so werden allerdings, wie es in obiger Auslassung von Ebner's heisst, die doppelbrechenden Scheiben umso häufiger gerade über die isotropen Schichten darüber und darunter befindlicher Fasern zu liegen kommen, je mehr der Muskel gedehnt wird, falls die (zwar wahrscheinliche, aber durch besondere Messungen zur Zeit noch nicht bewiesene) Voraussetzung erfüllt ist, dass bei der Muskeldehnung die isotropen Schichten der Fasern eine umfangreichere Verlängerung erfahren als die anisotropen Scheiben derselben. Allein der aus diesem Verhalten entspringende Einfluss auf die Doppelbrechung ist alsdann nicht für einen Einfluss zu erklären, der von dem Einflusse, den die bei der Dehnung des Muskels eintretende Verdünnung desselben auf die Doppelbrechung ausübt, verschieden und unabhängig sei; vielmehr ist ersterer Einfluss als in dem letzteren mitenthalten zu betrachten. Denn wenn man jene Annahme macht, dass die Querschichtungen der verschiedenen Fasern sich ganz unregelmässig und beziehungslos zu einander verhielten und demgemäss der Muskel in allen seinen Querschnitten annähernd die gleiche Menge anisotroper Fibrillensubstanz enthalte, so ist der Einfluss der Muskelverdünnung auf die Doppelbrechung offenbar mit demjenigen Einflusse auf die letztere identisch, der daraus entspringt, dass sich im Allgemeinen in Folge der Muskeldehnung die Gesammtdicke der von einem Lichtstrahle in dem Muskel zu durchlaufenden anisotropen Fibrillentheile verringert. Die Verringerung dieser Gesammtdicke der von dem Lichtstrahle zu durchlaufenden anisotropen Fibrillentheile beruht aber sowohl auf dem Umstande, dass die anisotropen Fibrillenglieder sich in Folge der Muskeldehnung verdünnen, als auch auf dem Umstande, dass in Folge der eintretenden ausgiebigeren Dehnung der isotropen Fibrillenglieder sich für jedes anisotrope Fibrillenstück die Wahrscheinlichkeit verringert, über ein gleichfalls anisotropes Stück einer anderen Fibrille zu liegen zu kommen. Es kann also der letztere Umstand nicht neben der Muskelverdünnung nochmals als ein besonderer Umstand angeführt werden, welcher ein Sinken der Doppelbrechung bewirke. Ueberhaupt ist von vorn herein klar, dass man von einem von dem Einflusse der Muskelverdünnung verschiedenen Einflusse auf die Doppelbrechung, welcher aus der bei der Muskeldehnung eintretenden Uebereinanderlagerung anisotroper und isotroper Fibrillentheile entspringe, nur dann reden kann, wenn man annimmt, dass der Muskel vor der

Dehnung ähnlich wie die einzelne Muskelfaser aus einer Reihe abwechselnd isotroper und anisotroper, bez. an anisotroper Substanz abwechselnd armer und reicher, Querschichten sich aufbaue, nicht aber auch dann, wenn man annimmt, dass der Muskel jederzeit in allen seinen Querschnitten annähernd die gleiche Menge anisotroper Substanz enthalte.

5) Erscheint bei den Beobachtungen in Folge von Benutzung schwacher Vergrösserung jede Muskelfaser in ihrem ganzen Verlaufe gleichmässig gefärbt, so kann, wie von Ebner (a. a. O. S. 82 f.) hervorhebt, eine bald in diesem bald in jenem Sinne wirkende Fehlerquelle daraus entspringen, dass die beobachtete Farbe die Interferenzfarbe der anisotropen Scheiben nicht rein wiedergibt, sondern vermischt mit der Farbe, in welcher die isotropen Schichten bei isolirter Beobachtung erscheinen würden. Das Verhältniss dieser beiden Componenten der wahrgenommenen Farbe muss sich bei der Dehnung der Muskelmasse verändern, wenn die anisotropen Scheiben und die isotropen Schichten in verschiedenem Grade dehnbar sind. Hierdurch kann je nach Umständen ein Steigen oder Sinken der Interferenzfarbe vorgetäuscht werden. „Angenommen, dass die Beobachtung in der gewöhnlichen Weise bei dunklem Gesichtsfelde zwischen gekreuzten Nicols geschieht, so wird die Wirkung des Auseinanderrückens der Querstreifen eine zunehmende Beimischung von Schwarz zu der eben beobachteten Farbe bewirken, und es wird nun darauf ankommen, welche Farbe gerade vorliegt. Bewegt man sich in den niederen Farben erster Ordnung von Schwarz bis Grünlichweiss, so wird eine Zumischung von Schwarz die Farbe scheinbar herabdrücken. Bewegt man sich in höheren Farben von Gelb erster Ordnung bis Violett zweiter Ordnung, so wird eine Zumischung von Schwarz die Farbe erhöhen, z. B. Gelb in dunkleres Gelb, Roth in dunkleres Roth etc. umwandeln, also die Helligkeit der Farbe beeinflussen, wenn auch nicht direkt ihren eigentlichen Charakter ändern.“[1] Das Verhältniss, in welchem die Farbe, in welcher die iso-

[1] Wie schon auf S. 212 bemerkt, beruht auch der hier nach dem Vorgange von Ebner's geltend gemachte Gesichtspunkt durchaus auf der Voraussetzung, dass die verschiedenen Fasern des Muskels so angeordnet sind, dass auch der ganze Muskel angesehen werden kann als bestehend aus einer Reihe abwechselnd anisotroper und isotroper oder wenigstens abwechselnd an anisotroper Substanz reicher und armer Querschichten. Wie schon auf S. 129 f. bemerkt, liegen zur Zeit Feststellungen darüber, inwieweit die hier erwähnte Voraussetzung der Wirklichkeit entspricht, nicht vor. Den mehr nur stillschweigend auf dieser Voraussetzung beruhenden Ausführungen von Ebner's möchte ich wenigstens ohne Weiteres eine entscheidende Bedeutung hinsichtlich dieser Frage nicht beilegen. Was ich selbst von Muskelpräparaten gesehen habe, liess ein sicheres Urtheil betreffs dieser Frage nicht gewinnen. Möglicher Weise

tropen Schichten bei isolirter Betrachtung erscheinen würden, die Qualität der thatsächlich zur Beobachtung kommenden Farbe mitbestimmt, kann natürlich auch dadurch verändert werden, dass bei der Muskeldehnung die anisotropen Scheiben der einen Fasern immer mehr über die isotropen Schichten der anderen geschoben werden.

6) Es ist mit der Möglichkeit zu rechnen, dass die Dehnung des Muskels dazu dient, beim Anfangszustande desselben vorhandene Desorientirungen der Disdiaklasten zu verringern oder ganz aufzuheben. Ebenso können auch die etwa vorhandenen Abweichungen der Micellaxen von einer Orientirung in der Längsrichtung der betreffenden Disdiaklasten durch die Muskeldehnung vermindert oder ganz beseitigt werden.

---

besteht der geeignetste Weg zur Entscheidung dieser Frage darin, dass man ein Muskelbündel, das Verschiebungen seiner Fasern möglichst wenig ausgesetzt worden ist, bei stärkerer Vergrösserung zwischen gekreuzten Nicols beobachtet und zusieht, ob dasselbe unter günstigen Verhältnissen eine Folge von Querschichten, die abwechselnd ärmer und reicher an anisotroper Substanz sind, erkennen lässt.

Angenommen, der Muskel oder das Muskelbündel zeigt wirklich eine derartige Folge von Querschichten, so kommt übrigens für die Untersuchung des Doppelbrechungsvermögens noch ein bisher ganz vernachlässigter Gesichtspunkt in Betracht. Betrachten wir eine einzelne quergestreifte Faser und machen wir die nicht unwahrscheinliche Annahme, dass die anisotropen Scheiben des Muskelfaches bei einer Dehnung der Faser weniger verlängert werden als die isotropen Schichten, so werden die anisotropen Scheiben bei der Faserdehnung Muskelsaft an die isotropen Schichten abgeben (entsprechend der Thatsache, dass sie bei der Contraktion der Faser den isotropen Schichten Muskelsaft entziehen) und die Faser wird in einem eine anisotrope Scheibe treffenden Querschnitte im gedehnten Zustande verhältnissmässig mehr anisotrope Substanz enthalten als vor der Dehnung. Es wird also die durch die Dehnung bewirkte Verdünnung der doppelbrechenden Masse, welche ein die Faser vertikal treffender Lichtstrahl in einer anisotropen Scheibe zu durchlaufen hat, der Verdünnung, welche die gesammte Muskelsubstanz an eben derselben Stelle in eben derselben Richtung erfahren hat, nicht proportional gehen, sondern die Dicke jener doppelbrechenden Masse wird bei der Dehnung langsamer abnehmen, als die Dicke der gesammten Faser in derselben Richtung abnimmt. Das Analoge wie von der einzelnen Muskelfaser muss nun auch von einem ganzen Muskelbündel gelten, falls die Voraussetzung erfüllt ist, dass das Bündel in Folge geeigneter Uebereinanderlagerung der verschiedenen Fasern sowohl im ungedehnten als auch im gedehnten Zustande gleichfalls als aus einer Reihe abwechselnd isotroper und anisotroper Querschichten bestehend angesehen werden kann. Es ist also nicht ganz gerechtfertigt gewesen, wenn man es bisher ohne Weiteres für selbstverständlich gehalten hat, dass bei den verschiedenen Längenwerthen des Muskels die Dicke der in Betracht kommenden doppelbrechenden Schicht der Dicke, welche die gesammte Muskelsubstanz an derselben Stelle in der betreffenden Richtung besitzt, proportional gehe.

Zur näheren Charakterisirung des Einflusses, den etwaige Desorientirungen der Disdiaklasten auf die Doppelbrechung ausüben, möchten wir kurz Folgendes bemerken. Nehmen wir dem früher (S. 202) Vorausgeschickten gemäss an, dass der betrachtete Muskel stets horizontal gelagert sei, so haben wir zwischen vertikalen und horizontalen Desorientirungen der Disdiaklasten zu unterscheiden. Bei den ersteren kreuzen sich die Axen der Disdiaklasten in vertikaler Richtung, bei den letzteren hingegen in horizontaler Richtung. Die vertikale Kreuzung der Axen hat erstens die Folge, dass der Weg, den ein den Muskel vertikal treffender Lichtstrahl in den Disdiaklasten zu durchlaufen hat, im Allgemeinen grösser ausfällt, als er bei einer genau horizontalen Lagerung der Axen der Disdiaklasten ist. Zweitens hat die vertikale Kreuzung dieser Axen die Folge, dass die Differenz der beiden Brechungscoefficienten für die vertikal einfallenden Lichtstrahlen eine geringere ist. Eine Aufhebung der vertikalen Desorientirungen der Disdiaklasten durch Muskeldehnung hat demgemäss erstens die Wirkung, die Dicke der doppelbrechenden Schichten, welche die vertikal einfallenden Lichtstrahlen zu durchlaufen haben, zu verringern, und zweitens hat dieselbe die Wirkung, die Differenz der beiden Brechungscoefficienten zu erhöhen. Da diese beiden Wirkungen sich für die Stärke der Doppelbrechung, für den Gangunterschied der interferirenden Lichtstrahlen, in entgegengesetztem Sinne geltend machen, so steht zu vermuthen, dass der Einfluss, den eine Muskeldehnung insofern auf die Doppelbrechung ausübt, als sie die in der Vertikalebene etwa vorhandenen Desorientirungen der Disdiaklasten verringert oder ganz aufhebt, kein sehr beträchtlicher ist, falls die bei Eintritt der Dehnung vorhandenen Winkel dieser Desorientirungen sich innerhalb mässiger Grenzen halten. Auch von Ebner (a. a. O. S. 155 ff.) kommt bei seinen auf diesen Einfluss der Muskeldehnung bezüglichen Untersuchungen zu einem ähnlichen Resultate, obwohl er bei denselben nur den Einfluss berücksichtigt, den die in vertikaler Richtung bestehenden Desorientirungen der Disdiaklasten auf die Differenz der beiden Brechungscoefficienten ausüben, hingegen den Einfluss, den dieselben auf die Dicke der in Betracht kommenden doppelbrechenden Schicht ausüben, ganz unberücksichtigt lässt.[1] Was die Desorientirungen

[1] Allerdings kann man meinen, dass die Wirkung, welche die Muskeldehnung durch Verringerung der vertikalen Desorientirungen der Disdiaklasten im Sinne einer Verdünnung der in Betracht kommenden doppelbrechenden Schicht ausübt, bereits mit berücksichtigt sei, wenn man ganz allgemein davon ausgehe, dass die Muskeldehnung die Wirkung habe, die anisotropen Scheiben der Muskelfasern zu verlängern und zu verdünnen.

der Disdiaklasten in horizontaler Richtung anbelangt, so haben die Untersuchungen von von Ebner gezeigt, dass die Desorientirungen dieser Art, falls sie sich innerhalb mässiger Grenzen halten, die Stärke der Doppelbrechung überhaupt nicht in merkbarem Grade zu beeinflussen vermögen.

Im Vorstehenden sind nur die Desorientirungen der Disdiaklasten und ihre Verringerung durch die eintretende Muskeldehnung berücksichtigt worden. Es braucht nicht erst weiter ausgeführt zu werden, dass man zu wesentlich denselben Resultaten gelangt, wenn man neben den Desorientirungen der Disdiaklasten auch noch den Umstand berücksichtigt, dass vielleicht die Axen der einzelnen Micelle in Vergleich zu einer Orientirung in der Längsrichtung der betreffenden Disdiaklasten mehr oder weniger grosse Abweichungen darbieten, welche durch eine Dehnung des Muskels in gewissem Grade verringert werden.

Hiermit glauben wir diejenigen Faktoren oder Vorgänge, welche für die Erklärung des bei der Muskeldehnung eintretenden Verhaltens der Doppelbrechung von vorn herein in Betracht kommen, sämmtlich aufgezählt zu haben. Denn von dem Einflusse, den die bei der Dehnung eintretende, hinsichtlich ihrer Entstehungsart späterhin näher zu besprechende Erwärmung des Muskels auf das Doppelbrechungsvermögen desselben ausübt, sowie von anderen hier etwa noch mit aufzählbaren Faktoren (Auspressung von Flüssigkeit aus dem Muskel bei der Dehnung u. dergl.) kann wegen ihrer Geringfügigkeit wohl schon von vorn herein ohne Weiteres ganz abgesehen werden. Sollte man die Frage aufwerfen, weshalb wir nicht auch mit der Möglichkeit rechnen, dass die Spannungen, welche die Längsbälkchen bei der Muskeldehnung erfahren, den letzteren ein Doppelbrechungsvermögen verleihen und hierdurch die Gesammtwirkung der doppelbrechenden Kraft des Muskels beeinflussen könnten, so ist einfach Folgendes zu erwidern. Bei den bisherigen Untersuchungen der Muskelfasern im polarisirten Lichte hat sich gezeigt, dass die isotropen Schichten des Muskelfaches ihren isotropen Charakter stets behalten.[1] Da nun bei derartigen Untersuchungen nicht selten — wir verweisen z. B. auf die mit dem Polarisationsmikroskope angestellten mikrometrischen Muskelfaseruntersuchungen von Engelmann (5, S. 574 ff.) — auch solche Fasern oder Faserabschnitte zur Beobachtung kamen, die sich im Zustande gewisser Dehnung befanden, so scheint angenommen werden zu können, dass die Längsbälkchen bei der Dehnung nicht merkbar doppelbrechend werden.

---

[1] Betreffs der gegentheiligen Behauptungen von Merkel sind die Ausführungen von Engelmann (7, S. 501 ff.) zu vergleichen.

Was endlich die Querbälkchen anbelangt, so ist die Vermuthung, dass dieselben bereits bei der natürlichen Ruhelänge der Muskelfaser doppelbrechend seien und an dem Doppelbrechungsvermögen der anisotropen Scheiben Antheil besässen, völlig durch Beobachtungen verschiedener Forscher ausgeschlossen, bei denen sich gezeigt hat, dass die zwischen den Fibrillen oder Fibrillenbündeln befindlichen Theile der Muskelfaser in ihrer ganzen Länge isotrop sind und nur diejenigen Theile der anisotropen Scheiben doppelbrechend sind, welche den Fibrillen angehören.[1] Für den Fall der Dehnung oder der Contraktion der Muskelfaser hingegen haben wir Beobachtungen entsprechender Art, bei denen zwischen gekreuzten Nicols die zwischen den Fibrillen oder Fibrillenbündeln befindlichen Partien der anisotropen Scheiben sich als isotrop darstellten, nicht erwähnt gefunden. Indessen wenn die Längsbälkchen durch eine Dehnung oder sonstige Deformation nicht merkbar doppelbrechend werden, so ist es dem auf S. 206 aufgestellten Satze gemäss sehr wenig wahrscheinlich, dass die bedeutend stärker durchfeuchteten Querbälkchen durch die Deformation, welche sie bei einer Dehnung oder Contraktion des Muskels erfahren, eine doppelbrechende Kraft erlangen.

Die Resultate nun, welche von Ebner bei seinen Dehnungsversuchen am Muskel erhielt, waren folgende. Bei der Dehnung sinkt zunächst das Doppelbrechungsvermögen, dieses Sinken wird aber bei zunehmender Dehnung immer weniger merkbar und macht zuletzt einem Stadium Platz, wo die Interferenzfarbe bei weiter wachsendem Dehnungsgrade constant bleibt oder gar ansteigt. von Ebner deutet dieses Verhalten dahin, dass der eigentliche Einfluss der Muskeldehnung auf die Doppelbrechung, d. h. der Einfluss, den die Dehnung dadurch auf letztere ausübe, dass sie bestimmte Spannungen im Muskel erzeuge, im Sinne einer Erhöhung der Interferenzfarbe sich geltend mache. Dieser eigentliche Einfluss werde bei geringeren Dehnungsgraden durch einen im gegentheiligen Sinne wirksamen Nebeneinfluss überboten. Da jedoch dieser Nebeneinfluss bei wachsender Dehnungsgrösse nicht mit gleicher Geschwindigkeit wachse wie der eigentliche

---

[1] Hierher gehört z. B. die Bemerkung von Engelmann (1, S. 44), dass, wenn die Zwischenscheibe körnig erscheine, alsdann nur die Körner sich als doppelbrechend darstellen; hierher gehören ferner Beobachtungen von Flögel (Arch. f. mikrosk. Anat., 8, 1872, S. 72), Brücke (Vorlesungen über Physiologie, 2. Aufl., 1, S. 470), Ranvier (a. a. O. S. 455) und Rollett (4, S. 249). Ganz isolirt steht die an dem hier angeführten Orte zugleich mit befindliche Angabe Flögel's von einer selten wahrnehmbaren, immer nur sehr schwachen, doppelbrechenden Kraft des Sarkolemmas.

Einfluss der Dehnung oder gar nur bis zu einer gewissen Grenze hin zunehme, während der eigentliche Einfluss der Dehnung auf die Doppelbrechung bis zur Erreichung der Festigkeitsgrenze anwachse, so komme es, dass die Doppelbrechung des Muskels von einem bestimmten Dehnungsgrade an constant erscheine und weiterhin sogar deutlich emporsteige. Natürlich hänge es von der Art des Muskels und den näheren Umständen ab, wie gross der Bereich von Dehnungsgraden sei, innerhalb dessen die Doppelbrechung anscheinend constant sei.

Es frägt sich nun, welcher von den oben angeführten, von vorn herein möglich erscheinenden Einflüssen der Muskeldehnung jener störende Nebeneinfluss ist. Zunächst könnte man an den Einfluss denken, den die bei der Dehnung auftretende Verdünnung des Muskels oder vielmehr Verdünnung der in Betracht kommenden doppelbrechenden Massen desselben auf die Doppelbrechung ausüben muss. Die Geltendmachung dieses Einflusses der Muskelverdünnung erscheint indessen von Ebner ungenügend, weil Hermann (Pflüger's Arch., 22, 1880, S. 240 ff.) bei seinen einschlagenden Versuchen gefunden habe, dass die Interferenzfarbe keine merkbare Verschiedenheit zeige, wenn man gleich dicke Schichten des ungedehnten und des (allerdings wohl nur in mässigem Grade) gedehnten Muskels mit einander vergleiche. Die oben an dritter Stelle angeführte, mögliche Beeinflussung der Doppelbrechung durch die bei der Muskeldehnung stattfindenden Bewegungen des Muskelsaftes kann hier gar nicht in Betracht kommen, weil es sich hier nicht um Aenderungen der Doppelbrechung handelt, welche nur während der Herstellung eines Dehnungsgrades vorhanden sind und dann sofort rückgängig werden, sondern um solche Aenderungen, deren Endresultat so lange bestehen bleibt, als der erreichte Dehnungsgrad andauert. Der oben an sechster Stelle angeführte Einfluss der Dehnung auf die etwaigen Desorientirungen der Disdiaklasten und Micelle kann hier schon deshalb nicht herangezogen werden, weil es sich hier um die Ermittelung eines Einflusses handelt, welcher die Doppelbrechung bei der Muskeldehnung vermindert, eine Verringerung der Desorientirungen der Disdiaklasten und Micelle aber im Sinne einer Steigerung der Doppelbrechung wirkt. Unter diesen Umständen erscheint die Annahme von Ebner's plausibel, dass jener Nebeneinfluss der Dehnung, welcher den im Sinne einer Erhöhung der Doppelbrechung wirkenden eigentlichen Einfluss derselben innerhalb gewisser Grenzen der Dehnung verdecke, der oben an vierter Stelle angeführte Einfluss sei, welcher daraus entspringt, dass bei der Dehnung die Muskelfasern Verschiebungen gegen einander erfahren, bei denen die anisotropen Scheiben der einen Fasern mehr oder weniger über die isotropen Schichten der anderen Fasern zu liegen kommen.

Wir ziehen also aus den Resultaten, die sich bei den bisherigen Untersuchungen des Einflusses der Muskeldehnung auf die Doppelbrechung ergeben haben, den Schluss, dass die doppelbrechende Kraft der Disdiaklasten bei einer Dehnung derselben in der Richtung ihrer Axe anwächst, dass aber der aus diesem Verhalten der Disdiaklasten entspringende Einfluss auf die zur Beobachtung kommende Interferenzfarbe innerhalb gewisser Grenzen der Muskeldehnung sehr leicht dadurch verdeckt werden kann, dass die Dehnung wegen des complicirten, quergeschichteten Baues der Muskelfasern noch anderweite, für die Doppelbrechung gleichfalls nicht gleichgiltige Nebenwirkungen hat. Zu diesen Nebenwirkungen der Dehnung gehört in einem solchen Muskel, der bei seinem Anfangszustande in Folge geeigneter Aneinanderlagerung seiner Fasern annähernd als aus einer Reihe abwechselnd isotroper und anisotroper Querschichten bestehend angesehen werden kann, das Eintreten von Verschiebungen der Fasern gegen einander, in Folge deren der Muskel schliesslich einen Zustand erreicht, bei welchem er in allen seinen Querschnitten annähernd gleich viel anisotrope Substanz enthält. Sobald der Muskel diesen Zustand erreicht hat, muss der Einfluss, den eine weitere Dehnung des Muskels durch die von ihr ausgehende Erhöhung der doppelbrechenden Kraft der Disdiaklasten auf die Interferenzfarbe ausübt, unverhüllter zu Tage treten.

Ist die hier von uns vertretene Auffassung richtig, wirkt also wirklich eine Dehnung, welche die anisotropen Fibrillentheile in axialer Richtung erfahren, im Sinne einer Erhöhung ihrer doppelbrechenden Kraft, und beruhten die Ergebnisse derjenigen Versuche, bei denen die Muskeldehnung ein Steigen des Doppelbrechungsvermögens nicht zu Folge hatte, wirklich auf störenden Nebenwirkungen der Dehnung, die aus dem quergeschichteten Bau der Muskelfasern entsprangen, so müssen glatte Muskeln, bei denen diese störenden Nebenwirkungen wegen der gleichförmigen Struktur der in ihrem ganzen Verlaufe anisotropen Fibrillen in Wegfall kommen, den erhöhenden Einfluss der Dehnung auf die Doppelbrechung schon von Anbeginn der Dehnung an zeigen. Und dies ist nach den Dehnungsversuchen, welche von Ebner (a. a. O. S. 178 ff.) an glatten Muskeln angestellt hat, in der That der Fall. Dieses bereits von von Ebner selbst in seiner Wichtigkeit erkannte Verhalten der glatten Muskeln scheint uns in unzweideutiger Weise darzuthun, dass die anisotropen Bestandtheile der Muskeln durch einen in der durchschnittlichen Richtung der Axen ihrer Micelle auf sie ausgeübten Zug eine Zunahme ihres Doppelbrechungsvermögens erfahren.

Aehnlich wie an glatten Muskeln beobachtete von Ebner (a. a. O. S. 168 ff.) auch an todtenstarren sowie an mit Säurelösungen behandelten quergestreiften Muskeln ein deutlicheres und unverhüllteres Ansteigen der Interferenzfarbe bei der Dehnung. Dieses Resultat erklärt sich vielleicht daraus, dass bei der Erstarrung und bei der Einwirkung der Säurelösungen auf den Muskel bereits diejenigen Verschiebungen der Fasern gegen einander eintraten, welche im normalen Muskel erst bei der Dehnung sich entwickelten und durch ihren herabsetzenden Einfluss auf die Doppelbrechung den erhöhenden Einfluss der bei der Dehnung eintretenden Spannungen auf die Doppelbrechung verdeckten. Man kann aber ferner auch noch daran denken, dass bei der Erstarrung und bei der Säureeinwirkung beträchtliche Desorientirungen der doppelbrechenden Bestandtheile des Muskels eingetreten seien, und dass die bei der Muskeldehnung stattfindende Reorientirung dieser Bestandtheile dazu gedient habe, den erhöhenden Einfluss der eintretenden Spannungen auf die Doppelbrechung zu verstärken. Der Umstand, dass nach den Angaben von Ebner's die Erstarrung dazu diente, die Farbe des (zwischen gekreuzten Nicols beobachteten) Muskels zu einer ungleichmässigen, fleckigen zu machen, scheint die soeben aufgestellte Vermuthung, dass bei der Erstarrung beträchtliche Desorientirungen der doppelbrechenden Bestandtheile eingetreten seien, durchaus zu bestätigen.[1]

[1] Mit dem oben Bemerkten soll natürlich keineswegs gesagt sein, dass die Abnahme, welche die Doppelbrechung bei der Erstarrung oder Säureeinwirkung erfährt, ausschliesslich in den bei diesen Vorgängen stattfindenden Faserverschiebungen und Desorientirungen der doppelbrechenden Bestandtheile ihren Grund habe.

Sollte man die Vermuthung äussern, dass die der Doppelbrechung günstige Componente des Einflusses der Muskeldehnung vielleicht in allen Fällen, auch bei Versuchen am normalen Muskel, ausschliesslich auf eine durch die Dehnung bewirkte Verringerung oder Aufhebung vorhandener Desorientirungen der anisotropen Bestandtheile des Muskels zu beziehen sei, nicht aber auch noch in einer durch die Dehnung bewirkten Erhöhung der doppelbrechenden Kraft dieser Muskelbestandtheile ihren Grund habe, so würde zu erwidern sein, dass der auf der Reorientirung der doppelbrechenden Muskelbestandtheile beruhende Einfluss der Dehnung bereits nach Erreichung mittlerer Dehnungsgrade unmerkbar sein muss, während die der Doppelbrechung förderliche Componente des Dehnungseinflusses viel weiter reicht und nach von Ebner's Versuchen unter Umständen noch dann merkbar ist, wenn man bei der Dehnung im Begriffe ist, die Festigkeitsgrenze soeben zu erreichen. Dass geringe Desorientirungen der anisotropen Muskelbestandtheile die Doppelbrechung auch nur in geringem Grade zu beeinflussen vermögen, ist bereits oben hervorgehoben worden.

Ist der oben aufgestellte Satz, dass die Disdiaklasten bei einer Dehnung in der Richtung ihrer Axe eine Erhöhung ihrer doppelbrechenden Kraft erfahren, richtig, so müssen die Disdiaklasten bei einer Verkürzung und Verdickung, die sie durch irgendwelche Kräfte erfahren, eine Verminderung ihres Doppelbrechungsvermögens erleiden. Wird z. B. der Muskel durch geeignete Vorrichtungen in der Faserrichtung zusammengedrückt, so tritt eine Verdickung desselben ein, bei welcher die Querbälkchen gedehnt und die Disdiaklasten, ihrem Zusammenhange mit den Querbälkchen entsprechend, verkürzt und verdickt werden. Diese Verkürzung und Verdickung der Disdiaklasten muss dem obigen Satze gemäss von einer Abnahme der Doppelbrechung begleitet sein.

Versuche zur Ermittelung des Einflusses, den die Compression in der Faserrichtung auf die Doppelbrechung des Muskels ausübt, sind von von Ebner (a. a. O. S. 131 ff., 146 f.) angestellt worden. Der horizontal gelagerte Muskel war durch eine fest aufgedrückte Deckplatte an der Verdickung in vertikaler Richtung (in der Richtung der Axe des Mikroskopes) verhindert und wurde durch einen geeigneten Bügel in der Faserrichtung zusammengedrückt. Bei dieser Compression trat bei mässigem Drucke nur eine geringe, bei starkem Drucke jedoch eine sehr merkliche Desorientirung der Fasern ein. Im Allgemeinen zeigte sich ein entschiedenes Sinken der Interferenzfarbe bei der Compression. von Ebner ist der Ansicht, dass sich dieses Sinken der Interferenzfarbe nicht lediglich aus der bei der Compression eintretenden Zunahme der Desorientirungen der Fasern erkläre, sondern zu einem Theile auch darauf beruhe, dass die bei der Compression eintretenden Spannungen eine Verringerung der Doppelbrechung bewirken. Für diese Ansicht macht er mit Recht die Fälle geltend, wo sich der Muskel in Folge der Compression in sehr regelmässiger Weise parallel der Ebene der ihn tragenden Platte bog. „Es war dann an der konkaven Seite und in der Mitte des Muskels ein Sinken der Farbe, an der konvexen Seite des Muskels aber ein Gleichbleiben oder ein Steigen der Farbe zu bemerken. Bisweilen stellten sich auch doppelte, also S-förmige, ziemlich regelmässige Biegungen ein, für welche dasselbe gilt wie für die einfachen. An der Uebergangsstelle der ersten Biegung in die zweite war dann ein Sinken der Farbe in der ganzen Breite des Muskels zu bemerken.“ von Ebner macht geltend, dass, wenn man das Herabgehen der Doppelbrechung lediglich durch die Desorientirung der Fasern erklären wolle, nicht recht einzusehen sei, warum bei regelmässiger Biegung der Fasern ein Sinken der Interferenzfarbe zu Stande komme, welches vom konvexen zum konkaven

Rande des gebogenen Muskels zunimmt. Von unserem Standpunkte aus erklären sich die hier in Rede stehenden Versuchsresultate ganz einfach folgendermassen. Bei der Zusammendrückung des Muskels in der Faserrichtung muss sich derselbe innerhalb der beiden, ihn einschliessenden, zu einander parallelen Platten in der zur Compressionsrichtung senkrechten Richtung verbreitern. Bei dieser Verbreiterung des Muskels müssen die Querbälkchen im Allgemeinen gedehnt und die Disdiaklasten verkürzt und verdickt werden. Dem oben aufgestellten Satze gemäss muss diese Verkürzung und Verdickung der Disdiaklasten von einer Abnahme der doppelbrechenden Kraft derselben begleitet sein. Ausserdem versteht sich von selbst, dass bei einer von aussen bewirkten, in axialer Richtung stattfindenden Compression des Muskels die Fasern und Disdiaklasten an vielen Orten Desorientirungen oder Steigerungen ihrer bereits vorhandenen Desorientirungen erfahren, was gleichfalls im Sinne eines Sinkens der Interferenzfarbe wirken muss.

von Ebner (a. a. O. S. 122 ff., 145 f., 148—167) stellte ferner Versuche an, bei denen der horizontal gelagerte Muskel einer seitlichen Compression unterworfen wurde, welche s e n k r e c h t auf die F a s e r r i c h t u n g stattfand. Bei diesen Versuchen war der Muskel gleichfalls durch eine fest aufgedrückte Glasplatte daran verhindert, bei Einwirkung des comprimirenden Bügels in vertikaler Richtung auszuweichen. Bei diesen Versuchen mussten in den comprimirten Theilen des Muskels ausser nebensächlichen Verschiebungen der Fasern und Fasertheile eine Zusammendrückung der Querbälkchen und eine Verlängerung und Verdünnung der Disdiaklasten eintreten. Diese Deformation der Disdiaklasten muss nach Obigem von einer Erhöhung ihrer doppelbrechenden Kraft begleitet sein. Und in der That ergaben die Versuche von Ebner's an der comprimirten Stelle ein deutliches Steigen der Interferenzfarbe, und zwar ein Steigen von dem Umfange, dass es nicht angeht, dasselbe lediglich durch die bei der Compression etwa eingetretene Flüssigkeitsauspressung und Volumenabnahme des Muskels zu erklären.

Endlich liegen auch noch mehrere Versuchsreihen von Ebner's (a. a. O. S. 101 ff.) vor, bei denen der Muskel horizontal gelagert durch einen v e r t i k a l e n Druck comprimirt wurde. Bei diesen Versuchen wurde natürlich vor Allem in Rücksicht gezogen, dass der stärker comprimirte Muskel oder Muskeltheil zugleich auch der dünnere Muskel oder Muskeltheil in der Richtung der Mikroskopaxe war. Es wurde demgemäss die Aufgabe gestellt, zu ermitteln, wie sich die relativen Werthe der Doppelbrechung, d. h. die Werthe derselben in ihrem Verhältnisse zu der jedesmaligen Dicke des Muskels oder des betreffenden Muskeltheiles genommen, bei der vertikalen Compression verhielten. Es stellte sich heraus, dass bei geringen und mässigen Druckgraden die Doppelbrechung in ihrem relativen Werthe im Allgemeinen keine Aenderung erfuhr; beim Uebergange zu hohen Druckgraden hingegen, bei denen eine nachbleibende Abplattung des Muskels und eine deutliche Verringerung des Saftgehaltes desselben bewirkt wurde, zeigte sich ein Steigen des relativen Werthes der Doppelbrechung.

Es ist nicht möglich, diese bei vertikalem Drucke erhaltenen Beobachtungsresultate mittels unserer Theorie aus den Versuchsbedingungen abzuleiten, weil die in Betracht kommenden Verhältnisse zu complicirt sind und die quantitativen Beziehungen der Vorgänge, welche in Folge des vertikalen Druckes im Muskel stattfinden und die Doppelbrechung theils in diesem theils in jenem Sinne beeinflussen konnten, uns nicht hinlänglich bekannt sind. Nehmen wir an, es werde eine einzelne Muskelfaser einem vertikalen Drucke unterworfen, so erfahren die Disdiaklasten in der Druckrichtung eine comprimirende und in der dazu senkrechten Richtung der Verbreiterung der Faser eine von den Querbälkchen ausgehende dehnende Kraft. Beide Krafteinwirkungen machen sich dahin geltend, die Einaxigkeit der Disdiaklasten in eine Zweiaxigkeit zu verwandeln, aber die Zweiaxigkeit, welche die eine von diesen beiden Krafteinwirkungen anstrebt, ist nicht dieselbe (schon der Lage der einen Axe nach) wie diejenige, auf deren Herstellung die andere dieser beiden Krafteinwirkungen gerichtet ist. Kann sich ferner die Muskelfaser bei Einwirkung des vertikalen Druckes in der Richtung ihrer Axe verlängern, so entspringt aus dieser Faserverlängerung eine Kraft, welche die Disdiaklasten in axialer Richtung zu dehnen strebt und mithin dem Obigen gemäss an und für sich im Sinne einer Steigerung des relativen Werthes der Doppelbrechung wirksam ist. Noch complicirter wird nun die Sache, wenn es sich nicht um die vertikale Compression einer einzelnen Faser, sondern eines ganzen Muskels handelt. Alsdann treten bei der Compression Verschiebungen der Fasern gegen einander, Umlagerungen, Biegungen und sonstige Desorientirungen und Deformationen der Fasern und ihrer Bestandtheile ein, welche den relativen Werth der Doppelbrechung in nicht näher berechenbarer Weise beeinflussen. Endlich kommt hier auch noch der Umstand in Betracht, dass bei der vertikalen Compression nach Massgabe der Stärke des Druckes Flüssigkeit aus dem Muskel ausgepresst werden musste. Diese von von Ebner bei höheren Druckgraden deutlich erkannte Flüssigkeitsauspressung musste bewirken, dass die Masse der Disdiaklasten, welche auf die Volumeneinheit entfielen, eine grössere wurde, und mithin im Sinne einer Steigerung des relativen Werthes der Doppelbrechung wirken. Man kann daran denken, dass vielleicht die oben angeführten Beobachtungsresultate von Ebner's in folgender Weise zu erklären seien. Bei geringen Graden des vertikalen Druckes hätten sich die verschiedenen Faktoren, welche von Einfluss auf den relativen Werth der Doppelbrechung waren, gegenseitig annähernd das Gleichgewicht gehalten, und demgemäss sei der relative Werth der Doppelbrechung constant erschienen. Bei höheren Druckwerthen aber habe der Einfluss der Saftauspressung immer mehr das Uebergewicht erhalten, so dass ein relatives Steigen der Doppelbrechung deutlich erkennbar geworden sei. Für diese Ansicht scheint die von von Ebner (a. a. O. S. 121) hervorgehobene Thatsache zu sprechen, dass die der Sehne nahe gelegene Abtheilung des Muskels, welche sich bei der Compression weniger seitlich ausbreitet als der mittlere Theil des Muskels, ein viel entschiedeneres relatives Ansteigen der Farbe bei steigender Compression zeigte als die Mitte des Muskels. Da die der Sehne benachbarte Abtheilung des Muskels bei der vertikalen Compression dieselbe Verdünnung erfuhr wie die übrigen Theile des Muskels und doch wegen ihrer Verbindung mit der Sehne nicht dieselbe Verbreiterung erfuhr wie letztere, so dürfte dieselbe bei der Compression mehr Flüssigkeit verloren haben als die übrigen Muskeltheile und deshalb ein deutlicheres relatives Steigen der Doppelbrechung gezeigt haben. Indessen kann man auch meinen, dass bei der hier in Rede stehenden Erscheinung der Umstand mit im Spiele gewesen sei, dass in dem der Sehne benachbarten, weniger verbreiterten Muskelabschnitte die von den Querbälkchen ausgehende Dehnungskraft geringer war, welche in der Richtung der Verbreiterung des Muskels auf die Disdiaklasten wirkte. Kurz die Verhältnisse liegen bei der vertikalen Compression viel zu complicirt, als dass die beobachteten Erscheinungen zur Zeit von irgend einer Theorie mit Sicherheit näher erklärt werden könnten.

von Ebner vertritt in seiner oben angeführten Schrift bekanntlich den Standpunkt, dass das Doppelbrechungsvermögen des Muskels nicht von besonderen im Muskel vorhandenen doppelbrechenden Körperchen, sondern nur von Spannungen herrühre, welche bei Bildung der doppelbrechenden Bestandtheile des Muskels wirksam gewesen seien und in diesen eine permanente Anisotropie in ähnlicher Weise hinterlassen hätten, in welcher Spannungen, die auf Leimgallerte während der Erstarrung wirken, eine andauernde Anisotropie des Leimes bewirken. von Ebner bekämpft die „Disdiaklastenhypothese“, indem er darunter immer nur eine Annahme versteht, welche voraussetzt, „dass im Muskel kleinste doppelbrechende Theilchen von unveränderlichen optischen Constanten enthalten seien". Natürlich ist nicht im Mindesten einzusehen, weshalb die Disdiaklasten absolut die Eigenthümlichkeit besitzen sollen, durch Druck oder Zug in ihrem Doppelbrechungsvermögen nicht beeinflusst zu werden. von Ebner (a. a. O. S. 115) bemerkt nun betreffs der bei vertikaler Compression von ihm beobachteten, im Vorstehenden angeführten Erscheinungen des Muskels Folgendes „Die Erscheinungen lassen sich nach der Spannungshypothese und nach der Disdiaklastenhypothese deuten, doch scheint es, dass nach letzterer eine erst bei sehr starkem Druck auftretende relative Erhöhung der Farbe weniger leicht zu begreifen ist als nach der Spannungshypothese. Nach letzterer erklärt sich eine erhebliche Steigerung der Doppelbrechung durch einen erst bei starkem Druck merklich werdenden Unterschied der Verschiebbarkeit der Theile in der Längs- und Querrichtung des Muskels. Würde aber die Steigerung der Doppelbrechung von einer successiven Annäherung der Disdiaklasten von oben nach unten abhängen, so müsste man ein ganz allmähliches relatives Steigen der Farbe erwarten." Von anderem Naheliegenden, was zu dieser Auslassung zu bemerken wäre, sehen wir ganz ab und bemerken nur, dass, wenn man vom Standpunkte unserer, eine Beeinflussung der Doppelbrechung durch Spannung annehmenden, Disdiaklastentheorie aus sich gleichfalls nur mit etwas allgemeiner gehaltenen, auf die besondere Struktur der Muskelfaser nicht weiter Rücksicht nehmenden Andeutungen genügen lassen will, es natürlich ein Leichtes ist, auch vom Standpunkte dieser Theorie aus die bei vertikaler Compression des Muskels beobachteten Erscheinungen einfach „durch einen erst bei starkem Drucke merklich werdenden Unterschied der Verschiebbarkeit der Theile in der Längs- und Querrichtung des Muskels" zu erklären.

§ 32.

Indem wir nun zur Betrachtung des Verhaltens übergehen, welches das Doppelbrechungsvermögen des Muskels bei der physiologischen Contraktion darbietet, bringen wir zunächst in Erinnerung, dass durch Brücke gefunden und durch Engelmann (2, S. 174) bestätigt worden ist, dass die optische Axe der Disdiaklasten ihre (durchschnittliche) Richtung bei der Muskelcontraktion nicht verändert. Ferner mag, bevor wir an die Erklärung der hierher gehörigen wirklich bedeutsamen Versuchsresultate herangehen, kurz noch des folgenden Punktes gedacht werden.

Sieht man die durchschnittliche Richtung der Axen der Disdiaklasten als unveränderlich an, so kann man trotzdem noch meinen, dass für eine principielle Betrachtung zwei Richtungen zu unterscheiden seien, in denen sich die Doppelbrechung bei der Muskelcontraktion verändern könne. Erstens nämlich sei der Gangunterschied der interferirenden Lichtstrahlen in Betracht zu ziehen, welcher von der Beschaffenheit (dem optischen Charakter), der Form, Grösse, Anzahl, Lage und Anordnungsweise der die Disdiaklasten zusammensetzenden Micelle sowie von den Stellungen und Lageverhältnissen der Disdiaklasten selbst abhängig sei und bei der Muskelcontraktion dadurch vergrössert oder verringert werden könne, dass die optischen Constanten und die räumliche Stellung und Anordnungsweise der Micelle und der Disdiaklasten bei der Muskelcontraktion sich verändern. Zweitens komme noch die Intensität in Betracht, mit welcher (bei Benutzung gemischten Lichtes) die dem vorhandenen Gangunterschiede der Lichtstrahlen entsprechende Interferenzfarbe wahrgenommen werde. Denn angenommen z. B., die Muskelfaser oder das beobachtete Muskelbündel erfahre bei der Contraktion eine merkbare Aenderung seiner Durchsichtigkeit, so würde es principiell denkbar sein, dass bei der Contraktion der Gangunterschied der interferirenden Lichtstrahlen derselbe bleibe, aber doch die Stärke, mit welcher die diesem Gangunterschiede entsprechende Interferenzfarbe sich geltend mache, verändert werde. In der That finden wir bei Engelmann (2, S. 169), der, wie auf S. 180 bemerkt, in seinen früheren Abhandlungen die Ansicht vertrat, dass die anisotropen Scheiben des Muskelfaches bei der Contraktion in merkbarem Grade durchsichtiger würden, die Bemerkung, dass bei wirksamer Orientirung der Muskelfaser zwischen gekreuzten Nicols die mittlere Helligkeit der Muskelfächer an sehr stark contrahirten Stellen nicht unbeträchtlich grösser erscheinen könne als an den übrigen, besonders den ruhenden Stellen, und zwar erkläre sich dies genügend „aus der Vermehrung der Durchsichtigkeit und des Volums der anisotropen Schicht bei der Verkürzung". Späterhin indessen ist Engelmann nie wieder auf die hier behauptete Erscheinung zurückgekommen. Auch widerspricht der hier mitgetheilten Behauptung Engelmann's die Aussage von Nicolaides (Arch. f. A. u. Ph., 1885, S. 154), dass die Querscheiben des contrahirten Muskels, wie ihm scheine, weniger anisotrop seien als die Querscheiben des ruhenden Muskels. Nicolaides stellt die Querscheibe der zwischen gekreuzten Nicols beobachteten contrahirten Muskelfaser ausdrücklich durch einen grauen und nicht durch einen hellen Querstreifen dar, „um zu zeigen, dass sie im contrahirten Muskel weniger anisotrop als im ruhenden ist". Auch Nasse (a. a. O. S. 75) scheint sich nicht auf den Gangunterschied der interferirenden Lichtstrahlen, sondern nur im Allgemeinen auf die Helligkeit, mit welcher die Querscheiben zwischen gekreuzten Nicols erscheinen, zu beziehen, wenn er es als sehr auffallend bezeichnet, dass die nach seiner Ansicht bei der Muskelcontraktion stattfindende Quellung der Querscheiben „keine bemerkbare Abnahme der Anisotropie herbeiführt, während Alkalien und Säuren auch schon bei geringer Quellung die Anisotropie ganz beträchtlich schwächen".

Wir glauben nicht nothwendig zu haben, auf Grund der im Vorstehenden erwähnten, mehr nur beiläufig gemachten und sich überdies gegenseitig widersprechenden Angaben in eine längere Auseinandersetzung darüber einzutreten, von welchen Faktoren die Helligkeit abhänge, mit welcher die anisotropen Scheiben des Muskelfaches bei unverändert bleibender Orientirung zwischen gekreuzten Nicols erscheinen. Falls sich diese Helligkeit bei der Contraktion ändert, so kann unter Umständen die Ursache davon sein, dass sich die Desorientirungen der Disdiaklasten und der einzelnen Micelle bei der Contraktion verringern. Ferner kann sich in Folge einer bei der Muskelcontraktion eintretenden Aenderung der Stärke des Doppelbrechungsvermögens der Disdiaklasten die (bei Anwendung gemischten Lichtes zur Wahrnehmung kommende) Interferenzfarbe ändern und die neue Interferenzfarbe kann den Eindruck einer grösseren oder geringeren Helligkeit machen. Falls bei nur geringer Vergrösserung beobachtet wird, welche die verschiedenen, isotropen und anisotropen Quer- und Längsstreifen der Faser nicht unterscheiden lässt und nur eine Farbe wahrnehmen lässt, welche die gemeinsame Resultirende der Farben der isotropen und der anisotropen Fasertheile ist, so wird sich der Eindruck der Helligkeit, den die Faser bei bestimmter Orientirung zwischen gekreuzten Nicols nach eingetretener Contraktion erweckt, auch darnach bestimmen, in welchem Verhältnisse sich derjenige Bruchtheil des die Faser treffenden Lichtes, der durch anisotrope Faserbestandtheile hindurchgehen muss, in Folge der bei der Contraktion eintretenden Verschiebungen, Verkürzungen und Verbreiterungen der verschiedenen Faserbestandtheile verändert hat, u. dergl. m. Wir ziehen es vor, uns jetzt direkt denjenigen, besser festgestellten Beobachtungsresultaten zuzuwenden, die sich in unzweideutiger Weise nur auf den Gangunterschied der interferirenden Lichtstrahlen und die Beschaffenheit der Interferenzfarbe, soweit sie von diesem Gangunterschiede abhängig ist, beziehen. In der Hauptsache wird es sich auch hier um Resultate handeln, welche sich bei Versuchen von Ebner's (a. a. O. S. 88 ff.) ergeben haben. Bei diesen Versuchen war mittels geeigneter Vorrichtung Sorge dafür getragen, dass der Muskel bei der Contraktion seine Dicke in der Richtung der

Mikroskopaxe nicht verändern konnte. Die Resultate, welche von Ebner bei diesem Versuchsverfahren erhielt, sind kurz folgende.

Wie schon Valentin beobachtet hat, sinkt bei der Contraktion die Interferenzfarbe. „Je mehr der Muskel ermüdet, umso geringer wird das Absinken der Farbe. Das Absinken der Farbe ist nur während der Verkürzung sehr ausgiebig; sowie der Muskel seine mögliche Verkürzungsgrösse erreicht hat, beginnt alsbald wieder ein Steigen der Farbe. Ist die Verkürzung bedeutend, etwa ein Drittel der ursprünglichen Länge, so erreicht der contrahirte Muskel während des Tetanus nicht die Farbe, welche er während der Ruhe hatte. Ist aber die Verkürzung gering, so steigt die Farbe während des Tetanus wieder nahezu auf dieselbe Höhe, welche vor der Reizung vorhanden war. Wenn ein Muskel ermüdet, so sind die Erscheinungen am leichtesten zu verfolgen, falls nicht durch nur theilweise Contraktionen der Parallelismus der Fasern gestört wird. Das Absinken der Farbe ist dann kein sehr bedeutendes, aber sicher in seinem Charakter zu beurtheilen, und die sinkende Farbe hält sich noch eine merkliche Zeit nach Aufhören der Reizung, um viel langsamer als beim kräftigen, sehr erregbaren Muskel die Farbe des erschlafften Muskels anzunehmen.“

Diese Beobachtungsresultate erklären sich auf Grund unserer Anschauungen in sehr einfacher Weise mittels des oben aus den Dehnungsversuchen von Ebner's abgeleiteten Satzes, dass die doppelbrechende Kraft der Disdiaklasten bei einer Dehnung derselben in der Richtung ihrer Axe zunimmt, hingegen bei einer Verkürzung derselben abnimmt.[1] Wie wir aus dem Früheren (S. 75 f. und 187 ff.) wissen, erfahren die Disdiaklasten bei der aktiven Muskelcontraktion sowohl in Folge des mechanischen Einflusses, den sie seitens der gedehnten Quer-

[1] Wenn sich die Stärke der doppelbrechenden Kraft der Disdiaklasten bei der Muskelcontraktion verringert, so bedeutet dies eine Aenderung des absoluten Werthes der beiden Brechungscoefficienten der Disdiaklasten (oder wenigstens des einen derselben). Die Richtung, in welcher sich die beiden Brechungscoefficienten bei der Muskelcontraktion verändern, bleibt hierbei völlig unbekannt. Selbst das bleibt zweifelhaft, ob sich beide Brechungscoefficienten bei der Contraktion in gleicher Richtung ändern oder nicht. Wir erfahren eben nur, wie sich die Differenz ihrer absoluten Werthe verhält. Die Aenderung der absoluten Werthe beider Coefficienten ist principiell betrachtet natürlich auch ein Umstand, der das auf S. 179 ff. besprochene Verhalten, welches das optische Brechungsvermögen der anisotropen Scheiben des Muskelfaches bei der Contraktion erkennen lässt, mit beeinflusst. Nur dürfte der Einfluss dieses Umstandes in Vergleich zu dem Einflusse, den die bei der Muskelcontraktion eintretenden Saftumlagerungen auf das Brechungsvermögen der verschiedenen Fachabtheilungen ausüben, als sehr klein zu betrachten sein.

bälkchen erfahren, als auch in Folge der Wechselwirkung, welche die polar-pyroelektrischen Micelle jedes Disdiaklasten entwickeln, eine unter Umständen sogar recht beträchtliche Verkürzung und Verdickung. Bei der physiologischen oder aktiven Contraktion muss also die Doppelbrechung aus dem gleichen Grunde sinken, aus dem sie, wie oben gesehen, auch bei der passiven Contraktion sinkt, die durch einen in der Faserrichtung stattfindenden Aussendruck bewirkt wird, nämlich wegen der eintretenden Verkürzung der Disdiaklasten. Nur besteht der Unterschied, dass bei der passiven Contraktion sehr leicht Desorientirungen der Fasern oder Faserbestandtheile oder Steigerungen vorhandener Desorientirungen eintreten, in Folge deren der herabsetzende Einfluss der Verkürzung der Disdiaklasten auf die Doppelbrechung nicht immer ganz rein und unzweifelhaft hervortritt, während bei der aktiven Contraktion die elektrische Ladung der Micelle dazu dient, die etwa vorhandenen Desorientirungen der Micelle und der Disdiaklasten zu verringern oder ganz aufzuheben, und mithin ein Sinken der Doppelbrechung, das trotz dieser, die Doppelbrechung im gegentheiligen Sinne beeinflussenden Reorientirung der anisotropen Muskelbestandtheile beobachtet wird, umso mehr unsere Beachtung verdient.

Was ferner den Umstand anbelangt, dass das Doppelbrechungsvermögen des tetanisirten Muskels nur während des ansteigenden Stadiums der Contraktion absinkt, hingegen während desjenigen Stadiums, welches der Erreichung des Contraktionsmaximums unmittelbar folgt, und während dessen der Contraktionsgrad im Allgemeinen nur sehr langsam abfällt oder gar annähernd constant bleibt, deutlich wieder emporsteigt, so ist zu beachten, dass die Gestalt und Spannung, welche die Disdiaklasten des tetanisirten Muskels in einem bestimmten Zeitpunkte besitzen, keineswegs eine eindeutige Funktion des vorhandenen Contraktionsgrades ist. Die Faktoren, welche bei der Muskelcontraktion sich im Sinne einer Verkürzung und Verdickung der Disdiaklasten geltend machen, sind, wie wir wissen, erstens die elektrischen Kräfte, mit denen die elektrisch geladenen Micelle jedes einzelnen Disdiaklasten auf einander wirken, und zweitens die Zugkräfte, welche die bei der Muskelcontraktion gedehnten Querbälkchen auf die mit ihnen verknüpften Disdiaklasten ausüben. Die ersteren Kräfte bestimmen sich nach der Stärke der elektrischen Ladung der Micelle; die von den Querbälkchen ausgehenden Zugkräfte aber sind von der vorhandenen Länge dieser Bälkchen und dem vorhandenen Saftgehalte der f. Poren derselben abhängig. Bei gleichem Saftgehalte dieser Poren sind jene Zugkräfte umso stärker, je mehr gedehnt die Querbälkchen sind; und bei gleicher Länge der letzteren sind jene Zugkräfte umso schwächer, je grösser der Saftgehalt der f. Poren der Querbälkchen ist. Bei gleichem Contraktionsgrade des Muskels werden also die Kräfte, welche im Sinne einer Verkürzung der Disdiaklasten wirken, umso schwächer sein, je geringer die vorhandene elektrische Ladung der Disdiaklasten oder vielmehr ihrer pyroelektrischen Micelle ist, und je safthaltiger in Folge der Wirksamkeit der Nachquellung die f. Poren der Querbälkchen sind.

Wird nun der Muskel tetanisirt, so erfahren zunächst die pyroelektrischen Micelle eine starke elektrische Ladung, die Querbälkchen werden schnell und ausgiebig gedehnt und die Disdiaklasten in entsprechendem Grade verkürzt. Nach Beginn der Contraktion tritt zugleich die Nachquellung auf. Hat nun der Muskel das Contraktionsmaximum erreicht, so folgt hierauf ein Stadium, in welchem die elektrische Ladung der Disdiaklasten wegen der allmählich eintretenden Abnahme der Muskelerregbarkeit und aus anderen Gründen[1] immer mehr sich verringert und erheblich schwächer ist, als sie im Stadium der aufsteigenden Contraktion bei denselben Verkürzungsgraden des Muskels war, aber doch zur annähernden Aufrechterhaltung des vorhandenen Contraktionsgrades oder Verhinderung eines schnellen Abfalles der Verkürzungsgrösse genügt, weil in Folge der Nachquellung der Saftgehalt der f. Poren und der im Sinne einer Unterstützung der contrahirenden Kräfte wirksame f. Imbibitionsdruck höhere Werthe besitzen, als sie im aufsteigenden Contraktionsstadium bei denselben Verkürzungsgraden des Muskels besassen. Sehr häufig wird sogar auf den Eintritt des Contraktionsmaximums ein Stadium von merkbarer Dauer folgen, welches dadurch charakterisirt ist, dass die elektrische Ladung der Disdiaklasten allmählich abnimmt, während die Nachquellung noch fortdauert und den ungünstigen Einfluss des Sinkens der elektrischen Ladung der Disdiaklasten auf den Contraktionsgrad des Muskels mehr oder weniger compensirt.

Vergleichen wir also den Zustand des Muskels, der nach Eintritt des Contraktionsmaximums bei einem bestimmten Contraktionsgrade vorhanden ist, mit demjenigen Zustande, der bei demselben Contraktionsgrade vor Eintritt des Verkürzungsmaximums besteht, so ergibt sich, dass beim ersteren Zustande die elektrische Ladung der Disdia-

[1] Wir verweisen hier auf unsere früheren Ausführungen auf S. 43 f. Von dem oscillatorischen Charakter des tetanischen Erregungsvorganges ist im Obigen der Einfachheit wegen abgesehen. Wie leicht zu erkennen, wird das Wesentliche der oben angestellten Betrachtung hierdurch nicht berührt, und ist es leicht, diese Betrachtung unter Berücksichtigung des oscillatorischen Charakters der tetanischen Erregung und Contraktion sich zu wiederholen.

klasten schwächer, hingegen der Saftgehalt der f. Poren grösser ist als beim letzteren Zustande, und zwar erweist sich dieser Unterschied als umso grösser, je mehr der beiden mit einander verglichenen Zuständen gemeinsame Contraktionsgrad von dem maximalen Contraktionsgrade abweicht. Da nun, wie oben gesehen, bei gleichem Contraktionsgrade die Kräfte, welche im Sinne einer Verkürzung der Disdiaklasten und mithin auch im Sinne einer Verringerung der doppelbrechenden Kraft derselben wirken, umso geringer sind, je schwächer die vorhandene elektrische Ladung der Disdiaklasten ist, und je safthaltiger die f. Poren der Querbälkchen sind, so folgt, dass das Doppelbrechungsvermögen der Disdiaklasten nach Eintritt des Contraktionsmaximums stärker sein muss, als es bei dem gleichen Contraktionsgrade vor Erreichung des Contraktionsmaximums war, und zwar muss der Unterschied der Werthe der Doppelbrechung, die bei einem und demselben Contraktionsgrade vor und nach Eintritt des Verkürzungsmaximums vorhanden sind, umso grösser sein, je mehr der betrachtete Contraktionsgrad von dem Contraktionsmaximum abweicht. Ferner ergibt sich aus dem Bisherigen, dass, falls nach Eintritt des Contraktionsmaximums der Verkürzungsgrad des Muskels merkbar constant bleibt, nach unserer Theorie dennoch sofort nach Erreichung des Contraktionsmaximums ein merkbares Sinken der Interferenzfarbe eintreten muss, weil dem oben Bemerkten gemäss diese Constanz des Contraktionsgrades darauf beruht, dass die elektrische Ladung der Disdiaklasten abnimmt, hingegen der Saftgehalt der f. Poren der Querbälkchen zunimmt, und mithin von einer Abnahme derjenigen Kräfte begleitet ist, welche im Sinne einer Verkürzung und Verdickung der Disdiaklasten wirken. Die durch von Ebner festgestellte Thatsache, dass das Doppelbrechungsvermögen des tetanisirten Muskels nach Erreichung des Contraktionsmaximums sofort wieder ansteigt, steht also mit unseren theoretischen Anschauungen in bestem Einklange und ist sogar als eine beachtenswerthe Bestätigung derselben zu bezeichnen.

Das Gleiche gilt auch von der anderen, ebenfalls durch von Ebner festgestellten und schon oben erwähnten Thatsache, dass nach Beendigung der Reizung die Doppelbrechung nicht sofort ihren ursprünglichen Werth annimmt, sondern nur allmählich zu demselben emporsteigt und zwar umso langsamer, je mehr ermüdet der Muskel ist. Auf den Moment, wo die Tetanisirung ein Ende nimmt, folgt zunächst ein sehr kurzes Stadium,[1] in welchem die elektrische Ladung der Disdiaklasten

[1] Wir verweisen hier auf unsere früheren, den Vorgang der Muskelerschlaffung betreffenden Ausführungen auf S. 39 ff.

mit schnell abnehmender Intensität noch vorhanden ist. Dass die Doppelbrechung während dieses Stadiums noch herabgesetzt ist, versteht sich nach den obigen Ausführungen von selbst und bedarf nicht erst besonderer Erklärung. Aber auch während desjenigen, weit längeren Theiles des Erschlaffungsstadiums, in welchem die elektrische Ladung der Disdiaklasten völlig geschwunden ist, kann die Doppelbrechung unseren Anschauungen nach ihren ursprünglichen Werth noch nicht völlig wiederbesitzen. Denn so lange als der Muskel noch nicht völlig erschlafft ist, besitzen weder die Querbälkchen noch die Disdiaklasten diejenige Gestalt, die ihnen beim anfänglichen Ruhezustande des Muskels zukam. Die Querbälkchen sind während der ganzen Dauer des Erschlaffungsstadiums, in allerdings immer geringer werdendem Grade, von grösserer Länge und kleinerem Querschnitte, als sie beim anfänglichen Ruhezustande des Muskels waren, und in entsprechender Weise zeigen auch die Disdiaklasten während des ganzen Erschlaffungsstadiums in Vergleich zu ihrer ursprünglichen Gestalt eine, allerdings immer mehr sich vermindernde, Verkürzung und Verdickung. Und zwar hat diese Langsamkeit der Rückkehr der Disdiaklasten zu ihrer ursprünglichen Gestalt einen doppelten Grund. Erstens ist sie eine Folge des Zusammenhanges der Disdiaklasten mit den Querbälkchen. So lange als die Querbälkchen noch nicht ihre anfängliche Querschnittsgrösse besitzen, können auch die hinsichtlich ihrer Form von dem Verhalten der Querbälkchen abhängigen Disdiaklasten noch nicht völlig zu ihrer anfänglichen Länge und Gestalt zurückgekehrt sein. Zweitens kommt hier aber auch noch der Umstand in Betracht, dass dem auf S. 76 f. Bemerkten gemäss die Disdiaklasten bei der Muskelcontraktion sich in einem möglicher Weise nicht unbeträchtlichen Grade an der Nachquellung betheiligen und mithin bei der Muskelerschlaffung auch in ihren eigenen, durch die Muskelcontraktion erweiterten und safthaltiger gewordenen, f. Poren einen möglicher Weise nicht unerheblichen Erschlaffungswiderstand überzählig gebundenen Muskelsaftes zu überwinden haben. Wie es nun aber auch mit dem Grade der Betheiligung der Disdiaklasten an der Nachquellung stehen mag, auf jeden Fall können sie ihre anfängliche Länge und Gestalt nicht eher vollständig wiederbesitzen, als bis der Muskel völlig zu seiner anfänglichen Ruhelänge zurückgekehrt ist. Hiernach versteht sich von selbst, dass auch die doppelbrechende Kraft der Disdiaklasten erst nach Beendigung der Muskelerschlaffung ihren anfänglichen Werth völlig wiederbesitzen kann, wenn auch die nur noch sehr geringfügigen Abweichungen der Doppelbrechung von diesem Anfangswerthe, welche im letzten Theile des Erschlaffungsstadiums noch vorhanden sind, sich bei unseren Beobachtungsmitteln nicht mehr merkbar machen.

Wie bekannt und durch zahlreiche Untersuchungen festgestellt ist, dient die Ermüdung dazu, die Erschlaffungsgeschwindigkeit zu verringern, und zwar übt sie, wie hier beiläufig erwähnt, später aber näher gezeigt werden soll, diese Wirkung hauptsächlich dadurch aus, dass sie die Zähigkeit des Muskelsaftes erhöht und mithin den bei der Erschlaffung zu überwindenden inneren Reibungswiderstand des Muskelsaftes, insbesondere des überzählig gebundenen Saftes steigert. Hiernach bedarf es keiner weiteren Erklärung, dass die Ermüdung, wie von Ebner gefunden hat, auch die Wirkung besitzt, die Geschwindigkeit zu verringern, mit welcher das Doppelbrechungsvermögen des Muskels nach Beendigung der Tetanisirung zu seinem ursprünglichen Werthe zurückkehrt.

In der Langsamkeit, mit welcher die bei der Muskelcontraktion verkürzten und verdickten Disdiaklasten bei der Erschlaffung zu ihrer ursprünglichen Gestalt zurückkehren, haben auch die Resultate ihren Grund, welche Hermann (Pflüger's Arch., 22, 1880, S. 242 ff.) bei Versuchen erhielt, bei denen mittels geeigneter Vorrichtung die Interferenzfarbe des tetanisirten Muskels in verschiedenen Zeitpunkten des Reizintervalles beobachtet wurde, das zwischen zwei Reizstösse der tetanisirenden Reizfolge fiel. Es zeigte sich die Interferenzfarbe in allen Zeitpunkten des Reizintervalles gleich. Dies erklärt sich einfach daraus, dass sich die Form und Spannung der Disdiaklasten während des kurzen Reizintervalles nicht merkbar ändern konnte.

Da die der Contraktion folgende Erschlaffung des Muskels durch Vergiftung desselben mit Veratrin im Allgemeinen noch mehr verlangsamt wird als durch Ermüdung, so muss auch das Herabgesetztsein der Interferenzfarbe im Veratrinmuskel die Reizung länger überdauern als im ermüdeten Muskel. Nach den Versuchen von Ebner's ist dies in der That der Fall.

Die von von Ebner erwähnte Thatsache, dass das Absinken der Interferenzfarbe bei der Contraktion nach eingetretener Ermüdung geringer, aber in seinem Charakter mit grösserer Sicherheit zu beurtheilen ist als beim frischen Zustande des Muskels, bedarf kaum erst der Erklärung. Das Erstere erklärt sich einfach aus der Abnahme, welche die der gegebenen Reizung entsprechende Muskelerregung und elektrische Ladung der Disdiaklasten durch die Ermüdung erfährt. Die grössere Sicherheit ferner, mit welcher das während der Contraktion stattfindende Verhalten der Interferenzfarbe am ermüdeten Muskel beurtheilt werden kann, hat ihren Grund einfach in der bekannten

Thatsache, dass die Contraktion des ermüdeten Muskels langsamer zu ihrem Maximum emporsteigt und langsamer von demselben wieder abfällt als die Contraktion des frischen Muskels. Wie von vorn herein zu erwarten, zeigte sich dieser die Beurtheilung der Interferenzfarbe erleichternde Einfluss der Ermüdung ganz besonders in denjenigen Fällen, wo nur einzelne Reize, nicht aber tetanisirende Reizfolgen zur Erregung des Muskels dienten (vergl. von Ebner, a. a. O. S. 96, Versuch 10).

von Ebner stellte gelegentlich auch Versuche an, bei denen der Sartorius im tetanisirten Zustande gedehnt und hierbei die Doppelbrechung beobachtet wurde. Es zeigte sich, dass dieser Muskel bei der Dehnung im tetanisirten Zustande ein beträchtliches Steigen der doppelbrechenden Kraft erfährt. Auffallend und nicht ohne Weiteres begreifbar erscheint von Ebner die Thatsache, dass es bei diesen Versuchen am Sartorius „nicht gelingen wollte, die Farbe des contrahirten Muskels durch Dehnen höher zu bringen, als sie am erschlafften Muskel war; der Muskel riss bei forcirter Dehnung stets an seiner Bauchfascie ab, nachdem er die Farbe erreicht hatte, welche dem erschlafften und gedehnten Muskel zukam, ohne dieselbe zu überschreiten“.

Auch diese Versuchsresultate lassen sich nach den im Bisherigen von uns zu Grunde gelegten Anschauungen, nach denen die Doppelbrechung wesentlich von der vorhandenen Gestalt und Spannung der Disdiaklasten abhängt, leicht verstehen. Hat sich der Muskel in Folge von Tetanisirung verkürzt, so sind, wie wir wissen, auch die Disdiaklasten kürzer, als sie beim Ruhezustande waren, und demgemäss ist ihre doppelbrechende Kraft gesunken. Wird nun der Muskel bei Fortdauer der Tetanisirung gedehnt, so nimmt die Länge der Disdiaklasten zu und dementsprechend steigt auch die doppelbrechende Kraft derselben. Da jedoch bei der Dehnung die elektrische Ladung der pyroelektrischen Micelle nicht aufhört im Sinne einer Verkürzung der Disdiaklasten zu wirken, so sind die Disdiaklasten bei jedem die natürliche Ruhelänge übertreffenden Längenwerthe des gedehnten tetanisirten Muskels etwas kürzer und mithin auch etwas schwächer doppelbrechend, als sie im Falle des Ruhezustandes bei dem gleichen Längenwerthe des Muskels sind.[1] Es ist daher für uns leicht begreiflich, dass es bei

[1] Wie sich aus den Darlegungen auf S. 196 ff. ergibt, ist die Behauptung, dass die Disdiaklasten des an der Verkürzung verhinderten erregten Muskels kürzer als diejenigen des gleich langen ruhenden Muskels seien, zwar nicht unbedingt für die Disdiaklasten aller Scheiben des Muskelfaches gültig, aber doch im Allgemeinen richtig, wenn man die Verhältnisse im Grossen und Ganzen

den obigen Versuchen VON EBNER's nicht gelang, die Interferenzfarbe des tetanisirten Muskels durch Dehnen über diejenige Farbe hinaus zu steigern, welche dem erschlafften und gedehnten Muskel zukam.

Vergleicht man den (gedehnten oder nicht gedehnten) ruhenden Muskel und den tetanisirten Muskel, der durch eine äussere Kraft auf dem Längenwerthe des ruhenden Muskels festgehalten wird, näher mit einander, so zeigt sich, dass für das Verhältniss, in welchem diese beiden Muskeln hinsichtlich ihres Doppelbrechungsvermögens zu einander stehen, zwei einander entgegenwirkende Faktoren massgebend sind. Erstens nämlich macht sich der Umstand, dass die Disdiaklasten des erregten Muskels im Allgemeinen etwas kürzer sind als diejenigen des ruhenden Muskels, im Sinne einer, wenn auch nur geringfügigen,[1] Schwächung des Doppelbrechungsvermögens des tetanisirten Muskels geltend. Zweitens aber wirkt im entgegengesetzten Sinne der Umstand, dass die elektrische Ladung der Disdiaklasten oder vielmehr Micelle des letzteren Muskels dazu dient, die Desorientirungen der Micelle und Disdiaklasten dieses Muskels zu verringern oder ganz aufzuheben. Bei dieser Sachlage begreift es sich, dass BRÜCKE und HERMANN finden konnten, dass der an der Verkürzung verhinderte Muskel bei der Reizung im Allgemeinen keine Aenderung seines Doppelbrechungsvermögens erfahre, während VON EBNER, dessen soeben erwähnte Dehnungsversuche am tetanisirten Muskel im Grunde auch als Versuche über das Verhalten der Doppelbrechung in dem an der Verkürzung verhinderten erregten Muskel aufgefasst werden können, in zwei Fällen, in denen der Muskel während der Tetanisirung auf der Anfangs vorhandenen Ruhelänge festgehalten wurde, nach Eintritt der Reizung eine kurze anfängliche Erniedrigung der Interferenzfarbe beobachtete (VON EBNER, a. a. O., S. 96, Versuch 11 und 13).

Im Bisherigen haben wir das Verhalten, welches die Doppel-

---

betrachtet. Ueberhaupt verweisen wir hier auf unsere früheren Ausführungen über die virtuelle Contraktion zurück.

[1] Es ist wohl zu beachten, dass unseren früheren Darlegungen gemäss die Verkürzung, welche die Disdiaklasten bei der virtuellen Contraktion erfahren, in Vergleich zu der Verkürzung, welche dieselben bei der durch den gleichen Reiz ausgelösten aktuellen Contraktion des unbelasteten oder schwach belasteten Muskels erfahren, nur sehr gering ist, und dass demgemäss auch die Aenderung des Doppelbrechungsvermögens, welche ein an der Verkürzung verhinderter Muskel bei der Erregung erfährt, nur sehr gering und nicht leicht merkbar sein kann. Bei der virtuellen Contraktion wirken die gedehnten Längsbälkchen der Verkürzung der Disdiaklasten entgegen, während bei der aktuellen Contraktion das Verhalten der Längsbälkchen von der Art ist, dass es eine Verdickung und Verkürzung der Disdiaklasten begünstigt, u. s. w.

brechung bei Erregung des Muskels erkennen lässt, in seinen Einzelheiten erklärt, indem wir ausser den etwa vorhandenen Desorientirungen der anisotropen Muskelbestandtheile nur noch die Spannungen berücksichtigten, welche die Disdiaklasten in den verschiedenen Stadien des Contraktionsverlaufes erfahren. Es gibt nun aber noch andere bei der Muskelcontraktion stattfindende Vorgänge oder Einflüsse, welche von vorn herein betrachtet gleichfalls auf die Doppelbrechung einwirken können, und betreffs deren sich die Frage erhebt, ob wir dieselben bei unseren vorstehenden Erklärungsversuchen mit Recht als unwesentlich behandelt haben. Ohne nun die Absicht zu haben, alle möglichen Faktoren, welche denkbarer Weise irgend welchen Einfluss auch nur von der niedrigsten Grössenordnung auf das Doppelbrechungsvermögen des erregten Muskels ausüben können, hier einer tüftelnden Erörterung zu unterwerfen, möchten wir wenigstens zwei von diesen hier von vorn herein in Betracht zu ziehenden Faktoren oder Einflüssen einer kurzen Besprechung unterwerfen, während wir hinsichtlich der übrigen glauben auf die Zustimmung des Lesers rechnen zu können, wenn wir dieselben als unwesentlich ganz ausser Acht lassen.[1] Die beiden hier kurz zu

[1] Nur einer der im Obigen nicht zur Sprache kommenden Punkte scheint uns noch zweifelhaft zu bleiben. Denken wir uns nämlich eine sich verkürzende Muskelfaser, so nehmen, wie wir auf S. 175 gesehen haben, die anisotropen Scheiben des Muskelfaches an Saftgehalt und Volumen zu, während die isotropen Schichten in entsprechendem Grade an Volumen verlieren und saftärmer werden. Nehmen wir nun an, dass in Folge geeigneter Vorrichtung die Faser bei der Contraktion ihre Dicke in der Richtung der Mikroskopaxe nicht ändere, so werden die anisotropen Scheiben beim contrahirten Zustande in Folge der eingetretenen Zunahme ihres Volumens und Saftgehaltes in einem Volumenelement durchschnittlich weniger anisotrope Substanz enthalten als beim Ruhezustande, und demgemäss wird, da die Dicke der Faser in der Richtung der einfallenden Lichtstrahlen constant bleibt, bei der Contraktion die Interferenzfarbe sinken. Wird nun nicht eine einzelne Muskelfaser, sondern ein ganzes Muskelbündel oder ein ganzer Muskel in ähnlicher Weise der Beobachtung unterworfen, so kann, wie leicht ersichtlich, die Zunahme des Volumens und Saftgehaltes, welche die anisotropen Scheiben bei der Contraktion erfahren, sich gleichfalls in merkbarem Grade im Sinne eines Sinkens der Interferenzfarbe geltend machen, falls die Voraussetzung erfüllt ist, dass die verschiedenen Fasern des Muskels sich hinsichtlich ihrer Querschichtungen nicht ganz zufällig und regellos zu einander verhalten, sondern so angeordnet sind, dass auch der ganze Muskel angesehen werden kann als aus einer Reihe von Querbälkchen bestehend, welche abwechselnd isotrop und anisotrop oder abwechselnd an anisotroper Substanz arm und reich sind. Da wir, wie schon wiederholt erwähnt, nicht wissen, ob und inwieweit diese Voraussetzung erfüllt ist, und insbesondere auch nicht wissen, ob und inwieweit dieselbe auf die hier in Rede stehenden Versuche von Ebner's Anwendung finden darf, so sind wir auch nicht

erörternden Faktoren oder Vorgänge sind erstens die Saftbewegungen, welche bei der Contraktion stattfinden, und zweitens die bei der Muskelerregung eintretende Erwärmung der Disdiaklasten.

Was zunächst die bei der Muskelcontraktion auftretenden Saftbewegungen anbelangt, so können dieselben natürlich überhaupt nur in Frage kommen, wenn es sich um Erklärung derjenigen Veränderungen handelt, welche die Doppelbrechung so lange erleidet, als sich der Muskel ziemlich schnell contrahirt. Für die Erklärung desjenigen Verringertseins der Doppelbrechung, welches während des späteren Erregungsstadiums, wo der Muskel seine Form nur sehr langsam ändert, noch vorhanden ist, kommen die Bewegungen des Muskelsaftes überhaupt nicht in Frage. Thatsächlich dürfen dieselben aber, wie sich aus Versuchen von Ebner's (a. a. O. S. 92) ergibt, auch nicht einmal zur Erklärung der in jenem Anfangsstadium der Contraktion auftretenden Aenderungen der Doppelbrechung herangezogen werden. von Ebner bemerkt mit Recht, dass, wenn die rasche Bewegung der Safttheilchen bei der Contraktion der Grund der so auffälligen Aenderungen der Doppelbrechung wäre, alsdann passive Formänderungen des Muskels, welche mit ähnlicher Raschheit wie die Contraktion vor sich gingen, einen ähnlichen Einfluss auf die Doppelbrechung ausüben müssten. Allein dies sei nach seinen Erfahrungen nicht der Fall. Er habe sehr häufig Muskeln, welche eben zu Reizversuchen gedient hatten, durch zuckende Handbewegungen mehr oder weniger rasch gedehnt. Hierzu habe er mit Vorliebe den Sartorius benutzt, welcher bei langsamer Dehnung keine Aenderung der Doppelbrechung wahrnehmen lasse. Es sei ihm aber nicht gelungen, durch noch so rapide Dehnung irgend eine merkliche Aenderung der Doppelbrechung hervorzurufen.

Wenden wir uns nun zweitens zu der Annahme, dass die Temperaturänderung, welche die Disdiaklasten bei der Muskelerregung erfahren, unmittelbar als solche von wesentlichem Einflusse auf die Doppelbrechung sei[1] und den oben angeführten Veränderungen, welche die letztere bei der Contraktion erfährt, wesentlich mit zu Grunde liege, so können wir uns auf folgende zwei Bemerkungen beschränken. Macht

---

in der Lage, anzugeben, ob und in welchem Grade das Sinken der Interferenzfarbe, welches von Ebner bei der Muskelcontraktion beobachtet hat, in der hier angedeuteten Weise auch auf der bei der Muskelcontraktion eintretenden Zunahme des Volumens und Saftgehaltes der anisotropen Scheiben beruht hat.

[1] Durch Versuche von Fizeau u. A. ist bekanntlich nachgewiesen worden, dass das Doppelbrechungsvermögen von Krystallen durch blosse Erwärmung oder Abkühlung derselben verändert werden kann. Vergl. hierüber z. B. Th. Liebisch, Physikalische Krystallographie, Leipzig, 1891, S. 538 ff.

man die hier erwähnte Annahme, so kann man die im vorigen Paragraphen angeführten Veränderungen, welche die Doppelbrechung bei Dehnung des ruhenden, quergestreiften oder glatten, Muskels erleidet, nicht ohne Weiteres erklären, sondern muss zugeben, dass die anisotropen Bestandtheile des Muskels durch eine Dehnung in axialer Richtung an doppelbrechender Kraft gewinnen. Macht man aber dieses Zugeständniss, so muss man auch zugeben, dass diejenigen Spannungen, welche jene Muskelbestandtheile bei der aktiven Contraktion erfahren, gleichfalls die Doppelbrechung erheblich beeinflussen, und dass demgemäss das bei der aktiven Contraktion eintretende Absinken der Interferenzfarbe, wenn nicht ausschliesslich, so doch zu einem ganz wesentlichen Theile auf den stattfindenden Spannungen der anisotropen Muskelbestandtheile beruht. Wenn ferner die bei der Muskelerregung auftretende Aenderung der Doppelbrechung im Wesentlichen durch den Einfluss zu Stande käme, den die bei der Erregung stattfindende Temperaturänderung der Disdiaklasten als solche unmittelbar auf die Doppelbrechung ausübt, so müsste die letztere bei der blos virtuellen Contraktion Aenderungen von ungefähr gleichem Umfange oder (da die Wärmebildung des Muskels im Allgemeinen bei der nur virtuellen Contraktion beträchtlicher ausfällt als bei der durch den gleichen Reiz bewirkten aktuellen Contraktion) unter Umständen sogar Aenderungen von grösserem Umfange erfahren als bei der aktuellen Contraktion. Dies ist aber, wie wir oben gesehen haben, bei weitem nicht der Fall.

Es liegt also keinerlei Grund vor, von unserer Annahme abzugehen, dass die Erscheinungen, welche die Doppelbrechung bei der Muskelerregung darbietet, im Wesentlichen auf dem Einflusse beruhen, den die eintretenden Spannungen der Disdiaklasten auf die doppelbrechende Kraft derselben ausüben. Mittels dieser Annahme lässt sich die Gesammtheit jener Erscheinungen vom Standpunkte unserer Theorie aus (bei genügender Berücksichtigung der Rolle, welche die Nachquellung bei der Muskelcontraktion spielt, u. dergl.) in vollkommen einheitlicher und befriedigender Weise erklären. Erscheinungen, welche dem Denken zunächst befremdend erscheinen können und auch von von Ebner als befremdlich hervorgehoben worden sind, wie das sofortige deutliche Sinken der Interferenzfarbe nach Erreichung des Contraktionsmaximums und die Unmöglichkeit, die Interferenzfarbe des tetanisirten Muskels durch Dehnung über die Farbe des ruhenden, gedehnten Muskels hinaus zu steigern, erscheinen, wie wir gesehen haben, vom Standpunkte unserer Anschauungen aus als selbstverständlich. In Hinblick auf den aus den bisherigen Darlegungen hervorgehenden Umstand, dass unsere Contraktionstheorie die Gesammtheit der Erscheinungen, welche die Doppelbrechung bei der aktiven Contraktion und bei der Einwirkung äusserer Zug- oder Druckkräfte auf den Muskel erkennen lässt, in einheitlicher und ungezwungener Weise zu erklären vermag, stehen wir nicht an, die Gesammtheit dieser, hauptsächlich durch von Ebner festgestellten, Erscheinungen für eine sehr zu beachtende Bestätigung unserer Theorie zu erklären.

§ 33.

Nasse (a. a. O. S. 25 ff.), von Ebner (a. a. O. S. 169 ff.) u. A. haben auch Versuche angestellt, bei denen untersucht wurde, wie sich das Doppelbrechungsvermögen des Muskels verhält, wenn dieser der Einwirkung chemischer Reagentien oder der Austrocknung oder dem Einflusse höherer Temperaturen unterworfen wird. Die Resultate dieser Versuche besitzen indessen für eine Prüfung oder Durchführung und Vervollständigung unserer Theorie, vor der Hand wenigstens, nur geringen Werth, weil bei Versuchen dieser Art die in Betracht kommenden Verhältnisse zu complicirt sind und demgemäss die Versuchsergebnisse vielfach in verschiedener Weise gedeutet werden können. Diese Mehrdeutigkeit der Versuchsresultate besteht vor Allem für den Fall, dass der Muskel der Umspülung durch eine Lösung oder sonstige Flüssigkeit unterworfen wird. Da wir im Verlaufe dieser Schrift nothwendig einmal näher auf die verschiedene Art und Weise eingehen müssen, auf welche eine Umspülungsflüssigkeit die Form, Beschaffenheit und Funktion des Muskels beeinflussen kann, so soll gleich hier eine Uebersicht über die verschiedenen Vorgänge gegeben werden, welche bei Einwirkung einer Umspülungsflüssigkeit auf den Muskel stattfinden können. Aus dieser Uebersicht wird sich dann ohne Weiteres ergeben, auf wie verschiedene Weise das Doppelbrechungsvermögen des Muskels durch den Einfluss einer umspülenden Flüssigkeit verändert werden kann.

Die Vorgänge, welche bei Umspülung einer Muskelfaser durch eine Flüssigkeit stattfinden können, sind folgende:

1) Der mit Muskelsaft erfüllte Sarkolemmaschlauch kann nach denselben Gesetzen der Osmose anschwellen oder schrumpfen, nach denen überhaupt eine mit Saft erfüllte Zelle, Blase u. dergl. anschwillt oder schrumpft, wenn sie in Berührung zu einer Flüssigkeit gebracht ist, und zwar ist der Vorgang bei der Anschwellung einer von einer Aussenflüssigkeit umspülten, safthaltigen Zelle oder Blase kurz folgender. Wenn die Quellkraft, welche im Sinne einer Aufquellung der

Zellmembran[1] wirkt, auf der, der Umspülungsflüssigkeit zugekehrten, Aussenseite der Membran grösser ist als auf der Innenseite derselben, wenn also die Zellmembran zu der umspülenden Aussenflüssigkeit eine grössere sog. Quellungsverwandtschaft besitzt als zu dem im Zellinneren enthaltenen Safte, so muss dieselbe nach eingetretener Umspülung durch jene Flüssigkeit auf ihrer Aussenseite einen höheren Grad der Aufquellung erreichen, als auf ihrer Innenseite vorhanden ist. Demgemäss entsteht in den Poren der Zellmembran ein von aussen nach innen gerichtetes Gefäll des Flüssigkeitsgehaltes und des Imbibitionsdruckes, durch welches von aussen Flüssigkeit in die Zelle eingeführt wird. Durch diesen Flüssigkeitseintritt schwillt die Zelle an; ihre Wandungen dehnen sich und üben einen mit der Anschwellung der Zelle wachsenden Druck auf den Zellsaft aus. Dieser Druck wirkt an und für sich im Sinne eines Austrittes von Flüssigkeit aus der Zelle; er vermindert jenes endosmotisch wirksame Druckgefälle innerhalb der Poren der Zellwandung und zwar umso mehr, je grösser bereits die Anschwellung der Zelle ist. Mithin wird die Geschwindigkeit, mit welcher die Zelle anschwillt, allmählich abnehmen, und zuletzt wird ein Punkt erreicht werden, wo sich der Binnendruck der Zelle und die grössere Quellungsverwandtschaft der Zellwandung zur Umspülungsflüssigkeit in ihrem Einflusse auf den Flüssigkeitsaustausch zwischen Zelle und Aussenraum gegenseitig gerade das Gleichgewicht halten und die den vorhandenen Umständen entsprechende Flüssigkeitscapacität der Zelle gesättigt ist. Dieser Punkt wird im Allgemeinen umso eher erreicht werden, weil der (durch die Diffusion bewirkte und durch jenes in der Zellwandung bestehende Gefälle des Imbibitionsdruckes geförderte) Eintritt von Theilchen der Aussenflüssigkeit in das Zellinnere und der (durch die Diffusion trotz jenes Druckgefälles bewirkte) etwaige Austritt von osmotisch wirksamen Theilchen des Zellinhaltes[2]

[1] Wenn wir hier von einer Zelle reden, so verstehen wir natürlich darunter nicht speciell eine Pflanzenzelle, in welcher neben der Zellmembran auch noch eine Plasmamembran vorhanden ist, sondern nur im Allgemeinen einen von einer quellungsfähigen Membran rings umschlossenen Raum. Betreffs der im Obigen folgenden Ausführungen verweisen wir zurück auf unsere früheren Andeutungen zur Theorie der Quellung (S. 9 ff.).

[2] Die osmotisch wirksamen Bestandtheile des Zellsaftes sind diejenigen Bestandtheile, welche bewirken, dass der Zellsaft in Vergleich zu der Umspülungsflüssigkeit eine geringere Quellungsverwandtschaft zu der Zellmembran besitzt, und hierdurch Ursache davon sind, dass nach eingetretener Umspülung der Zelle durch die Flüssigkeit in den Poren der Zellmembram ein von aussen nach innen gerichtetes Gefäll des Imbibitionsdruckes auftritt. Ist die im Zellinneren enthaltene Flüssigkeit keine Lösung, sondern eine homogene

aus der Zelle dazu dienen, die Beschaffenheitsdifferenz der auf beiden Seiten der Zellmembran befindlichen Flüssigkeiten und den Unterschied der Quellungsverwandtschaften dieser beiden Flüssigkeiten zur Zellmembran zu verringern, und mithin auch aus diesem Umstande eine Tendenz entspringt, das innerhalb der Poren der Zellmembran bestehende, endosmotisch wirksame Druckgefälle zu einem immer weniger steilen zu machen. Werden nicht blos Theilchen der Umspülungsflüssigkeit in die Zelle eingeführt, sondern auch Theilchen des osmotisch wirksamen Zellinhaltes durch Diffusion in die Aussenflüssigkeit übergeführt, so muss schliesslich sogar wieder eine Abnahme des Flüssigkeitsgehaltes der Zelle und des innerhalb derselben bestehenden osmotischen Druckes stattfinden.

Aus diesen kurzen Andeutungen, welche ihre nähere Ergänzung und Rechtfertigung gegenüber den durch van't Hoff vertretenen Anschauungen vom Wesen des osmotischen Druckes durch die am Schlusse dieses Bandes anhangsweise gegebenen Ausführungen über den osmotischen Druck finden werden, ist leicht zu entnehmen, wie sich die Sache in dem Falle verhalten muss, wo die Zellmembran zu der in Berührung zu ihr gebrachten Aussenflüssigkeit eine geringere Quellungsverwandtschaft besitzt als zu dem im Zellinneren befindlichen Safte. In diesem Falle entsteht in den Poren der Zellmembran zunächst ein von innen nach aussen gerichtetes Gefälle des Imbibitionsdruckes, welches im Sinne einer Schrumpfung der Zelle wirkt.

Dieselben Vorgänge nun, welche nach Vorstehendem überhaupt Platz greifen können, wenn eine safthaltige Zelle oder Blase von einer Flüssigkeit umspült wird, kommen auch in Betracht, wenn es sich um die Wirkungen handelt, welche verschiedene Flüssigkeiten auf die Muskelfaser, auf den safthaltigen Sarkolemmaschlauch, ausüben. Nur wird im Falle der Umspülung der Muskelfaser durch eine Flüssigkeit die Sache sehr leicht eine besonders complicirte wegen der Leichtigkeit, mit welcher der Muskelsaft chemische Veränderungen erfährt. Die Flüssigkeiten, die sich im Falle einer Umspülung der Muskelfaser auf beiden Seiten des Sarkolemmas befinden, werden sich häufig nicht blos in Folge des Uebertrittes von Flüssigkeit in die Faser und in Folge des Austrittes von Saftbestandtheilen aus der Faser verändern, sondern auch in Folge von chemischen Umwandlungen, welche die in

Flüssigkeit, so ist natürlich von besonderen osmotisch wirksamen Bestandtheilen derselben nicht zu reden. Das Gleiche gilt für den Fall, dass die in der Zelle enthaltene Flüssigkeit eine Lösung ist, deren Lösungsmittel bereits an und für sich der Zellmembran weniger quellungsverwandt ist als die Umspülungsflüssigkeit.

die Faser eingedrungene Flüssigkeit im Muskelsafte hervorruft, und welche die aus der Faser ausgetretenen Saftbestandtheile in der Aussenflüssigkeit erfahren. Da diese chemischen Veränderungen der auf beiden Seiten des Sarkolemmas befindlichen Flüssigkeiten im Allgemeinen zugleich von Aenderungen des Verhältnisses begleitet sein müssen, in dem die Quellungsverwandtschaften beider Flüssigkeiten zum Sarkolamma zu einander stehen, so kann in Folge dieser chemischen Veränderungen der Verlauf der Volumenänderungen, welche die Muskelfaser unter dem Einflusse einer Umspülungsflüssigkeit erfährt, ziemlich verwickelt sein. Dass der Verlauf, den eine in der vorstehend angedeuteten Weise durch Endosmose oder Exosmose bewirkte Volumen- und Formänderung der Muskelfaser nimmt, durch den Widerstand, den das Fasergerüst einer Formänderung der Faser bereitet, wesentlich mit beeinflusst wird und von entsprechenden Aenderungen der Form und des Flüssigkeitsgehaltes der verschiedenen Theile des Fasergerüstes begleitet ist, braucht nicht erst erwähnt zu werden.

2) Für die Menge der Flüssigkeitstheilchen, welche die Muskelfaser aus der umspülenden Flüssigkeit in sich aufnimmt, und für die Gestalts- und Volumenänderung, welche die Muskelfaser in Folge der Umspülung erfährt, ist aber nicht blos die endosmotische oder exosmotische Kraft massgebend, welche anzunehmen ist, wenn wir das Sarkolemma als einen von der gegebenen Flüssigkeit umspülten, im Inneren mit Muskelsaft erfüllten Schlauch betrachten, sondern wir müssen zugleich auch die verschiedenen Theile des Fasergerüstes (Disdiaklasten, Quer- und Längsbälkchen) und die verschiedenen Quellungsverwandtschaften berücksichtigen, welche dieselben zu der in die Muskelfaser eindringenden Flüssigkeit oder vielmehr zu derjenigen Flüssigkeit besitzen, die sich in Folge der Einwirkung der Umspülungsflüssigkeit im Inneren der Faser herstellt. Eine bestimmte Flüssigkeit würde vielleicht dann, wenn sie nur auf einen mit Muskelsaft erfüllten Sarkolemmaschlauch einwirkte, wenn also nur die Quellungsverwandtschaft derselben zum Sarkolemma in Betracht käme, gar keine Anschwellung dieses Schlauches bewirken, sondern nur durch Diffusion eine bestimmte qualitative Veränderung des Muskelsaftes zu Folge haben, sowie auch selbst durch gewisse aus dem Sarkolemmaschlauche herausdiffundirende Theilchen eine Veränderung ihrer chemischen Zusammensetzung erleiden. Da aber die Querbälkchen zu dieser Flüssigkeit oder vielmehr zu der unter der Einwirkung dieser Flüssigkeit im Faserinneren sich herstellenden Saftart eine grössere Quellungsverwandtschaft besitzen als zu dem reinen, unveränderten Muskelsafte, so werden die Querbälkchen safthaltiger und länger, als sie zuvor waren, die Muskelfaser wird demgemäss dicker

und kürzer und der osmotische Druck, unter dem der freie Muskelsaft steht, nimmt ab und in Folge dieser Druckabnahme dringt Flüssigkeit von aussen in die Faser ein und das Volumen derselben nimmt in merkbarem Grade zu.[1] Eine andere Flüssigkeit erstreckt möglicher Weise ihre Wirksamkeit hauptsächlich auf die Längsbälkchen, indem die durch dieselbe bewirkte Modification des flüssigen Faserinhaltes eine Schrumpfung oder Anschwellung dieser Bälkchen bewirkt und hierdurch zugleich die Gestalt und das Volumen der Muskelfaser verändert. Kurz, um die Quellungs- und Schrumpfungserscheinungen der umspülten Muskelfaser vollständig zu verstehen, darf man nicht blos die Quellungsverwandtschaft der Umspülungsflüssigkeit zum Sarkolemma und die von dieser Quellungsverwandtschaft abhängige endosmotische oder exosmotische Kraft berücksichtigen, sondern muss zugleich auch die Quellungsverwandtschaften beachten, welche die verschiedenen Theile des Fasergerüstes zu der in Folge der Umspülungsflüssigkeit sich herstellenden Modification des Muskelsaftes besitzen. Da nun diese Modification des Muskelsaftes den verschiedenen Theilen des Fasergerüstes in verschiedenem Grade quellungsverwandt sein kann und die Form derselben in verschiedenem Grade und in verschiedener Richtung beeinflussen kann, so können bei Umspülung der Muskelfaser durch eine Flüssigkeit die Verhältnisse schon hinsichtlich der blossen Quellung oder Schrumpfung der verschiedenen Theile des Fasergerüstes in mannigfaltiger Weise variiren.

3) Durch den Einfluss der Umspülungsflüssigkeit braucht nicht

[1] Auch in diesem Falle findet also eine Endosmose statt, nicht aber eine solche, welche darauf beruht, dass in Folge höherer Quellungsverwandtschaft der Umspülungsflüssigkeit zum Sarkolemma sofort nach Herstellung der Umspülung ein von aussen nach innen gerichtetes Gefälle des Imbibitionsdruckes in den Poren des Sarkolemmas entsteht. Vielmehr besteht das Wesentliche des Vorganges darin, dass die Querbälkchen zu derjenigen Modification des Muskelsaftes, welche durch den an und für sich ohne Anschwellung der Faser stattfindenden, auf Diffusion beruhenden Stoffaustausch zwischen Umspülungsflüssigkeit und Muskelsaft hergestellt wird, eine grössere Quellungsverwandtschaft besitzen als zu dem unveränderten Muskelsaft. Die Querbälkchen schwellen demgemäss an und werden länger. Durch diesen von einer Verkürzung der Faser begleiteten Vorgang wird aber, wie leicht ersichtlich, der im freien Muskelsafte bestehende osmotische Druck herabgesetzt. Mithin wird das Gleichgewicht zwischen den im Sinne einer Exosmose und den im Sinne einer Endosmose wirksamen Kräften gestört. Der in den Poren des Sarkolemmas bestehende Imbibitionsdruck wird an den inneren, dem Muskelsafte zugekehrten Porenenden schwächer als an den äusseren Enden, und dem so entstehenden Gefälle des Imbibitionsdruckes entspricht eine endosmotische Zunahme des Flüssigkeitsgehaltes und Volumens der Muskelfaser.

blos der Quellungszustand der festen Bestandtheile der Muskelfaser verändert zu werden, sondern es können durch dieselbe auch tiefer gehende, chemische Veränderungen in der Struktur dieser Bestandtheile bewirkt werden. Im Allgemeinen werden sich die verschiedenen festen Bestandtheile der Muskelfaser dieser chemischen Wirksamkeit der Umspülungsflüssigkeit gegenüber nicht in gleicher Weise verhalten. Eine Flüssigkeit, welche das Fasergerüst stark angreift, braucht nicht auch das Sarkolemma zu alteriren, und wenn die Querbälkchen oder die Längsbälkchen von einer Flüssigkeit stark angegriffen werden, so braucht dasselbe nicht auch von den Disdiaklasten zu gelten. Selbstverständlich können durch derartige chemische Veränderungen der festen Faserbestandtheile auch die Form, Elasticität, Festigkeit und Quellungsfähigkeit dieser Theile wesentlich verändert werden.

Nur ein extremer Fall der zerstörenden chemischen Wirksamkeit oder der quellungerregenden Wirksamkeit der Umspülungsflüssigkeit ist es, wenn gewisse Theile des Fasergerüstes, z. B. die Querbälkchen, durch die Flüssigkeit ganz aufgelöst werden.

4) Die Wechselwirkung des Muskelsaftes und der Umspülungsflüssigkeit kann auf die Erregbarkeit des ersteren einen erhöhenden oder herabsetzenden Einfluss ausüben. Es kann sogar der Eintritt dieser Wechselwirkung von dem sofortigen Auftreten einer lebhaften Erregung im Muskelsafte begleitet sein. Insbesondere kann die Erregbarkeit der Muskelfaser auch durch Gerinnungen, welche unter dem Einflusse der umspülenden Flüssigkeit im Muskelsafte eintreten, geschädigt werden. Auch die mit einer Anschwellung oder Schrumpfung der Muskelfaser verbundene Aenderung des Druckes, unter dem der Muskelsaft steht, muss, wie wir späterhin sehen werden, von Einfluss auf die Erregbarkeit des Muskelsaftes sein.

Endlich wollen wir nicht versäumen noch darauf hinzuweisen, dass die verschiedenen Schichten oder Arten des Muskelsaftes, entsprechend ihrer verschiedenen chemischen Zusammensetzung, auch bei Einwirkung einer und derselben Umspülungsflüssigkeit sich verschieden verhalten können. Eine Umspülungsflüssigkeit, welche die protoplasmatischen Saftschichten in bestimmter Weise verändert, braucht nicht auch die flüssigeren, erregbareren Saftschichten in gleicher Weise zu verändern und umgekehrt. Auch die Muskelkerne zeigen einwirkenden chemischen Mitteln gegenüber Besonderheiten des Verhaltens.

Wenn man sich nun vor Augen hält, dass die im Vorstehenden angedeuteten Einflüsse, welche eine Umspülungsflüssigkeit auf die verschiedenen Bestandtheile der Muskelfaser ausüben kann, in zahlloser Weise sich mit einander combiniren können, und sich zugleich vergegenwärtigt, dass jede Combination dieser Einflüsse auch die mechanischen und optischen Eigenschaften des Muskels in bestimmter Weise verändern muss, so hat man einigermassen ein Bild von der Mannigfaltigkeit der Wirkungsweisen, welche eine umspülende Flüssigkeit auf die Muskelfaser auszuüben vermag. Was nun den eigentlichen Gegenstand dieses Paragraphen, nämlich den Einfluss der Umspülungsflüssigkeit auf das Doppelbrechungsvermögen der Muskelfaser, anbelangt, so ergibt sich, dass eine umspülende Flüssigkeit dieses Doppelbrechungsvermögen auf fünffachem Wege beeinflussen kann. Erstens dadurch, dass sie direkt die Struktur oder den Quellungsgrad der Disdiaklasten verändert. Zweitens dadurch, dass sie Spannungen des Fasergerüstes und mithin auch der Disdiaklasten erzeugt, indem sie die Muskelfaser durch Endosmose oder Exosmose anschwellen, bez. schrumpfen lässt oder auch auf dem oben unter 2) angedeuteten, complicirteren Wege die Quer- und Längsbälkchen und die gesammte Muskelfaser in ihrer Form verändert. Drittens kommt in Betracht, dass bei einer Anschwellung oder Schrumpfung der Faser die Disdiaklasten jeder Quercolonne über einen grösseren, bez. kleineren Querschnitt verbreitet werden. Viertens können auch die vorhandenen Desorientirungen der Disdiaklasten durch die Umspülungsflüssigkeit gesteigert oder verringert und hierdurch die Doppelbrechung verändert werden. So kann z. B. eine Abnahme der letzteren dadurch bewirkt werden, dass die Umspülungsflüssigkeit den Zusammenhang der festen Bestandtheile der Muskelfaser an bestimmten Stellen lockert oder ganz aufhebt, z. B. auf die Querbälkchen auflösend wirkt. Schon eine Schrumpfung der Faser, bei welcher die verschiedenen Theile des Fasergerüstes in geringerem Verhältnisse schrumpfen, als die entsprechenden Dimensionen der Gesammtfaser sich verringern, muss von Desorientirungen der Disdiaklasten begleitet sein, weil bei derselben so zu sagen die Straffheit der Aufhängung der Disdiaklasten innerhalb des Sarkolemmaschlauches sich vermindern muss. Andererseits ist aber auch die Möglichkeit nicht ausgeschlossen, dass eine durch eine Umspülungsflüssigkeit bedingte, osmotische Anschwellung der Faser durch die grössere Straffheit, welche sie den Querbälkchensystemen verleiht, dazu diene, solchen Disdiaklasten, deren Axen desorientirt sind, oder die eine regelwidrige Verschiebung in der Längsrichtung der Faser erfahren haben, wieder zu normaleren Stellungen zu verhelfen. Endlich fünftens kann die Doppelbrechung auch dadurch verändert werden, dass die Umspülungsflüssigkeit erregend auf den Muskelsaft wirkt und die auf solchem Wege hervorgerufene Contraktion der Muskelfaser, den Darlegungen des vorigen Paragraphen entsprechend, die Doppelbrechung beeinflusst. So hebt z. B. Rollett (1, S. 125) gelegentlich hervor, dass, wenn man ganz frische und noch erregbare, überlebende Muskelfasern der Wirkung einer Säure aussetze, man alsdann in der Regel Säurebilder erhalte, die sich aus dem contrahirten Zustande der Faser entwickelt hätten, da die Säure die noch erregbaren Muskeln zunächst in den verkürzten Zustand überführe.

Es versteht sich von selbst, dass eine und dieselbe Umspülungsflüssigkeit die Doppelbrechung gleichzeitig auf mehreren der hier angeführten Wege beeinflussen kann. Ein solches Verhalten muss sogar als das regelmässige betrachtet werden.

Wie schon auf S. 65 f. bemerkt, ist die Möglichkeit, dass eine Umspülungsflüssigkeit die Doppelbrechung durch im Fasergerüste hervorgerufene Spannungen beeinflusse, zu wenig von denjenigen Forschern berücksichtigt worden, welche im Hinblick auf das Verhalten, das die Doppelbrechung bei Einwirkung gewisser Flüssigkeiten auf den Muskel zeigt, die Behauptung aufgestellt haben, dass die Disdiaklasten aus Myosin bestehen. Wenn z. B., wie Nasse erwähnt, die Lösungen gewisser alkalischer und saurer Verbindungen das Doppelbrechungsvermögen des Muskels verringern, indem sie letzteren zugleich anschwellen lassen, so liegt von vorn herein betrachtet durchaus auch die Möglichkeit vor, dass diese Schwächung der Doppelbrechung zu einem grösseren oder geringeren Theile auf den Spannungen beruhe, welche die eintretende Anschwellung der Muskelfaser in den Disdiaklasten zu Folge hat. Angenommen nämlich, die von Stoffen der genannten Art bewirkte Anschwellung der Muskelfaser, welche dem auf S. 186 Erwähnten gemäss zugleich von einer Verkürzung der Faser begleitet ist, komme durch osmotische Wirksamkeit gewisser Bestandtheile des Muskelsaftes zu Stande, so werden bei der Anschwellung der Faser nothwendig die Querbälkchen gedehnt und die Disdiaklasten verkürzt und verdickt werden. Diese Formänderung der Disdiaklasten aber muss nach den Resultaten der in §§ 31 und 32 angestellten Betrachtungen nothwendig von einer Schwächung der doppelbrechenden Kraft der Disdiaklasten begleitet sein. Die von Nasse hervorgehobene Thatsache, dass die Schwächung des Doppelbrechungsvermögens des Muskels, welche durch quellungerregende Agentien bewirkt wird, durch wasserentziehende Mittel wieder rückgängig gemacht werden kann, falls die Wirkung nicht bereits zu weit gegangen ist, widerspricht an und für sich betrachtet gleichfalls nicht im Mindesten der Annahme, dass die Schwächung der Doppelbrechung durch Umspülungsflüssigkeiten, welche ein Anschwellen der Muskelfaser bewirken, wenigstens einem nicht unwesentlichen Theile nach auf den Spannungen oder Spannungsänderungen beruhe, welche bei der Anschwellung der Faser in den Disdiaklasten auftreten. Auf der anderen Seite aber ist auch kein Zweifel, dass, wenn nicht alle, so doch die allermeisten derjenigen Umspülungsflüssigkeiten, welche die Doppelbrechung verändern, zugleich auch direkt die Struktur oder den Quellungsgrad der Disdiaklasten angreifen. So ergeben die in § 37 näher zu besprechenden Erscheinungen der mit Säure behandelten Muskelfasern in ganz unzweifelhafter Weise, dass die Disdiaklasten, insbesondere diejenigen der Querscheiben, durch den quellungerregenden Einfluss der Säure anschwellen und schliesslich ganz aufgelöst werden können. Wie ferner schon auf S. 113 erwähnt, vermögen überhaupt die meisten derjenigen Umspülungsflüssigkeiten, welche ein Anschwellen der Muskelfaser bewirken, den Inhalt derselben schliesslich in eine echte Flüssigkeit zu verwandeln. Es würde also sicherlich verkehrt sein, wollte man den Einfluss, den umspülende Flüssigkeiten auf die Doppelbrechung im Muskel ausüben, lediglich auf die eintretenden Spannungen der Disdiaklasten zurückführen und nicht auch eine direkte Beeinflussung des Quellungsgrades oder der Struktur der Disdiaklasten durch die Flüssigkeit als in der Regel vorhanden annehmen.

Was den Einfluss anbelangt, den eine Umspülungsflüssigkeit auf den Quellungsgrad der Disdiaklasten und hierdurch auf die doppelbrechende Kraft derselben ausübt, so scheint man bisher ohne Weiteres als selbstverständlich vorausgesetzt zu haben, dass eine Erhöhung des Quellungsgrades der Disdiaklasten von einer Abnahme der Doppelbrechung begleitet sei. Thatsächlich verhalten sich aber die doppelbrechenden quellungsfähigen Körper bei Steigerung des Quellungsgrades so, dass bei vielen die Doppelbrechung abnimmt, bei anderen zunimmt und bei noch anderen sich nicht merklich verändert.[1] Sehen wir von den chemischen Vorgängen und Strukturänderungen, welche bei der Quellung eines Körpers stattfinden können, ganz ab, so kommen nach unseren Anschauungen für das Verhalten, welches das Doppelbrechungsvermögen eines aus Micellen aufgebauten Körpers bei der Aufquellung oder Zunahme der vorhandenen Durchfeuchtung zeigt, folgende Umstände oder Vorgänge in Betracht: erstens der Umstand, dass sich bei der Quellung die doppelbrechenden Bestandtheile des Körpers über einen grösseren Raum verbreiten, zweitens der steigernde Einfluss der Quellung auf die Desorientirungswinkel der Mi-

[1] Vergl. A. F. W. Schimper in der Zeitschr. f. Krystallographie und Mineralogie, 5, 1881, S. 154 f., von Ebner, a. a. O. S. 14 f., Schwendener in den Berl. Ber., 1887, 2, S. 693 ff.

celle,[1] drittens der Zerfall einer Anzahl von Micellen und der Uebergang einer Anzahl von Körpermolekülen in den gelösten Zustand, endlich viertens die Spannungen der festen Massentheilchen des Körpers, welche nach demjenigen, was auf S. 9 betreffs des Zustandekommens der Quellung bemerkt worden ist, bei der Aufquellung in ähnlicher, wenn auch nicht ganz gleicher, Weise auftreten und die Doppelbrechung beeinflussen müssen wie diejenigen Spannungen, welche bei Einwirkung einer dehnenden Aussenkraft in dem Körper auftreten und die Doppelbrechung beeinflussen. Diese bei der Aufquellung stattfindenden Spannungen sind bei Erklärung derjenigen Fälle, wo die Doppelbrechung bei der Quellung zunimmt, zunächst heranzuziehen. Natürlich können aber auch Fälle vorkommen, wo die bei der Quellung eintretenden Spannungen gleichfalls im Sinne einer Schwächung der Doppelbrechung wirksam sind. Da eine fortgesetzte Erhöhung des Quellungsgrades schliesslich zur vollständigen Auflösung des Körpers führt, so kann in dem Falle, wo ein Körper durch Aufquellung an doppelbrechender Kraft gewinnt, diese Zunahme der Doppelbrechung nur bis zu einem gewissen endlichen Grenzwerthe der Aufquellung hin stattfinden. Jenseits dieses Grenzwerthes muss in Folge der fortschreitenden Lösung einzelner Körpermoleküle die Doppelbrechung sinken.

Aus den bisherigen Ausführungen dieses Paragraphen dürfte sich hinlänglich ergeben, wie sehr complicirt die Dinge liegen, wenn es sich um die Einwirkung einer Umspülungsflüssigkeit auf das Doppelbrechungsvermögen des Muskels handelt, und wie wenig geeignet daher hierauf bezügliche Versuche sind, zur Entscheidung über eine Theorie der Muskelthätigkeit beizutragen. Wir können uns mithin bei Besprechung der, überdies wenig zahlreichen, Versuche, welche von Ebner über die Einwirkung chemischer Reagentien auf das Doppelbrechungsvermögen des Muskels angestellt hat, kurz fassen.

von Ebner operirte hauptsächlich mit Kochsalzlösungen und erhielt hierbei folgende Resultate. Wird der Muskel in indifferente Kochsalzlösung von 0,5—0,6 Proc. gelegt, so geht die Doppelbrechung nur wenig und nur sehr langsam zurück. „Concentrirte Kochsalzlösungen bewirken stets nach kurzer Zeit ein beträchtliches Sinken der Doppelbrechung. Unter Umständen lässt sich diese gesunkene Doppelbrechung durch Auswaschen mit halbprocentiger Kochsalzlösung nahezu wieder herstellen . . . Bedingung zur Erhöhung der gesunkenen Doppelbrechung durch Auswaschen ist, dass das Präparat rasch in ausgiebiger Weise

[1] Näheres über diesen Einfluss der Quellung auf die Desorientirungen der Micelle folgt in der auf S. 9 erwähnten Abhandlung über die Quellung.

mit der Salzlösung in Berührung kommt ... Freilich hat man dabei nicht die volle Garantie, dass sich während des Wechsels des Reagens die Dicke des Präparates nicht ändert; man kann sich jedoch durch gute Fixirung der Enden des Muskels mit Hilfe von Korken, welche man auf dem Objektträger mit Siegellack befestigt, und auf welchen man den gespannten Muskel mit Hilfe von Korkstreifen, die man über die Enden des Muskels durch Nadeln feststeckt, eine genügende Sicherheit verschaffen, dass merkliche Verschiebungen der Theile nicht eintreten. Man kann an einem solchen Präparat ... mehrmals nach einander jedesmal, sobald der Muskel mit 10procentiger Kochsalzlösung betupft wird, die Farbe beträchtlich sinken sehen, und wieder steigen bei Zusatz einiger Tropfen halbprocentiger Kochsalzlösung. Ganz Analoges erhält man auch bei Zusatz von destillirtem Wasser statt verdünnter Kochsalzlösung; es tritt dann aber nach kurzer Zeit wieder ein beträchtliches Sinken der Farbe ein. Wenn man den Muskel zwischen zwei Glasplatten in eine Kammer einschliesst, so gelingen derartige Versuche gar nicht oder nur sehr unvollkommen."

Es ist unmöglich, sich mit voller Sicherheit für eine bestimmte, detaillirte Erklärung dieser Versuchsresultate zu entscheiden, weil bei der Vielheit der von vorn herein in Betracht kommenden Faktoren und bei der geringen Genauigkeit unserer Kenntniss der Vorgänge, die bei Einwirkung der hier genannten Flüssigkeiten sich im Inneren des Muskels abspielten, es thatsächlich nicht schwer ist, sich eine Reihe verschiedener, mehr oder weniger complicirter Erklärungsversuche für diese Beobachtungsergebnisse zu construiren. Da, wie z. B. ENGELMANN (1, S. 46) bemerkt, längere Einwirkung einer concentrirten Kochsalzlösung schliesslich zur völligen Verflüssigung der Disdiaklasten, und zwar zunächst derjenigen der Querscheiben, führt, so muss jedenfalls angenommen werden, dass eine derartige Lösung quellungerregend auf die Disdiaklasten wirkt. Man kann nun meinen, dass die hier angeführten Versuchsresultate VON EBNER's in folgender Weise zu erklären seien. Wenn die concentrirte Kochsalzlösung nur kurze Zeit auf den Muskel einwirke, so werde durch die eintretende Aufquellung der Disdiaklasten eine Abnahme der Doppelbrechung bedingt, welche bei Rückgängigmachung der Aufquellung durch Auswaschen des Muskels mit indifferenten Mitteln gleichfalls in mehr oder weniger vollkommenem Grade rückgängig werde. Dauere hingegen die Einwirkung der concentrirten Kochsalzlösung längere Zeit hindurch an, so trete eine tiefer gehende Strukturänderung oder völlige Auflösung der Disdiaklasten ein, welcher natürlich eine irreparable Schwächung der Doppelbrechung entspreche. Man kann indessen behufs Erklärung der oben angeführten

Beobachtungsresultate auch geltend machen, dass, wie Engelmann (1, S. 45 f. u. 56 ff.) bemerke, eine mit concentrirter Kochsalzlösung behandelte Muskelfaser stark anschwelle, sobald die anfänglich in Folge der rapiden Wasserentziehung eintretende Schrumpfung beendet sei. Diese Anschwellung der Muskelfasern habe auch bei den hier in Rede stehenden Versuchen von Ebner's, bei denen Verschiebungen von Muskeltheilen erschwert waren, in gewissem Grade eintreten und dem oben Bemerkten gemäss ein Sinken der Doppelbrechung bewirken müssen, sowohl wegen der mit einer Faseranschwellung verbundenen Verbreitung der Disdiaklasten über einen grösseren Querschnitt als auch wegen der damit verbundenen Spannungen der Disdiaklasten. Bei Rückgängigmachung der Anschwellung des Muskels habe natürlich auch das Sinken der Doppelbrechung, soweit es nicht durch eine destruirende Wirkung der Lösung bewirkt gewesen sei, wieder rückgängig werden müssen. Man kann aber endlich auch meinen, dass bei den hier in Rede stehenden Erscheinungen Desorientirungen von Fasern und Disdiaklasten, welche durch ungleichmässiges Anschwellen oder Schrumpfen verschiedener Fasern und andere derartige Vorgänge bewirkt worden seien, eine Rolle gespielt hätten. Für diese Ansicht kann man anführen, dass die mitgetheilten Versuchsprotokolle von Ebner's ausdrücklich von verbogenen Fasern berichten, welche an dem mit concentrirter Kochsalzlösung behandelten Muskel wahrgenommen worden seien. Wenn die obigen Versuche von Ebner's gar nicht oder nur unvollkommen gelangen, falls der Muskel zwischen zwei Glasplatten in einer Kammer eingeschlossen war, so kann dies daran gelegen haben, dass unter diesen Umständen die Formänderungen der Muskelfasern, welche sonst ein Sinken der Doppelbrechung bewirkten, zu wenig ausgiebig ausfielen, sowohl wegen der geringeren Zugänglichkeit der Muskelfasern für die Lösung, als auch wegen des grösseren äusseren Reibungswiderstandes, der bei einer Formänderung des Muskels zu überwinden war. Man kann sich aber auch noch andere Erklärungen für die soeben erwähnte Beobachtungsthatsache ausdenken. Kurz man sieht hinlänglich, dass es völlig unmöglich ist, die Veränderungen, welche die Doppelbrechung bei Einwirkung einer Umspülungsflüssigkeit auf den Muskel erleidet, zur Prüfung oder näheren Ausbildung einer Contraktionstheorie zu verwenden, so lange wir nicht genau wissen, wie sich Form und Volumen des Muskels in den verschiedenen, dem Eintritte der Umspülung folgenden Stadien verhalten, und so lange wir nicht genau über die chemischen und physikalischen Wirkungen unterrichtet sind, welche die umspülende Flüssigkeit im Inneren des Sarkolemmaschlauches ausübt.

Gewisser Vollständigkeit halber erwähnen wir hier noch, dass von Ebner bei Behandlung des Muskels mit einer kalt gesättigten Lösung von schwefelsaurer Magnesia ein anfängliches Steigen und späteres Sinken der Doppelbrechung beobachtete. Von Interesse sind seine Versuche mit Natronlauge und Salzsäure. Bei denselben stellte sich eine fast vollständige Vernichtung der Doppelbrechung ein, welche durch Dehnen des in Folge der chemischen Einwirkung contrahirten Muskels theilweise rückgängig gemacht werden konnte. Wir haben schon früher (auf S. 220) auf die Wiedererhöhung, welche das Doppelbrechungsvermögen der mit Säure behandelten Muskeln durch die Dehnung erfährt, aufmerksam gemacht.

Eine ähnliche Mehrdeutigkeit, wie die Ergebnisse der im Vorstehenden betrachteten Versuche mit umspülenden Flüssigkeiten besitzen, haftet auch den Resultaten der Versuche an, welche von Ebner (a. a. O. S. 174 ff.) ausführte, um festzustellen, welchen Einfluss das Trocknen des Muskels auf die Doppelbrechung ausübe. Bei diesen Versuchen wurde der Muskel frei ausgespannt und an den Endpunkten fest fixirt, so dass er sich beim Trocknen nicht verkürzen konnte. Obwohl die Breite des Muskels beim Trocknen eine beträchtliche, in die Augen fallende Abnahme erfuhr, so zeigte sich doch, dass die Interferenzfarbe beim Trocknen sank oder in nur unbedeutendem, der Breitenabnahme nicht proportionalem Verhältnisse stieg. Beim Erweichen des trockenen Muskels in halbprocentiger Kochsalzlösung zeigte sich eine anfängliche, oft sehr bedeutende Verstärkung der Doppelbrechung, welche nach einiger Zeit wieder verschwand.

von Ebner macht darauf aufmerksam, dass, wenn die Doppelbrechung „durch unveränderliche krystallinische Molekülaggregate im Sinne der Disdiaklasten-Hypothese" bedingt wäre, alsdann die Interferenzfarbe des Muskels beim Trocknen in demselben Verhältnisse steigen müsste, in welchem die Breite des Muskels abnimmt. Da nun seine Versuche ein solches Resultat nicht ergeben haben, so erblickt er in den Ergebnissen derselben einen Beweis gegen die Annahme der Disdiaklasten. „Ganz unbegreiflich auf Grund der Disdiaklasten-Hypothese," fährt er fort, „und nur aus vorübergehenden Spannungen zu erklären ist die beim Erweichen des trockenen Muskels auftretende, oft sehr bedeutende Verstärkung der Doppelbrechung, welche nach einiger Zeit wieder verschwindet." Wir brauchen nicht erst zu bemerken, dass unsere Theorie uns durchaus verstattet, gleichfalls anzunehmen, dass die beim Erweichen des trockenen Muskels auftretende Verstärkung der Doppelbrechung zu einem gewissen Theile oder vollständig auf vorübergehenden Spannungen beruht habe. Hierbei wird man in erster Linie an Spannungen zu denken haben, welche sich auf die Disdiaklasten erstreckten und zur Erhöhung der doppelbrechenden Kraft derselben dienten.[1] Es ist indessen nicht zu übersehen, dass, wenn wir früher (S. 216 f.) zu der Ansicht gelangt sind, dass die Quer- und Längsbälkchen des nicht ausgetrockneten, saftreichen Muskels durch ihnen zu Theil werdende Spannungen nicht in merkbarem Grade doppelbrechend werden, hiermit keineswegs die Möglichkeit ausgeschlossen ist, dass diese Bälkchen, wenigstens die Längsbälkchen, im völlig ausgetrockneten Muskel merkbar doppelbrechend seien, falls sie durch Fixirung der Endpunkte des ausgespannten Muskels in bestimmten Spannungen erhalten werden. Entsprechendes gilt von dem Sarkolemma, von den bindegewebigen Einlagerungen und anderen Hilfsbestandtheilen des Muskels. Es ist also principiell auch mit der Möglichkeit zu rechnen, dass die beim Erweichen des trockenen Muskels beobachtete Verstärkung der Doppelbrechung zu einem Theile darauf beruht habe, dass ein auf Spannungen beruhendes, der in den Disdiaklasten stattfindenden Doppelbrechung entgegenwirkendes Doppelbrechungsvermögen solcher Muskelbestandtheile, welche unter gewöhnlichen Umständen nicht merkbar anisotrop sind, beim Erweichen des Muskels allmählich wieder zurückging.

Nach dem soeben Bemerkten ist es ferner erst recht überflüssig, den oben erwähnten Auslassungen von Ebner's auch noch entgegenzuhalten, dass unsere Theorie keineswegs nothwendig zu der Schlussfolgerung führt, dass beim Trocknen des Muskels die Interferenzfarbe in demselben Verhältnisse steige, in welchem die Breite des Muskels abnimmt. Nach unserer Theorie steht an und für sich nichts der Annahme entgegen, dass die Veränderung, welche die Doppelbrechung beim Trocknen des Muskels erfuhr, auch durch den Einfluss eintretender Spannungen bestimmt wurde. Nur ist nicht zu übersehen, dass auch die Annahme möglich ist, dass das beim Trocknen des Muskels beobachtete Absinken oder nur geringe und der Breitenabnahme des Muskels nicht proportionale Ansteigen der Interferenzfarbe in wesentlichem Grade durch die eintretenden Verschiebungen und Desorientirungen der Muskelfasern und Disdiaklasten bedingt gewesen sei. Wir haben früher (S. 104 und 111) gesehen, dass bei Einwirkung wasserentziehender Agentien die anisotropen Scheiben des Muskelfaches weniger schrumpfen als die isotropen Schichten, und dass unter den anisotropen Scheiben die Zwischenscheibe am wenigsten schnell und

[1] So kann z. B. das Wiederanschwellen der stark geschrumpften Querbälkchen eine Zunahme der Länge der Disdiaklasten und Erhöhung ihrer doppelbrechenden Kraft bewirkt haben.

ausgiebig schrumpft. Eine ähnliche Ungleichförmigkeit der Schrumpfungen der verschiedenen Fachabtheilungen muss natürlich auch dann vorhanden sein und zur Erhöhung der vorhandenen Desorientirungen der Disdiaklasten dienen, wenn ein gespannter Muskel der allmählichen Austrocknung unterworfen wird. Und eine weitere Quelle von Verschiebungen und Desorientirungen von Muskelfasern und Disdiaklasten musste bei den hier in Rede stehenden Versuchen von Ebner's daraus entspringen, dass die verschiedenen Fasern des Muskels der Austrocknung nicht gleichzeitig in gleicher Weise unterlagen, sondern die Austrocknung zunächst nur die äusseren Fasern betraf und erst allmählich auf die inneren Fasern überging.

Sollte endlich Jemand die Vermuthung aufstellen, dass das Verhalten, welches die Doppelbrechung beim Austrocknen des Muskels zeigte, hauptsächlich dadurch zu Stande gekommen sei, dass bei der Austrocknung des Muskels der Quellungsgrad der Disdiaklasten erheblich unter den bei normalen Verhältnissen vorhandenen Werth herabgesunken sei und dieses Absinken des Quellungsgrades zugleich von einer Abnahme der doppelbrechenden Kraft der Disdiaklasten begleitet gewesen sei, so würde man, wenigstens zur Zeit, nicht in der Lage sein, diese Vermuthung mit durchschlagenden Gründen zu widerlegen. Denn dem oben (S. 247 f.) Bemerkten gemäss ist es durchaus möglich, dass ein doppelbrechender Körper von micellarer Struktur bei der Aufquellung bis zu einem gewissen Grenzwerthe des Quellungsgrades hin an doppelbrechender Kraft gewinne, während jenseits dieses Grenzwerthes bei weiterer Steigerung des Quellungsgrades die Doppelbrechung abnimmt. Der Umstand, dass eine starke Erhöhung des Quellungsgrades der Disdiaklasten eine Abnahme der doppelbrechenden Kraft derselben bedingt, würde also die Vermuthung, dass ein Herabgehen des Quellungsgrades derselben unter den normalen Werth gleichfalls von einer Abnahme der Doppelbrechung begleitet sei, nicht unbedingt auszuschliessen. Kurz man erkennt hinlänglich, dass auch die Resultate der hier in Rede stehenden, auf den Einfluss des Austrocknens des Muskels bezüglichen Versuche von Ebner's zur Zeit in sehr verschiedener Weise gedeutet werden können und zur Entscheidung für oder gegen eine Contraktionstheorie durchaus nicht genügen. —

von Ebner (a. a. O. S. 177 f.) stellte endlich noch Versuche über den Einfluss höherer Temperaturen (bis zu 130°) auf das Doppelbrechungsvermögen des trockenen Muskels an. „Es stellte sich hierbei heraus, dass die Muskeln verwickeltere Erscheinungen zeigen als die Sehnen. Während bei den trockenen Sehnen bei Temperaturen über 100° die Interferenzfarbe merklich steigt, beobachtet man bei den Muskeln anfänglich ein Sinken der Interferenzfarbe und erst später ein Steigen, wobei jedoch in der Regel schliesslich die Farbe doch immer noch niedriger bleibt, als sie beim Beginne des Erwärmens war.“ von Ebner deutet dieses Verhalten in folgender Weise. „Hohe Temperatur bedingt zunächst ein geringes Mass von Wärmestarre, welches noch in dem nicht ganz trockenen Muskel möglich ist. Dadurch geht die Interferenzfarbe herab. Die hohe Temperatur an sich bewirkt aber im völlig trockenen Muskel eine Verstärkung der Doppelbrechung wie bei der Sehne. Je nachdem nun die eine oder andere Wirkung überwiegt, kann ein Steigen oder ein Sinken der Interferenzfarbe zu Stande kommen. Für diese Erklärung spricht insbesondere die Thatsache, dass trockene Muskeln, welche längere Zeit höheren Temperaturen ausgesetzt waren und dann wieder abgekühlt wurden, bei neuerlichem Erwärmen in der Regel sofort ein Steigen der Interferenzfarbe erkennen lassen.“

Wir würden den Leser ermüden, wollten wir näher ausführen, dass sich diese Versuchsergebnisse, auch in der ihnen von von Ebner gegebenen Deutung, gleichfalls mit unseren Anschauungen auf verschiedene Weise sehr wohl vereinen lassen, aber wegen der Complicirtheit der in Betracht kommenden, im Einzelnen nicht näher bekannten Verhältnisse, wegen der zahlreichen Möglichkeiten von Spannungen, Desorientirungen, Strukturänderungen u. dergl. zur Zeit eine besondere theoretische Bedeutung nicht beanspruchen können. Nur der eine Punkt sei hier hervorgehoben, dass, wenn es sich um einen wärmestarren oder überhaupt um einen starren Muskel handelt, alsdann auch noch mit der Möglichkeit zu rechnen ist, dass sich im Muskelsafte Gerinnsel ausgeschieden haben, welche, wenn nicht unter allen Umständen, so doch bei besonderen Arten der Beeinflussung des Muskels doppelbrechend sind und die zur Beobachtung gelangenden Interferenzfarben mitbestimmen.

Ebenso wenig wie die soeben angeführten Versuche von Ebner's gewähren auch die Versuche, welche Nasse (a. a. O. S. 28 ff.) über den Einfluss starker Erhitzung des Muskels, insbesondere des Kochens desselben, auf die Doppelbrechung ausgeführt hat, eine tiefer gehende theoretische Ausbeute. Bemerkenswerth ist das von Nasse erhaltene Resultat, dass die Doppelbrechung sehr stark verringert wird, wenn der Muskel im ungespannten Zustande gekocht wird, hingegen verhältnissmässig nur wenig beeinträchtigt wird, wenn der Muskel während des (nicht über einen allzu grossen Zeitraum ausgedehnten) Kochens sich im gespannten Zustande befindet. Nasse erklärt dieses Verhalten daraus, dass die Spannung des Muskels die doppelbrechenden Theilchen verhindere, von ihrer regelmässigen Anordnung abzuweichen. Es ist dies eine sehr naheliegende, nicht unwahrscheinliche Deutung, aber doch nicht die einzige mögliche Deutung. Man könnte z. B. auch annehmen, dass die Herabsetzung des Doppelbrechungsvermögens der Disdiaklasten, welche das Kochen an und für sich bewirke, in dem Falle, wo der Muskel in gespanntem Zustande gekocht werde, mehr oder weniger dadurch compensirt werde, dass Spannungen im Muskel entstünden, welche im Sinne eines Steigens der Doppelbrechung wirksam seien. Von den Versuchen der in diesem Paragraphen erörterten Art ergibt eben kaum ein einziger ein Resultat, welches mit voller Sicherheit nur eine einzige Deutung zulässt.

§ 34.

Wir sind auf die Veränderungen, welche die Doppelbrechung bei aktiven und passiven Formänderungen des Muskels und bei chemischen und thermischen Einwirkungen auf denselben erleidet, deshalb mit einiger Ausführlichkeit eingegangen, weil von Ebner in seiner angeführten Schrift, welcher Anerkennung nicht gefehlt hat, bekanntlich zu dem Endresultate kommt, dass durch die von ihm mitgetheilten Versuchsthatsachen „die Erklärung der Anisotropie des Muskels durch krystallinische Molekülcomplexe unhaltbar geworden ist“. Dass sich ein solches Resultat mit Sicherheit aus den Untersuchungen von Ebner's ergebe, scheinen sogar noch andere Forscher als dieser selbst zu glauben. So finden wir z. B. in der soeben erschienenen siebenten Auflage des Lehrbuches der Physiologie von Landois auf S. 578 folgende Bemerkung: „Was die eigentliche Ursache der Anisotropie anbetrifft, so haben die umfassenden Untersuchungen von Ebner's es klargelegt, dass durch Wachsthumsvorgänge in dem Gewebe S p a n n u n g e n erzeugt werden (Spannungserscheinungen imbibirter Körper), welche die Doppelbrechung hervorrufen.“ Angenommen nun, die Annahme von Disdiaklasten sei im Sinne der Anschauungen von von Ebner und Landois unhaltbar, so kann natürlich auch eine auf der Pyroelektricität der Disdiaklasten fussende Theorie der Muskelcontraktion nicht richtig sein. Thatsächlich steht nun aber, wie schon wiederholt hervorgehoben, die Sache so, dass die „Disdiaklasten-Hypothese“, welche von Ebner bekämpft, in allen Ausführungen dieses Forschers als eine Hypothese genommen wird, welche voraussetzt, „dass im Muskel kleinste doppelbrechende Theilchen von unveränderlichen optischen Constanten enthalten seien“. Wenn nun auch Brücke auf Grund gewisser Beobachtungen von ungenügender Beweiskraft den kleinen doppelbrechenden Körperchen, welche er als Ursache der Doppelbrechung des Lichtes im Muskel annahm, „unveränderliche Grösse und Gestalt“ zuschrieb, so folgt doch daraus nicht im Mindesten, dass jede Ansicht, welche als Grund der Doppelbrechung des Lichtes im Muskel Körperchen von krystallinischer Beschaffenheit ansieht, gleichfalls annehmen müsse, dass die optischen Constanten dieser Körperchen durch Druck oder Zug nicht verändert werden. von Ebner hat sich sonderbarer Weise diesen Umstand nie vergegenwärtigt, obgleich dessen Berücksichtigung mehr als nahe lag im Hinblick darauf, dass nach dem zur Zeit Vorliegenden die Einwirkung von Zug oder Druck auf doppelbrechende Krystalle in der Regel von einer Aenderung der doppelbrechenden Kraft der letzteren begleitet zu sein scheint. Weil Brücke's Annahme von Disdiaklasten mit unveränderlichen optischen Constanten nicht haltbar ist, so hält von Ebner die Annahme von Disdiaklasten überhaupt für widerlegt und seine eigene „Spannungshypothese“ für bewiesen.

Sieht man nun näher zu, in welcher Weise von Ebner die zum grossen Theile von ihm selbst festgestellten Aenderungen der Doppelbrechung erklärt, welche bei aktiver oder passiver Formänderung, bei thermischer oder chemischer Beeinflussung des Muskels eintreten, so zeigt sich, dass er über die etwas allgemein gehaltenen Schlussfolgerungen, dass die beobachteten Erscheinungen gegen die Brücke'sche Disdiaklastenhypothese sprächen, dass dieselben sich ganz ungezwungen durch die Spannungshypothese erklären liessen, u. dergl., im Wesentlichen nicht hinauskommt. An welchen Bestandtheilen des Muskels nun eigentlich die betreffenden, optisch wirksamen Spannungen vor sich gehen sollen, ob sie Zug- oder Druckspannungen seien, erfahren wir nicht. Nur am Ende der von Ebner'schen Schrift (auf S. 235) finden wir die Ansicht ausgesprochen, dass die Auffassung des Details der Struktur des quergestreiften Muskels durch die von G. Retzius vor Kurzem aufgefundenen, die Substanz der Muskelfasern quer durchsetzenden Fadennetze in ein neues Stadium treten werde. Der Versuch, auf Grund dieser histologischen Anschauung die unter verschiedenen Umständen auftretenden Aenderungen der Doppelbrechung im Sinne der Spannungstheorie näher zu erklären, wird indessen nicht gemacht. Man würde z. B. sehr irren, wenn man glauben wollte, dass von Ebner ebenso, wie wir in § 32 gethan haben, den Versuch mache, das Verhalten, welches die Doppelbrechung während und unmittelbar nach der Reizung des Muskels zeigt, in allen seinen Einzelheiten zu erklären. Er begnügt sich damit, zu constatiren, dass die Doppelbrechung durch den Contraktionsvorgang verringert wird. Dass für das Verständniss der histologischen Eigenthümlichkeiten der Muskelfaser, ihrer Querschichtung, der Strukturunterschiede der verschiedenen anisotropen Scheiben des Muskelfaches, der Gliederung des Faserinneren in Muskelsäulchen, und vollends für die Erklärung der physiologischen, mechanischen und thermischen Leistungen des Muskels durch von Ebner's Spannungshypothese nichts gewonnen worden ist, braucht nicht erst weiter ausgeführt zu werden.[1]

Ein Punkt, der hier ganz besonders hervorgehoben werden soll, ist der, dass unsere Contraktionstheorie in ganz einfacher und befriedigender Weise die Frage beantwortet, welche Bedeutung überhaupt die Anisotropie des Muskels besitze, weshalb die Contraktilität der Muskeln stets mit einer Doppelbrechung des Lichtes in gewissen Muskelbestandtheilen verbunden sei. Bekanntlich hat Engelmann (3, S. 432 ff. und 9, S. 576) ausgedehnte Untersuchungen über den Zusammenhang zwischen Contraktilität und Doppelbrechung angestellt. Er fand, dass bei den verschiedensten Formen contraktiler Substanz, bei der Muskelsubstanz von Hydra und Hydractinia, bei den contraktilen Fasern und Schichten von Infusorien, bei den Flimmerhaaren, bei den Spermatozoen, den Myxomyceten, bei Actinosphaerium Eichhornii u. dergl. m., überall die Contraktilität in gleicher Weise mit einer Doppelbrechung des Lichtes verbunden ist wie bei den eigentlichen Muskeln. Ferner stellte er fest, dass bei der Entwickelung der quergestreiften Muskelfasern kein merklicher Zeitunterschied im Auftreten von Contraktilität und Doppelbrechung besteht. Nach diesen Feststellungen äussert sich Engelmann folgendermassen: „Wir dürfen uns nach den vorstehenden Erfahrungen für berechtigt halten, den Satz auszusprechen:

Contraktilität, wo und in welcher Form sie auftreten möge, ist gebunden an die Gegenwart doppelbrechender, positiv einaxiger Theilchen, deren optische Axe mit der Richtung der Verkürzung zusammenfällt.

Unter den vielen Fragen, welche sich an dieses Resultat knüpfen, ist die bedeutungsvollste die nach der Art des Zusammenhanges zwischen Contraktilität und Gegenwart von Disdiaklasten. Welche Bedeutung haben letztere für den Contraktionsvorgang? Die Zeit ist noch nicht gekommen, um eine nur einigermassen befriedigende Antwort hierauf zu geben.“ Wir meinen, dass unsere Theorie eine mehr als nur einigermassen befriedigende Antwort auf diese Frage gibt. Contraktilität[2] setzt das Vorhandensein polar-pyroelektrischer Körperchen

---

[1] Einige weitere Bemerkungen über diese Spannungshypothese finden sich auf S. 259 ff.

[2] Näheres über den Begriff der Contraktilität folgt später.

voraus. Polar-pyroelektrisch können aber nur solche Körperchen sein, welche sich in optischer Hinsicht als anisotrop darstellen. Dass die optische Axe der Disdiaklasten, welche die beiden Pole derselben mit einander verbindet, in die Richtung der Verkürzung der contraktilen Substanz fällt, versteht sich nach unserer Theorie gleichfalls von selbst. Was den Umstand anbelangt, dass die Disdiaklasten bisher stets als positiv doppelbrechend befunden worden sind, so dürfte dies seinen Grund vielleicht einfach darin haben, dass diejenige Substanz oder Substanzart, welche wegen der hohen Pyroelektricität, die den aus ihr zusammengesetzten Micellen zukommt, in den contraktilen Organen zum Aufbau der anisotropen Fibrillen oder Fibrillenabschnitte verwandt ist, so zu sagen zufällig die Eigenschaft besitzt, im micellaren Zustande immer positiv doppelbrechend zu sein. Eine andere Auskunft in dieser Hinsicht lässt sich wenigstens so lange nicht geben, als wir nicht wissen, inwieweit und in welcher Richtung ein Zusammenhang zwischen dem Vorzeichen der Doppelbrechung einerseits und den übrigen Eigenschaften oder der Entstehungsweise des aus Micellen aufgebauten, anisotropen Körpers andererseits besteht. Erwähnt mag nur noch werden, dass nach den Untersuchungen von A. F. W. Schimper unter den optisch einaxigen Krystalloiden die positiv doppelbrechenden weitaus überwiegen. Unter den von Schimper untersuchten Krystalloiden zeigen nur diejenigen der Samen von Sparganium ramosum negative Doppelbrechung.[1]

[1] Vergl. Schimper in der Zeitschr. f. Krystallographie und Mineralogie, 5, 1881, S. 135 ff. — Engelmann (3, S. 460) weist auf die merkwürdige Uebereinstimmung hin, „welche zwischen contraktilen und nicht contraktilen einaxig positiven Gewebselementen (Bindegewebsfasern, Zellhäuten, Cuticulae u. s. w.) insofern besteht, als beide sich bei Imbibition in der Richtung der optischen Axe zu verkürzen streben oder doch senkrecht zur Axe viel bedeutender quellen als parallel zu derselben, eine Eigenschaft, welche ihnen übrigens sehr nahe stehenden, aber nicht deutlich doppelbrechenden Gewebselementen, z. B. den elastischen Fasern und Häuten, abgeht.“ Wir glauben, dass man aus verschiedenen Gründen eine etwas reservirte Stellung gegenüber der hier von Engelmann hervorgehobenen Uebereinstimmung verschiedenartiger positiv einaxiger Gewebselemente einzunehmen hat. Wir wollen aber doch nicht verfehlen, darauf hinzuweisen, dass, wie schon auf S. 76 f. bemerkt, eine Struktur der Disdiaklasten, in Folge deren dieselben in der axialen Richtung eine grössere Elasticität und geringere Quellungsfähigkeit besitzen als in den zur Axe senkrechten Richtungen, nach unseren Anschauungen durchaus zweckmässig ist, weil sie die Disdiaklasten befähigt, solchen Kräften gegenüber, welche die Faser in der Längsrichtung zu dehnen streben, einen grösseren Elasticitätswiderstand zu entwickeln, hingegen solchen Kräften, welche den Querschnitt der Faser zu vergrössern streben, einen geringeren Widerstand entgegenzustellen und sich in höherem Grade an der Nachquellung zu betheiligen.

L. HERMANN (Pflüger's Arch., 22, 1880, S. 251) hat es bekanntlich für höchst zweifelhaft erklärt, ob die Anisotropie des Muskels eine wesentlich funktionelle und nicht vielmehr eine nur morphologische Bedeutung habe. Dem gegenüber haben wir schon auf S. 147 f. nach dem Vorgange von ENGELMANN hervorgehoben, dass sich ein ursächlicher Zusammenhang zwischen Doppelbrechungs- und Contraktionsvermögen in ganz unzweifelhafter Weise daraus ergibt, dass die optische Axe in allen Muskelfasern mit der Richtung der Muskelverkürzung zusammenfällt und zwar sogar auch in den doppeltschräggestreiften Fasern, in denen die Richtung des Fibrillenverlaufes von der Richtung der Muskelverkürzung abweicht. Es ist eine sehr befremdende Thatsache, dass die bisherigen Auslassungen der Physiologen (mit Ausnahme von ENGELMANN) über das vermuthliche Zustandekommen der Muskelcontraktilität eine so äusserst geringe Inbetrachtnahme der histologischen Eigenthümlichkeiten der verschiedenen Muskelarten, insbesondere auch der doppeltschräggestreiften Fasern, verrathen. Wer in den Mechanismus einer complicirten Maschine einzudringen wünscht, hat doch in erster Linie die zu Tage tretenden Eigenthümlichkeiten der Einrichtung dieser Maschine zu erfassen und hinsichtlich der Bedeutung, die ihnen nach dem Stande unseres chemisch-physikalischen Wissens zukommen könnte, zu erwägen!

Wenn man die Spannungshypothese VON EBNER's näher betrachtet, so zeigt sich, dass sie diesen Namen nur in sehr eingeschränktem Sinne verdient. Wollte man die Anisotropie des ruhenden Muskels — nur soweit, als sie den Muskel betrifft, fassen wir diese Spannungstheorie hier ins Auge — durch die Annahme erklären, dass in dem ruhenden Muskel ähnliche Spannungen wie in einem künstlich gespannten Glasstücke bestünden, so würde man in einige Verlegenheit kommen bei Erklärung der Thatsache, dass die Disdiaklasten ihre Doppelbrechung auch dann noch besitzen können, wenn der Zusammenhang der verschiedenen Theile des Fasergerüstes unter dem Einflusse eines chemischen Agens sich mehr oder weniger gelöst hat und die Disdiaklasten nur noch als Bestandtheile frei beweglicher Zerfallsscheiben (Discs) oder gar als isolirte, frei bewegliche Körner zur Beobachtung kommen.[1] Es ist daher in Vergleich zu gewissen anderen Auffassungen ein wesentlicher Vorzug der Theorie VON EBNER's, dass sie nicht an die Doppelbrechung des künstlich gespannten Glases anknüpft, sondern vielmehr an die Thatsache, dass thierischer Leim und andere ähnliche Substanzen, wenn sie im gallertartigen Zustande unter dem Einflusse spannender Kräfte getrocknet werden, im trockenen Zustande andauernd doppelbrechend bleiben. Allein erklärt man die Doppelbrechung eines Gewebes oder Gewebs-

---

[1] Dass nach Eintritt des scheibengebenden Zerfalles der mit Alkohol behandelten Muskelfasern die verschiedenen anisotropen Scheiben des Muskelfaches auch noch als isolirte Zerfallsscheiben oder Bestandtheile solcher Zerfallsscheiben ihr Doppelbrechungsvermögen besitzen, hebt ROLLETT (1, S. 106) ausdrücklich hervor.

theiles in dieser Weise nach Analogie der Doppelbrechung trockenen Leimes, so sind es nicht noch vorhandene, sondern früher vorhanden gewesene Spannungen, welche als Ursache der Doppelbrechung angesehen werden. Denn der trockene Leim besitzt seine Doppelbrechung dadurch, dass er in Folge der Spannungen, welche beim Trocknen auf ihn einwirkten, eine mit Doppelbrechung des Lichtes verbundene, eigenthümliche Struktur andauernd angenommen hat. Wie VON EBNER (a. a. O. S. 19) selbst bemerkt, haben wir in dem Falle, wo thierischer Leim oder ein organisirter imbibitionsfähiger Körper durch Spannungen andauernd doppelbrechend geworden ist, anzunehmen, „dass, ähnlich wie bei Krystallen, die nach verschiedenen Richtungen des Raumes verschiedene optische Dichtigkeit von einer bestimmten Lagerung der kleinsten Massentheilchen abhängt, welche nicht durch mechanische Zerkleinerung aufgehoben werden kann wie beim gehärteten Glase. Während aber die Lagerung der kleinsten Massentheilchen, welche bei Krystallen die Doppelbrechung bedingt, direkt von der chemisch-physikalischen Beschaffenheit der Moleküle abhängig gedacht werden muss, welche bei der Krystallisation in den festen Aggregatzustand eintreten, kann eine analoge Lagerung der kleinsten festen Massentheilchen einer imbibirbaren Substanz durch mannigfaltige Zug- und Druckkräfte hervorgebracht werden, welche während der Erhärtung auf dieselbe einwirken." Hiernach ist der Unterschied zwischen unserer Auffassung der Muskelstruktur und der Spannungstheorie VON EBNER's nicht von der Art und nicht so gross, wie der Ausdruck Spannungstheorie zunächst vermuthen lassen kann. Denn betreffs der Aenderungen, welche die Anisotropie des Muskels bei der Contraktion und bei der Einwirkung äusserer Einflüsse erfährt, erkennen wir ebenso wie VON EBNER eine optische Wirksamkeit der im Muskel auftretenden Spannungen an. Der Unterschied zwischen beiden Auffassungen verringert sich noch mehr, wenn man mit VON EBNER (a. a. O. S. 229) und HERMANN (Handb. d. Physiol., 1. Bd., 1. Theil, S. 253) der Ansicht ist, dass die Bildung doppelbrechender, faseriger Gebilde und der Krystallisationsprocess Vorgänge sind, welche einander nahe oder sogar sehr nahe stehen. VON EBNER hebt in dieser Beziehung hervor, dass auch bei rein krystallinischen Substanzen die Richtung, in welcher Molekülcomplexe sich an einander reihen, von mechanischen Spannungen abhängig ist.

Mit Vorstehendem soll indessen der Unterschied, der zwischen unserer Auffassung der Muskelstruktur und derjenigen VON EBNER's besteht, keineswegs vertuscht werden.[1] Zwischen einem anisotropen Körper, der aus nach einer bestimmten Regel orientirten Molekülen besteht, welche so zu sagen bereits von Haus aus anisotrop und elektrisch polarisirt sind, und einem Körper, dessen Anisotropie darauf beruht, dass die zu seiner Herstellung verwandte gallertartige Masse, welche beim Erhärten unter gewöhnlichen Umständen einen isotropen festen Körper hätte ergeben müssen, thatsächlich unter dem Einflusse künstlicher Spannungen erhärtet worden ist, — zwischen zwei solchen Körpern bleibt immer ein bedeutender Unterschied bestehen. Vor Allem besteht zwischen ihnen der für uns hier fundamentale Unterschied, dass man nicht Grund hat, den Molekülen des letzteren Körpers eine permanente elektrische Polarisation sowie die Fähigkeit zuzuschreiben, bei einer Erhöhung oder Erniedrigung

[1] Eine eingehende Erörterung der verschiedenen Arten von Anisotropie, welche an den festen Körpern vorkommen können, hat VON EBNER in den Wien. Ber., 91. Bd., 2. Abth., 1885, S. 34 ff. geliefert.

der Temperatur in Folge eintretender Aenderung ihres elektrischen Momentes eine pyroelektrische Wirksamkeit zu entfalten.

Uebrigens dürfte sich aus den Ausführungen dieses Capitels sowie überhaupt aus den bisherigen Darlegungen dieser Schrift hinlänglich ergeben, dass wir nicht den mindesten Anlass haben, den Unterschied, der zwischen unserer Auffassung und derjenigen von Ebner's besteht, zu vertuschen. von Ebner hat die Annahme, dass die Anisotropie des ruhenden Muskels auf Spannungen im Sinne seiner Theorie beruhe, nicht nur nicht bewiesen, sondern derselben auch nicht einmal durch Anführung ins Gewicht fallender Gesichtspunkte zu einer höheren Wahrscheinlichkeit verholfen. Und da nun seine Spannungstheorie für das Verständniss der histologischen Eigenthümlichkeiten und physiologischen Leistungen der Muskelfaser gar nichts leistet,[1] hingegen unsere Theorie, wie sich bereits aus dem Bisherigen einigermassen ergeben dürfte, in der That eine Erklärung für die anatomischen und physiologischen Erscheinungen des Muskels bietet, so dürfte nicht zweifelhaft sein, welche von beiden Auffassungen den Vorzug verdient. Dem von von Ebner (a. a. O. S. 224 ff.) erbrachten, interessanten Nachweise, „dass sehr verschiedenartige colloidale Substanzen, wenn sie während der Erhärtung oder Gerinnung einer orientirten Spannung ausgesetzt sind, eine mehr oder weniger ausgesprochene faserige Struktur annehmen, wobei gleichzeitig eine der Spannung entsprechende Doppelbrechung auftritt", kann schon deshalb bei einer Erklärung der Anisotropie des Muskels kein grosses Gewicht beigelegt werden, weil die Fibrillen der quergestreiften Muskelfasern nicht wie jene künstlich abgeschiedenen Fasern colloidaler Substanzen in ihrem ganzen Verlaufe, sondern nur an bestimmten Stellen doppelbrechend sind, und weil an den (von von Ebner überhaupt nicht in Betracht gezogenen) doppeltschräggestreiften Muskelfasern die Richtung der optischen Axe der doppelbrechenden Fibrillenbestandtheile gar nicht mit der Richtung der Längserstreckung der Fibrillen übereinstimmt, wie nach den Resultaten jener künstlichen Fibrillenbildung zu erwarten sein würde. Diese Thatsache, dass die Anisotropie den Fibrillen der quergestreiften und der doppeltschräggestreiften Muskelfasern gar nicht mit derselben Vollständigkeit, bez. gar nicht mit derselben Orientirung zukommt wie den Fibrillen jener anderen doppelbrechenden Gebilde, scheint uns bereits einigermassen darauf hinzuweisen, dass es nicht das richtige Verfahren ist, wenn man die Muskeln und ähnliche contraktile Theile ohne Weiteres mit allen anderen gleichfalls positiv einaxig doppelbrechenden Geweben oder colloidalen Kunstprodukten von fibrillarer Struktur zusammenstellt und so behandelt, als müsse die Anisotropie in allen diesen Gebilden den gleichen Ursprung und die gleiche Bedeutung besitzen. In gleicher Weise scheint es uns schon von vorn herein bedenklich zu sein, wenn man die Muskelcontraktion in naher Gemeinschaft mit

[1] Die Betrachtungen, welche von Ebner (a. a. O. S. 234 ff.) anstellt, um „den Zusammenhang von Contraktilität und Doppelbrechung genauer zu präcisiren", beruhen auf der keineswegs erwiesenen, theoretisch sehr unsicheren Voraussetzung, dass ein Körper in der Richtung seiner grösseren Dichtigkeit nothwendig auch die grössere Quellungsfähigkeit besitzen müsse, und führen nicht einmal zu einem Verständnisse der Querstreifung des Muskels, der Verschiedenheit der Zwischenscheibe und der Querscheiben u. dergl., geschweige denn zu einer Erklärung der Erschlaffung des contrahirten Muskels und der specielleren Gesetze der Muskelthätigkeit.

der Sehnenverkürzung behandelt, von der sie sich doch in sehr wesentlichen Punkten unterscheidet, und dasselbe gilt auch noch von anderen Zusammenstellungen ähnlicher Art. —

Da in diesem Capitel so viel von Spannungen die Rede gewesen ist, mag hier zum Schlusse noch kurz darauf aufmerksam gemacht werden, dass auch schon beim natürlichen Ruhezustande der Muskelfaser gewisse Spannungen in dem Sarkolemma und dem Fasergerüste bestehen müssen. Da der Muskelsaft unter einem osmotischen Drucke steht, so muss sich das Sarkolemma, welches diesem Drucke das Gleichgewicht hält, nothwendig in gewisser Spannung befinden. Es ist möglich, dass das Sarkolemma bei diesem Widerstande gegen den Druck des Muskelsaftes durch das mit ihm verknüpfte Fasergerüst unterstützt wird — dann würden sich also die verschiedenen Theile des Fasergerüstes oder wenigstens die Querbälkchensysteme in einer gewissen Zugspannung befinden —, doch lässt sich ein genaueres Bild über die Richtung und Grösse der Spannungen, die in der Muskelfaser beim natürlichen Ruhezustande bestehen, zur Zeit noch nicht gewinnen. Die vorliegenden Beobachtungsangaben, welche hinsichtlich der Spannungen, die in der einer deformirenden Kraft nicht ausgesetzten, ruhenden Muskelfaser bestehen, etwas zu ergeben scheinen, beziehen sich thatsächlich nicht auf die lebende, unversehrte Faser, sondern auf die abgestorbene oder mit gewissen Agentien behandelte Faser. So berichtet z. B. R. H. Chittenden (Untersuch. aus dem Physiol. Instit. der Universität Heidelberg, 3, 1880, S. 180 f.), dass von den Fasern eines in Wasser von 45—50° C. erstarrten Froschmuskels manche nur streckenweise mit dem Sarkolemma bekleidet waren, und zwar zeigten die Fasern dieser Art „sehr eigenthümliche, dicke Ringe, die ohne Umstände als das zurückgerollte Sarkolemm zu erkennen waren . . . Das Sarkolemm rollt also auf einer erstarrten Muskelfaser in Folge einer besonderen Elasticität, die es vielleicht erst durch das Verfahren annimmt, so zurück, wie ein dünnwandiger Kautschukschlauch es zuweilen auf einer zu weiten Glasröhre thut, und ich muss dazu bemerken, dass dies auf Muskelfasern geschieht, deren Länge und Dicke unverändert zu sein scheint oder deren Querschnitte sicher nicht zugenommen haben.“

Fünftes Capitel.

Die Zerfallserscheinungen der Muskelfaser.

§ 35.

Auf die Erscheinungen, welche sich zeigen, wenn unter dem Einflusse chemischer oder physikalischer Agentien oder unter dem Einflusse der beim Absterben stattfindenden Vorgänge der Zusammenhang einzelner Theile der Muskelfaser sich löst, sind wir im Bisherigen noch nicht eingegangen. Auch diese Erscheinungen lassen sich nach unserer Auffassung von der Muskelstruktur sehr wohl verstehen und sind zum Theil nicht ohne Wichtigkeit für eine nähere Durchführung und Begründung unserer Theorie.

Wirken chemische Mittel auflösend auf den Zusammenhang dei festen Bestandtheile der Muskelfaser ein und wird etwa gar noch durch mechanische Eingriffe der Zerfall der Faser begünstigt, so erhält man bekanntlich als frei bewegliche Produkte des Zerfalles entweder erstens einzelne Fibrillen oder Fibrillenbündel oder zweitens scheibenartige Gebilde (sogenannte Discs), die wir im Folgenden kurz als Zerfallsscheiben bezeichnen, oder endlich drittens einzelne kurze Glieder von Fibrillen oder Fibrillenbündeln. Welche von diesen drei Arten des Faserzerfalles eintrete, scheint der nächstliegenden Vermuthung nach einfach davon abhängig zu sein, ob durch das wirksame Agens der Zusammenhang, in welchem die Disdiaklasten der unversehrten Faser mittels der Quer- und Längsbälkchen zu einander stehen, in den Querrichtungen oder in der Längsrichtung der Faser oder in beiden Richtungen zugleich eine Lösung erfahre. Thatsächlich liegen indessen die Verhältnisse etwas complicirter. Der fibrillare Faserzerfall, dessen Spaltungsprodukte keineswegs sämmtlich einzelne Fibrillen sind, sondern, wie auch ausdrücklich von Engelmann und Rollett hervorgehoben worden ist, im Allgemeinen theils aus einzelnen Fibrillen, theils aus Vereinigungen mehrerer Fibrillen, theils aus vollständigen Muskelsäulchen bestehen, beruht allerdings darauf, dass die Querbälkchen, welche die Fibrillen mit einander und mit dem Sarkolemma verbinden, theilweise zerstört oder zerrissen werden. Hingegen kommt der scheibengebende Zerfall der Faser keineswegs immer dadurch zu Stande, dass die Disdiaklasten und Querbälkchen erhalten bleiben, hingegen die Längsbälkchen in der Höhe gewisser isotroper Schichten aufgelöst werden oder ihre Continuität verlieren. Denn, wie wir in § 37 sehen werden, gibt es auch Fälle des scheibengebenden Faserzerfalles, in denen die Disdiaklasten gewisser anisotroper Scheiben (nämlich der Scheiben des Querbandes) aufgelöst werden und die Auflösung dieser Disdiaklasten eine wesentliche Rolle bei der Bildung der Zerfallsscheiben spielt. Auch ist wohl zu beachten, dass die Bildung frei beweglicher Zerfallsscheiben nicht blos darauf beruht, dass der Längszusammenhang des Fasergerüstes an bestimmten Stellen gelöst wird, sondern ausserdem auch noch zur Voraussetzung hat, dass die Querbälkchen, welche das Fasergerüst mit dem Sarkolemma verbinden, zerstört oder zerrissen werden. Wird der Längszusammenhang des Fasergerüstes an bestimmten Stellen unterbrochen, bleibt aber zwischen diesen Unterbrechungsstellen der Zusammenhang des Fasergerüstes mit dem Sarkolemma erhalten, so werden festsitzende Zerfallsscheiben erhalten, welche in der Längenansicht der Faser wie die einzelnen Sprossen einer Leiter erscheinen können. Häufig werden festsitzende und frei bewegliche Zerfallsscheiben gleichzeitig neben einander erhalten (vergl. hierzu z. B. Rollett, 1, Tafel I, Figur 2, 3 und 4).

Der scheibengebende Zerfall der Muskelfaser wird in den beiden folgenden Paragraphen zum Gegenstande näherer Erörterung gemacht werden, indem wir daselbst die beiden Hauptarten dieses Zerfalles, welche durch die in den Alkoholmuskeln und durch die in den Säuremuskeln unter Umständen vor sich gehende Bildung von Zerfallsscheiben repräsentirt werden, in ihren Einzelheiten näher besprechen werden. Hier mag vorläufig nur noch hervorgehoben werden, dass, ähnlich wie beim fibrillaren Zerfalle der Muskelfaser die Zerfallsprodukte im Allgemeinen theils einzelne Fibrillen theils Fibrillenbündel von wechselnder Anzahl der sie zusammensetzenden Fibrillen sind, auch die Zerfallsscheiben aus einer sehr verschiedenen Anzahl von Abtheilungen des Muskelfaches bestehen können. Während die einen derselben aus nur einer einzigen Scheibe des Muskelfaches, z. B. einer Zwischenscheibe, bestehen, setzen sich andere aus nicht weniger als neun mit einander zusammenhängenden Abtheilungen des Muskelfaches zusammen.

Betreffs der dritten der oben angeführten drei Arten des Faserzerfalles, bei welcher sowohl die Continuität der Fibrillen in der Längsrichtung als auch der Querzusammenhang derselben mit einander gelöst wird, liegen eingehendere Versuchsergebnisse zur Zeit nicht vor. Aus diesem Grunde sowie auch deshalb, weil sich aus demjenigen, was wir im Folgenden hinsichtlich des fibrillaren und namentlich hinsichtlich des scheibengebenden Zerfalles bemerken werden, die erforderlichen Gesichtspunkte für eine Betrachtung dieser dritten Zerfallsart leicht von selbst ergeben, unterlassen wir es, die letztere zum Gegenstande einer besonderen Erörterung zu machen. Nur dies mag hier hervorgehoben werden, dass die Produkte dieser dritten Art des Faserzerfalles keineswegs immer und insgesammt einzelne Disdiaklasten sind, sondern auch aus mehreren auf einander folgenden Disdiaklasten einer und derselben Fibrille oder aus mehreren neben einander befindlichen Disdiaklasten benachbarter Fibrillen nebst den diese Disdiaklasten verbindenden Längsbälkchen, bez. Querbälkchen bestehen können. Auch Glieder ganzer Muskelsäulchen, welche einer oder mehreren Abtheilungen des Muskelfaches entsprechen, können als Produkte dieser dritten Zerfallsart erhalten werden. Es besteht also kurz gesagt zwischen den Produkten dieser letzteren Zerfallsart und denjenigen des scheibengebenden und des fibrillaren Zerfalles durchaus ein allmählicher Uebergang. Was man als isolirte sarcous elements bezeichnet hat, dürfte in der Mehrzahl der Fälle aus Abschnitten ganzer Muskelsäulchen bestanden haben und zwar aus solchen, von denen jeder sämmtliche zu einem und demselben Querbande gehörigen Fibrillenglieder eines Muskelsäulchens umfasste.

Auch hinsichtlich des fibrillaren Zerfalles der Muskelfaser haben wir kaum etwas zu bemerken, was sich nach dem Bisherigen nicht von selbst verstünde. Es ist z. B. selbstverständlich, dass das Eintreten eines fibrillaren Faserzerfalles, im Gegensatze zu einem scheibengebenden Zerfalle, durch alle diejenigen Vorgänge begünstigt wird, welche dazu dienen, die Festigkeit der Fibrillen zu erhöhen, mögen diese Vorgänge nun in Veränderungen der chemischen Struktur oder des Quellungsgrades der Fibrillen oder in Gerinnungs- oder Fällungsprocessen bestehen, welche im Muskelsafte stattfinden und ihre festen Produkte auf den Fibrillen niederschlagen. Andererseits nimmt die Wahrscheinlichkeit, dass bei einem bestimmten Eingriffe ein scheibengebender und nicht ein fibrillarer Zerfall eintrete, selbstverständlich zu, wenn durch eine Veränderung der Querbälkchen oder durch Veränderungen, die im Muskelsafte vor sich gehen, der Querzusammenhang der Fibrillen erhöht wird. Wenn z. B. Nasse[1] bemerkt, dass der todtenstarre Muskel mit denselben Mitteln untersucht weniger leicht in Fibrillen zerfalle als ein in Alkohol oder Salicylsäure u. s. w. ohne Entwickelung der Starre getödteter Muskel, so liegt die Vermuthung nahe, dass dieses Verhalten darin seinen Grund habe, dass die bei der Erstarrung ausgeschiedenen Gerinnungsprodukte zu einer Erhöhung des Querzusammenhanges der Fibrillen dienen. Auf eine solche bei der Erstarrung stattfindende Erhöhung des Querzusammenhanges der Fibrillen weist auch die andere von Nasse hervorgehobene Thatsache hin, dass, während der frische Muskel an seinen freien Enden (Schnittflächen) pinselförmig sich zerfasert, „der starre Muskel ein mehr treppenförmiges Abbrechen der Muskelsäulchen und Fibrillen zeigt“.

Nasse hebt ferner hervor, „dass an den knotenförmigen Contraktionsstellen der Muskelfasern, wie solche in dem absterbenden, aber noch contraktionsfähigen Muskel verschiedener Thiere leicht entstehen und sich darin fixiren lassen, bei Anwendung der gebräuchlichen als Fibrillenbildner zu bezeichnenden Reagentien die Fibrillen sich weit weniger leicht von einander ablösen als an den in Ruhe befindlichen Theilen der Faser“. Nasse bezeichnet diese, von Engelmann (4, S. 10) bestätigte Erscheinung als die einzige, welche zur Zeit für Hermann's Vermuthung angeführt werden könnte, dass ebenso wie bei der Erstarrung auch bei der Contraktion des Muskels eine Myosingerinnung

---

[1] Hermann's Handb. d. Physiol., 1. Bd., 1. Abth., S. 320; Pflüger's Arch., 17, 1878, S. 285.

stattfinde. Gegenwärtig wissen wir durch die Untersuchungen von Exner (Pflüger's Arch., 40, 1887, S. 372), dass der Contraktionsvorgang, welcher zu jenen fixirbaren Verdickungen einzelner Theile absterbender, aber noch contraktionsfähiger Muskelfasern führt, durchaus nicht ein normaler Contraktionsvorgang ist, sondern ein solcher, „der das Funktionsunfähigwerden, vielleicht kann man geradezu sagen, das Absterben der Faser begleitet". Es dürfte also die hier in Rede stehende Beobachtung Nasse's einfach auf die von demselben Forscher hervorgehobene Thatsache hinauslaufen, dass durch die beim Erstarren im Faserinneren stattfindenden Vorgänge die Trennung der Fibrillen von einander erschwert wird.

Zum Schlusse mag hier noch hervorgehoben werden, dass zu einer vollständigen Erörterung der Zerfallserscheinungen der Muskelfaser eigentlich auch eine nähere und besondere Berücksichtigung derjenigen Fälle gehört, die in der Hauptsache dadurch charakterisirt sind und dadurch Interesse erwecken, dass das Sarkolemma in einem mehr oder weniger grossen Theile des Faserverlaufes seinen Zusammenhang mit dem Fasergerüste verloren hat, während das Fasergerüst selbst weder einen fibrillaren noch einen scheibengebenden Zerfall erfahren hat, sondern ausser etwaigen Dimensionsänderungen seiner Bestandtheile nur den Zerfall in eine Anzahl hinter einander folgender und von einander getrennter Stränge oder andere derartige, nur ein untergeordnetes theoretisches Interesse besitzende Zerfallserscheinungen zeigt oder überhaupt in dem Zusammenhange seiner Theile völlig intakt geblieben ist. Solche wesentlich durch Lösung des Zusammenhanges zwischen Sarkolemma und Fasergerüst charakterisirte Fälle[1] können sowohl dann eintreten, wenn die Faser auf osmotischem Wege stark anschwillt, als auch dann, wenn das Fasergerüst eine Schrumpfung erleidet. Es besitzen eben unter den Querbälkchen diejenigen, welche das Fasergerüst mit dem Sarkolemma verbinden, mechanischen und chemischen Eingriffen gegenüber die geringste Haltbarkeit, so dass bei Eintritt starker Querspannungen in der Muskelfaser, mögen dieselben nun durch Schrumpfen des Fasergerüstes oder durch osmotische Vermehrung des flüssigen Faserinhaltes bewirkt sein, sowie bei gleichzeitig oder aus-

[1] Hinsichtlich der hier erwähnten Fälle ist zu vergleichen Ranvier, a. a. O. S. 442; C. Toldt, Lehrbuch der Gewebelehre, 3. Aufl., Stuttgart, 1888, S. 82 u. 87 f.; C. Sachs im Arch. f. A. u. Ph., 1872, S. 609; Rollett, 1, S. 88; Exner in Pflüger's Arch., 40, 1887, S. 375 f. Auch an die auf S. 262 erwähnte, eigenthümliche Beobachtung, welche Chittenden an Fasern eines in Wasser von 45—50° C. erstarrten Froschmuskels hinsichtlich des Verhaltens des Sarkolemmas gemacht hat, mag hier nochmals erinnert werden.

schliesslich stattfindenden chemischen Aenderungen des Fasergerüstes der Querzusammenhang der festen Faserbestandtheile sich am leichtesten und öftesten in diesen die Fibrillen mit dem Sarkolemma verbindenden Querbälkchen löst. In manchen Fällen von Anschwellung der Muskelfaser, z. B. bei Anschwellung derselben unter dem Einflusse verdünnter Essigsäure, kommt es vor, dass nicht blos der Zusammenhang der Bestandtheile des Fasergerüstes mit dem Sarkolemma sich löst, sondern ausserdem auch ein Theil des Faserinhaltes aus offenen Rissstellen der Faser herausquillt. Von Interesse ist der von Exner beobachtete Fall, in welchem von beiden Enden der Faser her eine Dauercontraktion nach der Fasermitte hin fortschritt und aus den sich contrahirenden Fasertheilen ein solches Flüssigkeitsquantum in den mittleren, ruhenden Fasertheil hineingepresst wurde, dass dieser Theil der Faser stark anschwoll und schliesslich eine deutliche Loslösung des Sarkolemmas von dem fibrillaren Faserinhalte erkennen liess.

Die Aufgabe dieser Schrift, unsere Contraktionstheorie im Einzelnen durchzuführen, erfordert nicht, dass wir alle überhaupt vorkommenden Zerfallserscheinungen der Muskelfaser in jeder Beziehung mit möglichster Vollständigkeit besprechen, sondern nur, dass wir diejenigen von diesen Erscheinungen hervorheben und besprechen, welche zur Bestätigung oder Vervollständigung unserer Auffassung der Muskelstruktur dienen. Die soeben erörterten Erscheinungen vervollständigen nun in der That unser Wissen in gewissem Masse, indem sie uns zu der schon oben gezogenen Schlussfolgerung führen, dass im Allgemeinen diejenigen Querverbindungen des Faserinneren, welche die Fibrillen mit dem Sarkolemma verbinden, eine geringere Haltbarkeit besitzen als die Querverbindungen der Fibrillen mit einander. Diese Schlussfolgerung erhält, wie wir sehen werden, eine Bestätigung durch die im nachstehenden Paragraphen anzuführenden Erscheinungen, welche in den in Alkohol eingelegten Muskelfasern der Bildung der Zerfallsscheiben vorhergehen.

§ 36.

Krause (a. a. O. S. 18 f.) hat zuerst hervorgehoben, dass die Scheiben, welche bei einem Querzerfalle des Fasergerüstes zu beobachten sind, je nach den Umständen von verschiedener Art seien. Bei Behandlung der Muskelfaser mit verdünnten Säuren kämen Scheiben zur Beobachtung, welche den Querlinien des Muskelfaches (d. h. den Zwischenscheiben) entsprächen, hingegen würden durch Einlegen der Muskelfasern in concentrirte Salpetersäure Scheiben erhalten, die der „anisotropen Substanz" (d. h. dem Querbande) entsprächen, welch letztere durch diese Säure erhärtet und gelb gefärbt werde.

Später hat ENGELMANN (1, S. 46 u. 52) bemerkt, dass bei Anwendung solcher Mittel, welche die Muskelfaser anschwellen lassen, vor Eintritt desjenigen Zeitpunktes, wo der ganze Sarkolemmainhalt in eine echte Flüssigkeit verwandelt ist, die Zwischenscheiben sich in Folge schnellerer Verflüssigung der anderen Fachabtheilungen isoliren und einen Fall sogenannter Discs darstellen können. „Fast immer bleiben aber hierbei die Nebenscheiben (oder wenigstens eine) an ihnen hängen, meist wohl auch noch gequollene isotrope Substanz und Querscheibe, letztere schwer wahrnehmbar." Eine völlige oder doch beinahe völlige Isolirung der Zwischenscheibe gelang ENGELMANN mitunter zufällig bei in Alkohol erhärteten Muskelfasern.

NASSE (a. a. O. S. 64) bemerkt, dass er in einigen Fällen von Querbruch der (mit Alkohol, Salicylsäure oder Benzoesäure behandelten) Muskelfasern mit vollkommener Bestimmtheit erkannt habe, dass der Bruch zwischen Querscheibe und Nebenscheibe eingetreten sei. In der grossen Mehrzahl der Fälle trete allerdings der Bruch zwischen Nebenscheibe und Zwischenscheibe ein.

Sehr eingehende Untersuchungen über den scheibengebenden Zerfall des Sarkolemmainhaltes hat ROLLETT (1, S. 83 ff.) angestellt. Derselbe untersuchte den scheibengebenden Zerfall, welchen Käfermuskeln einerseits in Alkohol und andererseits bei Einwirkung von Säuren erfahren. Wir beschäftigen uns, dem bereits Angekündigten gemäss, in diesem Paragraphen in Anschluss an ROLLETT's Untersuchungen eingehend mit dem scheibengebenden Zerfalle der in Alkohol eingelegten Muskelfasern. Die Zerfallserscheinungen der Säuremuskeln werden wir in Anschluss an die Untersuchungen desselben Forschers im nächsten Paragraphen zum Gegenstande näherer Erörterung machen.

An den Fasern der in Alkohol eingelegten Muskeln unterscheidet ROLLETT drei Arten des scheibengebenden Zerfalles. Bei der ersten Art werden Scheiben erhalten, welche die beiden anisotropen Nebenscheiben, die beiden isotropen Querschichten und das Querband umfassen, also nach der früher (S. 90) erläuterten Bezeichnungsweise aus den Fachabtheilungen *N I Q I N* bestehen. Betreffs der Entstehungsweise der Scheiben dieser Art gilt nach ROLLETT Folgendes. In Folge der Umspülung durch den (z. B. 93 procentigen) Alkohol findet auf endosmotischem Wege eine Anschwellung der Muskelfaser statt und zwar in der Weise, dass die angeschwollene Faser im optischen Längsschnitte an ihren Rändern das Bild regelmässig auf einander folgender Durchschnitte von Tonnengewölben darbietet. Der höchste Punkt jedes dieser Bogen liegt der Mitte eines Querbandes gegenüber, während die Fusspunkte derselben an den Zwischenscheiben liegen. Diesen Gewölbebogen entsprechen an der ganzen Muskelfaser ringförmig verlaufende, flüssigkeithaltige, gewölbte Canäle, welche das Fasergerüst in dem zwischen je zwei Zwischenscheiben befindlichen Raume von dem mit einer protoplasmatischen Saftschicht bedeckten Sarkolemma trennen. Der Zustand der Muskelfasern, bei welchem diese ringförmigen Canäle und die denselben entsprechenden Gewölbebogen des optischen Längsschnittes auftreten, ist die Vorstufe für die hier in Rede stehende, erste Art der Bildung von Zerfallsscheiben. Diese Vorstufe wird indessen von manchen Fasern eines Alkoholmuskels noch nicht einmal erreicht, von anderen Fasern nicht überschritten. Die Bildung der Zerfallsscheiben selbst tritt dadurch ein, dass der in der Längsrichtung der Faser bestehende Zusammenhang des Fasergerüstes in der isotropen Nebenschicht gelöst wird. Die Folge dieser Unterbrechung des Zusammenhanges der Fibrillentheile muss sein, dass Scheiben von der oben angeführten Zusammensetzung *N I Q I N* frei werden, und zwar befindet sich in dem Falle, wo das Sarkolemma nicht zerrissen ist, jede dieser Scheiben in einem geschlossenen, kästchenartigen Raume, der an den Seiten von dem mit einer protoplasmatischen Schicht bedeckten Sarkolemma, oben und unten aber von einer Zwischenscheibe begrenzt ist. Wie Rollett erwähnt, ist es nicht schwer, „auch Bilder zu finden, wo an einer und derselben Faser im Verlauf ihrer Länge theilweise der Scheibenzerfall und die Kästchen, theilweise nur die Bildung der ringförmigen gewölbten Canäle aufgetreten ist. An solchen Fasern wird man, obwohl das ein ziemlich seltenes Ereigniss ist, manchmal auch ein Bild sehen, in welchem die Scheibe *N I Q I N* an der einen Seite noch an *Z* (der Zwischenscheibe) haftet, während sie an der anderen Seite völlig von demselben losgelöst erscheint“.

Die Vorstufe für die zweite Art des scheibengebenden Zerfalles von Alkoholmuskeln, welche viel seltener auftritt als die soeben beschriebene Art, besteht gleichfalls darin, dass in der Längenansicht der Muskelfaser am Rande derselben Gewölbebogen sichtbar sind, denen flüssigkeithaltige Canäle entsprechen, die an gewissen Stellen ringförmig um das Fasergerüst verlaufen. Der höchste Punkt eines solchen Gewölbebogens liegt ebenso wie in dem soeben beschriebenen Falle stets der Mitte eines Querbandes gegenüber, aber die Fusspunkte zweier unmittelbar auf einander folgender Gewölbebogen gehen nicht wie in dem obigen Falle „mit einer gemeinsamen Spitze in die Schicht *Z* über, sondern das Sarkolemma zeigt eine breite Einbuchtung entlang den Schichten *N E Z E N*, und die Gewölbebogen reichen, nur die Schichte

Q überspannend, von *N* zu *N*, während sie mit breitem Fusspunkte auf *N E Z E N* aufruhen. Mit anderen Worten, es erscheinen nicht wie gewöhnlich nur die sogenannten Zwischenscheiben fester mit dem Sarkolemma verbunden, sondern auch die Nebenscheiben. Sehr oft reichen dann die Enden der Schichten *N* in der Richtung gegen den Schlusspunkt des Bogens weiter vor als die Schicht *Z*. Diese stellt dann, von aussen betrachtet, wieder den eigentlichen Grenzpunkt zweier neben einander liegender Bogen dar, während die Schichten *N* etwas in die Wölbung des Bogens hinaufreichend in die feinkörnige Masse an der inneren Seite des Bogens überzugehen scheinen". Beschränkt sich die Wirkung des Alkohols nicht auf die Herstellung des soeben geschilderten Zustandes der Muskelfaser, sondern folgt letzterem die Bildung von Zerfallsscheiben, so wird alsdann der in der Längsrichtung der Faser vorhandene Zusammenhang der Bestandtheile des Fasergerüstes nicht wie in dem obigen Falle in den Schichten *E*, sondern in den Schichten *I* gelöst, und es werden demgemäss Scheiben frei, welche nur den Querbändern *Q* entsprechen und sich in kästchenartigen Räumen befinden, deren obere und untere Wand eine ziemliche Dicke besitzen und aus den im Zusammenhang mit dem Sarkolemma gebliebenen Fachabtheilungen *N E Z E N* bestehen, und deren Seitenwand von der gewölbten Wand der anfänglich entstandenen ringförmigen Canäle gebildet wird. Tritt eine Zerreissung des Sarkolemmas ein, so können neben den Scheiben *Q* auch noch Scheiben frei werden, welche den bisherigen Querwänden der kästchenartigen Räume entsprechen und aus den Fachabtheilungen *N E Z E N* bestehen.

Als dritte Form des scheibengebenden Zerfalles der Alkoholmuskeln führt Rollett den Fall an, wo die Muskelfaser vor dem Zerfalle der Nebenscheiben ganz zu entbehren scheint und nun in Folge der Wirkung des Alkohols die Querbänder *Q* als Scheiben isolirt werden, die entweder völlig frei zur Beobachtung kommen oder, falls das Sarkolemma erhalten bleibt, sich in kästchenartigen Räumen befinden, deren Querwände von den Zwischenscheiben gebildet werden.

Aus dem Vorstehenden ergibt sich, dass bei dem scheibengebenden Zerfalle in Alkohol eingelegter Muskeln folgende Abtheilungen oder Abschnitte des Muskelfaches isolirt werden können: die Abtheilung *Z*, das Querband *Q*, der Abschnitt *N I Q I N* und der Abschnitt *N E Z E N*. Die Lösung des axialen Zusammenhanges der Bestandtheile des Fasergerüstes kann sowohl in der Schichte *E* als auch in der Schichte *I* erfolgen. Indem Rollett auf diese Verschiedenheiten der scheibenartigen Zerfallsprodukte und der Trennungsstellen ausdrücklich aufmerksam macht, hebt er hervor, dass durch die von ihm beschriebenen

Zerfallsbilder die Realität aller der genannten Abtheilungen oder Abschnitte des Muskelfaches in überzeugender Weise dargethan werde.

Was die Erklärung der im Vorstehenden angeführten Erscheinungen anbelangt, so kommen, wie es scheint, hierbei zwei Umstände in Betracht, erstens die endosmotische Anschwellung der Muskelfaser in Folge der Einwirkung des Alkohols, und zweitens die zerstörende Wirkung der alkoholhaltigen Flüssigkeit auf gewisse Bestandtheile des Fasergerüstes. Diejenigen Bestandtheile des letzteren, welche in Folge der chemischen Wirkung des Alkohols am leichtesten und ehesten in ihrer Continuität unterbrochen oder aufgelöst werden, sind die Querbälkchen, welche die Fibrillen in der Höhe der Querbänder und der Nebenscheiben mit dem Sarkolemma verknüpfen. Die oben erwähnten Zustände der Muskelfaser, welche die Vorstufen für die Bildung der Zerfallsscheiben darstellen und durch das Vorhandensein um das Fasergerüst ringförmig verlaufender, flüssigkeithaltiger Canäle charakterisirt sind, entstehen dadurch, dass die Querbälkchen, welche die Fibrillen in der Höhe der Querbänder, bez. in der Höhe der Querbänder und der Nebenscheiben, mit dem Sarkolemma verbinden, aufgelöst oder zerrissen werden, indem gleichzeitig die Muskelfaser anschwillt[1] und der Zusammenhang des Fasergerüstes mit dem Sarkolemma durch diejenigen Querbälkchen erhalten bleibt, die sich in der Höhe der Zwischenscheiben und Nebenscheiben, bez. in der Höhe der Zwischenscheiben allein, befinden. Werden nach Eintritt dieses Zustandes der Muskelfaser durch die Wirkung des Alkohols auch noch die der isotropen Nebenschicht, bez. Querschicht, angehörigen Längsbälkchen aufgelöst oder zerrissen, so ist alsdann die Bildung der Zerfallsscheiben vollendet.

Dass Muskelfasern, in denen Zerfallsscheiben beobachtet werden, wirklich eine endosmotische Anschwellung erfahren haben, ergibt sich,

---

[1] Man kann zweifelhaft sein, welcher Art der causale Zusammenhang sei, der zwischen der Anschwellung der Faser und der Zerstörung oder Zerreissung derjenigen Querbälkchen bestehe, welche das Fasergerüst in der Höhe der Fachabschnitte Q und N mit dem Sarkolemma verbinden. Man kann nämlich einerseits meinen, dass die bei der Faseranschwellung eintretenden Querspannungen des Fasergerüstes das Zerreissen dieser Querbälkchen begünstigen. Andererseits aber kann man auch dem schon früher (auf S. 262) Bemerkten gemäss vermuthen, dass die Querbälkchensysteme auch dazu dienlich seien, das Sarkolemma in dem Widerstande, den es dem im Faserinneren bestehenden osmotischen Drucke leistet, zu unterstützen, und dass demgemäss eine auf chemischem Wege bewirkte Lösung des Zusammenhanges, der in der Höhe der Fachabschnitte Q und N zwischen dem Fasergerüste und dem Sarkolemma bestehe, nothwendig eine stärkere Anschwellung der Faser in der Höhe dieser Fachabschnitte bedinge.

wie ROLLETT bemerkt, aus der bedeutenden Weite, welche die kästchenartigen Räume, in denen sich die Zerfallsscheiben befinden, in Vergleich zu diesen selbst besitzen. Es sei unmöglich, dieses Missverhältniss aus einer Schrumpfung der isolirten Scheiben zu erklären. Gegen einen solchen Erklärungsversuch spreche der Umstand, dass die Fibrillen oder Fibrillenbündel und die hellen Durchgänge zwischen denselben in den isolirten Scheiben keine wesentlich anderen Dimensionen besitzen wie in solchen (der Einwirkung des Alkohols gleichfalls unterworfenen) Muskelfasern, die keine Zerfallsscheiben und keine Gewölbebogen an den Seiten erkennen liessen, und der Vergleich solcher Fasern, welche die kästchenartigen Räume mit den isolirten Scheiben zeigen, mit frischen, ohne Zusatz untersuchten Muskelfasern desselben Thieres zeige ganz augenfällig, dass die ersteren Fasern eine beträchtliche Anschwellung erfahren haben.

Wie bemerkt, muss in denjenigen Muskelfasern, welche die oben geschilderten Erscheinungen der theilweisen Ablösung des Sarkolemmas von dem Fasergerüste mit oder ohne nachfolgende Bildung von Zerfallsscheiben darbieten, die in der Höhe der Querbänder und der Nebenscheiben vorhandene Querverbindung der Fibrillen mit einander fester und widerstandsfähiger sein, als die in der Höhe dieser Fachabschnitte bestehende Querverbindung der Fibrillen mit dem Sarkolemma. Man kann nun fragen, was wohl geschehen müsse, wenn die Querverbindung des Fasergerüstes mit dem Sarkolemma in der Höhe aller anisotropen Scheiben ebenso fest und widerstandsfähig sei wie die Querverbindung der Fibrillen mit einander. In solchem Falle kann eine regelrechte Bildung von Zerfallsscheiben natürlich nicht eintreten. In Folge der Einwirkung des Alkohols werden vielleicht auch in solchem Falle die Längsbälkchen mancher isotroper Schichten eine starke Einbusse an Festigkeit erleiden oder gar eine Unterbrechung ihrer Continuität erfahren und auch in queren Richtungen wird der Zusammenhang der Bestandtheile des Fasergerüstes hie und da eine Unterbrechung erleiden. Aber diese Unterbrechungen des Querzusammenhanges werden in ganz unregelmässiger und zufälliger Weise sowohl die Querverbindungen von Fibrillen mit einander als auch die Querverbindungen von Fibrillen mit dem Sarkolemma betreffen. Das Bild, welches in einem solchen Falle erhalten wird, muss ähnlich sein wie dasjenige, welches man nach ROLLETT erhält, wenn man sich statt des starken 93procentigen Alkohols, dessen sich dieser Forscher bei seinen Untersuchungen in der Regel bediente, eines bedeutend verdünnten, ungefähr 31procentigen Alkohols bedient. Die Muskelfasern, die der Einwirkung eines in diesem Grade verdünnten Alkohols ausgesetzt worden sind, stellen sich als stark angeschwollen dar und „erweisen sich in diesem Zustande bei der Präparation allerdings scheibenbrüchig, wenn ich mich so ausdrücken darf, und zwar gehen die Bruchflächen zwischen den BOWMANschen Streifen durch, die letzteren sowohl, als auch die zwischen denselben vorhandenen Muskelfaserabschnitte sind aber mannigfach verzerrt und verunstaltet, und theilweise erscheinen die Scheiben selbst unregelmässig zerklüftet.“ Im Allgemeinen kann es als das regelmässige Verhalten betrachtet werden, dass die Querbälkchen, welche die Fibrillen mit dem Sarkolemma verbinden, weniger fest und weniger widerstandsfähig gegenüber auflösenden Einflüssen sind als diejenigen Querbälkchen, welche Fibrille mit Fibrille verbinden. Wie schon auf S. 266 f. hervorgehoben worden ist, weisen auf ein derartiges Verhalten auch diejenigen Fälle hin, wo das Sarkolemma nicht blos in der Höhe gewisser Abtheilungen des Muskelfaches, sondern ohne Unterbrechung viele Muskelfächer hindurch von dem Fasergerüste abgetrennt ist.

Wenn in Folge der Einwirkung des Alkohols das Sarkolemma nur noch in der Höhe der Zwischenscheiben mit dem Fasergerüste zusammenhängt, in den übrigen Theilen der Muskelfächer aber von dem Fasergerüste losgelöst ist und hierauf die Bildung von Zerfallsscheiben eintritt, so werden, wie oben gesehen, Zerfallsscheiben erhalten, welche aus den Fachabtheilungen *NIQIN* bestehen. Der Querbruch des Fasergerüstes, welcher die Isolirung von Scheiben bedingt, findet also unter solchen Umständen stets in den isotropen Nebenschichten statt. Weshalb nicht zuweilen auch in den isotropen Querschichten? Weshalb werden Zerfallsscheiben, welche nur aus den Querbändern *Q* bestehen, lediglich dann gebildet, wenn das Sarkolemma ausser in der Höhe der Zwischenscheiben auch noch in der Höhe der Nebenscheiben mit dem Fasergerüste zusammenhängt, und nicht zuweilen auch dann, wenn der Zusammenhang zwischen Sarkolemma und Fasergerüst nur noch an den Stellen der Zwischenscheiben besteht? Nach ROLLETT (1, S. 99) hat dies seinen Grund darin, dass die isotrope Nebenschicht *E* „besonders weich und darum auch einer Maceration durch die Flüssigkeit besonders zugänglich ist, die Schichten *NIQIN* aber wieder von grösserer Resistenz und festerem Zusammenhang sind.“ Durch dieses von ROLLETT angenommene Verhalten würde es sich erklären lassen, weshalb in dem Falle, wo der Zusammenhang zwischen Sarkolemma und Fasergerüst nur noch in der Höhe der Zwischenscheiben besteht, der Querbruch des Fasergerüstes zuerst in den isotropen Nebenschichten stattfindet. Man sieht aber nicht ein, weshalb die Zerfallsscheiben, die durch den in diesen Schichten eingetretenen Querbruch entstanden sind, nun nicht ihrerseits späterhin auch noch einen Querbruch in den isotropen Querschichten erleiden, durch den sie in Scheiben *Q* und in Scheiben *N* zerfallen. Wenn bei der zweiten von ROLLETT unterschiedenen Art des scheibengebenden Zerfalles der Querbruch des Fasergerüstes in den isotropen Querschichten *I* stattfindet, weshalb tritt ein Querbruch in diesen Schichten niemals dann ein, wenn bereits ein scheibengebender Zerfall von der ersten Art in der Faser stattgefunden hat und mithin die Schichten *I* nur noch Bestandtheile von Zerfallsscheiben sind, welche aus den Fachabtheilungen *N I Q I N* bestehen? Wir möchten darauf hinweisen, dass eine einheitliche Erklärung der hier in Rede stehenden Erscheinungen möglich ist, wenn man den rein mechanischen Einflüssen, welche die unter der Einwirkung des Alkohols stattfindende Anschwellung der Muskelfaser auf die Bestandtheile des Fasergerüstes ausübt, eine erhebliche Rolle bei der Hervorrufung dieser Erscheinungen mit zuschreibt. Bei demjenigen Zustande der Muskelfaser, welcher nach Obigem die unmittelbare Vorstufe zu der Scheibenbildung der ersten Art darstellt und dadurch charakterisirt ist, dass das Sarkolemma der stark angeschwollenen Faser nur noch an den Stellen der Zwischenscheiben in Zusammenhang mit dem Fasergerüste steht, müssen die Querbälkchen und Disdiaklasten der Zwischenscheiben einen bedeutenden Zug durch das Sarkolemma erfahren, was auch durch die näheren Mittheilungen von ROLLETT (1, S. 100) über das Verhalten der Zwischenscheiben derartiger Muskelfasern bestätigt wird. Durch diese vom Sarkolemma ausgehende Zugkraft werden die Disdiaklasten verkürzt und verdickt. Eine Verdickung der Disdiaklasten ist aber nicht anders möglich als so, dass zugleich die angrenzenden Theile der Längsbälkchen der Schichten *E* die Einwirkung einer Kraft erfahren, welche sie gleichfalls zu verdicken strebt. Aus der Wirksamkeit letzterer Kraft entspringen Spannungen der Längsbälkchen der Schichten *E*, welche umso mehr in Betracht kommen, weil neben jener auf Verdickung dieser Längsbälkchen gerichteten Kraft nicht gleichzeitig noch eine andere Kraft nebenher geht, welche die Endpunkte dieser Bälkchen in entsprechendem Grade einander zu nähern strebt. Die Folge dieser Spannungen ist, dass die Längsbälkchen der Schichten *E* der zerstörenden Wirkung des Alkohols gegenüber weniger widerstandsfähig sind und derselben nicht selten erliegen, während die Längsbälkchen der isotropen Querschichten und Mittelschichten ihre Continuität bewahren. Ist in der Muskelfaser derjenige Zustand vorhanden, welcher die unmittelbare Vorstufe zum scheibengebenden Zerfalle der zweiten Art bildet, hat also das Sarkolemma seinen Zusammenhang mit dem Fasergerüste ausser in der Höhe der Zwischenscheiben auch noch in der Höhe der Nebenscheiben bewahrt, so erfahren alsdann, wie wir oben gesehen haben, ausser den festen Bestandtheilen der Zwischenscheiben auch diejenigen der Nebenscheiben seitens des Sarkolemmas eine ausgiebige Dehnung. Durch diese Dehnung der festen Bestandtheile der Nebenscheiben erfahren die Längsbälkchen der Schichten *I* eine gleiche mechanische Beeinflussung, wie in dem vorigen Falle den Längsbälkchen der Schichten *E* durch die seitens des Sarkolemmas gedehnten festen Bestandtheile der Zwischenscheiben zu Theil wurde. Demgemäss erweisen sich in diesem Falle die Längsbälkchen der Schichten *I* als diejenigen, welche der auflösenden Wirkung des Alkohols am leichtesten erliegen, und, wenn es zur Bildung von Zerfallsscheiben kommt, so werden alsdann Scheiben frei, welche aus den Querbändern *Q* bestehen. Von dem hier angedeuteten Gesichtspunkte aus versteht sich nun auch leicht die oben hervorgehobene Thatsache, dass die Zerfallsscheiben, welche bei dem scheibengebenden Zerfalle der ersten Art erhalten werden, ihrerseits nicht gleichfalls noch einen Querbruch in den Schichten *I* erleiden, obwohl ein Querbruch in eben diesen Schichten *I* bei dem scheibengebenden Zerfalle der zweiten Art stattfindet.

Aus der vorstehenden Darlegung, welche mehr als eine m ö g l i c h e Erklärung der betreffenden Erscheinungen allerdings nicht enthält, ergibt sich, dass das in Vergleich zu der Häufigkeit der Zerfallsscheiben der ersten Art nur seltene Vorkommen der Zerfallsscheiben der zweiten Art nicht nothwendig die oben erwähnte Annahme Rollett's fordert, dass die Schichten *E* besonders weich und besonders wenig widerstandsfähig seien. Denn die im Vorstehenden von uns angedeutete Erklärungsweise verträgt sich vollkommen mit der Voraussetzung, dass unter normalen Verhältnissen ein Strukturunterschied zwischen den Schichten *E* und den Schichten *I* nicht bestehe.

Rollett (1, S. 86 f.) bemerkt, dass zuweilen Muskelfasern in ihrer ganzen Ausdehnung mit Ausnahme derjenigen Stellen, wo sich Contraktionswellen befanden, in Scheiben zerfallen gewesen seien. Obwohl Rollett ausdrücklich hinzufügt, dass die Bildung von Zerfallsscheiben nicht stets überall da gefehlt habe, wo sich Contraktionswellen befunden hätten, so scheint doch an Stellen dieser Art eine gewisse Erschwerung des scheibengebenden Zerfalles zu bestehen. Man kann verschiedene Gesichtspunkte zur Erklärung dieses Verhaltens geltend machen. Nach den obigen Ausführungen liegt es am nächsten, dasselbe darauf zurückzuführen, dass die Bildung von Zerfallsscheiben in den Alkoholmuskeln das Eintreten bestimmter Deformationen und Spannungen gewisser Theile des Fasergerüstes zwar nicht zur absolut unerlässlichen Bedingung habe, aber doch im wesentlichen Grade durch dieselben gefördert werde. In den contrahirten Fasertheilen sind die Deformations- und Spannungsverhältnisse des Fasergerüstes wesentlich andere als in den ruhenden Fasertheilen, und demgemäss braucht auch die Widerstandsfähigkeit gegenüber dem scheibenbildenden Einflusse des Alkohols in letzteren Fasertheilen nicht dieselbe zu sein wie in ersteren.

Endlich macht ROLLETT (1, S. 102 f.) auch noch darauf aufmerksam, dass die dünnsten unter den Muskelfasern eines Käfers eine besondere Neigung zur Bildung von Zerfallsscheiben zeigen und auch die Desorientirungen am besten beobachten lassen, welche die Scheiben innerhalb der kästchenartigen Räume, in denen sie sich bei Erhaltensein des Sarkolemmas befinden, gelegentlich erfahren. Vielleicht erklärt sich dieses Verhalten durch einen Gesichtspunkt, den wir schon früher (S. 135 f.) in gewisser Richtung geltend gemacht haben. Man kann vermuthen, dass diejenigen Einrichtungen der Muskelfaser, welche geeignet sind nachtheilige Desorientirungen und Verschiebungen der Disdiaklasten zu verhindern, in umso höherem Grade entwickelt seien, je leichter in Folge der sonstigen Eigenthümlichkeiten der Faser die Fibrillen und Disdiaklasten derselben durch äussere Einflüsse starke Verschiebungen erfahren können. Nun ist eine grössere Dicke der Muskelfaser an und für sich ein Umstand, welcher das Auftreten ausgiebiger Desorientirungen und Verschiebungen im Fasergerüste erleichtert. Folglich ist zu erwarten, dass erstens die Zwischenscheiben, welche nach dem auf S. 132 f. Bemerkten ganz besonders als fester Halt des Fasergerüstes dienen, durch einen umso geringeren Abstand von einander getrennt seien, und zweitens überhaupt das Fasergerüst in allen seinen Theilen und Verknüpfungen umso fester und widerstandsfähiger gebaut sei, je dicker die Muskelfaser sei. Auf die hier angedeutete Abhängigkeit des Abstandes der Zwischenscheiben oder, was dasselbe bedeutet, der Höhe des Muskelfaches von der Dicke der Muskelfaser weist vielleicht die schon früher (S. 135) erwähnte Beobachtung ROLLETT's hin, dass die dünnsten unter den Muskelfasern eines Käfers sich gewöhnlich auch durch eine besondere Breite des Querbandes auszeichnen. Aus dem Umstande, dass überhaupt die Festigkeit und Widerstandsfähigkeit der einzelnen Bestandtheile und Verknüpfungen des Fasergerüstes bei sonst gleich bleibenden Umständen mit der Dicke der Muskelfaser wächst, erklärt sich vielleicht die hier in Rede stehende Thatsache, dass die dünnsten Muskelfasern die Bildung von Zerfallsscheiben und die Desorientirung der isolirten Scheiben am leichtesten zeigen.

Derjenige Punkt, hinsichtlich dessen die oben beschriebenen Zerfallserscheinungen der in Alkohol eingelegten Muskelfasern ganz besonders von Interesse und Wichtigkeit sind, ist folgender. Wie späterhin näher erörtert werden wird, kann man unserer Theorie der Muskelcontraktion vielleicht entgegenhalten, dass die Existenz der Querbälkchen, welche nach unseren Anschauungen eine sehr erhebliche Rolle bei der Contraktion spielen, nicht in gleicher Weise erwiesen sei wie die Existenz der Längsbälkchen und der Disdiaklasten. Diesem Einwande gegenüber sind nun die oben beschriebenen Zerfallserscheinungen von hoher Wichtigkeit. Der scheibengebende Zerfall der ersten Art und die Erscheinungen, welche nach Obigem die Vorstufe zu dieser Art des Zerfalles bilden und dadurch charakterisirt sind, dass im optischen Längsschnitte der Muskelfaser Tonnengewölbe beobachtet werden, die ihre Fusspunkte an den Zwischenscheiben besitzen, ergeben unzweifelhaft, dass in der Höhe der Zwischenscheibe eine feste Querverbindung in der Muskelfaser besteht, durch welche die Fibrillen mit einander und mit dem Sarkolemma verknüpft sind. Wäre diese Querverbindung nicht vorhanden, so müsste die Muskelfaser bei ihrer durch den Alkohol bewirkten Anschwellung in der Höhe der Zwischenscheiben dieselbe Vergrösserung ihres Querschnittes erfahren wie in ihren übrigen Theilen. Der Scheibenzerfall der zweiten Art und der als Vorstufe zu demselben zu betrachtende Zustand, bei welchem die Fusspunkte der in der Längenansicht der Faser auftretenden Gewölbebogen in der Höhe der Nebenscheiben liegen, ergeben in ähnlicher Weise, dass auch in der Höhe der Nebenscheiben die Fibrillen durch eine feste Querverbindung in Zusammenhang mit einander und mit dem Sarkolemma gebracht sind. Nur scheint diese in der Höhe der Nebenscheiben bestehende Querverbindung im Allgemeinen nicht einen gleich hohen Grad der Festigkeit und Elasticität zu besitzen wie die den Zwischenscheiben entsprechende Querverbindung. Inwiefern die Erscheinungen des scheibengebenden Zerfalles der Alkoholmuskeln auch für die Querbänder des Muskelfaches das Vorhandensein fester Querverbindungen ergeben, wird im nächsten Capitel gezeigt werden, wo wir überhaupt in eine eingehendere Begründung unserer Annahme der Querbälkchen eintreten werden.

§ 37.

Von wesentlich anderer Art als der scheibenbildende Zerfall der in Alkohol eingelegten Muskeln ist der scheibengebende Zerfall von Muskeln, welche der Einwirkung verdünnter Säuren ausgesetzt sind. Da die Bildung von Zerfallsscheiben in den Säuremuskeln nur das Endglied einer Reihe von Veränderungen ist, welche die Säure in den

Muskelfasern bewirkt, da wir ferner bereits früher (auf S. 71 f.) auf die Veränderungen, welche noch vor der Bildung von Zerfallsscheiben im Säuremuskel sich vollziehen, Bezug genommen haben und im nächsten Capitel gewissen Auffassungen gegenüber mit Nachdruck darauf hinzuweisen haben werden, welche Deutung die verschiedenen sog. Säurebilder des Muskels nach ROLLETT's Untersuchungen thatsächlich zu finden haben, so empfiehlt es sich, hier sogleich in einem gewissen Zusammenhang die Veränderungen zu besprechen, die bei der Einwirkung verdünnter Säuren in der Muskelfaser eintreten, und die unter Umständen auch zu einer Bildung von Zerfallsscheiben führen. Wir stützen uns bei dieser Darstellung selbstverständlich auf die betreffenden Untersuchungen von ROLLETT (1, S. 110 ff.).

Wird eine Muskelfaser der Einwirkung einer verdünnten Säure unterworfen,[1] so nimmt die Faser an Volumen und Dicke zu. Die Muskelsäulchen schwellen in der Höhe der anisotropen Scheiben an, und zwar ist die Anschwellung der Muskelsäulchen in der Höhe der anisotropen Scheiben des Querbandes eine viel raschere und ausgiebigere, als in der Höhe der Neben- und Zwischenscheiben. Demzufolge erscheint die Muskelfaser in der Längenansicht zunächst an den Stellen der Scheiben N und Z eingeschnürt. Diese Einschnürungen verschwinden indessen bald, indem die Scheiben N und Z der wachsenden Ausdehnung der Querbänder in die Breite rasch folgen. Da ferner die Anschwellung der anisotropen Scheiben der Querbänder auch in der Längsrichtung der Faser eine ausgiebigere ist, so werden die Neben- und Zwischenscheiben auf einander gedrängt, und die Deutlichkeit, mit welcher die isotrope Mittelschicht h erkannt wird, verringert sich. In den weiter fortgeschrittenen Stadien der Säurewirkung, die uns hauptsächlich hier interessiren, werden schliesslich in der Längenansicht der Faser Bilder erhalten, die ungefähr in der Höhe jeder Nebenscheibe eine Querreihe dunkler Körner oder Knoten enthalten. Die Knoten-

---

[1] ROLLETT setzt in der Regel nicht frische Muskelfasern der Säureeinwirkung aus, sondern Fasern, welche zuvor 24—48 Stunden in 93 procentigem Alkohol gelegen haben. Der Grund dafür liegt theils darin, dass die noch erregbaren Muskeln durch die Säure zunächst zur Contraktion veranlasst werden und mithin Säurebilder ergeben, die sich aus dem contrahirten Zustande entwickelt haben, theils in gewissen, mehr versuchstechnischen Vortheilen, welche die vorherige Behandlung der Muskelfasern mit Alkohol gewährt (vergl. ROLLETT, 1, S. 114, 125 f.). Eine wesentliche Aenderung der Wirkungen, welche die Säure auf die Muskelfaser ausübt, wird jedoch durch die vorherige, kurzdauernde Behandlung der letzteren mit Alkohol nicht bewirkt, wie darauf bezügliche Versuche gezeigt haben.

reihen, die zwei an ein und dasselbe Querband anstossenden Nebenscheiben entsprechen, sind durch dunkle Fäden mit einander verbunden, die durch das Querband hindurchgehen und je einen Knoten der einen Querreihe mit je einem Knoten der anderen Querreihe verknüpfen. Die isotrope Mittelschicht *h* ist entweder gar nicht mehr sichtbar oder sie erscheint nur noch als ein matter Schatten auf dem helleren Querbande, oder sie wird durch eine Querreihe dunkler Knötchen repräsentirt, die dadurch zu Stande kommt, dass die soeben erwähnten, das Querband durchziehenden dunklen Fäden in der Mitte dieses Bandes je eine Verdickung von bald rundlicher, bald spindelförmiger Gestalt besitzen. Zuweilen sind auch zwei solche Querreihen dunkler Knötchen oder Verdickungen in der Mitte des Querbandes erkennbar. Was endlich den Raum anbelangt, der sich zwischen den in der Höhe der Nebenscheiben befindlichen dunklen Knotenreihen befindet, so erscheint derselbe ebenfalls dunkler als die Hauptmasse des Querbandes, und meist ist in der Mitte dieses Raumes in der Form einer schmalen dunklen Linie die Zwischenscheibe noch zu erkennen.

Das soeben kurz geschilderte Bild, welches die Muskelfaser bei weiter fortgeschrittener Säurewirkung in der Längenansicht darbietet, erleidet Variationen hinsichtlich der (bald spindelförmigen, bald ellipsoidischen, bald rundlichen oder gedrungenen) Form der in die Höhe der Nebenscheiben fallenden dunklen Knoten, hinsichtlich der Deutlichkeit, Schärfe und Dicke der diese dunklen Knoten verbindenden Fäden, ferner hinsichtlich der Grösse des die Zwischenscheibe einschliessenden schmalen Raumes, der zwischen zwei Querreihen dunkler Knoten liegt, sowie auch hinsichtlich der Deutlichkeit, mit welcher die Zwischenscheibe und die in der Mitte des Querbandes befindliche Querreihe dunkler Knötchen zu erkennen ist.

Von besonderem Interesse ist die Thatsache, dass in manchen Fällen an Stelle der zwei dunklen Knotenreihen, welche in die Höhe der Nebenscheiben fallen, nur eine einzige, in der Höhe der Zwischenscheibe befindliche Querreihe von dunklen, gewöhnlich sehr langgezogenen und spindelförmigen Knoten zu erkennen ist. Da es zuweilen direkt beobachtet werden kann, dass die Knoten zweier Querreihen, die oberhalb und unterhalb einer und derselben Zwischenscheibe liegen, paarweise auf einander rücken und schliesslich zu einfachen, grösseren, in der Höhe der Zwischenscheibe liegenden Knoten sich vereinigen, so schliesst Rollett mit Recht, dass die Bilder mit den in die Höhe der Nebenscheiben fallenden doppelten Querreihen von Knoten auf einer früheren Stufe der Veränderung stehen gebliebene, die Bilder mit den einfachen, in der Höhe der Zwischenscheiben befindlichen Knotenreihen aber auf eine höhere Stufe der Veränderung gelangte Säurebilder der Muskeln seien.

Wenden wir uns nun nach dieser kurzen Anführung der wesentlichen Eigenthümlichkeiten und Variationen des in der Längenansicht des Muskels erscheinenden Säurebildes[1] zu dem Querschnittsbilde des Säuremuskels, wie sich dasselbe namentlich an den durch die Säurewirkung erzielten Zerfallsscheiben zeigt, so ist dasselbe kurz in folgender Weise zu charakterisiren.

Man sieht ein Netz von dunklen Balken; von diesen werden helle Maschenräume oder Felder umgeben, die bei verschiedenen Muskeln eines und desselben Thieres und bei den Muskeln verschiedener Thierarten eine sehr verschiedene Gestalt und Anordnungsweise besitzen können, z. B. in manchen Fällen eine fast regelmässige polygonale Gestalt besitzen, in anderen Fällen aber eine längliche, rhombische oder polygonale, Form besitzen, wobei sie dann zugleich mit ihrer langen Diagonale radial im Muskel angeordnet sind. Das dunkle Balkennetz zeigt an den Punkten, wo zwei oder mehrere Balken zusammenstossen, in der Regel eine bald rundliche, bald mehr sternförmige Verdickung. Häufig werden durch stärkere Balken Gruppen von hellen Feldern abgegrenzt, und auch solche Feldergruppen können durch noch stärkere Balken zu Gruppen noch höherer Ordnung zusammengefasst sein. Wichtig ist endlich noch die Thatsache, dass die Muskelkerne nebst der feinkörnigen Masse, welche dieselben oft umgibt, als Bestandtheile, Einschiebsel oder Ausgangspunkte des dunklen Balkensystemes sich darstellen. Zuweilen sind die Muskelkerne ganz und gar in die massigen Hauptstränge des dunklen Balkensystemes eingeschaltet, in manchen Fällen erscheint in den mittleren Partien des Querschnittes ein Muskelkern oder eine Mehrzahl solcher Kerne, die von einer feinkörnigen Masse umgeben sind, aus welcher das dunkle Balkensystem sich entwickelt und ausstrahlt, in noch anderen Fällen sind die Muskelkerne dem Sarkolemma angelagert und mit dem Balkensysteme durch einzelne auf sie zulaufende Balken verknüpft.

---

[1] Nicht berücksichtigt ist in dieser Darstellung das von Rollett, 1, S. 121, erwähnte und in Figur 21 seiner ersten Abhandlung dargestellte, eigenthümliche Bild, dessen Besonderheit hauptsächlich darin besteht, dass um jeden der dunklen Knoten der in die Höhe der Nebenscheiben fallenden Querreihen ein heller Raum wie ein den Knoten umgebender Hof erscheint. Hinsichtlich der Auslegung der besonderen Eigenthümlichkeiten dieses an und für sich mehrdeutigen Bildes halten wir einige Zurückhaltung so lange als angezeigt, als hinsichtlich der Bilder, welche im Verlaufe der Säureeinwirkung diesem eigenthümlichen Bilde vorhergehen und nachfolgen, nichts Näheres bekannt ist. Vergl. hierzu auch Rollett, 1, S. 129.

Was die Deutung anbelangt, die wir den im Vorstehenden kurz in ihren Hauptzügen geschilderten Säurebildern zu geben haben, so ist dieselbe folgende. Durch die Einwirkung der Säure erfahren die Muskelsäulchen eine Anschwellung und Aufhellung, während die Saftschichten, welche die verschiedenen Muskelsäulchen von einander trennen, bei längerer Einwirkung der Säure eine Verdunkelung erleiden. Wäre nun die Anschwellung der Muskelsäulchen in ihrem ganzen Längsverlaufe überall dieselbe, so würde man in der Längenansicht der Muskelfaser das Bild von dunklen Strängen oder Fäden erhalten, welche mit einer in ihrem ganzen Verlaufe annähernd constanten Breite zwischen den hellen Muskelsäulchen sich befinden. Thatsächlich schwellen nun aber die Muskelsäulchen bei Einwirkung der Säure in ihren verschiedenen Theilen nicht mit gleicher Geschwindigkeit und gleicher Ausgiebigkeit an. Die Dickenzunahme und Formänderung, welche die Muskelsäulchen durch die Säure erfahren, beruht nämlich in der Hauptsache auf einer Anschwellung der Disdiaklasten, während die Längsbälkchen und Querbälkchen, soweit sie nicht der Auflösung anheimfallen, eine mehr passive Rolle bei diesen Formänderungen spielen. Und auch die Disdiaklasten der verschiedenen Abtheilungen des Muskelfaches verhalten sich bei diesen Vorgängen nicht in ganz gleicher Weise, indem die Disdiaklasten des Querbandes stärker oder wenigstens schneller aufquellen als diejenigen der Nebenscheiben, und letztere wiederum stärker anschwellen als die Disdiaklasten der Zwischenscheiben. In Folge der starken Anschwellung nun, welche die Disdiaklasten des Querbandes in den Querrichtungen der Faser erleiden, werden die zwischen den Muskelsäulchen befindlichen Räume in der Höhe der anisotropen Scheiben des Querbandes so stark verengt, dass sie sich in der Längenansicht nur noch als dünne, dunkle Fäden darstellen. Da ferner die Disdiaklasten des Querbandes durch die Säureeinwirkung ebenso wie an Dicke auch an Länge gewinnen, so verringert sich die Höhe der isotropen Mittelschicht und die Nebenscheiben werden nach der Zwischenscheibe hin gedrängt. Da die Muskelsäulchen in denjenigen, den isotropen Mittelschichten angehörigen Theilen der Querbänder, welche von den anschwellenden Disdiaklasten dieser Bänder nicht mit in Beschlag genommen worden sind, weniger an Dicke zunehmen als in den übrigen Theilen der Querbänder, so bewahren die dunklen Längsstreifen, welche den zwischen den Muskelsäulchen befindlichen, safthaltigen Räumen entsprechen, in jenen mittleren Theilen der Querbänder eine grössere Breite als in den übrigen Theilen dieser Bänder. Auf solche Weise entsteht die in der Mitte der Querbänder häufig sichtbare Querreihe dunkler Knötchen oder vielmehr knötchenartiger Verdickungen der die

Querbänder durchziehenden dunklen Längsfäden. Sind im Muskelfache zwei isotrope Mittelschichten vorhanden, so sind unter günstigen Umständen auch zwei Querreihen dunkler Knötchen in der Mitte jedes Querbandes zu beobachten. Ist die Anschwellung der Disdiaklasten der Querbänder in der Längsrichtung eine verhältnissmässig sehr bedeutende, so sind jene dunklen Knötchenreihen gar nicht wahrnehmbar; in manchen Fällen endlich machen sie sich, wie oben erwähnt, nur als ein in der Mitte der Querbänder befindlicher blasser Schatten bemerkbar.

Wie aus dem Vorstehenden unschwer zu entnehmen ist, haben die Querreihen dunkler Knoten, welche in der Längenansicht der in einem fortgeschrittenen Stadium der Säurewirkung befindlichen Muskelfaser ungefähr in der Höhe der Nebenscheiben zu erkennen sind, ihren Grund einfach darin, dass die etwas nach der Zwischenscheibe hin gedrängten Disdiaklasten der Nebenscheiben weniger angeschwollen sind als die Disdiaklasten der Querbänder. In Folge dieses Umstandes sind die Muskelsäulchen in der Höhe der Nebenscheiben weniger verdickt als in der Höhe derjenigen Theile der Querbänder, welche den Nebenscheiben benachbart sind, und demgemäss zeigen die zwischen den helleren Muskelsäulchen verlaufenden dunkleren Längsfäden in der Höhe der Nebenscheiben mehr oder weniger umfangreiche, knotenartige Verdickungen.

Was endlich den schmalen dunklen Raum anbelangt, der zwischen den beiden soeben besprochenen (von Rollett im Gegensatze zu der in der Mitte des Querbandes erscheinenden Querreihe kleinerer Knötchen als Knotenreihen *I* bezeichneten) Querreihen dunkler Knoten in der Höhe der Zwischenscheibe liegt, so halten wir es für angezeigt, die Erklärung, welche Rollett für das Vorhandensein dieses dunklen Querstreifens gibt, gleich hier ihrem Wortlaute nach mitzutheilen, um uns bei einer späteren Gelegenheit ohne Weiteres auf dieselbe beziehen zu können. Die mitzutheilende Auslassung Rollett's wird zugleich auch die Erklärung des oben erwähnten Umstandes enthalten, dass in einem späteren Stadium der Säurewirkung an die Stelle der beiden in ungefährer Höhe der Nebenscheiben befindlichen dunklen Knotenreihen nur eine einzige, in die Höhe der Zwischenscheibe fallende Querreihe länglicher, dunkler Knoten treten kann. Betreffs derjenigen, bei der Längenansicht der Muskelfaser erscheinenden Bilder, welche in ungefährer Höhe der Nebenscheiben zwei Querreihen dunkler Knoten (Knotenreihen *I*) enthalten, äussert sich also Rollett (1, S. 129) folgendermassen: „Solche Bilder können nur dadurch zu Stande kommen, dass im gequollenen Muskel sowohl die den Schichten *Q* entsprechenden

Abschnitte der Säulchen, als auch die den Schichten *Z* entsprechenden Abschnitte der Säulchen breit erscheinen, während zwischen beiden die Verengerungen liegen, zwischen welchen sich das Sarkoplasma angehäuft hat. Die der Schichte *Z* .... entsprechenden Abschnitte erscheinen aber dann nicht aus demselben Grunde verbreitert wie die Abschnitte *Q*. Diese verbreitern sich durch Quellung und geben damit den Anlass zur Verbreiterung der ganzen Muskelfaser und zur Verschiebung des Sarkoplasmas in die Zwischenräume der Abschnitte der Muskelsäulchen, welche durch Quellung sich viel weniger verbreitern; daher die Knotenreihen. Das Verhalten der Schichte *Z*, welches bedingt, dass die Knotenreihen *I* bleibend oder vorübergehend doppelt auftreten, kann nicht durch Quellung der den Schichten *Z* entsprechenden Fibrillenabschnitte erklärt werden, sondern muss, wie ich glaube, zurückgeführt werden auf eine Verbreiterung, die an der Schichte *Z* ähnlich wie bei der Dehnung einer Kautschukplatte eintritt. Wir haben schon früher auf eine durch besonderes Festhaften des Sarkoplasmas an den Mantelflächen der Fibrillenabschnitte *Z* offenbar erst beim Behandeln des Muskels mit Reagentien zu Stande kommende Art von Homogenisirung der Schichten *Z* der Muskelfasern hingewiesen. Ich stelle mir nun vor, dass diese auch vorhanden ist, wenn die Bilder mit doppelten Knotenreihen *I* auftreten, und dass in den Fällen, wo solche Bilder nachträglich in solche mit einfacher Knotenreihe *I* übergehen, das dadurch geschieht, dass die anfangs in die Quere gedehnten Abschnitte *Z* der Muskelsäulchen wieder zusammenschnurren, und so das Sarkoplasma zwischen denselben sich ansammeln kann."

Drücken wir das Wesentliche der hier von Rollett geäusserten Auffassungen kurz in der Sprache unserer Theorie aus, so beruht also jener in der Höhe der Zwischenscheibe wahrnehmbare dunkle Querstreifen erstens auf dem schon oben erwähnten Umstande, dass die Disdiaklasten der Zwischenscheibe durch die Einwirkung der Säure weniger anschwellen und demgemäss auch nicht die gleiche Aufhellung erfahren wie die Disdiaklasten der übrigen Scheiben, und zweitens auf dem Umstande, dass die Querbälkchen der Zwischenscheibe ihre schon früher (S. 105 und 271) hervorgehobene grössere Haltbarkeit auch der Säureeinwirkung gegenüber bekunden. In Folge dieser grösseren Haltbarkeit der Querbälkchen der Zwischenscheibe bleibt bei der Anschwellung, welche die Faser unter dem Einflusse der Säure erfährt, der Zusammenhang der einzelnen Fibrillen und Muskelsäulchen in der Höhe der Zwischenscheibe erhalten, während die Muskelsäulchen in der Höhe der isotropen Nebenschichten und der Nebenscheiben aus einander weichen. Und so wird durch die noch dunkel erscheinenden und in den zur Faseraxe senkrechten Richtungen gedehnten Disdiaklasten der Zwischenscheibe der Anschein eines in der Höhe dieser Scheibe befindlichen dunklen Querstreifens erweckt. Hierbei kann noch dahin gestellt bleiben, ob dieser Anschein auch noch dadurch gefördert wird, dass die Querbälkchen der Zwischenscheibe durch den Einfluss der Säure eine Veränderung erfahren, welche ihr Aussehen demjenigen der Disdiaklasten dieser Scheibe ähnlicher macht, so dass in der That, wie sich Rollett im Obigen ausdrückt, eine gewisse „Art von Homogenisirung" der Bestandtheile der Zwischenscheibe durch die Säurewirkung auftritt. Schreitet die Säurewirkung noch weiter fort, so werden durch dieselbe auch noch die Querbälkchen der Zwischenscheibe aufgelöst, und die Folge davon ist der oben erwähnte Zustand der Faser, bei welchem die in ungefährer Höhe der Nebenscheiben befindlich gewesenen beiden Querreihen dunkler Knoten ganz verschwunden sind und an Stelle derselben eine einzige, in die Höhe der Zwischenscheibe hineinfallende Querreihe länglicher, dunkler Knoten getreten ist, die mit den in der Mitte der benachbarten Querbänder etwa sichtbaren Knötchenreihen durch dünne, dunkle Fädchen verbunden ist.

Um ein Verständniss der Säurebilder zu gewinnen, die man bei der Längenansicht der Muskelfaser erhält, ist es also nach Vorstehendem wichtig, vor Allem den Umstand zu berücksichtigen, dass die Säure bei längerer Einwirkung die Substanz der Muskelsäulchen, insbesondere die Disdiaklasten, anschwellen und heller werden lässt, hingegen die zwischen den Muskelsäulchen befindlichen Massen verdunkelt, und dass die Anschwellungen der Disdiaklasten, welche in wesentlichem Grade die in Folge der Säureeinwirkung eintretenden Formänderungen der Muskelsäulchen bestimmen, in den verschiedenen Scheiben des Muskelfaches nicht mit gleicher Geschwindigkeit und Ausgiebigkeit vor sich gehen, am raschesten und ausgiebigsten in den Querbändern, am schwächsten in den Zwischenscheiben stattfinden. Aus dieser Wirkungsweise der Säure erklärt sich nun leicht auch das Querschnittsbild, das man an den Fasern des Säuremuskels erhält. Die oben erwähnten, bald regelmässig polygonalen, bald in die Länge gezogenen, bald noch anders gestalteten, hellen Felder sind Querschnittsbilder der angeschwollenen Muskelsäulchen, entsprechen also ganz den Cohnheim'schen Feldern. Das dunkle Geäder oder Balkensystem, welches die hellen Felder von einander trennt, entspricht den durch die Säurewirkung verdunkelten Massen, die sich zwischen den Muskelsäulchen befinden. Entsprechend der Thatsache, dass in der Längsrichtung der Faser stärker und schwächer angeschwollene Theile der Muskelsäulchen abwechselnd auf einander folgen, müssen auch die Querschnittsbilder in den verschiedenen Höhen der Muskelfaser etwas verschieden ausfallen. In denjenigen Abschnitten der Muskelfaser, wo die Muskelsäulchen stärker angeschwollen sind, müssen im Querschnitte zartere Balken, welche umfangreiche, helle Maschenräume umschliessen, erscheinen, in denjenigen Abschnitten aber, wo die Anschwellung der Muskelsäulchen geringer ist, müssen im Querschnittsbilde stärkere Balken, welche kleinere, helle Maschenräume von einander trennen, wahrgenommen werden. Die in der Längenansicht der Muskelfaser wahrnehmbaren dunklen Knoten- oder Knötchenreihen sind die optischen Querschnitte der starken dunklen Balkensysteme, welche in gewissen Höhen der Muskelfaser im Querschnitte derselben vorhanden sind. Die dunklen Fäden, welche die dunklen Knoten- und Knötchenreihen der Längenansicht mit einander verbinden, sind die optischen Querschnitte der in den Querschnitten gewisser Faserabtheilungen vorhandenen zarteren Balkensysteme oder der „zarten Häutchen", durch welche die starken Balkensysteme in der Längsrichtung der Faser mit einander verbunden sind.

Unsere bisherigen Ausführungen über die Säurebilder der Muskelfaser, die sich ganz auf dem Boden bewegen, der durch Rollett's Untersuchungen für jede künftige Erörterung dieses Erscheinungsgebietes gegeben ist, fussen, wie bereits hervorgehoben, auf dem Satze, dass in den weiter vorgeschrittenen Stadien der Säurewirkung die hell erscheinenden Theile der Muskelfaser die Muskelsäulchen sind, hingegen die dunkel erscheinenden Theile aus denjenigen Massen bestehen, die sich ausserhalb der Muskelsäulchen befinden. Es dürfte nützlich sein, hier die Gründe anzuführen, welche die Richtigkeit dieses Satzes ergeben.

Als ein Beweis dieses Satzes ist erstens die von Rollett (1, S. 118) geltend gemachte Thatsache anzuführen, dass man direkt beobachten kann, wie Scheiben, welche im Querschnitte die Cohnheim'schen Felder zunächst noch als dunkle, durch ein helles Geäder von einander getrennte Felder erkennen lassen, in Folge der Säurewirkung ihr Querschnittsbild allmählich in der Weise verändern, dass die bisher dunklen Felder hell werden, hingegen das bisher helle Geäder sich verdunkelt.

Zweitens macht Rollett (1, S. 126) für seine Auffassung der Säurebilder geltend, „dass die aus Fibrillen zusammengesetzten Säulchen auf Querschnitten der Muskelfasern bei den verschiedenen Käfern immer die Form besitzen, welche der Form der Maschenräume jener Balkennetze entspricht, die auf der Flächenansicht von durch Säure isolirten Scheiben der entsprechenden Muskelfasern zu sehen sind". Auch an den Flossenmuskeln des Seepferdchens stellte Rollett (4, S. 245 ff.) fest, dass die im Querschnitte von ganz frischen oder von gehärteten und mit Hämatoxylin gefärbten Muskelfasern sichtbaren

COHNHEIM'schen Felder ganz die eigenthümliche Form und Anordnungsweise besitzen, welche nach eingetretener Säurewirkung oder eingetretener Gold- und Säurewirkung die von den dunklen, bez. rothgefärbten Balken umschlossenen Maschenräume erkennen lassen.[1] Auch in der Längenansicht der vergoldeten Fasern der Flossenmuskeln des Seepferdchens zeigten sich diejenigen Längsstreifen ungefärbt, welche sich in der Längenansicht der gehärteten und mit Hämatoxylin gefärbten Fasern durch ihre tiefe blaue Färbung als der Substanz der Muskelsäulchen entsprechend darstellten.

Als einen dritten Umstand, welcher ROLLETT's Auffassung der Säurebilder als richtig darthut, führen wir die schon erwähnte Thatsache an, dass sich die Muskelkerne in den Querschnittsbildern der Säuremuskeln als Bestandtheile, Einschiebsel oder Ausgangspunkte des dunklen Balkensystemes darstellen. Da die Muskelkerne nicht zu den Bestandtheilen der Muskelsäulchen gehören, sondern ihren Ort ausserhalb der letzteren haben, so muss auch das dunkle Balkensystem, welches die Muskelkerne in sich einschliesst oder von denselben seinen Ausgang nimmt, den ausserhalb der Muskelsäulchen befindlichen Massen entsprechen.

Durchschlagend ist endlich auch der vierte, von ROLLETT (4, S. 249) festgestellte Umstand, dass, wenn eine durch die Säurewirkung veränderte Muskelfaser zwischen gekreuzten Nicols beobachtet wird, alsdann diejenigen Massen sich als aus abwechselnd isotropen und anisotropen Querabtheilungen bestehend erweisen, welche nach ROLLETT's

[1] Wie weiterhin noch näher besprochen werden wird, zeigt eine mit Goldchlorid und Säure behandelte Muskelfaser in gewissen Fällen sowohl im Querschnitte als auch im optischen Längsschnitte ganz entsprechende Bilder (von Balkensystemen, Maschenräumen, Knoten- und Knötchenreihen u. s. w.) wie eine blos mit Säure behandelte Muskelfaser. Nur besteht der Unterschied, dass dasjenige, was an der letzteren Faser dunkel oder hell erscheint, an der mit Goldchlorid und Säure behandelten Faser rothgefärbt, bez. ungefärbt erscheint. Ein Beweis dafür, dass die rothgefärbten Balkensysteme des Querschnittes und die rothgefärbten Knoten- und Knötchenreihen des optischen Längsschnittes einer mit Goldchlorid und Säure behandelten Faser den zwischen den Muskelsäulchen befindlichen Massen des Faserinneren entsprechen, ist also zugleich ein Beweis dafür, dass auch in der blos mit Säure behandelten Faser die dunklen Balkensysteme des Querschnittbildes und die in der Längenansicht erscheinenden dunklen Knoten- und Knötchenreihen und Verbindungsfäden zwischen den einzelnen Knoten und Knötchen den ausserhalb der Muskelsäulchen vorhandenen Massen des Faserinneren entsprechen. Und umgekehrt ergibt sich aus einer Darlegung der Bedeutung, welche diese dunklen Gebilde des Säuremuskels besitzen, zugleich auch die Deutung, welche die entsprechenden rothgefärbten Theile des mit Goldchlorid und Säure behandelten Muskels zu erfahren haben.

Ansicht als die zu wechselnder Breite angeschwollenen Muskelsäulchen anzusehen sind, während diejenigen Massen des Doppelbrechungsvermögens gänzlich entbehren, welche sich zwischen den soeben erwähnten Massen oder zwischen diesen und dem Sarkolemma befinden und durch die dunklen, bez. rothgefärbten Knoten- oder Knötchenreihen und die dieselben verbindenden feineren Fäden oder seltener vorkommenden, breiteren Stränge von gleichfalls dunklem, bez. rothem, Aussehen repräsentirt sind.

Nach den vorstehenden Ausführungen über die Bedeutung der Säurebilder der noch nicht in Zerfall gerathenen Muskelfasern können wir uns hinsichtlich der Bildung von Zerfallsscheiben, welche in den mit Säure behandelten Muskelfasern beobachtet werden kann, kurz fassen. Der Darstellung Rollett's gemäss verlieren bei Eintritt des scheibengebenden Zerfalles einer der Säureeinwirkung ausgesetzten Muskelfaser die Bestandtheile der Querbänder in der Mitte der letzteren ihren Zusammenhang mit einander. Hierdurch werden bei eingetretener oder gleichzeitig eintretender Lösung des Zusammenhanges zwischen Fasergerüst und Sarkolemma Scheiben frei, deren jede sich in der Hauptsache aus denjenigen Theilen des durch Säurewirkung veränderten Faserinneren zusammensetzt, welche der Zwischenscheibe und den auf beiden Seiten derselben befindlichen, bis zu den Querbändern hin sich erstreckenden Fachabtheilungen entsprechen. Man sieht also an den isolirten Scheiben, wenn sie sich in der Randansicht repräsentiren, den der Zwischenscheibe entsprechenden dunklen Streifen und die beiden an diesen Streifen anstossenden, oben erwähnten Querreihen dunkler Knoten, oder in anderen Fällen beobachtet man an den Scheiben nur eine einzige, in ihrer Mitte befindliche Querreihe länglicher dunkler Knoten, entsprechend der oben erwähnten Thatsache, dass auch der nicht in Scheiben zerfallene Säuremuskel an Stelle der beiden in ungefährer Höhe der Nebenscheiben befindlichen Querreihen dunkler Knoten zuweilen nur eine einzige, in der Höhe der Zwischenscheibe befindliche Knotenreihe erkennen lässt. Wie ausser Rollett auch schon Krause (a. a. O. S. 19) beobachtet hat, können an den isolirten Scheiben gleichwie die Haare einer Bürste noch Theile der dunklen Fäden hängen, welche in der noch nicht zerfallenen Faser die in ungefährer Höhe der Nebenscheiben befindlichen dunklen Knotenreihen mit den in der Mitte der Querbänder vorhandenen dunklen Knötchenreihen verbanden. In der Flächenansicht zeigen die Zerfallsscheiben des Säuremuskels die uns bekannten dunklen Balkensysteme mit den von ihnen umschlossenen, hellen Maschenräumen.

Hinsichtlich der Deutung des Aussehens dieser in Folge der Säurewirkung entstandenen scheibenartigen Zerfallsprodukte haben wir nach demjenigen, was wir oben hinsichtlich der Bedeutung der dunklen Balkensysteme, der hellen Maschenräume, der dunklen Knotenreihen u. s. w. bemerkt haben, nichts weiter zu bemerken. Der Umstand, dass der scheibengebende Zerfall der Säuremuskeln auf einer Lösung des Zusammenhanges der Bestandtheile der Querbänder beruht, bestätigt die oben aufgestellte Behauptung, dass bei der Einwirkung der Säure die Disdiaklasten des Querbandes im Allgemeinen schneller und stärker aufquellen als die Disdiaklasten der übrigen Abschnitte des Muskelfaches. Diese starke Aufquellung der Disdiaklasten des Querbandes endet aber nur in manchen Fällen mit einer Auflösung dieses Bandes, in anderen Fällen geht die Säurewirkung nicht so weit und der Zusammenhang der verschiedenen Theile des Fasergerüstes bleibt erhalten. Auch solche Fälle kommen vor, wo eine Muskelfaser in Folge der Säurewirkung nur theilweise in Scheiben zerfallen ist, oder wo die auf der einen Seite bereits völlig isolirten Zerfallsscheiben auf der anderen Seite noch durch schmale Stücke der Querbänder mit ihren oberen und unteren Nachbarscheiben zusammenhängen. Endlich können in gewissen Stadien auch Säurebilder beobachtet werden, wo der Zusammenhang zwischen dem angeschwollenen Querbande eines Muskelfaches und den angrenzenden Nebenscheiben in ganz unregelmässiger Weise in einzelnen Fibrillen oder Muskelsäulchen gelöst ist, in anderen aber noch besteht.

Rollett (1, S. 129) hebt hervor, dass die zwischen den Muskelsäulchen vorhandenen Massen unter der fortgesetzten Einwirkung der Säure an Consistenz zunehmen. Er führt in dieser Beziehung an, dass die Balkennetze, welche bei der Flächenansicht der durch die Säure erzielten Zerfallsscheiben zur Beobachtung gelangen, „ein stark lichtbrechendes, starres Aussehen“ besitzen. Wir möchten hinzufügen, dass auch die oben erwähnten, dunklen Fadentheile, welche wie die Haare einer Bürste an den durch die Säurewirkung entstandenen Zerfallsscheiben sich befinden, für eine durch die Säure bewirkte Consistenzzunahme der zwischen den Muskelsäulchen befindlichen Massen zu sprechen scheinen. —

Unsere bisherigen Ausführungen über den scheibengebenden Zerfall der Muskelfasern haben sich nur mit den Zerfallserscheinungen beschäftigt, welche einerseits die in Alkohol eingelegten, andererseits die der Einwirkung von Säuren ausgesetzten Muskelfasern darbieten können. Allerdings kann auch noch unter dem Einflusse anderweiter Substanzen ein scheibengebender Zerfall von Muskelfasern eintreten. Da indessen eingehendere Beobachtungen hierüber zur Zeit nicht vorliegen und neue Gesichtspunkte wesentlicher Art von einer Untersuchung des scheibengebenden Zerfalles, der in anderen als Alkohol- oder Säuremuskeln auftritt, kaum zu erwarten sind, so können wir unsere Betrachtungen über den scheibengebenden Zerfall der Muskelfasern mit dem Vorstehenden abgeschlossen sein lassen. Hingegen scheint es angezeigt und der richtige Ort zu sein, dass wir, in Anschluss an unsere obigen Darlegungen über die den Säurebildern zu gebende Deutung, gleich hier noch etwas näher auf die im Obigen nur beiläufig berührten sogenannten Goldbilder der Muskelfaser eingehen. Wie in § 38 sich näher ergeben wird, ist es für die Durchführung unserer Anschauungen von der Struktur und Thätigkeit der Muskelfaser wichtig, auch hinsichtlich der Deutung, welche diese Goldbilder zu finden haben, die richtige Stellung einzunehmen.

G. Retzius, Bremer[1] und Andere haben die Aufmerksamkeit auf die Bilder gelenkt, die man von der Muskelfaser erhält, wenn man den Muskel in (etwa $^1/_5$ bis $^1/_2$ procentige) Goldchloridlösung bringt, mit Nadeln etwas auseinanderzieht, einige Zeit im Goldbade verweilen lässt und ihn dann in 1procentige Ameisensäure, in Bastian-Pritchard'sche Reduktionsflüssigkeit oder in eine andere ähnliche Flüssigkeit bringt. An einer in solcher Weise behandelten Muskelfaser sieht man, wie schon oben erwähnt, im Querschnitt ein deutlich rothgefärbtes Balkensystem oder Netzwerk, welches ungefärbte oder nur wenig gefärbte Felder oder Maschenräume einschliesst. In der Längenansicht zeigt eine solche Muskelfaser Querreihen von stark rothgefärbten Körnern, die durch feine Fädchen in der Längsrichtung der Faser mit einander verbunden sind. Retzius, Bremer u. A. deuteten diese Goldbilder dahin, dass das Faserinnere an bestimmten Stellen von festen Balkensystemen oder Querfadennetzen durchzogen sei, welche senkrecht zur Längsrichtung der Faser gestellt und in der Längsrichtung der Faser durch feine Fädchen oder Häutchen mit einander verbunden seien und nebst diesen verbindenden Fädchen oder Häutchen eben diejenigen Massen des Faserinneren seien, welche in den Goldbildern deutlich rothgefärbt erscheinen. Demgegenüber hat Rollett gezeigt, dass diese Goldbilder im Wesentlichen ganz die oben erörterten Säurebilder der Muskelfaser nachahmen, nur mit dem Unterschiede, dass das Balkensystem, welches im Querschnittsbilde des Säuremuskels dunkel erscheint und hellere Maschenräume umgrenzt, im Querschnittsbilde

[1] Vergl. zum Folgenden G. Retzius, Biologische Untersuchungen, Jahrgang 1881, S. 1 ff.; Bremer im Arch. f. mikrosk. Anat. 22, 1883, S. 318 ff.; Rollett, 1, S. 121 ff., 2, S. 61 ff. u. 4, S. 237 ff.

des mit Goldchlorid behandelten Muskels roth erscheint und ungefärbte oder nur wenig gefärbte Maschenräume umschliesst, und dass dementsprechend auch die queren Knoten- oder Knötchenreihen, welche in der Längenansicht des Säuremuskels dunkel erscheinen, nebst den dieselben verbindenden Fäden in der Längenansicht der mit Goldchlorid behandelten Fasern ein deutlich rothes Aussehen besitzen. Hiernach sind diejenigen Theile, welche in den Fasern letzterer Art roth erscheinen, nicht die Bestandtheile von festen, auch beim natürlichen Zustande der Faser schon vorhandenen Balkensystemen, sondern die rothgefärbten Gebilde sind einfach die zum grössten Theile aus protoplasmatischem Muskelsafte bestehenden Massen, welche die zwischen den Muskelsäulchen befindlichen Räume ausfüllen. In der sauren Flüssigkeit, in welche die Muskelfasern nach der Behandlung mit Goldchlorid gebracht werden, schwellen die verschiedenen Abschnitte der Muskelsäulchen mit denselben Unterschieden der Geschwindigkeit und Ausgiebigkeit ihrer Aufquellung an, wie sie dies thun würden, wenn die Muskelfaser im frischen Zustande oder nach vorheriger, nicht zu lang andauernder Behandlung mit Alkohol der Einwirkung einer verdünnten Säure ausgesetzt worden wäre. Daher kommt es, dass bei der oben angegebenen Behandlungsweise die vergoldeten Fasern ganz dieselben Bilder von Knotenreihen, Balkensystemen u. s. w. darbieten wie die gewöhnlichen Säuremuskeln.

Sind die Muskelsäulchen in einer Faser zu Gruppen zusammengefasst, welche durch grössere fibrillenfreie Zwischenräume von einander getrennt sind, so treten die diese Zwischenräume ausfüllenden Massen natürlich nicht blos in dem Querschnittsbilde der vergoldeten Faser als dickere Bestandtheile oder Anschwellungen des rothgefärbten Balkensystemes hervor, sondern auch in der Längenansicht erscheinen sie als dickere, rothgefärbte Stränge, die unter Umständen Reihen von Muskelkernen einschliessen und in den verschiedenen Höhen der Muskelfaser je nach den in denselben vorhandenen Graden der queren Anschwellung der Muskelsäulchen verschiedene Breite besitzen, wie dies z. B. die Abbildungen von Retzius und von Rollett (4, Tafel VIII, Figur 6) zeigen.

Tritt an vergoldeten Muskelfasern unter dem Einflusse der sauren Flüssigkeit, in welche sie nach der Behandlung mit Goldchlorid gebracht werden, ein scheibengebender Zerfall ein, so ist derselbe natürlich von ganz gleicher Art wie der scheibengebende Zerfall der gewöhnlichen Säuremuskeln; nur erscheint selbstverständlich alles dasjenige, was an den Zerfallsscheiben der letzteren dunkel oder hell erscheint, an den Zerfallsscheiben der mit Goldchlorid behandelten

Fasern rothgefärbt, beziehentlich nicht gefärbt oder nur sehr schwach gefärbt.

Ebenso wie in dem Muskel, der blos dem Einflusse einer verdünnten Säure ausgesetzt worden ist, kann auch in den nach obigem Verfahren vergoldeten Muskelfasern eine starke Consistenzzunahme der zwischen den Muskelsäulchen befindlichen Massen eintreten. Dies zeigt sich darin, dass es nach den Angaben von Retzius (a. o. a. O. S. 6 ff.) möglich ist, an derartigen Muskelfasern durch stärkere Maceration die zwischen den roth gefärbten Bälkchen eines Querfadennetzes befindliche Substanz der Muskelsäulchen ganz zu entfernen und das Querfadennetz zu isoliren. „Man bekommt dann das schöne Fadennetz, hier und da noch im Zusammenhang mit den Zellen, ganz isolirt, wobei die Fäden bald in natürlicher Ausbreitung, bald in mehr oder weniger verworrener Anordnung sich befinden. Sie lassen sich dann durch Druck auf das Deckglas bewegen, biegen sich und flottiren umher, so dass man sich von ihrer körnig zusammengesetzten Fadennatur vollständig überzeugen kann." Entsprechend dem oben (auf S. 287) erwähnten Auftreten fadenförmiger Anhängsel an den Zerfallsscheiben eines Säuremuskels fand ferner Retzius (a. o. a. O. S. 8) an den Enden abgerissener Fasern eines dem obigen Goldchlorid-Säureverfahren unterworfenen Muskels zuweilen frei herausragende, isolirte, sehr feine Fäden, welche direkt als die Fortsetzungen der in der Längenansicht der Fasern sichtbaren, die queren Knoten- und Knötchenreihen mit einander verbindenden Längsfäden erschienen.

Ausser der soeben erörterten Art von Goldbildern, in denen die Muskelsäulchen ungefärbt, hingegen die zwischen denselben befindlichen Massen gefärbt sind, gibt es nun, wie Rollett gezeigt hat, noch eine zweite Art von Goldbildern, in denen die Disdiaklasten gefärbt sind, die übrigen Theile des Faserinneren aber sämmtlich ungefärbt weiss erscheinen, abgesehen allenfalls von denjenigen Längsbälkchen, welche den isotropen Mittelschichten angehören. Diese den Querbändern angehörigen Längsbälkchen, die, wie wir schon früher (S. 106 und 115 f.) hervorgehoben haben, sich überhaupt etwas anders verhalten als die übrigen Längsbälkchen der Muskelfächer, besitzen in den hier in Rede stehenden Goldbildern der zweiten Art gleichfalls eine, wenn auch nur sehr schwache, röthliche Färbung. Entsprechend dem auf S. 100 f. hervorgehobenen Umstande, dass die Disdiaklasten der verschiedenen anisotropen Scheiben des Muskelfaches ihrer verschiedenen Quellungsfähigkeit und Durchfeuchtung entsprechend auch nicht die gleiche Tingirbarkeit besitzen, zeigen ferner die Disdiaklasten der Neben- und Zwischenscheiben in diesen Goldbildern zweiter

Art ein etwas anderes Aussehen als die Disdiaklasten der Querbänder. Während die letzteren in einem gesättigten Roth erscheinen, stellen sich die Disdiaklasten der Neben- und Zwischenscheiben in einer dunkleren, mehr violetten oder dem Grau nahestehenden Färbung dar, und zwar erscheinen die Zwischenscheiben in der Regel noch etwas dunkler als die Nebenscheiben. Dieselbe Behandlungsweise, welche wir oben (S. 289) als zur Herstellung von Goldbildern der ersten Art geeignet angeführt haben, führt gelegentlich auch zu Goldbildern der hier angeführten zweiten Art. Ob bei jener Verfahrungsweise Goldbilder der ersten oder der zweiten Art erhalten werden, hängt in noch nicht näher angebbarer Weise von dem gerade vorhandenen Zustande der Muskelfaser ab.[1] Es kommt gelegentlich vor, dass von Fasern eines in der obigen Weise behandelten Muskels die einen Goldbilder der ersten Art, die anderen aber Goldbilder der zweiten Art darbieten. Durch gewisse Arten der Vorbehandlung der Muskelfasern kann man erreichen, dass dieselben bei nachheriger Vergoldung nach dem obigen Verfahren stets nur Goldbilder der zweiten Art ergeben. So erhält man nach Rollett's Angabe sehr deutliche Goldbilder der zweiten Art, wenn man die Muskeln von Käfern, die 24—48 Stunden in Alkohol von 93 Procent gelegen haben, für einige Zeit in Glycerin bringt und dann in der oben angegebenen Weise vergoldet.

Ein weiteres Eingehen auf die Goldbilder und die bei anderweiten Behandlungsweisen eintretenden Bilder der Muskelfasern liegt ausserhalb der Aufgaben unserer Schrift. Wir verweisen hinsichtlich der ersteren auf die weiteren Ausführungen von Rollett.

Sechstes Capitel.

Rechtfertigung der Annahme fester Querverbindungen in der Muskelfaser.

§ 38.

Handelt es sich darum, die Punkte anzugeben, hinsichtlich deren die jetzigen Ansichten von der Zusammensetzung der quergestreiften Muskelfaser mit einander übereinstimmen, so kann man kurz sagen,

[1] Der allgemeinere theoretische Gesichtspunkt, der in Betracht kommt, wenn es sich um Erklärung des Vorkommens zweier so wesentlich verschiedener Arten von Goldbildern handelt, ist bereits in der Anmerkung auf S. 100 f. angedeutet worden.

dass im Allgemeinen kein Zweifel und Zwiespalt vorhanden ist einerseits betreffs der Existenz der Fibrillen, welche aus abwechselnden anisotropen und isotropen Theilchen bestehen und in der Regel gruppenweise zu Muskelsäulchen angeordnet sind, und andererseits betreffs der Existenz des Muskelsaftes, welcher nebst den von ihm eingeschlossenen Kernen und interstitiellen Körnchen die von dem Fasergerüste freigelassenen Räume des Sarkolemmaschlauches erfüllt. Bestritten oder in Zweifel gestellt von in Betracht kommender Seite erscheint nur die Existenz der Querbälkchen, welche unserer Ansicht nach die Disdiaklasten und Fibrillen in queren Richtungen mit einander und mit dem Sarkolemma verbinden. So nimmt Kölliker (a. a. O. S. 356 ff.) als Elemente der quergestreiften Muskeln an: erstens das Sarkolemma, zweitens die Fibrillen und drittens eine Zwischensubstanz, welche mit dem von Kühne nachgewiesenen flüssigen Bestandtheil der Muskelfasern identisch zu sein scheine und zugleich die sog. interstitiellen Körner einschliesse. In ähnlicher Weise wird die Existenz der Fibrillen und des Muskelsaftes von vielen anderen Beobachtern anerkannt, insbesondere auch von demjenigen Forscher, dem wir die neuesten Aufklärungen umfassenderer Art auf diesem Gebiete verdanken, von Rollett. Hingegen erklärt sich eben dieser Forscher mit grosser Energie gegen die Annahme von festen Querbalkensystemen, durch welche die Fibrillen mit einander verbunden würden. Er hält es für seine Pflicht, mit Nachdruck für die Zukunft zu warnen „vor den in den Muskelfasern nicht vorhandenen, aber in sie hineingedichteten Fadennetzen, welche jetzt die verhängnissvolle Rolle in der Histologie der Muskeln weiter zu spielen drohen, welche früher anderen Trugbildern und Urtheilstäuschungen zufiel, deren Ueberwindung eben nahe gerückt zu sein schien“. Unter diesen Umständen liegt uns die Aufgabe ob, unsere Annahme von Querbälkchen eingehend zu rechtfertigen und näher anzugeben, durch welche Thatsachen und Gesichtspunkte wir glauben diese Annahme genügend stützen zu können.

Indem wir die soeben erwähnte Aufgabe in diesem Capitel zu erfüllen suchen, schicken wir zunächst den negativen Theil unserer zur Erfüllung jener Aufgabe dienlichen Betrachtungen voraus, indem wir hier zuvörderst ganz kurz einiger neuerer Arbeiten und Ansichten aus dem Gebiete der mikroskopischen Muskelforschung gedenken, auf welche unseres Erachtens die Annahme der Querbälkchen nicht gestützt werden darf.

Wie schon oben erwähnt, hat bereits Retzius aus den von ihm erhaltenen Säurebildern und Goldbildern der Muskeln geschlossen, dass sich im Inneren des Sarkolemmaschlauches Fadennetze befänden, welche senkrecht zur Längsaxe der Faser gestellt seien und die Eigenthümlichkeit besässen, durch das Vergoldungsverfahren deutlich roth gefärbt zu werden. Diese Querfadennetze seien durch nur geringe Abstände von einander getrennt und mithin in sehr grosser Anzahl in der Muskelfaser vorhanden. In der Längsrichtung der Faser seien die Querfadennetze wenigstens bei manchen Muskelarten erstens dadurch mit einander verknüpft, dass die (von Retzius als Muskelzellen bezeichneten) Muskelkerne, aus deren jedem stets mehrere Querfadennetze ihren Ursprung nähmen, in der Längsrichtung der Faser zu in sich zusammenhängenden Reihen, so zu sagen zu festen Pfeilern des Fasergerüstes mit einander verbunden seien. Zweitens werde eine Längsverbindung der Querfadennetze auch noch durch kernlose Stränge vermittelt, welche mit knotigen Anschwellungen versehen seien und in der Längsrichtung der Faser durch mehr oder weniger grosse Strecken verliefen. Drittens scheine es auch noch dünne, in der Längsrichtung der Faser sich erstreckende Häutchen zu geben, welche die Fäden oder Bälkchen der Querfadennetze in paralleler Anordnung enthielten und somit eine Längsverbindung dieser Netze bewirkten. Die Querreihen rothgefärbter Knoten, welche in der Längenansicht der vergoldeten Muskelfaser sichtbar sind, erklärt Retzius für die optischen Durchschnitte der Balken der queren Balkensysteme oder Querfadennetze, während er in den feinen Fäden, welche die rothgefärbten Knoten in der Längsrichtung der Faser mit einander verbinden, die optischen Durchschnitte jener feinen Häutchen erblickt, welche die Querfadennetze in der Längsrichtung der Faser verbinden.

Wir brauchen uns bei der Deutung, welche Retzius den Säurebildern und Goldbildern gibt, nicht weiter aufzuhalten. Wir haben schon oben (S. 281 ff.) hinlänglich gezeigt, welche Auffassung dieser Bilder nach den Untersuchungen von Rollett als die einzig richtige erscheint. Die Querfadennetze dieser Bilder nebst den sie verknüpfenden Längsverbindungen sind nichts Anderes als der Inbegriff der Massen, die sich im Faserinneren ausserhalb der Muskelsäulchen befinden; und die eigenthümliche Formung dieser Massen zu Querbalkensystemen, längsgehenden Häutchen u. s. w. entspringt lediglich daraus, dass die Muskelsäulchen unter dem Einflusse der Säure in ihren verschiedenen Abschnitten in verschiedenem Grade anschwellen. Selbstverständlich können wir uns auf diese die Disdiaklasten nicht in sich einschliessenden, sondern so zu sagen um die Muskelsäulchen herumgehenden Querfadennetze nicht berufen, wenn es sich darum handelt, Beweisgründe dafür anzuführen, dass die Disdiaklasten durch Querbälkchen mit einander und mit dem Sarkolemma verbunden sind und mithin Querfadennetze in der Muskelfaser bestehen, welche die Disdiaklasten in sich einschliessen und in denselben ihre Knotenpunkte besitzen. Die Querfadennetze, welche in den Säure- und Goldbildern der Muskeln bisher beobachtet worden sind, und die zwischen diesen Querfadennetzen bestehenden Längsverbindungen bestehen nach unserer Auffassung im Wesentlichen aus den zwischen den Muskelsäulchen befindlichen protoplasmatischen Saftschichten sowie aus den Querbälkchen, welche diese Saftschichten durchsetzen. Die Existenz dieser letzteren von uns angenommenen Querbälkchen wird indessen nicht im Mindesten dadurch erwiesen, dass nach gewisser Behandlung der Muskelfaser die zwischen den Muskelsäulchen befindlichen Massen, unter denen sich diese Querbälkchen, ohne besonders erkennbar zu sein, mit befinden, im Querschnittsbilde als dunkle oder rothgefärbte Balkensysteme erscheinen.

Nach Retzius sind nun noch eine Reihe anderer Beobachter aufgetreten, welche auf Grund der Bilder, die sie an den in der üblichen Weise vergoldeten oder auch anderweiten Behandlungsweisen unterworfenen Muskelfasern erhielten, die Behauptung aufgestellt haben, dass es im Faserinneren ein Gerüste gebe, das sich aus Querfadennetzen und Längsfäden, durch welche diese Netze mit einander verknüpft seien, zusammensetze. Zu diesen Beobachtern gehören Bremer, Melland, Macallum, C. F. Marshall, van Gehuchten, Ramón y Cajal u. A.[1] Während die Darlegungen von Retzius in der Bericht-

[1] Vergl. Bremer im Arch. f. mikrosk. Anat., 22, 1883, S. 318 ff.; Melland im Quarterly journal of microscop. science, 25, 1885, S. 371 ff.; Macallum, ebenda, 27, 1887, S. 461 ff.; C. F. Marshall, ebenda, 28, 1888, S. 75 ff. u. 31, 1890, S. 65 ff.; Haswell, ebenda, 30, 1890, S. 31 ff.; van Gehuchten, in La Cellule, Tome 2, S. 289 ff., ferner im Arch. f. A. u. Ph., 1888, S. 560 ff. sowie im Anat. Anzeiger, 2, 1887, S. 792 ff. u. 4, 1889, S. 52 ff.; Ramón y Cajal, in der Internat. Monatsschrift f. Anat. u. Physiol., 5, 1888, S. 205 ff. Die einschlagende Schrift von J. B. Carnoy (La biologie cellulaire, Lierre, 1884) ist uns nicht zu Händen gekommen. Zur Kritik der Anschauungen und Beweisführungen der hier angeführten Beobachter ist namentlich Rollett, 4, S. 250 ff. zu vergleichen. Von Retzius ist soeben (in den Verhandl. des Biol. Vereins in Stockholm, Band III, Okt.—Nov. 1890, S. 1 f.) eine kurze Mittheilung über von ihm angestellte neue Untersuchungen der quergestreiften Muskelfaser erschienen, welche kaum darauf schliessen lässt, dass dieser Forscher die in den Abhandlungen Rollett's niedergelegten Thatsachen und Gesichtspunkte voll und ganz berücksichtigt habe. Retzius behauptet nämlich in dieser Mittheilung, dass er durch Behandlung mit der Flemming'schen Mischung, nachfolgender Färbung in Rosanilin und Einlegen in essigsaures Kali sehr distinkte und schöne Bilder gewonnen habe, „aus welchen hervorging, dass die sog. Nebenscheiben nicht den Fibrillen und Fibrillenbündeln (Muskelsäulchen) angehören, d. h. nicht in ihnen liegen, sondern neben und zwischen den Fibrillenbündeln liegen und mehr oder weniger regelmässig angeordnete Körner des Sarkoplasma darstellen.“

erstattung über das thatsächliche Verhalten der Goldbilder im Wesentlichen mit den späteren Ausführungen von ROLLETT übereinstimmen und nur hinsichtlich der Deutung des Beschriebenen von letzteren nicht unwesentlich abweichen, unterscheiden sich die Darstellungen jener anderen Beobachter auch in ihrem blos beschreibenden Theile in manchen Punkten wesentlich von den Ausführungen ROLLETT's. Wir begnügen uns damit, nur einige charakteristische Punkte aus den Darstellungen jener Beobachter hier anzuführen.

BREMER hat das Verdienst, darauf aufmerksam gemacht zu haben, dass die Goldbilder der Querschnitte gewisser Muskelfasern (nämlich solcher, deren Muskelsäulchen röhrenförmige Gestalt besitzen und in ihrer Mitte einen verhältnissmässig umfangreichen fibrillenfreien Raum einschliessen) in der Mitte der ungefärbten Maschenräume, welche von den rothgefärbten Balken umschlossen werden, noch einen rothen Punkt erkennen lassen, was ROLLETT bestätigt hat.[1] Die rothgefärbten Knoten- und Knötchenreihen, welche in der Längenansicht der vergoldeten Faser sichtbar sind, erklärt BREMER für Reihen mehr oder weniger geschrumpfter Muskelstäbchen, d. h. Disdiaklasten. Indem Knoten dieser Art in bestimmten Höhen der Muskelfaser über den ganzen Querschnitt verbreitet und durch Querfäden mit einander verbunden seien, werde das Faserinnere in constanten Intervallen von Querfadennetzen durchsetzt. Diese Querfadennetze seien durch Längsfäden mit einander verknüpft, welche die Knotenpunkte benachbarter Querfadennetze mit einander verbänden. Während RETZIUS die in der Längenansicht der vergoldeten Faser sichtbaren, dünnen Fädchen, welche die Querreihen rothgefärbter Knoten oder Knötchen mit einander verbinden, in besserer Uebereinstimmung mit dem wirklichen Sachverhalte als optische Durchschnitte längsgehender Häutchen ansieht, welche die Querbalken der verschiedenen Querbalkensysteme mit einander verbänden, redet BREMER nur von Längsfäden, durch welche die Knotenpunkte benachbarter Querfadennetze in Verbindung mit einander gebracht würden.

Ebenso wie BREMER behaupten auch die anderen oben angeführten Beobachter, dass die Querfadennetze durch Längsfäden mit einander verbunden seien. Die Anschauungen, welche, in Anschluss an die Auffassung von CARNOY, VAN GEHUCHTEN, RAMÓN Y CAJAL u. A. vertreten, sind im Wesentlichen folgende. Das Innere der Muskelfaser ist in der Höhe der Zwischenscheiben von Querfadennetzen durchsetzt,

[1] Derjenige, welcher die hier erwähnte Beobachtung zuerst gemacht hat, ist allerdings nicht BREMER, sondern THIN (Quarterly journal of microscop. science, 16, 1876, S. 252). Doch hatte die hierauf bezügliche Mittheilung dieses englischen Forschers unseres Wissens gar keine Beachtung gefunden.

die aus Körnern und Querfäden bestehen, durch welche die Körner mit einander verbunden sind. Diese Querfadennetze sind durch Längsfäden mit einander verknüpft, die zwischen den Knoten benachbarter Querfadennetze ausgespannt sind. Querfadennetze und Längsfäden bilden zusammen das innere Netzwerk der Muskelfaser, das sogenannte reticulum plastinien. Die von diesem Netzwerke freigelassenen Räume des Faserinneren sind von einer mehr oder weniger zähen, an Eiweissstoffen, insbesondere an Myosin, reichen Flüssigkeit, dem sogenannten enchylème myosique, erfüllt. Diese Flüssigkeit ist doppelbrechend, hingegen ist jenes Netzwerk einfachbrechend. Die Folge davon ist, dass die lebende Faser in ihrer ganzen Ausdehnung doppelbrechend erscheint ausser in der Höhe der Querfadennetze, der Zwischenscheiben.[1] Die sarcous elements der Querbänder sind in der lebenden Faser nicht vorhanden. Dieselben sind ein Kunstprodukt, welches durch die Einwirkung eines coagulirenden Reagens auf das enchylème myosique entsteht. Nach VAN GEHUCHTEN bilden sich die sarcous elements dadurch, dass sich die Produkte der Gerinnung jenes enchylème in der Höhe der Querbänder rings an die Längsfäden ansetzen, nach RAMÓN Y CAJAL hingegen geht die Bildung der sarcous elements zwischen den Längsfäden vor sich. Hat sich in einer Muskelfaser die Bildung der sarcous elements vollzogen, so erweisen sich alsdann nur diese als doppelbrechend, die übrigen Bestandtheile der Muskelfaser aber als isotrop. Ist die Struktur der Muskelfaser eine complicirtere, so lässt sie in der Mitte des dunklen Querbandes eine helle Linie, den HENSEN'schen Streifen, erkennen. Derselbe hat seinen Grund einfach in einer mittleren Verdickung der Längsfäden (résulte simplement d'un épaississement médian des trabécules longitudinales).[2] In manchen Fällen treten in

[1] Nach der Auffassung VAN GEHUCHTEN's, nach welcher sich in der Höhe jeder Zwischenscheibe nur ein Querfadennetz befindet, dessen Maschen von enchylème myosique erfüllt sind, müssten doch eigentlich, eben wegen des Vorhandenseins dieser doppelbrechenden Flüssigkeit in den Maschen des Querfadennetzes, auch die Zwischenscheiben sich als doppelbrechend erweisen. Für RAMÓN Y CAJAL besteht diese Schwierigkeit oder dieser Widerspruch nicht, da nach der Ansicht desselben das Faserinnere in der Höhe der Zwischenscheiben von einer vollständigen Membran durchsetzt ist. Dass die Behauptung eines Fehlens der Doppelbrechung in der Höhe der Zwischenscheiben den Angaben zahlreicher zuverlässiger Beobachter widerspricht, braucht hier nicht erst erwähnt zu werden.

[2] Auf eine mittlere Verdickung der Längsfäden wird der HENSEN'sche Streifen in der im Arch. f. A. u. Ph. erschienenen Mittheilung VAN GEHUCHTEN's zurückgeführt. In der im Anat. Anzeiger erschienenen Notiz desselben Forschers wird jener Streifen aufgefasst als entstanden durch eine mittlere Verdünnung der Längsfäden. In der ausführlicheren Abhandlung endlich, welche VAN GEHUCHTEN in der Zeitschrift La Cellule über den Bau der Muskelfasern ver-

dem hellen Bande noch die Nebenscheiben auf. Dieselben beruhen gleichfalls auf Verdickungen der Längsfäden.

Eine von der vorstehenden Beschreibung wesentlich abweichende Struktur besitzen nach van Gehuchten die Flugmuskeln der Insekten. Dieselben bestehen aus Fibrillen, welche den früher von Krause geäusserten Anschauungen betreffs der Struktur der quergestreiften Fasern entsprechen. Jede Fibrille ist eine cylindrische Röhre, die durch vollständige Quermembranen in Kästchen getheilt ist. Jedes Kästchen ist von enchylème myosique erfüllt. Durch eine granulirte Zwischensubstanz sind die Fibrillen zu Bündeln von wechselndem Volumen, die eines Sarkolemmas entbehren, verbunden.

In ähnlicher Weise wie van Gehuchten behauptet auch Melland, dass in der quergestreiften Faser ein hauptsächlich durch gewisse Vergoldungsmethoden klar demonstrirbares Netzwerk vorhanden sei, welches bei Anwendung dieser Methoden ausschliesslich gefärbt werde und aus Querfadennetzen, die in Zusammenhange mit dem Sarkolemma stünden und in der Höhe der Zwischenscheibe sich befänden, sowie aus Längsfäden bestehe, durch welche die Knotenpunkte der Querfadennetze mit einander verbunden würden. Das Netzwerk sei isotrop, hingegen der übrige Theil des Faserinhaltes anisotrop u. s. w.

Wir brauchen nicht erst auszuführen, wie sehr die hier angedeuteten Anschauungen Allem widersprechen, was man bisher nach den Untersuchungen von Brücke, Engelmann, Ranvier, Kölliker u. v. A. als festgestellte Lehren der Histologie der quergestreiften Muskelfaser ansehen konnte, und wie sehr diese Anschauungen, nach denen das feste Gerüst der lebenden Muskelfaser in allen seinen Theilen einfachbrechend, hingegen der Muskelsaft doppelbrechend ist, zugleich auch denjenigen Vorstellungen widersprechen, die man sich vom Standpunkte unserer Contraktionstheorie aus hinsichtlich des Baues der Muskelfaser zu bilden hat. Betreffs der Kritik dieser von van Gehuchten, Melland u. A. vertretenen Anschauungen verweisen wir auf die Ausführungen von Rollett. Man wird durch dieselben davon überzeugt werden, dass jene Beobachter die dunklen oder rothgefärbten Knoten, welche in der Längenansicht der Fasern eines mit Säure, bez. mit

öffentlicht hat, wird (S. 394 ff.) in hier nicht darzulegender Weise behauptet, dass der Hensen'sche Streifen je nach den Umständen sehr verschiedenen Ursprunges sein könne. Es kann allerdings befremden, wenn man in der hier zuerst erwähnten Mittheilung van Gehuchten's liest, dass eine Verdickung der Längsfäden an der einen Stelle (nämlich in der Mitte des Querbandes) den Eindruck eines hellen Streifens, an anderen Stellen aber (nämlich an den Stellen der Nebenscheiben) den Eindruck einer dunklen Schicht erwecke.

Goldchlorid und Säure, behandelten Muskels bei weiter vorgeschrittener Wirkung der Säure in der Höhe der Zwischenscheiben sichtbar sind und den zwischen den Muskelsäulchen befindlichen Massen angehören, mit den dunklen doppelbrechenden Körnern (Disdiaklasten oder vielmehr disdiaklastenhaltigen Abschnitten der Muskelsäulchen) verwechselt haben, welche in der mit chemischen Reagentien nicht behandelten Muskelfaser in der Höhe der Zwischenscheiben erkannt werden können, dass ferner jene Beobachter das von ihnen dargestellte Bild der frischen Muskelfaser dadurch erhalten haben, dass sie „Einzelheiten eingezeichnet, welche theilweise der tiefen, theilweise der hohen Einstellung (des Mikroskopes) entsprechen, und noch überdies dieselben in linearer Richtung falsch auf einander bezogen“ haben, u. dergl. m. Nur in Kürze mag hier hervorgehoben werden, dass schon vor Rollett oder unabhängig von demselben eine Anzahl von Beobachtern den Säurebildern und Goldbildern der Muskelfaser Deutungen gegeben haben, welche mit der Auffassung Rollett's mehr oder weniger übereinstimmen. So hat schon G. R. Wagener (Pflüger's Arch., 30, 1883, S. 519 f.) den Irrthum der Deutung erkannt, welche Retzius den von ihm erhaltenen Goldbildern gegeben hatte. Auch R. von Limbeck (Wien. Ber. 91, 3. Abth., 1885, S. 322 ff.) hat in der Hauptsache die Goldbilder richtig so aufgefasst wie Rollett. Nur hält er diejenigen Gebilde, welche nach den Darlegungen Rollett's Muskelsäulchen sind, für einfache Fibrillen; auch übersieht er, dass die Bilder der Querreihen rothgefärbter Knoten oder Knötchen erst durch künstliche Anschwellung gewisser Theile des Fasergerüstes entstehen. Ferner ist hier an die Betrachtungen zu erinnern, welche J. Gerlach in seiner Abhandlung über das Verhältniss der nervösen und contraktilen Substanz des quergestreiften Muskels (Arch. f. mikrosk. Anat., 13, 1877, S. 399 ff.) in Anknüpfung an die von ihm beobachteten Goldbilder der Muskelfasern angestellt hat, u. A. m.

§ 39.

Wir können uns der Einsicht nicht verschliessen, dass eine Theorie der Muskelcontraktion, welche sich auf haltbare Anschauungen hinsichtlich der Struktur der Muskelfaser stützen und womöglich sogar fruchtbare Gesichtspunkte für die mikroskopische Muskelforschung gewinnen und an die Hand geben will, sich nicht in Widerspruch zu den Resultaten und Anschauungen setzen darf, zu denen Rollett bei seinen Untersuchungen über den Bau der quergestreiften Muskelfasern gelangt ist. Demgemäss versuchen wir im Folgenden unsere Annahme fester Querverbindungen in der Muskelfaser zu begründen, indem wir direkt an jene Untersuchungen Rollett's anknüpfen und zeigen, dass die Resultate derselben ebenso wie die Ergebnisse der Untersuchungen anderer zuverlässiger Forscher mit dieser Annahme nicht blos verträglich sind, sondern sogar zur Begründung derselben dienen.

Wir finden allerdings bei Rollett nachdrückliche Warnungen „vor den in den Muskelfasern nicht vorhandenen, aber in sie hineingedichteten Fadennetzen“, bei näherem Zusehen indessen zeigt sich leicht, dass die Warnung sich nicht auf Querbälkchen und Fadennetze schlechtweg, sondern nur auf die von Melland, C. F. Marshall, van Gehuchten u. A. angenommenen Fadennetze und vorgebrachten angeblichen Beweise derselben bezieht. Hat ja doch Rollett selbst (2, S. 52 f.) nachdrücklich daran erinnert, dass ein Strukturbestandtheil der Muskelfaser nur dann als ein besonderer Bestandtheil derselben erkennbar sei, wenn er sich durch sein Lichtabsorptionsvermögen oder Lichtbrechungsvermögen von seiner Umgebung merkbar unterscheide, und dass demgemäss aus dem Umstande, dass ein Strukturverhältniss optisch nicht wahrnehmbar sei, noch nicht auf das Nichtvorhandensein dieses Strukturverhältnisses geschlossen werden dürfe. Wenn also z. B. die Fibrillen in der frischen Muskelfaser nicht immer oder nicht in allen Abtheilungen des Muskelfaches sichtbar seien, so sei daraus nicht auf ein Fehlen der Fibrillen oder Fibrillenglieder in den betreffenden Fasern oder Faserabtheilungen zu schliessen, sondern es sei nur anzunehmen, dass in den betreffenden Fällen eine optische Homogenität zwischen den Fibrillen oder Fibrillengliedern und ihrer Umgebung bestehe. Wendet man nun diesen Gesichtspunkt auf unsere Annahme von Querbälkchen an, so ergibt sich, dass, wenn diese Querbälkchen, wie sie von Fibrille zu Fibrille oder von Fibrillen zum Sarkolemma hingehen, bisher weder von Rollett noch von anderen Forschern mit Sicherheit beobachtet worden sind, hieraus an und für sich keineswegs folgt, dass diese Querbälkchen und die durch dieselben vervollständigten Querfadennetze überhaupt nicht existiren. Nur dann würde die Annahme der Querbälkchen als unhaltbar dargethan sein, wenn gezeigt wäre, dass die Formänderungen und Erscheinungen mechanischer und sonstiger Art, welche die Muskelfaser bei der aktiven oder passiven Contraktion, bei der Dehnung, bei der Einwirkung quellungerregender oder schrumpfungbewirkender Agentien u. dergl. m. darbietet, thatsächlich nicht solche sind, wie sie nach den Gesetzen der Mechanik und Physik sein müssen, wenn wirklich Querbälkchen der von uns angenommenen Art in der Muskelfaser existiren. Wir werden weiterhin zeigen, dass gerade das Gegentheil der Fall ist, dass die Veränderungen, welche die Muskelfaser unter den soeben angedeuteten Bedingungen erkennen lässt, die Annahme fester Querverbindungen in der Faser nicht blos als zulässig erscheinen lassen, sondern geradezu fordern.

In Uebereinstimmung mit dem vorstehends Bemerkten hat ROLLETT (4, S. 263) selbst die Möglichkeit des Vorhandenseins eines Netzwerkes in der Muskelfaser anerkannt mit folgenden Worten: „Ob das.... Sarkoplasma als solches noch eine feinere besondere Struktur besitzt, die etwa mit der feinen netzartigen oder schwammigen Struktur zu vergleichen wäre, welche man als „Zellstruktur“ am Protoplasma nachzuweisen versuchte, müssen erst noch weitere Untersuchungen lehren, was ich hier, um künftige Missverständnisse zu vermeiden, den fälschlich angenommenen Fadennetzen im Sinne MELLAND's, MARSHALL's und VAN GEHUCHTEN's gegenüber noch besonders hervorheben will.“ Und an einer anderen Stelle (2, S. 41) erklärt ROLLETT, dass es bei den Beobachtungen zuweilen den Anschein gehabt habe, als ob in den breiten Sarkoplasmaschichten, welche in den Fliegenmuskeln die gürtelförmigen Reihen von Muskelsäulchen von einander trennen, eine Art von Netzwerk vorhanden gewesen sei.

Man darf nicht einwenden, dass es nur eine erzwungene Ausflucht, eine künstliche Hilfshypothese sei, wenn wir annehmen, dass die Querbälkchen sich von dem sie umgebenden Muskelsafte hinsichtlich des Lichtbrechungsvermögens nur äusserst wenig unterscheiden und in Folge dessen auf direktem optischen Wege nur sehr schwer oder gar nicht wahrnehmbar sind.[1] Denn was haben wir hinsichtlich der Struktur der verschiedenen Bestandtheile des Fasergerüstes zu erwarten, wenn wir ganz unbefangen erwägen, welche Beschaffenheiten dieser Bestandtheile der Funktion des Muskels dienlich sind? Dem schon auf S. 12 f. und 144 f. Bemerkten gemäss haben wir zu erwarten, dass beim natürlichen, normalen Zustande der Muskelfaser die Längsbälkchen und Disdiaklasten nur mässig durchsaftet und mit einer verhältnissmässig nicht geringen Elasticität begabt sind, hingegen die Querbälkchen eine starke Durchsaftung und nur geringe Elasticität besitzen, damit die Muskelfaser einerseits bei der Dehnung in ihrer Längsrichtung einen erheblichen Widerstand bekunde, andererseits aber bei der aktiven Contraktion

[1] Es soll nicht ganz unerwähnt bleiben, dass es keineswegs an Forschern fehlt, welche behaupten auch an frischen (der Einwirkung einer Säure oder des Goldchlorids und einer Säure nicht unterworfenen) Muskelfasern direkt das Vorhandensein von Querfäden beobachtet zu haben, durch welche die anisotropen Glieder benachbarter Fibrillen mit einander verknüpft seien. Man vergleiche z. B. HEITZMANN in den Wien. Ber., 67, 1873, 3. Abth., S. 152, und LEYDIG, Zelle u. Gewebe, Bonn 1885, S. 132 u. 138 ff. Doch möchten wir auf diese mehr vereinzelten und mehr beiläufigen Beobachtungsangaben, wenigstens bis auf Weiteres, ein besonderes Gewicht nicht legen.

keinen bedeutenden inneren Contraktionswiderstand zu überwinden habe. Ist es nun eine an den Haaren herbeigezogene Auffassungsweise, wenn wir annehmen, dass die stark durchsafteten Querbälkchen hinsichtlich ihres optischen Brechungsvermögens sich nur sehr wenig von den umgebenden freien Saftmassen unterscheiden? Wenn schon die viel weniger durchsafteten Fibrillen, die ihrer geringeren Durchsaftung entsprechend das Licht stärker brechen als die Querbälkchen, in der lebenden oder überlebenden oder auch in der mit Alkohol behandelten Muskelfaser zuweilen nicht sichtbar sind (vergl. z. B. Rollett, 1, S. 92), um wie viel grössere Schwierigkeit muss es haben, die stark durchsafteten Querbälkchen von dem sie umgebenden Muskelsafte zu unterscheiden! Man wird also nicht in Abrede stellen, dass es vom Standpunkte unserer Contraktionstheorie aus keine künstlich herbeigezogene, sondern die von vorn herein nächstliegende Annahme hinsichtlich der Struktur des Fasergerüstes ist, dass die Querbälkchen entsprechend der ihnen zukommenden geringeren Elasticität stärker durchsaftet sind als die Fibrillen, und dass es demgemäss mindestens befremdlich sein würde, wenn wir nicht schon von vorn herein annehmen würden, dass die Querbälkchen in optischer Hinsicht von dem umgebenden Muskelsafte weniger verschieden und weniger leicht unterscheidbar seien als die Fibrillen.[1]

Das Entsprechende wie von dem optischen Brechungsvermögen der Querbälkchen gilt auch von der Tingirbarkeit derselben. Auch hinsichtlich dieser müssen die stark durchsafteten Querbälkchen den freien Saftmassen viel näher stehen als den Disdiaklasten und den Längsbälkchen. Wenn also z. B. bei einer bestimmten Behandlungsweise der Faser die freien Saftmassen gefärbt werden, hingegen die Substanz der Fibrillen wenig oder gar nicht gefärbt wird, so ist es keineswegs zu verwundern, dass auch die weitporigen, saftreichen Querbälkchen keine merkbar andere Färbung erfahren als die freien Saftmassen. Und wenn andererseits bei Anwendung gewisser Färbemittel die Disdiaklasten und die Längsbälkchen in Folge der Anziehung, welche ihre festen Bestandtheile auf die Partikelchen der färbenden

[1] Da die einzelnen Fibrillen und interfibrillaren Saftschichten eines Muskelsäulchens im Allgemeinen nicht mit Sicherheit und Deutlichkeit von einander unterschieden werden können, so kann es sich bei der Frage, ob sich die Querbälkchen bei der Beobachtung von den umgebenden freien Saftmassen deutlich unterscheiden lassen, thatsächlich nur darum handeln, ob diejenigen Querbälkchen, welche die verschiedenen Muskelsäulchen mit einander oder mit dem Sarkolemma verbinden, sich durch ihr Aussehen deutlich von den sie umgebenden, umfangreicheren Saftschichten unterscheiden.

Substanz ausüben, eine deutliche Färbung erfahren, so braucht das Gleiche keineswegs auch von den Querbälkchen zu gelten, welche ihrer viel stärkeren Durchsaftung entsprechend viel weniger feste Bestandtheile enthalten als jene Fibrillenglieder, und deren feste Bestandtheile ausserdem auch eine andere chemische Beschaffenheit besitzen als die festen Bestandtheile der Fibrillenglieder und mithin auch auf die Partikelchen der färbenden Substanz nicht die gleichen Anziehungskräfte auszuüben brauchen wie jene. Wir haben schon früher (S. 99 f.) in Erinnerung gebracht, dass die Tingirbarkeit eines Gewebsbestandtheiles von der chemischen Struktur und von dem Durchfeuchtungsgrade desselben abhängt. In beiderlei Hinsicht sind die Querbälkchen von den übrigen Theilen des Fasergerüstes verschieden. Es ist daher nicht zu verwundern, dass sie sich auch bei der Einwirkung färbender Mittel anders verhalten als jene. Wenn es bisher nicht gelungen ist, durch Färbemittel die Querbälkchen mit Deutlichkeit und Sicherheit als besondere, vom Muskelsafte verschiedene Bestandtheile des Faserinneren nachzuweisen, so kann uns dies umso weniger befremden, da Fälle vorkommen, wo selbst die Längsbälkchen gewisser Schichten des Muskelfaches (nämlich der isotropen Neben- und Querschichten) trotz ihrer viel geringeren Durchsaftung sich durch ihr Verhalten dem Färbemittel gegenüber nicht merkbar von den freien Saftmassen unterscheiden, während die übrigen Fibrillenglieder sich durch ihre Färbung deutlich von den umgebenden Massen abheben (vergl. z. B. Rollett, 2, Tafel II, Figur 8 und 11 B).

§ 40.

Das Vorstehende sollte zeigen, dass zur Zeit nichts vorliegt, was die Annahme der Querbälkchen ausschliesse oder wenigstens als eine erzwungene und nicht sehr wahrscheinliche Annahme erscheinen lasse. Thatsächlich steht aber die Sache für diese Annahme noch weit günstiger, indem eine ganze Reihe von Erscheinungen vorliegt, welche direkt auf die Existenz fester Querverbindungen in der Faser hinweisen.

Wir erinnern hier zuvörderst an die auf S. 110 f. angeführten Verhaltungsweisen, welche die Zwischenscheibe bei der aktiven und passiven Contraktion der Muskelfaser, bei Dehnung derselben, bei Einwirkung quellungerregender oder schrumpfungbewirkender Mittel auf dieselbe erkennen lässt. Wenn die Muskelfaser aktiv oder passiv sich verkürzt oder unter dem Einflusse einer umspülenden Flüssigkeit aufquillt, so zeigt die Faseroberfläche an den Stellen, wo sich die Zwischenscheiben befinden, rinnenförmige Einschnürungen. Ist die Faser von ihrer natürlichen Ruhelänge aus gedehnt oder durch Einwirkung geeigneter Reagentien zur Schrumpfung veranlasst, so bietet die Faseroberfläche an den Ansatzstellen der Zwischenscheiben ringleistenförmige Erhöhungen dar, oder die bisher planparallelen Zwischenscheiben lassen Faltungen in ihrem Verlaufe erkennen. Wenn man diese Verhaltungsweisen der Zwischenscheibe in ihrer Gesammtheit überblickt, so erscheint eine Erklärung derselben nur dadurch möglich, dass man entweder in der Höhe der Zwischenscheiben befindliche feste Querverbindungen in der Muskelfaser annimmt oder sich für die zweite Annahme entscheidet, dass das Sarkolemma selbst in der Höhe der Zwischenscheiben eine grössere Elasticität besitze. Gegen die letztere Annahme wendet ENGELMANN (1, S. 45) ein, dass sie schon darum nicht haltbar sei, weil man die bei der Contraktion oder Dehnung in der Höhe der Zwischenscheiben auftretenden rinnenförmigen Einschnürungen, bez. ringleistenartigen Erhöhungen im Wesentlichen auch an aus dem Sarkolemma herausgetretenen Stücken quergestreifter Substanz beobachten könne, und weil leere Sarkolemmaschläuche, verschiedenen Graden der Dehnung ausgesetzt, niemals Bilder ergäben, welche den bei Dehnung der unversehrten Faser erhaltenen Bildern analog seien. Sehen wir ferner die Erscheinungen, welche bei Anschwellung einer Muskelfaser unter dem Einflusse einer Umspülungsflüssigkeit auftreten, etwas näher an, so zeigt sich, dass es ganz unmöglich ist, dieselben ohne die Annahme in der Höhe der Zwischenscheiben bestehender fester Querverbindungen zu erklären und etwa lediglich darauf zurückzuführen, dass das Sarkolemma in der Höhe der Zwischenscheiben eine grössere Elasticität besitze. Nachdem nämlich ENGELMANN bemerkt hat, dass bei der Anschwellung der Muskelfaser an den Ansatzstellen der Zwischenscheiben ringförmige Einschnürungen entstehen, fährt er folgendermassen fort: „Hierbei kann es endlich so weit kommen, dass das Sarkolemma von den stark gespannten Zwischenscheiben abreisst, worauf es dann als eine glatt gespannte Membran die zurückbleibenden Einschnürungen der quergestreiften Substanz überbrückt.“ Wir fragen: wie können die Zwischenscheiben in Folge der Vergrösserung des Faserquerschnittes gespannt sein, wenn keine feste Querverbindung der Fibrillen mit einander und mit dem Sarkolemma in der Höhe dieser Scheiben besteht? Wovon soll das Sarkolemma abreissen, wenn eine solche Querverbindung nicht existirt? Wie kann sich das Sarkolemma nach dem Abreissen glätten, und wie können nach dem Abreissen des Sarkolemmas von der quergestreiften Substanz die rinnenförmigen Einschnürungen an letzterer zurückbleiben, wenn keine Querverbindung der Fibrillen besteht und die an der unversehrten Faser bei der Anschwellung auftretenden rinnenförmigen Einschnürungen lediglich darin ihren Grund haben, dass das Sarkolemma in der Höhe der Zwischenscheiben eine grössere Elasticität besitzt? Auch der von ENGELMANN (1, S. 46) erwähnte Umstand, dass bei Einwirkung schrumpfungerweckender Mittel auf die Muskelfaser oft nicht blos die leistenförmigen Vorwölbungen des Sarkolemmas an den Ansatzstellen der Zwischenscheiben wahrnehmbar sind, sondern zugleich auch Faltungen der Zwischenscheiben auftreten, lässt sich durch die blosse Annahme einer grösseren Elasticität der in der Höhe dieser Scheiben befindlichen Partien des Sarkolemmas nicht befriedigend erklären.

Die Verhaltungsweisen, welche an der Zwischenscheibe und dem Sarkolemma bei Contraktion oder Dehnung, Anschwellung oder Schrumpfung der Muskelfaser zu beobachten sind, lassen es also als ganz unzweifelhaft erscheinen, dass in der Höhe der Zwischenscheibe jedes Muskelfaches eine feste Querverbindung der Fibrillen mit einander und mit dem Sarkolemma besteht. Dementsprechend haben auch schon verschiedene Forscher in Hinblick auf die im Vorstehenden angeführten Erscheinungen eine in der Höhe der Zwischenscheibe bestehende feste Querverbindung von membranartiger oder anderweitiger Struktur angenommen. Dies gilt z. B. von AMICI, RANVIER (a. a. O. S. 464), KRAUSE (a. a. O. S. 14, 25 f. u. 171), FLÖGEL u. A. m. Auch ENGELMANN ist der Ansicht, dass die im Vorstehenden angeführten Erscheinungen „eine feste Verbindung der Zwischenscheibe mit dem Sarkolemma beweisen“.[1]

[1] ENGELMANN bemerkt weiterhin (1, S. 47), dass die feste Verbindung der Zwischenscheibe mit dem Sarkolemma jedenfalls keine principielle Bedeutung für den Contraktionsvorgang besitze. Denn sie fehle in sehr vielen Fällen, z. B. überall da, wo sich zwischen Sarkolemma und quergestreifter Substanz eine Protoplasmaschicht befinde; „hier reichen dann die Zwischenscheiben nicht bis an's Sarkolemma heran, sondern hören an der Innenfläche der Protoplasmalage im gleichen Niveau mit den übrigen Lagen auf. Das auffallendste Beispiel hierfür liefern die Krebsmuskelfasern, bei denen sich zwischen Sarkolemma und quergestreifter Substanz ein vollständiger Mantel von Protoplasma befindet.“ Mit der Ansicht, dass die feste Verbindung der Zwischenscheibe mit dem Sarkolemma keine principielle Bedeutung für den Contraktionsvorgang besitze, stimmen wir dem auf S. 131 Bemerkten gemäss durchaus überein. Im Uebrigen aber hat schon ROLLETT (1, S. 98 f.) unter Bezugnahme auf die hier angeführte Auslassung ENGELMANN's hervorgehoben, dass, soweit seine Untersuchungen reichen, in allen Muskelfasern das Fasergerüst in seinem ganzen Verlaufe durch eine protoplasmatische Mantelschicht („Sarkoplasmaschicht“) von dem Sarkolemma getrennt ist. Nur bestehe der Unterschied, dass diese protoplasmatische Schicht in manchen Fällen eine nur geringe, in anderen Fällen aber eine beträchtliche Mächtigkeit besitze. Hiernach kann in dem Vorhandensein einer protoplasmatischen Schicht zwischen quergestreifter Substanz und Sarkolemma

Ein Theil der im Vorstehenden angeführten, auf die Zwischenscheibe bezüglichen Erscheinungen lässt sich nun in entsprechender Weise auch an den Querscheiben und Nebenscheiben beobachten. Aus den Darstellungen und Abbildungen Engelmann's ergibt sich, dass die ruhende Muskelfaser nach Wasserentziehung ebenso wie in der Höhe der Zwischenscheibe auch an den Stellen der beiden Querscheiben Hervorwölbungen des Sarkolemmas erkennen lässt, indem das letztere sowohl an den Stellen der isotropen Querschichten als auch in der Mitte des Querbandes etwas eingekerbt erscheint, dass ferner bei hohen Graden der Dehnung der Muskelfaser ähnlich wie die Zwischenscheibe auch die Querscheiben sich falten, und dass nach gewissen Behandlungsweisen die ruhende Muskelfaser ebenso wie an der Ansatzstelle der Zwischenscheibe auch an den Ansatzstellen der Nebenscheiben Hervorwölbungen des Sarkolemmas darbietet.[1] Diese Erscheinungen scheinen uns für die Annahme zu sprechen, dass ähnlich wie in der Höhe der Zwischenscheibe auch in den Höhen der anderen hier angeführten Scheiben eine feste Querverbindung, wenn auch eine solche von geringerer Elasticität und Festigkeit, innerhalb der Muskelfaser besteht. Als ein sicherer Beweis für diese Annahme können die erwähnten Erscheinungen allerdings, wenigstens vor der Hand, nicht angeführt werden, weil sie an und für sich betrachtet auch noch die Deutung zulassen, dass die Hervorwölbungen des Sarkolemmas, welche sich bei

---

ein Beweis dafür nicht erblickt werden, dass in der Höhe der Zwischenscheiben oder auch noch anderer Scheiben eine feste Verbindung des Fasergerüstes mit dem Sarkolemma nicht existire. Denn eine solche, dem Sarkolemma anliegende, protoplasmatische Schicht ist auch in denjenigen Fällen vorhanden, für welche nach Engelmann's eigener Ansicht wegen der oben angeführten Erscheinungen anzunehmen ist, dass eine feste Verbindung der Zwischenscheibe mit dem Sarkolemma besteht.

Bei einer anderen Gelegenheit (4, S. 7) erwähnt Engelmann, dass, wie schon Fredericq beobachtet habe, das Sarkolemma von Krebsmuskelfasern bei der Contraktion keine Runzelungen erleidet, „weil dasselbe von den Zwischenscheiben durch einen dicken Protoplasmamantel getrennt ist“. Auch diese Beobachtung fordert, falls sie sich bestätigt, keineswegs unbedingt die Annahme, dass in der Höhe der Zwischenscheiben eine feste Verbindung des Sarkolemmas und des Fasergerüstes nicht bestehe, sondern erklärt sich vollkommen durch die Annahme, dass innerhalb der in Rede stehenden Muskelfasern die in der Höhe der Zwischenscheiben bestehenden festen Querverbindungen sich hinsichtlich der Grösse ihrer Elasticität nicht merkbar von den in der Höhe anderer anisotroper Scheiben bestehenden festen Querverbindungen unterscheiden.

[1] Vergl. Pflüger's Arch., 7, 1873, S. 45 und Tafel III, Figur 1a, ferner 18, 1878, Tafel I, Figuren I, II, IV, V, die den beobachteten Sachverhalt „mit aller erreichbaren Treue“ wiedergeben sollen.

starker Schrumpfung oder Dehnung der Faser in den Höhen der Quer- und Nebenscheiben zeigen, lediglich dadurch bedingt seien, dass die anisotropen Fibrillenglieder dicker und mit grösserer Elasticität begabt seien als die isotropen Fibrillenglieder, so dass bei demjenigen Grade der Schrumpfung oder Dehnung der Faser, bei welchem eine unmittelbare gegenseitige Berührung der Disdiaklasten benachbarter Fibrillen eingetreten sei, das Sarkolemma nothwendig anfangen müsse auch in den Höhen der Quer- und Nebenscheiben Hervorwölbungen zu zeigen. Diese letztere Deutung der in Rede stehenden Erscheinungen wird endgültig beseitigt sein, sobald ausdrücklich constatirt ist, dass, wie zu erwarten, die Hervorwölbungen des Sarkolemmas in den Höhen der Quer- und Nebenscheiben auch bei solchen Dehnungs- oder Schrumpfungsgraden der Faser beobachtet werden können, bei denen im ganzen Verlaufe der Faser zwischen den einzelnen Fibrillenbündeln noch ganz deutliche Längsschichten fibrillenfreier Substanz erkennbar sind.

Einen ganz sicheren Beweis für die Behauptung, dass auch noch ausserhalb der Zwischenscheibe feste Querverbindungen in der Muskelfaser bestehen, und zugleich neues Thatsachenmaterial für die oben schon völlig erwiesene Annahme einer in der Höhe der Zwischenscheibe befindlichen festen Querverbindung gewinnen wir, wenn wir uns die schon früher (S. 268 ff.) besprochenen Erscheinungen näher vergegenwärtigen, welche die Fasern in Alkohol eingelegter Muskeln nach eingetretener Bildung von Zerfallsscheiben sowie in den dem scheibengebenden Zerfalle unmittelbar vorangehenden Stadien darbieten. Wir haben gesehen, dass bei demjenigen Zustande, welcher die unmittelbare Vorstufe zu der ersten von Rollett unterschiedenen Art des scheibengebenden Zerfalles der Alkoholmuskeln darstellt, die Muskelfaser im optischen Längsschnitte das Bild regelmässig auf einander folgender Durchschnitte von Tonnengewölben darbietet, deren Fusspunkte an den Zwischenscheiben liegen, deren höchste Punkte den Mitten der Querbänder gegenüber liegen, und denen an der ganzen Muskelfaser ringförmig verlaufende, mit Flüssigkeit erfüllte, gewölbte Canäle entsprechen, welche in dem zwischen je zwei Zwischenscheiben befindlichen Raume das Fasergerüst von dem mit einer protoplasmatischen Saftschicht bedeckten Sarkolemma trennen. Ist dieser Zustand der Muskelfaser von dem scheibengebenden Zerfalle gefolgt, so wird alsdann die Continuität der Fibrillen in den isotropen Nebenschichten gelöst, und es werden Scheiben von der Zusammensetzung *NIQIN* frei, die sich in geschlossenen, kästchenartigen Räumen befinden, deren jeder an den Seiten von dem mit einer protoplasmatischen Saftschicht bedeckten Sarkolemma, oben und unten aber von einer Zwischenscheibe begrenzt ist. Wir brauchen nicht weiter auszuführen, dass die beiden hier kurz geschilderten Zustände der Muskelfaser nur dadurch möglich sind, dass innerhalb der Muskelfaser eine feste Querverbindung in der Höhe der Zwischenscheiben besteht, welche bei der Anschwellung der Muskelfaser die in der Höhe dieser Scheiben vorhandenen Einschnürungen der Faser bewirkt und nach Eintritt des scheibengebenden Zerfalles das Vorhandensein der Scheidewände zwischen den verschiedenen, auf einander folgenden, kästchenartigen Räumen, in denen sich die isolirten Zerfallsscheiben befinden, ermöglicht.

Von grösserer Wichtigkeit als die im Vorstehenden wieder in Erinnerung gebrachte erste Art des scheibengebenden Zerfalles der Alkoholmuskeln und der dieselbe einleitende Zustand der Muskelfaser ist für uns hier die zweite Art des scheibenbildenden Zerfalles jener Muskeln und der derselben unmittelbar vorangehende, charakteristische Zustand der Muskelfaser. Bei letzterem Zustande sind, wie früher bemerkt, in der Längenansicht der Muskelfaser gleichfalls die Durchschnitte von Tonnengewölben sichtbar, deren höchste Punkte den Mitten der Querbänder gegenüberliegen; aber die Fusspunkte der Gewölbebogen liegen nicht an den Zwischenscheiben, sondern an den Nebenscheiben. Und wenn dieser Zustand der Muskelfaser von einem scheibengebenden Zerfalle derselben gefolgt ist, so werden Scheiben frei, welche nur den Querbändern Q entsprechen und sich in Räumen befinden, deren obere und untere Wand eine erhebliche Dicke besitzen und aus den im Zusammenhang mit dem Sarkolemma gebliebenen Fachabtheilungen $NEZEN$ bestehen. Man erkennt ohne Weiteres, dass diese zweite Art des scheibenbildenden Zerfalles und jener sie vorbereitende, charakteristische Zustand der Muskelfaser das Bestehen von festen Querverbindungen in der Höhe der Nebenscheiben in gleicher Weise beweisen, wie die obige erste Art des scheibengebenden Zerfalles und der ihr unmittelbar vorangehende Zustand das Bestehen fester Querverbindungen für die Zwischenscheiben darthun. Nur sind, entsprechend der Thatsache, dass die zweite Art des scheibengebenden Zerfalles viel seltener auftritt als die erste, die in den Höhen der Nebenscheiben befindlichen, die Fibrillen mit einander und mit dem Sarkolemma verbindenden Theile des Fasergerüstes als im Allgemeinen mit geringerer Festigkeit und Elasticität begabt vorzustellen als die entsprechenden den Zwischenscheiben angehörigen festen Querverbindungen. Auch Engelmann (1, S. 52) behauptet, dass die Nebenscheiben dem Sarkolemma nicht so fest zu adhäriren scheinen wie die Zwischenscheibe.

Ehe wir weiter gehen, dürfte es vielleicht angemessen sein, näher zuzusehen, wie sich nun eigentlich derjenige Forscher, welcher anscheinend der energischste Bekämpfer der Annahme fester Querverbindungen in der Muskelfaser ist, nämlich Rollett, zu denjenigen Erscheinungen stellt, die wir im Vorstehenden für diese Annahme geltend gemacht haben. Das Bild, welches man von der in Alkohol eingelegten Muskelfaser erhält, wenn die Zerfallsscheiben der ersten oder dritten der früher (S. 268 ff.) angeführten drei Arten sich noch innerhalb des Sarkolemmas befinden, schildert Rollett (1, S. 86) folgendermassen: „Der Sarkolemmaschlauch erscheint dann mehr oder weniger aufgebläht, und zarte Scheidewände, die auf dem optischen Längsschnitt mittelst konischer Ansätze in eine den Sarkolemmaschlauch an seiner inneren Oberfläche belegende, feinkörnige Masse übergehen, theilen denselben in, der Länge nach aneinander gereihte, Kästchen. Wo sich die Querwände ansetzen, erscheint im Längencontour des Sarkolemmas eine Einziehung, dazwischen sind die Wände der Kästchen ausgebaucht und in jedem der Kästchen liegt eine isolirte Scheibe *Q* oder eine isolirte Scheibe *NIQIN*.“ Weiterhin heisst es: „Endlich waren auch leer gewordene Sarkolemmaschläuche zu sehen, in denen die früher besprochenen Querwände der Kästchen regelmässig wie Leitersprossen aufeinander folgten.“ Nach diesen und anderen ähnlichen Auslassungen, denen die beigefügten Abbildungen des Beobachteten durchaus entsprechen, kann man fast zweifeln, ob die Behauptung aufgestellt werden dürfe, dass die in der Höhe der Zwischenscheiben bestehenden festen Querverbindungen niemals mit Sicherheit und Deutlichkeit zur direkten Wahrnehmung gelangt seien.[1] Die besondere Rolle, welche die Zwischenscheibe bei der ersten Art des scheibengebenden Zerfalles der Alkoholmuskeln spielt, erklärt Rollett (1, S. 99) daraus, dass „die Schichte *Z* eine besondere Festigkeit und Resistenz besitze“. In entsprechender Weise werden von ihm die Erscheinungen des scheibenbildenden Zerfalles der zweiten Art darauf zurückgeführt, dass nicht nur wie gewöhnlich die Zwischenscheiben, sondern auch die Nebenscheiben „fester mit dem Sarkolemma verbunden erscheinen“. Nun kann von Festigkeit einer Scheibe des

[1] Nasse (Pflüger's Arch., 17, S. 283) bemerkt hinsichtlich der Einwirkung der Salicylsäure auf die Muskelfaser unter Anderem Folgendes: „Das Sarkolemma wird durch Salicylsäure nicht gelöst, reisst aber leicht ab, und zeigt auf seiner inneren Fläche (hauptsächlich beim Frosch beobachtet) sehr häufig kürzere oder längere knotige oder knotig endende Fäden .... Man sieht auch mitunter Fädchen ohne Reste des Sarkolemma über die Oberfläche des nackten Primitivbündels hinausragen.“ Es muss zur Zeit noch dahingestellt bleiben, ob man in diesen Fädchen Theile des Querbälkchensystemes oder nur Gerinnungsprodukte des Muskelsaftes zu erblicken hat.

Muskelfaches oder von einer in der Höhe dieser Scheibe befindlichen festen Verbindung der Fibrillen mit einander und mit dem Sarkolemma doch nur dann geredet werden, wenn man in der Höhe dieser Scheibe irgendwie geformte, die Fibrillen und das Sarkolemma mit einander verbindende, Massen annimmt, die nicht flüssig, sondern fest sind und erst durch ihre Festigkeit es ermöglichen, dass man von einer Festigkeit der betreffenden Scheibe und von einem Widerstande reden kann, den sie einer von dem Sarkolemma ausgehenden Zugkraft u. dergl. entgegensetzt. Wir glauben also behaupten zu dürfen, dass ROLLETT der Sache nach selbst anerkennt, dass in der Höhe der Zwischenscheiben und Nebenscheiben feste Querverbindungen bestehen. ROLLETT (1, S. 98 f.) unterlässt nun allerdings nicht uns zu versichern, dass die Zwischenscheibe ebenso wie alle anderen Abtheilungen des Muskelfaches nur aus Fibrillengliedern und dem zwischen denselben befindlichen Sarkoplasma bestehe, und dass die besondere Festigkeit und Resistenz dieser Scheibe lediglich darin ihren Grund habe, dass in der Höhe derselben das Sarkoplasma ganz besonders fest an den Mantelflächen der Fibrillenglieder und an dem Sarkolemma anhafte. Man erkennt aber leicht, dass im Grunde hier nur ein Streit um Worte vorliegen würde. Der Sache nach kommt es doch durchaus auf dasselbe hinaus, ob man einfach sagt: „in der Höhe der Zwischenscheibe bestehen feste, durchfeuchtete Querverbindungen“, oder in etwas umständlicherer Weise sagt: „diejenige, kurz als Sarkoplasma zu bezeichnende, Substanz, welche die von den Fibrillen freigelassenen Räume erfüllt, besitzt in der Höhe der Zwischenscheibe (entweder durchgehends oder nur in einzelnen querbälkchenartigen Theilen) eine ganz besondere Cohäsion, so dass sie in der Höhe dieser Scheibe mit den derselben angehörigen Fibrillengliedern zusammen einen zwischen dem Sarkolemma befindlichen und mit demselben verknüpften Massencomplex bildet, welcher sich ganz wie ein Complex mit einander verbundener, durchfeuchteter, fester Massen benimmt (z. B. einer vom Sarkolemma ausgehenden Zug- oder Druckkraft gegenüber) und unter Umständen (z. B. bei der ersten Art des scheibengebenden Zerfalles der Alkoholmuskeln) sich im optischen Längsschnitte der Faser ganz deutlich als eine zarte Querwand repräsentirt.“ Es dürfte schwerlich für einen Fehler erachtet werden, wenn wir es vorgezogen haben, jene festen Querverbindungen des Faserinneren einerseits und die der Erregbarkeit und Ernährung des Muskels dienenden, mehr oder weniger flüssigen Saftmassen andererseits ihrer wesentlich verschiedenen funktionellen Bedeutung gemäss durch gesonderte Bezeichnungen von einander zu trennen.

Wie sich aus dem Bisherigen ergibt, wird also die Existenz fester

Querverbindungen, die sich in der Höhe der Zwischenscheiben und der Nebenscheiben befinden, durch das Verhalten dargethan, welches das Sarkolemma hinsichtlich seiner Form und seines Zusammenhanges mit dem Fasergerüste in denjenigen Fasern eines Alkoholmuskels darbietet, welche den scheibengebenden Zerfall erlitten haben oder sich in den der Bildung von Zerfallsscheiben unmittelbar vorhergehenden Zuständen befinden. Die Existenz fester Querverbindungen in der Muskelfaser wird indessen nicht blos durch das Verhalten erwiesen, welches das Sarkolemma in derartigen Muskelfasern zeigt, sondern auch die Bildung der Zerfallsscheiben selbst, der Zusammenhang, der zwischen den einer und derselben Zerfallsscheibe angehörigen Abschnitten der verschiedenen Fibrillen nothwendig anzunehmen ist, muss als ein Beweis dafür angesehen werden, dass feste Querverbindungen existiren, und zwar nicht blos in der Höhe der Zwischen- und Nebenscheiben, sondern auch in der Höhe solcher anisotroper Scheiben, welche zu dem Querbande des Muskelfaches gehören. Bestünde das Faserinnere abgesehen von den Muskelkernen nur aus den Fibrillen und dem Muskelsafte, so wäre nur ein solcher Zerfall der in Alkohol oder eine andere ähnlich wirkende Flüssigkeit eingelegten Faser möglich, bei welchem einzelne Fibrillen oder einzelne Fibrillenglieder isolirt werden. Ein Zerfall in Scheiben wäre undenkbar. Denn wodurch sollten dann die einer und derselben Zerfallsscheibe angehörigen Glieder der verschiedenen Fibrillen mit einander verbunden sein? Sagt man, dass der Muskelsaft durch seine Zähigkeit das Querbindemittel darstelle, welches die einer und derselben Zerfallsscheibe angehörigen Glieder der verschiedenen Fibrillen zusammenhalte, so ist zu bemerken, dass, wenn der Muskelsaft als Querbindemittel in der Faser zu dienen vermöchte, er natürlich auch als Längsbindemittel in derselben wirken müsste. In continuirlichen Längssträngen das Faserinnere durchziehend, müsste er natürlich auch noch dann, wenn die Continuität der Fibrillen an bestimmten Stellen unterbrochen ist, im Sinne der Aufrechterhaltung des Längszusammenhanges des Faserinneren und im Sinne einer Verhinderung des scheibengebenden Zerfalles des letzteren wirken. Es ist also die Bildung der Zerfallsscheiben nur dadurch erklärlich, dass es in jeder Zerfallsscheibe gewisse vom Muskelsafte verschiedene Querverbindungen der Fibrillenglieder gibt. Da nun, wie wir früher gesehen haben, die Zerfallsscheiben, welche beim Zerfalle in Alkohol oder ähnlich wirkende Flüssigkeiten eingelegter Muskeln erhalten werden, sehr verschiedener Art sein können, der Zwischenscheibe oder dem Querbande entsprechen oder von noch anderer Zusammensetzung sein können, so dürfte die Bildung dieser Zerfallsscheiben als ein Beweis dafür angeführt werden können, dass in der Muskelfaser und zwar auch in der Höhe der Querbänder[1] derselben feste Querverbindungen der Fibrillen bestehen.

Gegenüber der nach Vorstehendem auch von uns getheilten Ansicht, dass die Bildung von Zerfallsscheiben für das Vorhandensein fester Querverbindungen der Disdiaklasten spreche, wird zuweilen (vergl. z. B. Kölliker, a. a. O. S. 360) geltend gemacht, dass das Auftreten der Zerfallsscheiben nur dann von Belang sein würde, „wenn dasselbe ebenso häufig wäre wie das der Fibrillen und auch an frischen Muskeln hie und da vorkäme“. Allein dies sei nicht der Fall; denn es sei an frischen Muskeln kaum je eine Andeutung von einem Zerfallen in Scheiben zu sehen, und auch an macerirten Fasern sei das Sichtbarwerden von Scheiben eher eine seltene Erscheinung, während auf der anderen Seite die Darstellung der Fibrillen fast in jedem Muskel zu erzielen sei. Wir brauchen nicht erst zu bemerken, dass die schwierigere und seltenere Darstellung der Zerfallsscheiben einfach eine Bestätigung unserer Anschauungen ist, nach denen die Längsbälkchen und Disdiaklasten im Allgemeinen bedeutend fester und widerstandsfähiger sind als die Querbälkchen und mithin der fibrillare Faserzerfall im Allgemeinen viel leichter und häufiger eintreten muss als der scheibengebende Zerfall.

Obwohl, wie wir aus dem Früheren wissen, der scheibenbildende Zerfall der Säuremuskeln von wesentlich anderer Art ist als derjenige der in Alkohol und andere ähnlich wirkende Flüssigkeiten eingelegten Muskeln, so können doch in ähnlicher Weise wie die Zerfallserscheinungen der letzteren Muskeln auch gewisse Erscheinungen, welche die der Einwirkung verdünnter Säuren ausgesetzten Muskeln zeigen, als ein Beweis

[1] Das Vorkommen von Zerfallsscheiben, welche den Querbändern der Muskelfächer entsprechen, ergibt zunächst nicht mehr als dies, dass sich ausser in der Höhe der Zwischen- und Nebenscheiben auch noch in der Höhe irgendwelcher Abtheilungen der Querbänder feste Querverbindungen befinden. Da die Querscheiben den Querbändern niemals fehlen, während die Mittelscheibe zuweilen vermisst wird, so wird man anzunehmen haben, dass unter normalen Umständen die Disdiaklasten der Querscheiben durch Querbälkchen mit einander und mit dem Sarkolemma verknüpft sind. Was hingegen die Mittelscheibe anbelangt, so lässt sich zur Zeit für das Vorhandensein von Querbälkchen in derselben kein wirklich durchschlagender Beweisgrund anführen, falls Jemand die Vermuthung aussprechen sollte, dass vielleicht die Mittelscheibe die Eigenthümlichkeit besitze, dass in ihr die festen Querverbindungen der Disdiaklasten nicht vorhanden seien. Zerfallsscheiben, welche nur isolirte Mittelscheiben darstellten, sind bisher nicht constatirt worden. Man erkennt übrigens leicht, dass unsere Contraktionstheorie keineswegs unbedingt die Annahme erfordert, dass in der Höhe sämmtlicher anisotroper Abtheilungen des Muskelfaches feste Querverbindungen vorhanden seien.

für das Bestehen fester Querverbindungen in der Muskelfaser angeführt werden. Wir erinnern hier nur an das Verhalten, welches nach ROLLETT's eigener Darstellung die Zwischenscheibe bei der Säureeinwirkung zeigt. Nach der auf S. 282 f. von uns wörtlich mitgetheilten Darstellung ROLLETT's erfährt die Zwischenscheibe bei der Anschwellung, welche die Faser unter dem Einflusse der Säure erleidet, gleichfalls eine Verbreiterung und zwar eine solche, welche ähnlich zu Stande kommt wie die Verbreiterung einer gedehnten Kautschukplatte. So lange als sich die Zwischenscheibe in diesem Zustande querer Spannung befindet, ist oberhalb und unterhalb derselben je eine Querreihe dunkler Knoten wahrnehmbar. Bei weiterem Vorschreiten der Säurewirkung sollen die Bilder mit diesen doppelten Knotenreihen in solche Bilder, welche in jedem Muskelfache nur eine einzige, in die Höhe der Zwischenscheibe hineinfallende Knotenreihe enthalten, dadurch übergehen, „dass die anfangs in die Quere gedehnten Abschnitte *Z* der Muskelsäulchen wieder zusammenschnurren, und so das Sarkoplasma zwischen denselben sich ansammeln kann". Wir brauchen nicht erst hervorzuheben, wie die hier gemachte Annahme, dass die Zwischenscheibe ähnlich wie eine Kautschukplatte senkrecht zur Faseraxe gedehnt werden könne u.s.w., durchaus zur Voraussetzung hat, dass die der Zwischenscheibe angehörigen Fibrillenglieder durch feste Massen mit einander und mit dem Sarkolemma verknüpft sind.

Sollte man einwenden, dass diese der Zwischenscheibe angehörigen festen Querverbindungen erst eine Folge der Säureeinwirkung seien und in der frischen, unversehrten Faser nicht bestünden, und sollte man uns überhaupt entgegenhalten, dass die Erscheinungen, welche wir im Bisherigen als einen Beweis für das Vorhandensein fester Querverbindungen in der Muskelfaser angeführt hätten, nur Erscheinungen seien, welche an mit gewissen Reagentien behandelten Fasern zu Tage träten und demgemäss vielleicht nur die Wirkungen einer erst unter dem Einflusse gewisser Reagentien innerhalb der Faser sich herstellenden, festen Querverbindung seien, so würden wir zweierlei zu entgegnen haben. Erstens würden wir die Frage aufwerfen, weshalb die festen Querverbindungen, welche sich angeblich erst unter dem Einflusse der benutzten Reagentien in der Muskelfaser bilden, sich nur in der Höhe der Zwischenscheibe und anderer anisotroper Scheiben, nicht aber auch in den isotropen Abtheilungen des Muskelfaches vorfinden. Der Umstand, dass die bei gewisser Behandlungsweise der Muskelfaser constatirbaren festen Querverbindungen sich eben doch nur innerhalb der anisotropen Scheiben des Muskelfaches constatiren lassen, scheint uns auf jeden Fall mindestens zu beweisen, dass die zwischen und ausserhalb der Fibrillen befindlichen Massen des Faserinneren in den isotropen Abtheilungen des Muskelfaches nicht die gleiche Beschaffenheit, Struktur, Gliederung oder Zusammensetzung besitzen wie in den anisotropen Abtheilungen. Hiermit ist aber vollends ein für allemal dargethan, dass der Umstand, dass die zwischen den Fibrillen oder Fibrillenbündeln vorhandenen Massen des Faserinneren in der Höhe der anisotropen Scheiben des Muskelfaches im Allgemeinen ganz dasselbe Aussehen besitzen wie in der Höhe der isotropen Schichten, einen stichhaltigen Einwand gegen unsere Annahme der Querbälkchen nicht zu begründen vermag. Zweitens würden wir dem hier in Rede stehenden Einwande gegenüber darauf hinweisen, dass lebende, mit keinerlei Reagens behandelte Muskelfasern bei ihrer Contraktion die rinnenförmigen Einschnürungen in der Höhe der Zwischenscheiben gleichfalls zeigen und bei starker Dehnung die ringleistenförmigen Erhabenheiten an den Ansatzstellen dieser Scheiben gleichfalls erkennen lassen,[1] also trotz des Umstandes, dass eine Einwirkung von Reagentien nicht stattgefunden hat, Erscheinungen zeigen, welche das Bestehen fester Querverbindungen in der Muskelfaser darthun.

Neben den im Bisherigen angeführten Thatsachen spricht noch folgender Gesichtspunkt für die Annahme fester Querverbindungen in der Muskelfaser. Wie wir auf S. 130 ff. gesehen haben, lassen sich die Verschiedenheiten, welche die anisotropen Scheiben des Muskelfaches hinsichtlich ihrer physikalischen und chemischen Eigenschaften zeigen, ihrer Bedeutung nach sehr wohl verstehen, wenn man das Vorhandensein fester Querverbindungen in der Muskelfaser annimmt und die weitere Annahme macht, dass die verschiedenen anisotropen Scheiben des Muskelfaches mittels der ihnen angehörigen Querbälkchen in verschiedenem Grade zugleich der Aufgabe dienen, erheblichere Verschiebungen und Desorientirungen von Fibrillentheilen zu verhindern. Nimmt man hingegen an, dass die Disdiaklasten durch keinerlei feste Querverbindungen mit einander und mit dem Sarkolemma verknüpft seien, so bleibt die Verschiedenheit, welche zwischen den anisotropen Abtheilungen des Muskelfaches, z. B. zwischen der Zwischenscheibe und den Querscheiben, besteht, hinsichtlich ihrer Bedeutung völlig unverständlich.

Endlich ist hier noch zu betonen, dass die Annahme fester Querverbindungen in der Muskelfaser eine Annahme ist, welche bei Zugrundelegung unserer theoretischen Anschauungen vom Wesen des Contraktionsvorganges eine einheitliche und vollständige Erklärung der mechanischen und thermischen Leistungen des Muskels ermöglicht und

[1] Vergl. z. B. Engelmann, 1, S. 44 f.

behufs einer solchen Erklärung der Muskelleistungen von jenen Anschauungen gefordert wird. Es würde die Annahme fester Querverbindungen in der Muskelfaser selbst dann eine gerechtfertigte sein, wenn die in den vorstehenden Ausführungen geltend gemachten positiven Beweisgründe für dieselbe nicht beständen und sich nichts weiter für dieselbe anführen liesse als dies, dass sie erstens zu keiner vorliegenden Thatsache in Widerspruch steht und zweitens bei Zugrundelegung unserer Anschauungen vom Wesen des Contraktionsvorganges eine einheitliche Erklärung der mechanischen, thermischen und sonstigen Erscheinungen der Muskelcontraktilität ermöglicht. —

Zieht man die Thatsachen und Gesichtspunkte, die wir in den bisherigen Darlegungen dieses Paragraphen geltend gemacht haben, in nähere Erwägung, so zeigt sich leicht, dass dieselben zwar die Existenz fester Querverbindungen in der Muskelfaser ergeben, aber nicht unbedingt dazu nöthigen, diese Querverbindungen sich nur als Querbälkchen, d. h. als Massen vorzustellen, welche in den anisotropen Scheiben, wo sie sich befinden, noch Zwischenräume für den freien Muskelsaft übrig lassen. Man könnte vielmehr, ähnlich wie bisher manche Forscher gethan haben, auch Quermembranen annehmen, welche in der Höhe der Zwischenscheibe und anderer anisotroper Scheiben das Faserinnere durchsetzen und die von den Disdiaklasten übrig gelassenen Theile des Faserquerschnittes vollständig einnehmen. Hinsichtlich dieses Punktes haben wir Folgendes zu bemerken. Die Annahme in der Höhe der anisotropen Scheiben befindlicher, die Disdiaklasten einschliessender, membranartiger Querverbindungen verträgt sich durchaus mit unserer Theorie der Muskelcontraktion. Denn auch eine solche quellungsfähige und durchsaftete Quermembran würde bei der elektrischen Ladung der Disdiaklasten und der dadurch bewirkten Vergrösserung des Faserquerschnittes eine Erweiterung ihrer Poren in zur Faseraxe senkrechten Richtungen erfahren; diese Porenerweiterung würde gleichfalls einen Vorgang der Nachquellung, durch den der Saftgehalt der erweiterten Poren wächst, zu Folge haben; aus dieser Erhöhung des Saftgehaltes jener Poren würde gleichfalls ein gewisser Erschlaffungswiderstand entspringen, u. s. w. Wir ziehen es indessen vor, nur von Querbälkchen und nicht von Quermembranen zu reden, weil die im Bisherigen angeführten, auf die Existenz fester Querverbindungen in der Muskelfaser hinweisenden Thatsachen und Gesichtspunkte allerdings mindestens die Annahme von Querbälkchen erfordern, die Annahme von Quermembranen aber andererseits über dasjenige hinausgeht, was durch jene Thatsachen und Gesichtspunkte unbedingt erfordert wird. Auch lassen sich einige Punkte anführen, welche das Vorkommen vollständiger Quermembranen zwar nicht gänzlich ausschliessen, aber doch weniger zweckmässig und weniger wahrscheinlich erscheinen lassen als das Vorkommen blosser Querbälkchen. So kann man geltend machen, dass für die Fortpflanzung der Erregung innerhalb der Muskelfaser das Vorhandensein zahlreicher Quermembranen, durch deren Poren hindurch sich die Erregung fortpflanzen müsse, nicht gerade förderlich sei. Auch kann man darauf hinweisen, dass der innere Contraktionswiderstand, welcher bei einer bestimmten Verkürzung des Muskels zu überwinden ist, unter sonst gleichen Umständen grösser ausfallen muss, wenn die in der Höhe der anisotropen Scheiben befindlichen festen Querverbindungen den ganzen von den Disdiaklasten frei gelassenen Theil des Faserquerschnittes erfüllen, als dann, wenn sie nur bälkchenartige Gebilde sind und erhebliche Zwischenräume für den freien Muskelsaft übrig lassen. Wie wir ferner weiterhin uns näher überzeugen werden, wirkt bei der Muskelcontraktion die durch die Nachquellung bewirkte Saftbindung im Sinne einer Abnahme der Muskelerregbarkeit. Diese Abnahme der Muskelerregbarkeit muss natürlich beträchtlicher sein, wenn die Nachquellung statt in blosse Querbälkchen in vollständige Quermembranen hinein stattfindet und demgemäss eine erheblich grössere Menge freien Saftes in gebundenen Saft von geringerer Erregbarkeit verwandelt. Endlich mag noch erwähnt werden, dass die Annahme von in der Höhe der anisotropen Scheiben befindlichen Quermembranen, welche den gesammten von den Disdiaklasten frei gelassenen Theil der betreffenden Faserquerschnitte erfüllen, mindestens in denjenigen Theilen einer Muskelfaser Schwierigkeiten findet, in denen sich Muskelkerne durch eine Anzahl von anisotropen Scheiben hindurch erstrecken. Hingegen hat es für den Fall, dass man die in der Muskelfaser vorhandenen festen Querverbindungen als blosse bälkchenartige Gebilde ansieht, keinerlei Schwierigkeit, sich vorzustellen, dass die Querbälkchensysteme an denjenigen Stellen, wo sich Muskelkerne befinden, entsprechende Lücken frei lassen oder vielmehr mit den in den Muskelkernen etwa vorhandenen Fädchensystemen in Verbindung treten. Die hier angeführten Gesichtspunkte schliessen zwar keineswegs völlig aus, dass sich gelegentlich in irgendwelchen Muskelfasern an irgendwelchen Stellen Quermembranen vorfinden, dürften aber hinreichen, um es als völlig dem Thatbestande entsprechend erscheinen zu lassen, dass wir uns auf die Annahme von Querbälkchen beschränken, weil die Annahme von Quermembranen keinerlei Zweckmässigkeits- und Wahrscheinlichkeitsgründe für sich habe und über dasjenige hinausgehe, was durch die vorliegenden Thatsachen unbedingt gefordert werde.

Für einen einsichtvollen Leser bedarf es endlich nicht erst der Bemerkung, dass der Ausdruck Querbälkchen hinsichtlich der Form dieser Bestandtheile des Fasergerüstes keinerlei bestimmte Behauptung einschliesst. Wir behaupten weder, dass der Querschnitt eines solchen Bälkchens viereckig sei, noch dass derselbe im ganzen Verlaufe des Bälkchens die gleiche Form und Grösse besitze. Sollte man Neigung empfinden, an Stelle des Ausdruckes Querbälkchen eine andere Bezeichnung, etwa die Bezeichnung Sarkoplasmafäden, zu setzen, und hierbei unter einem Sarkoplasmafaden einen Körper verstehen, der eine gewisse Elasticität besitzt, der safthaltig ist, der im Falle seiner Dehnung einem Vorgange der Nachquellung unterworfen ist, und der überhaupt alle diejenigen Eigenschaften besitzt, die wir unseren Querbälkchen zuschreiben, so würden wir es für Zeitverlust halten, über blosse Worte und Ausdrücke in irgendwelche Discussion einzutreten.

§ 41.

Hiermit schliessen wir unsere Ausführungen über die mikroskopische Erscheinungsweise des ruhenden und des erregten Muskels. Es ist mehr als trivial, anzuerkennen, dass die Beobachtung schliesslich allein die letzte Entscheidung in allen Fragen der Wissenschaft gibt. Andererseits aber ist auch die Ansicht nicht neu, dass das Wirrwarr der Ansichten, die in der Muskelhistologie herrschen, vielleicht erst dann seinen Abschluss finden werde, wenn eine Theorie der Muskelthätigkeit vorliege, welche auf einer vollständigen Berücksichtigung der physiologischen Leistungen des Muskels fussend zugleich auch für die histologische Muskelforschung durchgreifende Gesichtspunkte darbiete. Schon aus diesem Grunde dürfte der im Bisherigen von uns unternommene Versuch gerechtfertigt erscheinen, die vorliegenden Ergebnisse der mikroskopischen Muskelforschung vom Standpunkte unserer Theorie aus zu erörtern und zu zeigen, wie viele der bisher ganz unverstandenen, auf mikroskopischem Wege festgestellten Einrichtungen und Verhaltungsweisen der Muskelfasern durch unsere Theorie in einfacher Weise ihr Verständniss finden.

Auf die Vermuthungen, die bisher von einzelnen Histologen oder Physiologen betreffs des Zustandekommens des Contraktionsvorganges aufgestellt worden sind, näher einzugehen, schien uns nicht erforderlich, weil es sich da um Vermuthungen handelt, die nicht einmal hinsichtlich der Art und Weise, wie nun eigentlich die Contraktion zu Stande kommen soll, ein in mechanisch-physikalischer Hinsicht ganz klares und vollständiges Bild gewähren, und weil dieser Unklarheit oder Unvollständigkeit entsprechend auch kein Versuch vorliegt, irgendeine von diesen theoretischen Vermuthungen im Einzelnen vollständig durchzuführen und zu zeigen, dass sie in der That sowohl zur Verständlichmachung aller wesentlichen Struktureigenthümlichkeiten der Muskelfasern als auch zur Erklärung der für die physiologischen Erscheinungen und Leistungen des Muskels gültigen, besonderen Gesetze durchaus genüge.

Neben der in dieser Schrift von uns vorgetragenen Theorie der Muskelcontraktion ist ferner noch eine Reihe anderer Theorien von vorn herein denkbar, welche mit unserer Theorie die wesentliche Voraussetzung gemeinsam haben, dass die pyroelektrische Wirksamkeit der im Muskel enthaltenen anisotropen Körperchen und die durch dieselbe hervorgerufenen Deformationswiderstände und Aenderungen der Quellungszustände einzelner Muskelbestandtheile die hauptsächlichen Faktoren bei der Muskelcontraktion seien, aber hinsichtlich der näheren Art und Weise, wie diese Faktoren sich abspielen oder geltend machen sollen, von unserer Theorie abweichen. Wir haben hier Ansichten vor Augen, die wir selbst ernstlich durchdacht und durch die wir so zu sagen erst hindurchgegangen sind, bevor wir zu derjenigen Gestalt der pyroelektrischen Contraktionstheorie gelangt sind, die wir in dieser Schrift vertreten. So kann man z. B. von vorn herein auf die Meinung kommen, dass man die Annahme fester Querverbindungen in der Muskelfaser für die Erklärung des Contraktionsvorganges gar nicht brauche, vielmehr einfach anzunehmen habe, dass bei der Muskelerregung in Folge der Kräfte, mit denen die elektrisch geladenen Disdiaklasten auf einander wirken, eine axiale Zusammenpressung der Längsbälkchen und allmähliche Saftauspressung aus denselben stattfinde. Diese Zusammenpressung und Saftabgabe der Längsbälkchen genüge vollkommen, um alles dasjenige zu erklären, was wir unter Bezugnahme auf die bei der Muskelcontraktion stattfindende Querbälkchendehnung und Nachquellung erklären. Man kann ferner von vorn herein auch die Annahme in Erwägung ziehen, dass vielleicht überhaupt nur die Formänderung, die Verkürzung und Verdickung, welche die Disdiaklasten bei der Muskelerregung in Folge der elektrischen Ladung ihrer Micelle erfahren, das Wesentliche bei dem Contraktionsvorgange sei,[1] dass der Vorgang der Nachquellung vielleicht überhaupt nur den Saftgehalt der in Folge der elektrischen Ladung ihrer Micelle sich stark verkürzenden und verdickenden Disdiaklasten betreffe, u. A. m. Sollte der Leser auf

[1] Die Unhaltbarkeit der hier angedeuteten Ansicht ergibt sich bereits aus demjenigen, was wir auf S. 192 f. betreffs des Verhaltens, das den Längsbälkchen bei der Muskelcontraktion zukommt, bemerkt haben.

den Gedanken kommen, dass irgend eine von diesen anderen Formen einer pyroelektrischen Contraktionstheorie den Vorzug vor der von uns schliesslich festgehaltenen Form verdiene, so müssen wir ihn auffordern, unter Berücksichtigung aller Thatsachen, die wir in diesem Werke anführen, beide pyroelektrischen Theorien mit einander zu vergleichen und zuzusehen, ob die Gesammtheit der vorliegenden Thatsachen in gleicher Weise wie durch die von uns in dieser Schrift vertretene Theorie auch durch jene andere in Betracht gezogene Contraktionstheorie erklärt werde. Es würde den Umfang dieser Schrift zu sehr haben anschwellen lassen, wenn wir uns auf eine Discussion derartiger, bisher von Niemandem vertretener Ansichten hätten einlassen wollen.

In historischer Beziehung ist zu erwähnen, dass unserer Contraktionstheorie dasjenige am nächsten kommen dürfte, was Krause (a. a. O. S. 173) gelegentlich über das Zustandekommen der Muskelcontraktion bemerkt hat. Nachdem derselbe erwähnt hat, dass bei der Contraktion die Muskelstäbchen (d. h. Disdiaklasten) in der Querrichtung der Faser auseinanderweichen, indem gleichzeitig Muskelkästchenflüssigkeit zwischen dieselben eindringe, fährt er folgendermassen fort: „Man braucht zur Erklärung des Mechanismus der Contraktion dann nichts weiter als die fernere Annahme, dass die zu Scheiben mit elektromotorisch wirksamen Oberflächen angeordneten Muskelstäbchen starre in ihrer Form unveränderliche Körperchen sind, die unter den Einwirkungen galvanischer Ströme etc. sich in der Längsrichtung der Muskelfaser gegenseitig anzuziehen vermögen. Sie sind zeitweise magnetisirten Eisenstäben vergleichbar. Gegen die letztgenannte Annahme aber wird schwerlich Jemand etwas einwenden wollen.“ Aehnliche Anschauungen hat schon früher Wharton Jones (Annal. de chimie et de physique, 3. Sér., T. X, 1844, S. 111 ff.) geäussert. Engelmann hat das Verdienst, sowohl durch die Ergebnisse seiner mikroskopischen Beobachtungen am Muskel als auch durch seine an diese Ergebnisse angeknüpften theoretischen Betrachtungen die Frage in den Vordergrund gerückt zu haben, inwieweit beim Zustandekommen der Muskelcontraktion eine Aenderung der Quellungszustände gewisser Muskelbestandtheile eine wichtige Rolle spiele. Es braucht hier nicht erst in Erinnerung gebracht zu werden, dass auch nach unserer Theorie bei der Muskelcontraktion Aenderungen der Quellungszustände gewisser Muskelbestandtheile stattfinden, welche für die Erscheinungen der Verkürzung und Erschlaffung des Muskels von wesentlicher Bedeutung sind. Im Uebrigen steht unsere Contraktionstheorie zu den herrschenden Ansichten und Theorien in schroffem Widerspruch. So glaubt bekanntlich Fick — und viele Physiologen theilen seine Ansicht — durch seine experimentellen Untersuchungen am Muskel es als „unmöglich" dargethan zu haben, dass im Muskel die gesammte lebendige Kraft zunächst als Wärme auftrete und dann je nach Umständen zu einem grösseren oder geringeren Theile in Arbeit verwandelt werde. Und bei keinem anderen Forscher als Brücke,[1] dem wir überhaupt erst die Annahme sehr kleiner anisotroper Körperchen im Muskel verdanken, finden wir die Behauptung, dass „in den Muskeln jegliche Vorrichtung fehlt, durch welche Wärme in bewegende Kraft umgesetzt werden könnte". von Ebner endlich glaubt sogar bewiesen zu haben, dass solche anisotrope Körperchen, wie wir sie als Ursache der Doppelbrechung im Muskel sowie als Ausgangsstätten der contrahirenden Kräfte annehmen, im Muskel überhaupt nicht vorhanden seien. Nicht wenige Physiologen glauben, dass von Ebner das Nichtvorhandensein der für den Muskel angenommenen doppelbrechenden Micelle und Micellcomplexe wirklich erwiesen habe, oder sind wenigstens der Ansicht, dass die Anisotropie gewisser Bestandtheile des Muskels für die Funktion desselben eine besondere Bedeutung nicht besitze. Du Bois-Reymond hat sich in seinem bekannten Vortrage über die Grenzen des Naturerkennens damit begnügt, die Muskelcontraktion als einen fast hoffnungslos dunklen Vorgang zu bezeichnen. Obwohl ferner unsere Anschauungen von der Constitution der organisirten Körper, vom Zustandekommen der Quellung u. dergl. sich mit der Micelltheorie Nägeli's vielfach berühren und decken, so weichen sie doch in manchen nicht unwesentlichen Punkten von den Ansichten dieses Forschers ab. Und auch zu den Meinungen van't Hoff's sind wir in Widerspruch gekommen, als wir auf Grund unserer Theorie der Quellung unsere Vorstellungen vom Zustandekommen des osmotischen Druckes entwickelten. Kurz, wenn der Grad der Uebereinstimmung mit herrschenden Ansichten und Autoritäten als Massstab für die Beurtheilung einer neuen Theorie dienen soll, so kann die Theorie der Muskelcontraktion, die wir in dieser Schrift entwickeln, nur als das Werk eines unzurechnungsfähigen Dilettanten erachtet werden.

---

[1] Vergl. Brücke, Vorlesungen über Physiologie, 2. Aufl., 1. Bd., Wien, 1875, S. 509.

Anhang.

Kritik der von van't Hoff aufgestellten Lehre vom osmotischen Drucke.

(Zu S. 239 ff.)

Wir setzen den einfachen Fall, es sei ein nach oben offenes Gefäss gegeben, dessen Inneres durch eine feste Scheidewand der Länge nach in zwei gleiche Hälften getheilt sei. Der untere Theil dieser Scheidewand bestehe aus einer quellungsfähigen Membran. In jede Hälfte des Gefässinneren werde bis zu gleichem Niveau eine Flüssigkeit eingegossen, und zwar seien die beiden Flüssigkeiten, deren specifisches Gewicht der Einfachheit halber dasselbe sein möge, von der Art, dass in Folge eintretender Osmose eine Niveaudifferenz der auf beiden Seiten der Membran befindlichen Flüssigkeiten sich entwickelt. Alsdann beruht der eintretende Vorgang der Osmose nach unseren, auf S. 239 ff. angedeuteten, auf der früher (S. 9 ff.) dargelegten Auffassung vom Zustandekommen der Quellung fussenden Anschauungen kurz darauf, dass die Membran, welche die beiden Flüssigkeiten scheidet, auf der Seite der einen Flüssigkeit stärker aufquillt als auf der Seite der anderen Flüssigkeit. Demzufolge entsteht ein Gefälle des Imbibitionsdruckes in den Membranporen, durch welches Flüssigkeit auf die Seite der geringeren Aufquellung der Membran übergeführt wird, so dass das Niveau der Flüssigkeit auf dieser Seite steigt. Die so entstehende Niveaudifferenz wirkt an und für sich im Sinne eines Flüssigkeitsübertrittes nach der Seite des tieferen Niveaus.[1] Demgemäss dauert die osmotische Flüssig-

[1] Auch dieser Einfluss der Niveaudifferenz oder ganz allgemein auch die Filtration kommt dadurch zu Stande, dass in den Membranporen ein Gefälle des Imbibitionsdruckes entsteht, indem der Imbibitionsdruck in denjenigen Porenenden, welche sich auf der Seite, wo der filtrirende Druck wirkt, befinden, grösser ist als in den Porenenden der entgegengesetzten Seite. Im obigen Falle wird also durch den Einfluss der entstehenden Niveaudifferenz das in den Membranporen vorhandene, osmotisch wirksame Druckgefäll immer weniger steil und schliesslich ganz aufgehoben.

keitsbewegung nur so lange an, bis die Niveaudifferenz beider Flüssigkeiten so gross geworden ist, dass sie dem Einflusse, den die verschiedene Quellungsverwandtschaft beider Flüssigkeiten zur Membran im Sinne einer weiteren Andauer der osmotischen Strömung ausübt, gerade das Gleichgewicht hält. Der Werth, um welchen nach Erreichung dieses Gleichgewichtszustandes der auf der einen Seite der Membran in einer bestimmten Höhe der Flüssigkeit vorhandene Druck den auf der anderen Seite in derselben Höhe bestehenden Druck übertrifft, ist der osmotische Druck oder die osmotische Druckdifferenz. Zu den durch das osmotische Gefälle des Imbibitionsdruckes bewirkten Flüssigkeitsbewegungen superponiren sich nun in der Regel in leicht ersichtlicher, aber hier nicht näher zu behandelnder Weise noch die Diffusionsbewegungen, die zwischen den beiden sich berührenden Flüssigkeiten stattfinden müssen. Die ausgleichende Wirkung, welche diese Diffusionsbewegungen auf die qualitative Verschiedenheit der auf beiden Seiten der Membran befindlichen Flüssigkeiten ausüben, kann bekanntlich bewirken, dass die Niveaudifferenz derselben nach Erreichung ihres Maximums allmählich wieder sinkt und schliesslich ganz schwindet. In dem Falle, wo sich auf beiden Seiten der Membran Lösungen befinden, die hinsichtlich des Lösungsmittels sowie hinsichtlich des Umstandes mit einander übereinstimmen, dass die gelösten Substanzen nicht in die Membran übergehen können, tritt natürlich ein Ausgleich der qualitativen Verschiedenheit der beiden Flüssigkeiten nicht ein. Es ändert sich nur ihre Concentration, indem die Menge des Lösungsmittels auf der einen Seite zunimmt und auf der anderen abnimmt. Ebenso wird in dem Falle, wo sich auf der einen Seite der Membran eine Lösung befindet, aus welcher die gelöste Substanz in die Membranporen nicht überzugehen vermag, während auf der anderen Seite nur das reine Lösungsmittel vorhanden ist, nur ein gewisses Quantum des Lösungsmittels von der letzteren Seite auf die erstere übergehen können.

Diese unsere Anschauungen von dem Vorgange der Osmose stehen nun in leicht erkennbarem Widerspruche zu derjenigen Lehre vom osmotischen Drucke, welche van't Hoff mit anscheinendem Erfolge aufgestellt und zu einer gewissen, allerdings von Einigen nur mit Murren ertragenen, Herrschaft in der physikalischen Chemie gebracht hat. van't Hoff knüpft an den Fall an, wo ein Gefäss, dessen Wandung theilweise aus einer Membran besteht, aussen von reinem Wasser umspült ist, in seinem Inneren aber eine wässrige Lösung einer solchen Substanz, z. B. von Zucker, enthält, welche in die Membranporen nicht einzudringen vermag. van't Hoff stellt nun die eigenthümliche

Ansicht auf,[1] dass ebenso wie die Spannkraft eines Gases auf den Stössen der Gasmoleküle gegen die Gefässwand beruht, so auch der osmotische Druck auf den Stössen beruhe, welche die Moleküle der gelösten Substanz auf die halbdurchlässige (d. h. nur für die Moleküle des Lösungsmittels durchlässige) Membran ausüben. „Es handelt sich," sagt er, „im ersten Falle (beim Gasdruck) um die Stösse der Gasmoleküle an die Gefässwand, im letzteren um diejenigen der Moleküle vom gelösten Körper an die halbdurchlässige Membran, da ja die des beiderseitig anwesenden Lösungsmittels, als hindurchgehend, nicht in Betracht kommen". Seit diesen Ausführungen van't Hoff's ist bekanntlich von dem Begriffe eines mit dem Gasdrucke ganz in eine Linie zu stellenden „osmotischen Druckes, unter welchem die Molekeln eines gelösten Stoffes sich befinden", vielfach Anwendung gemacht worden.

Vergegenwärtigt man sich nun einmal den Sachverhalt, welcher z. B. in dem angeführten, von van't Hoff zu Grunde gelegten Falle von Osmose vorhanden ist, so stellt sich doch offenbar als das zu lösende Problem das Folgende heraus. Wenn man sich vorstellt, dass die Membran zwei bis zu verschiedenem Niveau emporreichende Mengen reinen Wassers von einander trenne, so wird diese Niveaudifferenz sehr bald durch Filtration ausgeglichen werden. Wie kann nun die Anwesenheit von Zuckermolekülen auf der einen Seite der Membran dazu dienen, die Ausgleichung einer solchen Niveaudifferenz zu verhindern, und wie kann überhaupt das Vorhandensein von Zuckermolekülen auf der einen Seite der Membran dahin wirken, dass auf dieser Seite ein höheres Niveau der Flüssigkeit hergestellt oder aufrecht erhalten werde? Diese Wirkung kann durch die von van't Hoff zur Erklärung des osmotischen Druckes herangezogenen Stösse, welche die Zuckermoleküle auf die Membran ausüben, offenbar nicht erklärt werden. Es ist absolut nicht einzusehen, wie diese Stösse der Zuckermoleküle gegen die Membran dazu dienen könnten, die Ausgleichung der vorhandenen Niveaudifferenz zu verhindern, wie dieselben bewirken könnten, dass das durch die Membranporen ermöglichte Austreten von Flüssigkeit aus dem Gefäss in Vergleich zu dem Eintreten von Flüssigkeit in dasselbe erschwert sei. Man könnte mit völlig gleichem Rechte behaupten, dass durch die Stösse der Zuckermoleküle gegen die Membran

[1] Vergl. zu den folgenden Ausführungen van't Hoff in der Zeitschr. für physik. Chemie, 1, 1887, S. 481 ff., und 5, 1890, S. 174 ff.; Bredig, ebenda, 4, 1889, S. 444 ff.; Lothar Meyer, ebenda, 5, 1890, S. 23 ff.; A. Fick, ebenda, 5, 1890, S. 527 f.; Boltzmann, ebenda, 6, 1890, S. 474 ff. Ferner vergl. Lothar Meyer, Grundzüge der theoretischen Chemie, Leipzig, 1890, S. 131 ff.; W. Ostwald, Lehrbuch der allgemeinen Chemie, 1. Bd., Leipzig, 1891, S. 651 ff., u. A. m.

der Flüssigkeitseintritt in das Gefäss erschwert, hingegen der Flüssigkeitsaustritt gefördert werde. Frägt man sich nun, wie eine so wenig verständliche und mechanisch erfassbare Ansicht vom Zustandekommen des osmotischen Druckes überhaupt hat aufkommen können, so zeigt sich, dass vier wichtige und interessante Thatsachen dieser Auffassung VAN'T HOFF's zur Stütze gedient haben. Erstens nämlich hat sich gezeigt, dass in denjenigen Fällen, wo die Membran für die im Inneren des Gefässes gelöste Substanz undurchlässig ist und auf ihrer Aussenseite von dem reinen Lösungsmittel umspült ist, der osmotische Druck der Concentration der Lösung proportional geht. Zweitens hat sich ergeben, dass bei gleicher Temperatur der osmotische Druck für die Lösungen zweier verschiedener Stoffe allemal dann gleich ist, wenn die beiden Lösungen in gleichen Räumen eine gleiche Anzahl von Molekülen des gelösten Stoffes enthalten, vorausgesetzt dass die Membran für die gelösten Substanzen undurchlässig ist. Drittens hat sich herausgestellt, dass der osmotische Druck auch der absoluten Temperatur proportional ist. Die Analogie dieser drei Gesetze des osmotischen Druckes zu den drei Gasgesetzen von MARIOTTE, GAY-LUSSAC und AVOGADRO liegt auf der Hand.

Dieselbe Gleichung: $pv = RT$, welche für den Druck der Gase gilt, kann nach Vorstehendem auch für den osmotischen Druck aufgestellt werden. Man hat alsdann unter T wie gewöhnlich die absolute Temperatur, unter p den osmotischen Druck und unter v das Volumen der Lösung oder den Raum zu verstehen, über welchen die gelöste Substanz vertheilt ist. Und es frägt sich nur noch, ob die Constante R in der Gleichung für den osmotischen Druck denselben Werth besitzt wie in der Gleichung für den Gasdruck. Das vierte wichtige Ergebniss der bisherigen Untersuchungen des osmotischen Druckes besteht nun darin, dass in der That die Constante R für den osmotischen Druck dieselbe ist wie für den Gasdruck. Es kann also ganz allgemein der Satz aufgestellt werden, dass, falls die Membran für die gelöste Substanz undurchlässig ist, der osmotische Druck einer Lösung denselben Werth besitzt wie der Druck, welchen die gelöste Substanz ausüben würde, wenn sie sich gasförmig in demselben Raume befände, den die Lösung einnimmt. In Hinblick auf diese eigenthümliche Gleichartigkeit des Verhaltens des osmotischen Druckes und des Gasdruckes hat man geglaubt, trotz allem an der befremdlichen Ansicht festhalten zu müssen, dass, ebenso wie der Gasdruck auf den Stössen der Gasmoleküle gegen die Gefässwand beruhe, auch der osmotische Druck auf den Stössen beruhen müsse, welche die Moleküle der gelösten Substanz auf die Membran ausüben.

Um die Gültigkeit der im Vorstehenden angeführten, eigenthümlichen Gesetze des osmotischen Druckes vom Standpunkte unserer Anschauungen aus zu verstehen, ist es nöthig, sich Folgendes zu vergegenwärtigen. Es sei die Membran, welche einen Theil der Wandung des Gefässes bildet, zunächst auf beiden Seiten von reinem Wasser umspült, und dieselbe habe auch das unter diesen Umständen erreichbare Quellungsmaximum bereits erreicht. Bei diesem Zustande werden auf beiden Seiten der Membran durch die Stösse der inneren Wärmebewegung in jedem Zeitelemente ebenso viele Wassermoleküle aus den Membranporen herausgetrieben, als aus den umgebenden Wassermengen in die Membranporen hineingetrieben werden. Die Zahl der Moleküle, welche im Zeitelemente aus den Poren austreten oder in dieselben eintreten, wächst natürlich mit der absoluten Temperatur, aber immer bleibt der Zustand des erreichten Quellungsmaximums dadurch charakterisirt, dass die Zahl der in die Membranporen eintretenden Moleküle gleich derjenigen der austretenden ist. Jetzt werde in das Gefäss eine Anzahl von Zuckermolekülen gebracht, für welche die Membran undurchlässig sei, und zwar soll der Einfachheit halber die Menge dieser Zuckermoleküle eine nur sehr geringe sein, so dass die entstehende Zuckerlösung als eine sehr verdünnte, „ideale" Lösung angesehen werden kann. Alsdann wird in dem ersten Momente nach Einbringung der Zuckermoleküle die Wärmebewegung derjenigen Wassermoleküle, welche sich in den an das Gefässinnere angrenzenden Porentheilen befinden, in gleichem Grade wie zuvor dahin wirken, dass eine Anzahl dieser Moleküle in den Binnenraum des Gefässes übertrete, aber die Wärmebewegung derjenigen Moleküle des Gefässinneren, welche sich vor den Eingängen der Membranporen befinden, wird nicht mehr im gleichen Grade wie früher im Sinne einer Einführung von Molekülen in die Membranporen wirksam sein. Denn da die vor den Poreneingängen befindlichen Zuckermoleküle die Anziehung, die sie seitens der benachbarten Moleküle der Lösung erfahren, auch bei den stärksten nach dem Eingange einer Membranpore hin gerichteten Wärmestössen nicht überwinden können und mithin bei ihren Wärmeschwingungen niemals dazu gelangen, auf die in den Membranporen befindlichen Wassermoleküle aufzustossen oder zwischen dieselben zu fahren, so werden die Wärmebewegungen der Zuckermoleküle für den Flüssigkeitsaustausch zwischen Membranporen und Gefässinnerem gar nicht wirksam. Wir wollen den aus der Wärmebewegung der Moleküle der Lösung entspringenden kinetischen Druck, den die Lösung auf die ihr unmittelbar benachbarten Schichten des in die Membranporen imbibirten Wassers (sowie auch auf die ihr unmittelbar benachbarten festen Membranbestandtheile) ausübt, kurz als den kinetischen Druck der Lösung oder der Gefässflüssigkeit bezeichnen, und ebenso soll der kinetische Druck, den jene Schichten imbibirten Wassers auf die ihnen gegenüber stehenden Schichten der Lösung ausüben, kurz der kinetische Druck des imbibirten Wassers heissen.[1] Bedienen wir uns dieser Bezeichnungsweise, so können wir dem soeben Bemerkten gemäss kurz sagen, dass nach Einbringung der Zuckermoleküle in das Gefäss der kinetische Druck der Gefässflüssigkeit hinter dem kinetischen Drucke des imbibirten Wassers um den Betrag desjenigen kinetischen Druckes zurücksteht, den die vor den Poreneingängen befindlichen Zuckermoleküle auf die imbibirten Wasserschichten ausüben würden, wenn sie in Folge einer Veränderung ihrer Adhäsions- und Cohäsionskräfte mit ihren Wärmebewegungen in gleicher Weise wie die Wassermoleküle der Lösung für den Flüssigkeitsaustausch zwischen Membranporen und Gefässinnerem wirksam wären.

Wir erinnern hier an die Thatsache, dass die Moleküle des Zuckers und der demselben in der hier in Betracht kommenden Hinsicht gleichwerthigen Stoffe die Anziehung der benachbarten Moleküle der Lösung auch bei der Verdampfung nicht zu überwinden vermögen, so dass aus ihrer Anwesenheit in dem Lösungsmittel eine ihrer Anzahl entsprechende Erniedrigung des Dampfdruckes entspringt. Der Erniedrigung des Dampfdruckes durch die Zuckermoleküle entspricht in unserem Falle die durch die Zuckermoleküle bewirkte Erniedrigung des kinetischen Druckes, den die Gefässflüssigkeit auf die in den Membranporen befindlichen Wasserschichten (sowie auch auf die festen Membranbestandtheile) ausübt. Wie die Erniedrigung des Dampfdruckes der Concentration der Zuckerlösung proportional geht, so muss auch die durch die Zuckermoleküle bewirkte Herabsetzung jenes kinetischen Druckes der Gefässflüssigkeit der Concentration der letzteren oder richtiger der Concentration, welche die Zuckerlösung in unmittelbarer Nähe der Membran besitzt, proportional sein. Wie ferner die relative Dampfdruckerniedrigung von der Temperatur unabhängig ist, so ist auch die von den Zuckermolekülen herrührende Herabsetzung jenes kinetischen Druckes der Gefässflüssigkeit in ihrem relativen Werthe von der Temperatur unabhängig.

Der Umstand, dass nach Einbringung der Zuckermoleküle in das

---

[1] Will man rigoros sein, so kann man natürlich daran Anstoss nehmen, dass wir von einem kinetischen Drucke, den eine Flüssigkeitsschicht auf eine andere ausübe, reden. Doch ist uns eine bessere kurze Bezeichnungsweise für dasjenige, was wir hier als den kinetischen Druck der Gefässflüssigkeit oder des imbibirten Wassers bezeichnen, nicht eingefallen.

Gefäss der kinetische Druck des imbibirten Wassers grösser ist als der gegenwirkende kinetische Druck der Gefässflüssigkeit und demgemäss mehr Moleküle aus den Membranporen in den Binnenraum des Gefässes austreten, als in die Membranporen eintreten, hat natürlich die Folge, dass der in den Membranporen vorhandene Flüssigkeitsgehalt und Imbibitionsdruck auf der dem Gefässinneren zugekehrten Seite der Membran sich verringert, mithin ein nach dem Gefässinneren gerichtetes Gefälle des Imbibitionsdruckes eintritt, durch welches Wasser in das Gefäss eingeführt wird. In Folge dieser endosmotischen Wasserströmung steigt der Druck, unter dem die im Gefässinneren an den Poreneingängen befindlichen Moleküle der Lösung stehen, so dass durch die Wärmestösse eine immer grössere Procentzahl der vor den Poreneingängen befindlichen Wassermoleküle der Lösung in die Membranporen eingeführt wird. Die endosmotische Wasserströmung wird daher offenbar nur so lange fortdauern, bis die durch dieselbe bewirkte Erhöhung des Druckes, unter dem die in unmittelbarer Nähe der Membran und der Poreneingänge befindlichen Wassermoleküle der Gefässflüssigkeit stehen, so weit gediehen ist, dass durch diese Druckerhöhung die Einbusse gerade völlig compensirt ist, welche der kinetische Druck der Gefässflüssigkeit durch die Einbringung der Zuckermoleküle erfuhr.

Aus Vorstehendem ergibt sich, dass, wenn man wissen will, in welchem Abhängigkeitsverhältnisse der osmotische Druck zu der Temperatur, zu der Zahl und Beschaffenheit der Moleküle des Zuckers oder der sonstigen gelösten Substanz steht, man alsdann einfach das Abhängigkeitsverhältniss festzustellen hat, in welchem die durch Einbringung der Zuckermoleküle bewirkte Erniedrigung des kinetischen Druckes der Gefässflüssigkeit zu der Temperatur, zu der Zahl und Beschaffenheit der Zuckermoleküle steht. Denn das endosmotisch wirksame Gefälle des Imbibitionsdruckes ist aufgehoben und die osmotische Druckhöhe ist erreicht, sobald der Druck, welcher dem vorhandenen Niveauunterschiede der innerhalb und ausserhalb des Gefässes befindlichen Flüssigkeiten entspricht, der soeben erwähnten Erniedrigung des kinetischen Druckes der Gefässflüssigkeit gerade gleich geworden ist.

Um nun die Abhängigkeit, in welcher diese letztere Druckerniedrigung zu den angeführten Faktoren steht, näher zu erkennen, ist Folgendes zu beachten. Nach unseren jetzigen Anschauungen unterscheidet sich ein tropfbar flüssiger Körper von einem im gasartigen Aggregatzustande befindlichen Körper dadurch, dass in dem flüssigen Körper die Moleküle sich viel dichter bei einander befinden, so dass die gegenseitigen Anziehungen der Moleküle stark in Betracht kommende Werthe erreichen und einen sogenannten inneren Druck erzeugen, welcher dem nach aussen wirkenden Drucke, der aus der lebendigen Kraft der Wärmebewegungen der Moleküle entspringt, das Gleichgewicht hält. Nur einzelne von besonders starken Wärmestössen getroffene Moleküle können diesen inneren Druck überwinden und verdampfen. Denken wir uns eine Flüssigkeit auf irgendwelche Weise von diesem inneren Drucke befreit, so wird sie sich ganz wie eine Masse verhalten, die sich im vollkommenen Gaszustande befindet, und nur dadurch eine ausgezeichnete Stellung unter den gasartigen Massen einnehmen, dass die Anzahl der Moleküle, welche auf die Volumeneinheit entfallen, eine sehr grosse ist. Die von dem inneren Drucke befreite Flüssigkeit wird auf die sie umgebenden Wände einen kinetischen Druck ausüben, welcher ganz wie der Druck eines vollkommenen Gases der absoluten Temperatur sowie der Anzahl von Molekülen, welche in dem gegebenen Volumen enthalten sind, proportional geht und auch ganz unabhängig von der chemischen Beschaffenheit der Moleküle ist.

Wir wissen, dass eine Flüssigkeit einen von ihr umspülten festen Körper nur dann zur Aufquellung zu veranlassen vermag, wenn sie den Körper benetzt, d. h. wenn die Adhäsion der Flüssigkeit an dem Körper stärker ist als die Cohäsion derselben. Ist uns also eine Flüssigkeit nebst einem von ihr umspülten und zur Aufquellung gebrachten Körper gegeben, so werden die Moleküle derjenigen Schicht der umspülenden Flüssigkeit, welche unmittelbar an den durchfeuchteten Körper angrenzt, sich keineswegs wie die Moleküle einer gewöhnlichen Grenzschicht der Flüssigkeit, etwa einer solchen, welche an die Atmosphäre angrenzt, verhalten. Von den Molekülen einer Flüssigkeitsschicht der letzteren Art vermögen, wie erwähnt, nur diejenigen, welche von besonders starken Wärmestössen getroffen werden, den Widerstand zu überwinden, der ihnen aus der gegenseitigen Anziehung der Flüssigkeitsmoleküle für ein Eindringen in den Aussenraum und für eine Wirkung auf die im Aussenraume enthaltenen Moleküle entspringt. Für die Moleküle jener an den aufgequollenen Körper angrenzenden Flüssigkeitsschicht hingegen kann sich die gegenseitige Anziehung der Flüssigkeitsmoleküle nicht in gleicher Weise geltend machen. Denn die Anziehung, welche die Moleküle dieser Flüssigkeitsschicht seitens der übrigen nicht imbibirten Flüssigkeitsmoleküle erfahren, wird durch die in entgegengesetzter Richtung wirkende Anziehung, welche die Moleküle des festen Körpers auf die Flüssigkeitsmoleküle dieser Grenzschicht ausüben, mehr als compensirt. Die Flüssigkeitsmoleküle dieser Schicht werden sich also bei ihrer Wechselwirkung mit den benachbarten Molekülen des festen Körpers und der in den Poren desselben befindlichen Flüssigkeitsschichten ganz so verhalten wie die Moleküle einer Flüssigkeitsschicht, für welche der oben erwähnte innere Druck in Wegfall gekommen ist, d. h. die Moleküle der an den aufgequollenen Körper angrenzenden Schicht werden auf die festen Moleküle dieses Körpers und die in denselben imbibirten Flüssigkeitstheilchen einen kinetischen Druck ausüben, welcher ganz wie der Druck eines vollkommenen Gases der absoluten Temperatur sowie der Anzahl von Molekülen, welche auf die Volumeneinheit entfallen, proportional geht und auch von der chemischen Beschaffenheit der Flüssigkeitsmoleküle unabhängig ist (vorausgesetzt natürlich, dass die Flüssigkeit ihrer chemischen Beschaffenheit gemäss den festen Körper überhaupt zu benetzen und zur Aufquellung zu bringen vermag).[1]

Das soeben Bemerkte gilt nun auch in dem oben von uns zu Grunde gelegten Falle, wo eine als Theil einer Gefässwandung dienende quellungsfähige Membran zunächst auf beiden Seiten von reinem Wasser umspült ist. Auch in diesem Falle werden die Moleküle derjenigen Wasserschichten, welche unmittelbar an die Membran angrenzen, auf diese (d. h. auf die festen Membranbestandtheile und die in die Membranporen imbibirten Flüssigkeitstheilchen) einen kinetischen Druck ausüben, welcher der absoluten Temperatur und der Anzahl von Wassermolekülen, welche auf die Volumeneinheit entfallen, proportional ist. Wird nun der im Gefässe befindlichen Wassermenge eine bestimmte Anzahl von Wassermolekülen entzogen und durch eine gleich grosse Anzahl von Zuckermolekülen oder sonstigen Molekülen ersetzt, welche in Folge der Schwäche der Anziehung, die sie seitens der Membranbestandtheile erfahren, und in Folge der Stärke der Anziehung, die ihnen durch die Bestandtheile der sie enthaltenden Lösung zu Theil wird, niemals dazu gelangen, bei ihren Wärmebewegungen auf die Membranmoleküle oder die in den Membranporen befindlichen Wassermoleküle zu stossen oder zwischen dieselben zu fahren, so wird der kinetische Druck der Gefässflüssigkeit eine Erniedrigung erfahren, welche dem Beitrage gleich ist, den die in Wegfall gekommene und durch Zuckermoleküle ersetzte Anzahl von Wassermolekülen bisher zu dem kinetischen Drucke der Gefässflüssigkeit lieferte. Nun musste der Beitrag zu diesem Drucke,

[1] Aus dem oben Bemerkten ergibt sich zugleich die Berechtigung dessen, dass wir früher (S. 19) von der Voraussetzung ausgegangen sind, der Imbibitionsdruck einer imbibirten Flüssigkeit verhalte sich ganz analog wie der Druck eines in einem Gefässe enthaltenen Gases, sei bei gleicher Weite der betreffenden Poren umso grösser, je reichlicher und dichter die in diese Poren eingelagerte Flüssigkeitsmenge sei, und bei gleicher Menge der innerhalb dieser Poren befindlichen Flüssigkeit umso geringer, je mehr erweitert diese Poren seien.

den die durch die Zuckermoleküle ersetzten Wassermoleküle lieferten, den obigen Ausführungen gemäss offenbar den gleichen Werth besitzen wie der kinetische Druck, den die in Wegfall gekommenen Wassermoleküle auf die Membran ausüben würden, wenn sie im gasartigen Zustande ganz allein den von der Gefässflüssigkeit eingenommenen Raum erfüllten. Folglich muss die durch Einbringung der Zuckermoleküle bewirkte Erniedrigung des kinetischen Druckes der Gefässflüssigkeit und mithin auch der dieser Druckerniedrigung nach Obigem gleiche osmotische Druck denselben Werth besitzen wie der kinetische Druck, den die durch eine gleiche Anzahl von Zuckermolekülen ersetzten Wassermoleküle im gasartigen Zustande auf die Membran ausüben würden, wenn sie den von der Gefässflüssigkeit eingenommenen Raum ganz allein erfüllten. Da dem Gesetze Avogadro's gemäss der Druck eines Gases bei gleichem Volumen, gleicher Molekülzahl und gleicher Temperatur derselbe ist, mag die chemische Beschaffenheit der Moleküle sein, welche sie will, so können wir den soeben erhaltenen Satz auch in folgender Weise ausdrücken: der osmotische Druck einer Lösung von Zucker oder irgend eines anderen Stoffes, für den die Membran undurchlässig ist, besitzt denselben Werth wie der Druck, den die gelösten Moleküle des Zuckers oder sonstigen anderen Stoffes im gasartigen Zustande auf die Membran ausüben würden, wenn sie über das von der ganzen Lösung eingenommene Volumen verbreitet wären.

Wie durch die bisherigen Darlegungen hinlänglich erwiesen sein dürfte, lässt sich also die Thatsache, dass der osmotische Druck ein den Gesetzen von Mariotte, Gay-Lussac und Avogadro entsprechendes Verhalten zeigt, und dass die Constante R in der Gleichung für den osmotischen Druck denselben Werth besitzt wie in der Gasgleichung, aus den von uns zu Grunde gelegten, einigermassen mechanisch fassbaren Anschauungen vom Zustandekommen der Quellung und der Osmose ohne Weiteres ableiten. Es liegt daher keinerlei Grund vor, noch an der mechanisch etwas wenig durchsichtigen Ansicht van't Hoff's festzuhalten, dass der osmotische Druck auf einem besonderen kinetischen Drucke beruhe, den die Moleküle der gelösten Substanz auf die Membran ausüben. van't Hoff würde dem wirklichen Sachverhalte weit näher gekommen sein, wenn er behauptet hätte, dass der osmotische Druck auf einem kinetischen Drucke beruhe, den die Moleküle der gelösten Substanz auf die Membran n i c h t ausüben.

Wir haben nicht im Mindesten die Absicht, in dieser Anmerkung die Theorie der Osmose und der mit dieser verwandten Vorgänge in vollständiger Weise zu entwickeln. Nur darauf kam es uns an, anzudeuten, dass die von uns zu Grunde gelegten Anschauungen betreffs des Zustandekommens der Quellung, betreffs des Verhaltens und Einflusses des Imbibitionsdruckes, betreffs der Entstehung der osmotischen Flüssigkeitsbewegungen u. dergl. m. zum Mindesten auf einer gleich eingehenden und gleich umfassenden Erwägung des vorliegenden Thatsachenmateriales beruhen, wie diejenigen Anschauungen, die etwa sonst noch hinsichtlich des einen oder anderen dieser Gegenstände vertreten werden. Demgemäss verzichten wir hier auch darauf, bei denjenigen Umständen zu verweilen, welche (wie z. B. der Umstand, dass die Concentration einer Lösung in der Nähe einer Membran im Allgemeinen nicht mit der durchschnittlichen Concentration der Lösung übereinstimmt) für eine genauere Untersuchung es nothwendig machen, an den im Vorstehenden von uns angestellten Betrachtungen einige Modificationen oder Correktionen von allerdings nur niedriger Grössenordnung anzubringen. Wir halten es für überflüssig, darauf hinzuweisen, dass wir im Vorstehenden überhaupt nur einen extremen Fall der Osmose behandelt haben, nämlich eben denjenigen Fall, wo die Moleküle der gelösten Substanz seitens der benachbarten Theilchen der sie enthaltenden Lösung so starke und seitens der Membranbestandtheile so schwache Anziehungen erfahren, dass sie bei ihren Wärmebewegungen niemals auf die in den Membranporen befindlichen imbibirten Wassermoleküle aufzustossen oder zwischen dieselben sich einzuschieben vermögen. Zwischen diesem Falle und dem anderen Falle, wo die Verhältnisse der Adhäsions- und Cohäsionskräfte der Moleküle des gelösten Stoffes von der Art sind, dass sich die letzteren in ganz gleicher Weise wie die Moleküle des Wassers an dem Stoffaustausche zwischen Membranporen und Gefässinnerem betheiligen und mithin die Osmose ganz ausbleibt, gibt es eine Reihe von Uebergangsstufen, die sämmtlich in der Erfahrung verwirklicht sein können, und betreffs deren theoretischer Behandlung aus den im Vorstehenden von uns zu Grunde gelegten Anschauungen sich unschwer das Erforderliche entnehmen lässt.

Entsprechend der Thatsache, dass für den Druck, den ein Gas auf die es einschliessenden festen Wände ausübt, die chemische Beschaffenheit dieser Wände gleichgiltig ist, muss nach van't Hoff's Theorie auch der osmotische Druck einer Lösung von der chemischen Beschaffenheit der Membran ganz unabhängig sein. Dies ist aber bei weitem nicht der Fall; und der Widerspruch, in welchem in dieser Beziehung van't Hoff's Theorie des osmotischen Druckes zur Erfahrung steht, genügt allein, um diese Theorie als völlig unhaltbar erscheinen zu lassen. Schon Lothar Meyer hat van't Hoff's Theorie gegenüber an die schon seit Brücke's bahnbrechender Abhandlung allgemein bekannte Thatsache erinnert, dass, wenn Weingeist und Wasser durch eine thierische Membran getrennt werden, alsdann das Niveau auf der Seite des Weingeistes steigt, hingegen die Niveauerhöhung auf der Seite des Wassers stattfindet, wenn dieselben Flüssigkeiten durch eine Kautschukmembran getrennt werden. In eingehenderer Weise haben sich Dutrochet, Stadion, Harzer, Schumacher u. A. mit der näheren Feststellung des Einflusses beschäftigt, den die Membranbeschaffenheit und eine auf künstlichem Wege bewirkte Veränderung derselben auf die Osmose ausübt. Nach unserer Theorie versteht sich diese Abhängigkeit der Osmose und des osmotischen Druckes von der Membranbeschaffenheit ganz von selbst. Wir nehmen an, es sei die zur Wandung eines Gefässes gehörige Membran auf ihrer Aussenseite von reinem Wasser und auf ihrer (dem Gefässinneren zugekehrten) Innenseite von einer wässrigen Lösung einer Substanz umspült, für welche die Membran undurchlässig ist, d. h. deren Moleküle in Folge des starken Uebergewichtes, das die seitens der Bestandtheile der Lösung auf sie ausgeübten Anziehungen über die seitens der Membranbestandtheile auf sie ausgeübten Adhäsionskräfte besitzen, niemals dazu gelangen, in die Membranporen hineinzufahren oder auf die darin befindlichen Wassermoleküle aufzustossen. Wird nun die chemische Beschaffenheit der Membran in der Weise verändert, dass die soeben charakterisirte Undurchlässigkeit der Membran für die Moleküle der gelösten Substanz bestehen bleibt, so wird natürlich der osmotische Druck unverändert bleiben. Nur dieser besondere Fall, wo die hinsichtlich ihrer osmotischen Wirksamkeit mit einander verglichenen Membranen trotz ihrer chemischen Verschiedenheit doch die Eigenthümlichkeit, für die gelösten Moleküle undurchlässig zu sein, gemeinsam besitzen, wird von der Theorie van't Hoff's berücksichtigt. Jetzt werde die Membran in der Weise chemisch verändert, dass die Adhäsionskräfte, welche ihre Bestandtheile auf die gelösten Moleküle ausüben, bedeutend stärker werden. Alsdann werden fortwährend einzelne von den gelösten Molekülen in Folge besonderer Stärke der ihnen zu Theil gewordenen Wärmestösse in die Membranporen eindringen oder auf die darinnen befindlichen Flüssigkeitsmoleküle aufstossen; das osmotisch wirksame Gefälle des in den Membranporen bestehenden Imbibitionsdruckes wird demgemäss mit geringerer Steilheit einsetzen und der osmotische Druck wird einen geringeren Werth erreichen als bisher. Wird nun die Membran einer weiteren Reihe von chemischen Veränderungen unterworfen, bei denen jene zwischen den Membranbestandtheilen und den gelösten Molekülen wirksamen

Adhäsionskräfte immer weiter anwachsen, so wird schliesslich ein Punkt erreicht werden, wo sich die gelösten Moleküle ganz ebenso wie die Moleküle des Lösungsmittels, des Wassers, an dem Stoffaustausche zwischen Membranporen und Gefässinnerem betheiligen, mithin ein osmotisch wirksames Gefälle des Imbibitionsdruckes gar nicht auftritt und der osmotische Druck den Nullwerth erreicht. Denken wir uns jene zwischen den Membranbestandtheilen und den gelösten Molekülen wirksamen Adhäsionskräfte durch eine weitere Veränderung der Membran noch mehr gesteigert, so wird ein Zustand eintreten, bei welchem die Lösung in unmittelbarer Nähe der Membran eine höhere Concentration besitzt als in ihren übrigen Theilen, bei welchem die Membran auf der Seite der Lösung stärker aufquillt als auf der Seite des reinen Wassers und mithin eine von innen nach aussen gerichtete Flüssigkeitsbewegung eintritt, durch welche das Niveau der Flüssigkeit im Inneren des Gefässes sinkt und ausserhalb desselben ansteigt.

Wir unterlassen nicht zu bemerken, dass Lothar Meyer in ähnlicher Weise wie wir sich gegen van't Hoff's Theorie des osmotischen Druckes erklärt und betreffs des Zustandekommens dieses Druckes ähnliche, wenn auch mechanisch nicht näher ausgeführte, Anschauungen vertreten hat, wie wir im Vorstehenden entwickelt haben. Da L. Meyer seinen Ausführungen bestimmtere Anschauungen über das Zustandekommen der Quellung und der Osmose nicht zu Grunde gelegt hat, so hat er allerdings auch eine nähere mechanische Erklärung für alle in Frage kommenden Verhaltungsweisen des osmotischen Druckes nicht geben können, z. B. keine Erklärung der Thatsache gegeben, dass unter den früher erwähnten Bedingungen das Gesetz von Gay-Lussac auch für den osmotischen Druck gilt, und die Constante R in der Gleichung für den osmotischen Druck den gleichen Werth besitzt wie in der Gasgleichung. L. Meyer hat aber schon vollkommen der auch von uns gehegten Ansicht Ausdruck gegeben, dass alle Thatsachen, welche man bisher mit Hilfe der van't Hoff'schen Annahme eines besonderen osmotischen Druckes, unter dem die Moleküle einer gelösten Substanz stünden, erklärt hat, sich ohne diese befremdliche, hinsichtlich ihrer Fundamente oben untersuchten Annahme erklären lassen auf Grund der plausiblen, simplen Vorstellungsweise, dass in einer Lösung die Moleküle der gelösten Substanz eine ganz gleichartige Rolle spielen wie die Moleküle des Lösungsmittels und in ihrem Verhalten nur solche Unterschiede von dem Verhalten der letzteren zeigen, welche dadurch bedingt sind, dass die Kräfte, mit denen die gelösten Moleküle auf einander und auf andere Molekülarten wirken, im Allgemeinen andere sind als die entsprechenden Kräfte der Moleküle des Lösungsmittels. Auch darin stimmen wir ganz mit L. MEYER überein, dass es wünschenswerth und an der Zeit sei, dem Ausdrucke „osmotischer Druck“ seine ursprüngliche, nützliche und von keinerlei Hypothese abhängige Bedeutung zu lassen. Mit ungefähr demselben Rechte, mit welchem man diesen Ausdruck auf den besonderen „Druck, unter welchem die Molekeln eines gelösten Stoffes sich befinden“, anwendet, könnte man auch den Partialdruck, der irgend einem in einem Gasgemische vorhandenem Gase zukommt, als den osmotischen Druck dieses Gases bezeichnen.

Es ist hier nicht der Ort, auf die zahlreichen Bestätigungen und Anwendungen, welche die von uns zu Grunde gelegten, mit VAN'T HOFF's Theorie des osmotischen Druckes nicht vereinbaren Anschauungen vom Zustandekommen der Quellung, Osmose u. dergl. finden, näher einzugehen. Nur Eines mag hier ganz kurz angedeutet werden. Ein Gefälle des Imbibitionsdruckes und eine durch ein solches Druckgefälle bewirkte Flüssigkeitsbewegung kann in einem aufgequollenen Körper auf dreifachem Wege entstehen, nämlich erstens dadurch, dass auf der einen Seite des umspülten Körpers ein mechanischer Ueberdruck wirkt (Filtration), zweitens dadurch, dass der Körper auf zwei Seiten an Flüssigkeiten angrenzt, zu denen er eine verschiedene Quellungsverwandtschaft besitzt (Osmose), drittens dadurch, dass der Körper auf der einen Seite mit einer ihm quellungsverwandten Flüssigkeit in Berührung steht, auf der anderen Seite aber von keiner Flüssigkeit umspült ist, so dass er auf letzterer Seite fortwährend eine gewisse Anzahl von imbibirten Flüssigkeitsmolekülen durch Verdunstung an die Atmosphäre abgibt. Denken wir uns einen festen Körper mit seinem unteren Ende in Verbindung mit einer ihm quellungsverwandten Flüssigkeit, hingegen mit seinem oberen Ende frei an die Atmosphäre angrenzend, so muss sich, falls die äusseren Umstände unverändert bleiben, nothwendig ein Zustand herstellen, bei welchem die obere freie Grenzfläche des Körpers oder vielmehr die oberen Enden der Körperporen fortwährend ebenso viele Moleküle der imbibirten Flüssigkeit an die Atmosphäre abgeben, als ihnen durch das im Körper bestehende Gefälle des Imbibitionsdruckes und den aus diesem Druckgefälle entspringenden aufsteigenden Flüssigkeitsstrom zugeführt werden. Nimmt die Verdunstung zu, so wird der Flüssigkeitsgehalt und der Imbibitionsdruck an den oberen Enden der Körperporen so lange sinken und dementsprechend das nach oben gerichtete Gefälle des Imbibitionsdruckes so lange an Steilheit zunehmen, bis der durch dieses Druckgefälle bewirkte aufsteigende Flüssigkeitsstrom so viel an Stärke gewonnen hat, dass er gerade genügt, um die durch Verdunstung bewirkte Flüssigkeitsabgabe der oberen Porenenden vollständig zu compensiren. Verliert die an der oberen Grenzfläche stattfindende Verdunstung an Lebhaftigkeit, so wird die Steilheit jenes Druckgefälles und die Stärke des aufsteigenden Flüssigkeitsstromes sich in entsprechender Weise verringern. Denken wir uns den Körper aus Zellen aufgebaut, welche quellungsfähige Wände oder Membranen besitzen und sämmtlich oder theilweise (durch osmotische Kräfte) mit Flüssigkeit erfüllt sind, so wird auch dann noch die Mechanik des aufsteigenden Flüssigkeitsstromes im Wesentlichen dieselbe sein. Das treibende Moment bleibt das nach oben gerichtete Gefälle des Imbibitionsdruckes, das in allen durchfeuchteten festen Theilen des Systemes besteht. Die Einschaltung der von freier (nicht imbibirter) Flüssigkeit erfüllten Hohlräume dient nur dazu, den Reibungswiderstand für den aufsteigenden Flüssigkeitsstrom zu verringern. In gleicher Weise vermögen auch, wie an anderer Stelle gezeigt werden soll, noch andere Modificationen und Differenzirungen, die wir an dem hier betrachteten Systeme anbringen, die Mechanik des in demselben stattfindenden aufsteigenden Flüssigkeitsstromes nicht wesentlich zu verändern.

Man sieht hinlänglich, dass wir im Vorstehenden die Antwort auf die bisher noch nicht entschiedene Frage gegeben haben, durch welche Kräfte der aufsteigende Saftstrom der transpirirenden Landpflanzen zu Stande komme. Wenn man bedenkt, dass z. B. nach Reinke der mittlere Druck des Wassers, welcher bei der Quellung von Laminarialaub anfänglich vorhanden ist, ca. 45 Atmosphären beträgt, so erkennt man leicht, dass es keine Schwierigkeiten hat, sich ein Gefälle des Imbibitionsdruckes vorzustellen, welches fähig ist, die mittels der Wurzeln aufgenommenen Flüssigkeitstheilchen bis in die Gipfel der höchsten Bäume hinauf zu befördern. Obwohl wir uns vollkommen dessen bewusst sind, dass die von uns hier flüchtig angedeutete Theorie des aufsteigenden Saftstromes der Landpflanzen für ein wichtiges Problem, betreffs dessen die Ansichten oder Vermuthungen auch jetzt noch weit aus einander gehen, eine Lösung von fast verblüffender Einfachheit gibt,[1] so müssen wir doch, um den Leser von dem eigentlichen Gegenstande dieser Schrift nicht allzu weit ab-

[1] Dass die von J. Sachs für Erklärung des aufsteigenden Saftstromes aufgestellte sogenannte Imbibitionstheorie von der von uns oben angedeuteten Theorie himmelweit verschieden ist, braucht für einen unterrichteten Leser nicht erst hervorgehoben zu werden. Ebenso braucht nicht erst bemerkt zu werden, dass zwischen einer Flüssigkeitsbewegung, die in einer Capillarröhre stattfindet, und einer durch ein Gefälle des Imbibitionsdruckes bewirkten Bewegung imbibirter Flüssigkeitstheilchen ein wesentlicher Unterschied besteht,

zuführen, darauf verzichten, auf diesen Gegenstand hier näher einzugehen. Eine vollständige, sämmtliche einschlagenden Thatsachen und Ansichten berücksichtigende Entwickelung unserer Theorie des aufsteigenden Saftstromes der Landpflanzen werden wir der auf S. 9 erwähnten Abhandlung über biophysikalische Vorgänge mit einfügen.

---

und dass demgemäss auch die Einwände, welche gegen die für den aufsteigenden Saftstrom aufgestellte Capillaritätstheorie erhoben worden sind, unsere Theorie nicht treffen.

Druck von Metzger & Wittig in Leipzig.

www.ingramcontent.com/pod-product-compliance
Lightning Source LLC
LaVergne TN
LVHW091724021026
849161LV00003BA/307